简单轻松学技能丛书

# 简单轻松学

# PLC与PLC电路

韩雪涛　主　编

韩广兴　吴　瑛　副主编

机械工业出版社

本书从初学者的学习目的出发，将 PLC 与 PLC 电路识读、应用技能的行业标准和从业要求融入到图书的架构体系中。同时，本书注重知识的循序渐进，注重情景课堂式的口语化和可读性，并在整个编写架构上做了全新的调整，以适应读者的学习习惯和学习特点，将 PLC 与 PLC 电路识读、应用技能划分成如下 8 个教学模块：第 1 章，PLC 的基础知识；第 2 章，PLC 的灵魂——编程语言；第 3 章，轻松搞定西门子 PLC 的编程方法；第 4 章，轻松搞定三菱 PLC 的编程方法；第 5 章，轻松搞定 PLC 系统的安装与维护；第 6 章，通过案例搞清楚电动机控制系统中的 PLC 控制电路；第 7 章，通过案例搞清楚工控机床中的 PLC 控制电路；第 8 章，通过案例搞清楚工业设备中的 PLC 控制电路。

本书可作为电工电子专业技能培训的辅导教材，以及各职业技术院校电工电子专业的实训教材，也适合从事电工电子行业生产、调试、维修的技术人员和业余爱好者阅读。

**图书在版编目（CIP）数据**

简单轻松学 PLC 与 PLC 电路/韩雪涛主编. —北京：机械工业出版社，2014.2（2016.9 重印）
（简单轻松学技能丛书）
ISBN 978-7-111-45268-3

Ⅰ.①简… Ⅱ.①韩… Ⅲ.①plc 技术 - 基本知识
Ⅳ.①TM571.6

中国版本图书馆 CIP 数据核字（2013）第 310630 号

机械工业出版社（北京市百万庄大街 22 号　邮政编码 100037）
策划编辑：张俊红　责任编辑：赵玲丽
版式设计：霍永明　责任校对：申春香
封面设计：路恩中　责任印制：李　洋
三河市宏达印刷有限公司印刷
2016 年 9 月第 1 版第 3 次印刷
184mm×260mm · 17.25 印张 · 470 千字
标准书号：ISBN 978-7-111-45268-3
定价：44.90 元

# 前　言

近几年，随着电工电子技术的发展，电工电子市场空前繁荣，各种新型、智能的家用电子产品不断融入到人们的学习、生产和生活中。产品的丰富无疑带动了整个电工电子产品的生产制造、调试维修等行业的发展，具备专业电工电子维修技能的专业技术人员越来越受到市场的青睐和社会的认可，越来越多的人希望从事电工电子维修的相关工作。

在电工电子产品的安装、调试、维修的各个领域中，PLC 与 PLC 电路识读应用技能是非常重要的一项实用操作技能。随着社会现代化和智能化进程的加剧，该项技能被越来越多的学习者所重视，越来越多的人希望掌握 PLC 与 PLC 电路识读应用的技能，并凭借该技能实现就业或为自己的职业生涯提供更多的机会和选择。

因此，纵观整个电子电工图书市场，与 PLC 与 PLC 电路识读应用技能有关的图书是近些年各个出版机构关注的重点，同时也被越来越多的读者所关注；加之该项技能与社会岗位需求紧密相关，技术的更新、行业竞争的加剧，都对 PLC 与 PLC 电路识读应用技能的学习提出了更多的要求。PLC 与 PLC 电路识读应用类的图书每年都有很多新的品种推出，对于我们而言，从 2005 年至今，有关 PLC 与 PLC 电路识读应用方面的选题也就从不曾间断，这充分说明了这项技能的受众群体巨大。同时，这项技能作为一项非常重要的基础技能，会随着整个产业链条的发展而发展，随着市场的更新而更新。

我们作为专业的技能培训鉴定和咨询机构，每天都会接到很多读者的来信和来电。他们在对我们出版的有关 PLC 与 PLC 电路识读应用内容的图书表示认可的同时，也对我们提出了更多的希望和要求，并提出了很多针对实际工作现状的图书改进方案。我们对这些意见进行归纳汇总，并结合当前市场的培训就业特点，精心组织编写了这套《简单轻松学技能丛书》，希望通过机械工业出版社出版这套重点图书的契机，再创精品。

本书根据目前的国家考核标准和岗位需求，将 PLC 与 PLC 电路识读应用的技能进行重组，完全从初学者的角度出发，将学习技能作为核心内容、将岗位需求作为目标导向，将近一段时间收集整理的包含 PLC 与 PLC 电路识读应用技能的案例和资料进行筛选整理，充分发挥图解的优势，为本书增添更多新的素材和实用内容。

为确保本书的知识内容能够直接指导实际工作和就业，本书在内容的选取上从实际岗位需求的角度出发，将国家职业技能鉴定和数码维修工程师的考核认证标准融入到本书的各个知识点和技能点中，所有的知识技能在满足实际工作需要的同时，也完全符合国家职业技能和数码维修工程师相关专业的考核规范。读者通过学习不仅可以掌握电工电子的专业知识技能，同时还可以申报相应的国家工程师资格或国家职业资格的认证，以争取获得国家统一的专业技术资格证书，真正实现知识技能与人生职业规划的巧妙融合。

本书在编写内容和编写形式上做了较大的调整和突破，强调技能学习的实用性、便捷性和时效性。在内容的选取方面，本书也下了很大的工夫，结合国家职业资格认证、数码维修工程师考核认证的专业考核规范，对电工电子行业需要的相关技能进行整理，并将其融入到实际的应用案例中，力求让读者能够学到有用的东西，能够学以致用。另外，本书在表现形式方面也更加多样，将“图解”、“图表”、“图注”等多种表现形式融入到知识技能的讲解中，使之更加生动形象。

此外，本书在语言表达上做了大胆的突破和尝试：从目录开始，章节的标题就采用更加直接、更加口语化的表述方式，让读者一看就能明白所要表达的内容是什么；书中的文字表述也是力求更加口语化，更加简洁明确。在此基础上，与书中众多模块的配合，本书营造出一种情景课堂的学习氛围，充分调动读者的学习兴趣，确保在最短时间内完成知识技能的飞速提升，使读者学习兴趣和学习效果都大大提升。同时在语言文字和图形符号方面，本书尽量与广大读者的行业用语习惯贴近，而非机械地向有关标准看齐，这点请广大读者注意。

本书由韩雪涛任主编，韩广兴、吴瑛任副主编，参与编写的人员还有张丽梅、宋永欣、梁明、宋明芳、孙涛、马楠、韩菲、张湘萍、吴鹏飞、韩雪冬、吴玮、高瑞征、吴惠英、周文静、王新霞、孙承满、周洋、马敬宇等。

另外，本书得到了数码维修工程师鉴定指导中心的大力支持。为了更好地满足广大读者的需求，建议读者可以登录数码维修工程师的官方网站（www. chinadse. org）获得超值技术服务。网站提供有最新的行业信息，大量的视频教学资源、图纸手册等学习资料，以及技术论坛等。读者可随时了解最新的数码维修工程师考核培训信息，知晓电工电子领域的业界动态，实现远程在线视频学习，下载需要的图纸、技术手册等学习资料。此外，读者还可通过网站的技术交流平台进行技术交流与咨询。

读者通过学习与实践后，还可报名参加相关资质的国家职业资格或工程师资格认证，通过考核后可获得相应等级的国家职业资格或数码维修工程师资格证书。如果读者在学习和考核认证方面有什么问题，可通过以下方式与我们联系。

**数码维修工程师鉴定指导中心**
网　　址：http：//www. chinadse. org
联系电话：022-83718162/83715667/13114807267
E - mail：chinadse@ 163. com
地　　址：天津市南开区榕苑路 4 号天发科技园 8-1-401
邮　　编：300384

编　者

# 目 录

前言

第1章 PLC的基础知识 …… 1

1.1 PLC是干什么的 …… 1
1.1.1 PLC是什么意思 …… 2
1.1.2 需要些实例说明PLC是有用的 …… 4
1.2 认识一下不同的PLC …… 7
1.2.1 西门子PLC …… 7
1.2.2 三菱PLC …… 10
1.2.3 欧姆龙PLC …… 15
1.2.4 松下PLC …… 18

第2章 PLC的灵魂——编程语言 …… 21

2.1 什么是PLC梯形图 …… 21
2.1.1 PLC梯形图能干什么 …… 21
2.1.2 PLC梯形图里有什么 …… 26
2.1.3 PLC梯形图中的基本电路形式 …… 31
2.2 什么是PLC语句表 …… 36
2.2.1 PLC语句表和PLC梯形图有什么关系 …… 36
2.2.2 从PLC语句表里看到了什么 …… 38

第3章 轻松搞定西门子PLC的编程方法 …… 40

3.1 西门子PLC梯形图怎样编程 …… 40
3.1.1 了解一些西门子PLC梯形图的编程规则 …… 40
3.1.2 西门子PLC梯形图编程需要训练 …… 58
3.1.3 多一些西门子PLC梯形图的编程案例 …… 61
3.2 西门子PLC语句表怎样编程 …… 73
3.2.1 了解西门子PLC语句表的编程规则 …… 74
3.2.2 西门子PLC语句表编程需要训练 …… 83
3.2.3 多一些西门子PLC语句表的编程案例 …… 85

第4章 轻松搞定三菱PLC的编程方法 …… 91

4.1 三菱PLC梯形图怎样编程 …… 91

4.1.1 了解一些三菱PLC梯形图的编程规则 …… 91
4.1.2 三菱PLC梯形图编程需要训练 …… 106
4.1.3 多一些三菱PLC梯形图的编程案例 …… 111
4.2 三菱PLC语句表的编程 …… 121
4.2.1 三菱PLC语句表的编程基础知识 …… 121
4.2.2 三菱PLC语句表的编程方法 …… 133
4.2.3 多一些三菱PLC语句表的编程案例 …… 135
第5章 轻松搞定PLC系统的安装与维护 …… 142
5.1 轻松搞定PLC系统的设计 …… 142
5.1.1 练习设计PLC的硬件系统 …… 142
5.1.2 练习设计PLC的软件系统 …… 151
5.2 轻松搞定PLC系统的安装 …… 167
5.2.1 安装PLC系统有什么要求 …… 167
5.2.2 练习安装PLC系统 …… 174
5.3 轻松搞定PLC系统的调试和维护 …… 179
5.3.1 PLC系统的调试项目有哪些 …… 179
5.3.2 PLC系统日常维护的项目有哪些 …… 180
第6章 通过案例搞清楚电动机控制系统中的PLC控制电路 …… 181
6.1 电动机控制系统中的PLC控制电路有什么特点 …… 181
6.1.1 想办法建立电动机控制系统与PLC控制电路的联系 …… 181
6.1.2 想办法搞清楚电动机控制系统中PLC的控制过程 …… 184
6.2 看懂电动机控制系统中PLC梯形图和语句表需要练习 …… 188
6.2.1 搞清楚三相交流感应电动机连续控制电路中的PLC梯形图和语句表 …… 189
6.2.2 搞清楚三相交流电动机Y-△减压起动控制电路中的PLC梯形图和语句表 …… 191
6.2.3 搞清楚三相交流电动机自动循环控制电路中的PLC梯形图和语句表 …… 196
6.2.4 搞清楚两台电动机交替运行控制电路中的PLC梯形图和语句表 …… 199
第7章 通过案例搞清楚工控机床中的PLC控制电路 …… 204
7.1 工控机床中的PLC控制电路有什么特点 …… 204
7.1.1 想办法建立工控机床与PLC控制电路的关联 …… 204
7.1.2 想办法搞清楚工控机床中PLC的控制过程 …… 209
7.2 看懂工控机床中PLC梯形图和语句表需要练习 …… 214
7.2.1 搞清楚双头钻床控制电路中的PLC梯形图和语句表 …… 215
7.2.2 搞清楚C650型卧式车床控制中的PLC梯形图和语句表 …… 220
7.2.3 搞清楚M7120型平面磨床控制中的PLC梯形图和语句表 …… 228
7.2.4 搞清楚C6140型卧式车床控制中的PLC梯形图和语句表 …… 235
第8章 通过案例搞清楚工业设备中的PLC控制电路 …… 240
8.1 工业设备中的PLC控制电路有什么特点 …… 240

8.1.1　想办法建立工业设备中常用控制系统与 PLC 控制电路的联系 …………………… 240
8.1.2　想办法搞清典型工业设备中常用控制系统的 PLC 控制过程 …………………… 244
8.2　看懂工业设备中的 PLC 梯形图和语句表需要练习 …………………………………… 249
8.2.1　搞清楚水塔水位自动控制电路中的 PLC 梯形图和语句表 ……………………… 249
8.2.2　搞清楚自动门控制电路中的 PLC 梯形图和语句表 ……………………………… 254
8.2.3　搞清楚汽车自动清洗控制电路中的 PLC 梯形图和语句表 ……………………… 258
8.2.4　搞清楚声光报警器控制中的 PLC 梯形图和语句表 ……………………………… 263

# 第 1 章 PLC 的基础知识

现在，开始进入第 1 章的学习：这一章我们要了解一下 PLC 的基础知识，包括 PLC（可编程序逻辑控制器）的含义、应用领域及不同品牌 PLC 的特点等。下面，让我们先来学习一下 PLC 是干什么的。

## 1.1　PLC 是干什么的

简单地说，PLC 是一种在继电器、接触器控制基础上逐渐发展起来的以计算机技术为依托，运用先进的编辑语言来实现诸多功能的新型控制系统。如图 1-1 所示，PLC 问世以前，在农机、机床、建筑、电力、化工、交通运输等行业中是以继电器控制系统占主导地位的。继电器控制系统以其结构简单、价格低廉、易于操作等优点得到了广泛的应用。

图 1-1　典型继电器控制系统

然而，随着工业控制的精细化程度和智能化水平的提升，以继电器为核心的控制系统的结构越来越复杂。在有些较为复杂的系统中，可能要使用成百上千个继电器，这不仅使得整个控制装置显得体积十分庞大，而且元器件数量的增加、接线关系的复杂还会造成整个控制系统的可靠性降低。更重要的是，一旦控制过程或控制工艺要求变化，则控制柜内的继电器和接线关系都要重新调整。可以想象，如此巨大的变动会花费大量的时间、精力和金钱，其成本的投入有时要远远超过重新制造一套新的控制系统。但这势必又会带来很大的浪费（原先的系统报废）。

为了应对继电器控制系统的不足，既能让工业控制系统的成本降低，同时又能很好地应对工业生产中的变化和调整。工程人员将计算机技术、自动化技术以及微电子和通信技术相结合，研发出了更加先进的自动化控制系统，这就是 PLC。

## 1.1.1 PLC 是什么意思

PLC 的英文全称为 Programmable Logic Controller，即可编程序逻辑控制器，简称可编程序控制器。它是一种全新模式的工业自动化控制装置。现在，我们对 PLC 这个概念还比较陌生，没关系，我们可以将 PLC 作为一种具有特殊结构的用于工业用途的计算机。而不同的是，PLC 比一般的计算机有更符合工业过程连接的接口，而且它使用自己专用的编程语言。因此，从外形结构上看，PLC 的样子有些独特。图 1-2 所示为典型 PLC 实物外形。

图 1-2　典型 PLC 实物外形

作为专门为工业生产过程提供自动化控制的装置，PLC 采用了全新的控制理念。如图1-3所示，PLC 通过其强大的输入、输出接口与工业控制系统中的各种部件相连（如控制按键、继电器、传感器、电动机、指示灯等）。

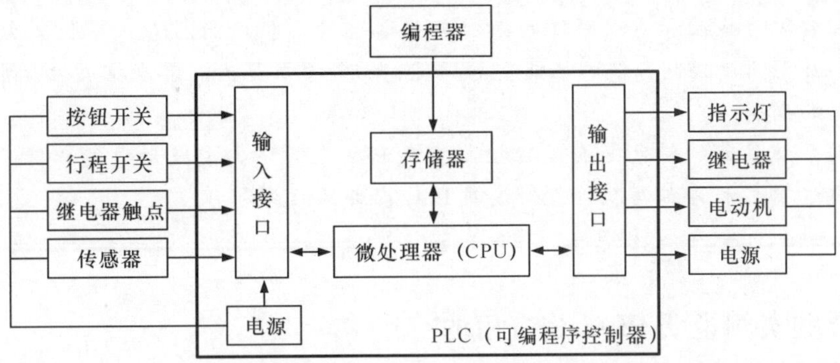


图 1-3　PLC 的功能框图

然后通过编程器编写控制程序（PLC 语句），将控制程序存入 PLC 中的存储器并在微处理器（CPU）的作用下执行逻辑运算、顺序控制、计数等操作指令。这些指令会以数字信号（或模拟信号）的形式送到输入、输出端，从而控制输入、输出端接口上连接的设备，协同完成生产过程。图 1-4 所示为典型 PLC 控制的系统模型。

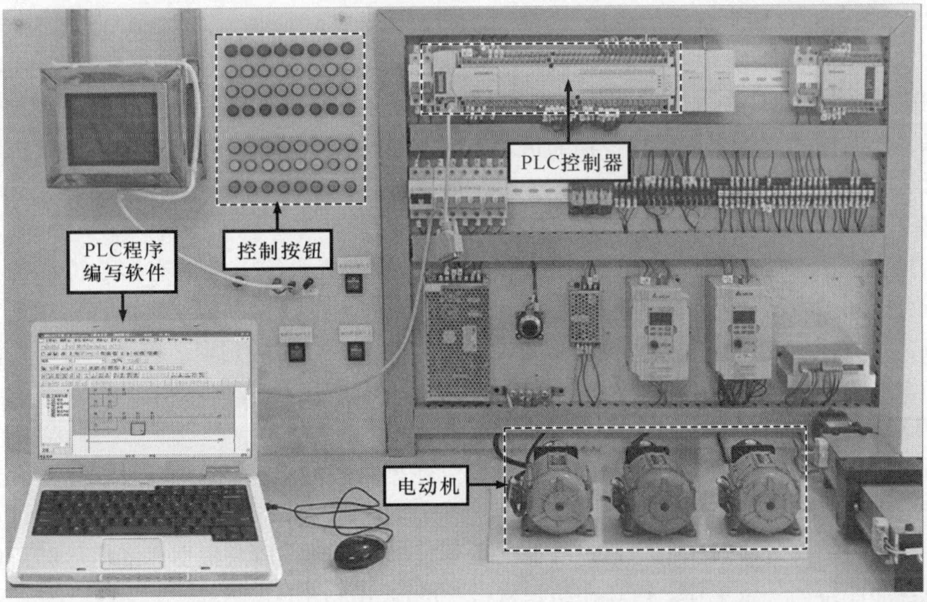


图 1-4　典型 PLC 控制的系统模型

【资料】

PLC控制系统用标准接口取代了硬件安装连接，用大规模集成电路与可靠元件的组合取代线圈和活动部件的搭配，并通过计算机进行控制。不仅大大简化了整个控制系统，而且也使得控制系统的性能更加稳定，功能更加强大。其在拓展性和抗干扰能力方面也有了显著的提高。

PLC控制系统最大的特色是在改变控制方式和效果时不需要改动电气部件的物理连接线路，只需要通过PLC程序编写软件重新编写PLC内部的程序即可。

### 1.1.2 需要些实例说明PLC是有用的

1968年PLC的控制理念首先在美国通用汽车公司的汽车新型生产线上应用，经过半个世纪的发展，PLC以其控制系统器件体积小、耗能低、功能强大、适应性强、可靠性高，系统设计、安装、调试简单易行，后期检修和维护方便等优势，已被广泛应用于钢铁、石化、机械制造、汽车装配、电力、轻纺等众多行业。

**1. PLC在电子产品制造设备中的应用**

PLC应用在电子产品制造设备中主要用来实现自动控制功能。PLC在电子元件加工、制造设备中作为控制中心，使元件的输送定位驱动电动机、加工深度调整电动机、旋转电动机和输出电动机能够协调运转，相互配合实现自动化工作。PLC在电子产品制造设备中的应用如图1-5所示。

**2. PLC在自动包装系统中的应用**

在自动包装控制系统中，产品的传送、定位、包装、输出等一系列工序都按一定的时序（程序）进行动作，PLC在预先编制的程序控制下，由检测电路或传感器实时监测包装生产线的运行状态，根据检测电路或传感器传输的信息，实现自动控制。PLC在自动包装系统中的应用如图1-6所示。

**3. PLC在自动检测装置中的应用**

用以检测所生产零件弯曲度的自动检测系统中，检测流水线上设置有多个位移传感器，每个传感器将检测的数据送给PLC，PLC即会根据接收到的测量数据进行比较运算，得到零部件弯曲度的值，并与标准进行比对，从而自动完成对零部件是否合格的判定。PLC在自动检测装置中的应用如图1-7所示。

**4. PLC在纺织机械中的应用**

在纺织机械中有多个电动机驱动的传动机构，互相之间的转动速度和相位都有一定的要求。通常，纺织机械系统中的电动机普遍采用通用变频器控制，所有的变频器则统一由PLC控制。工作时，每套传动系统将转速信号通过高速计数器反馈给PLC，PLC根据速度信号即可实现自动控制，使各部件协调一致工作。PLC在纺织机械中的应用如图1-8所示。

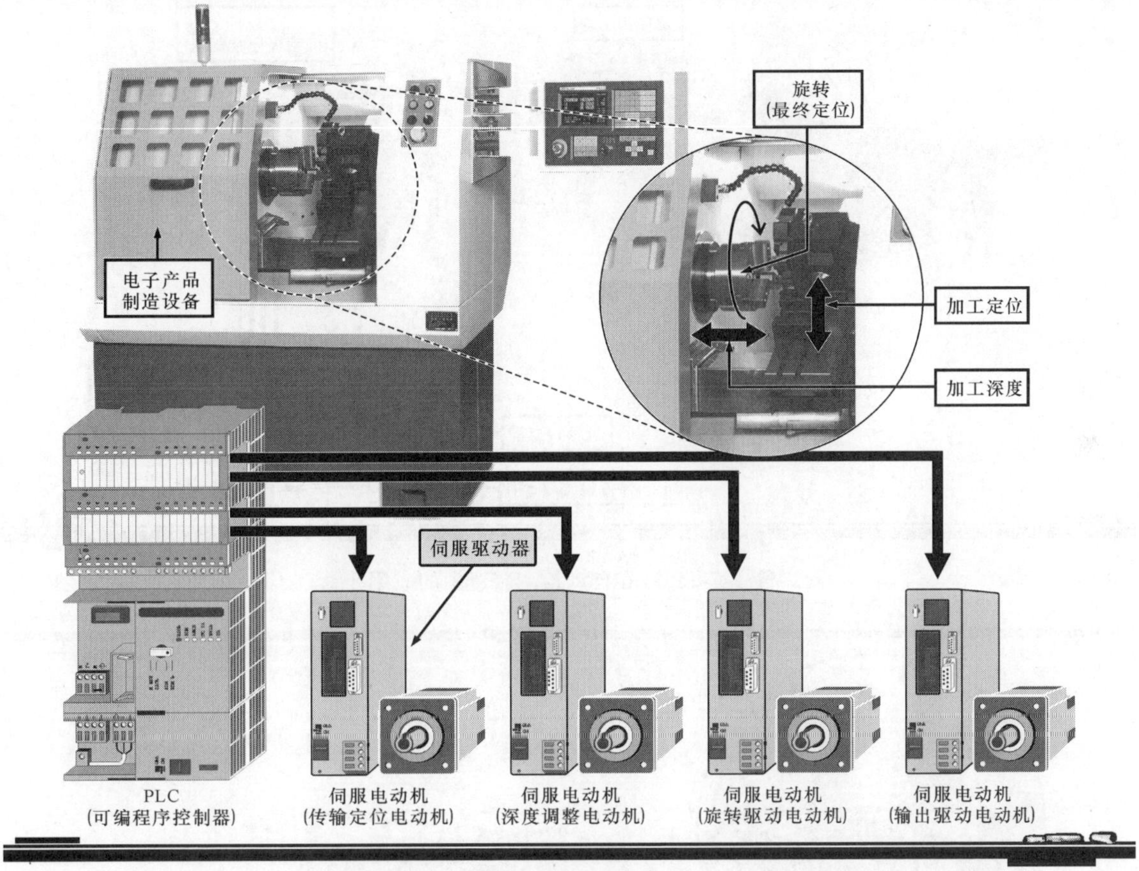


图1-5　PLC在电子产品制造设备中的应用

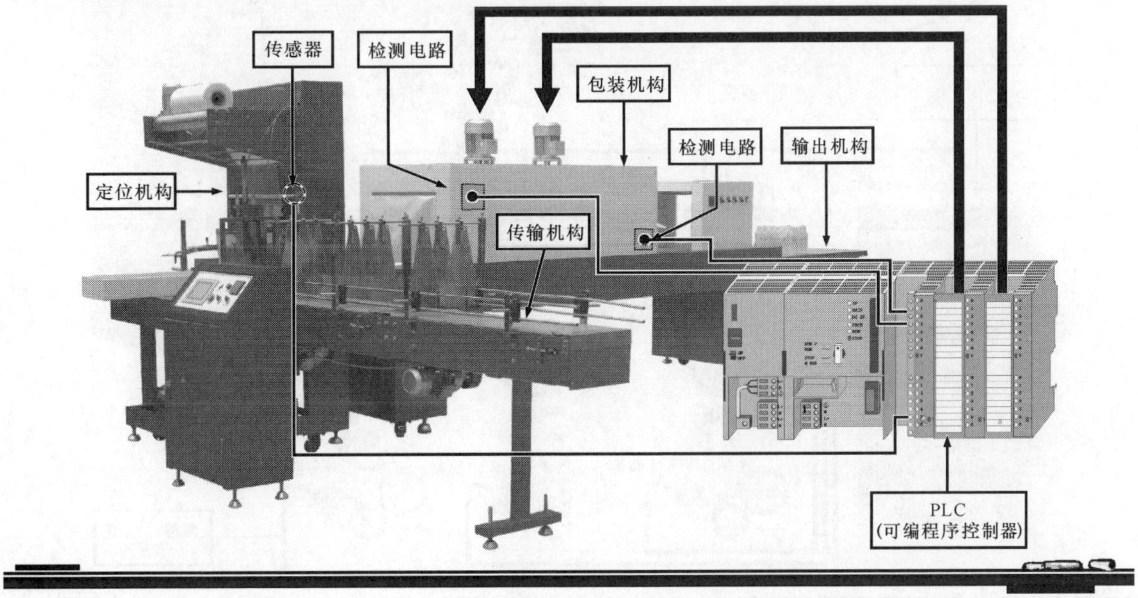


图1-6　PLC在自动包装系统中的应用

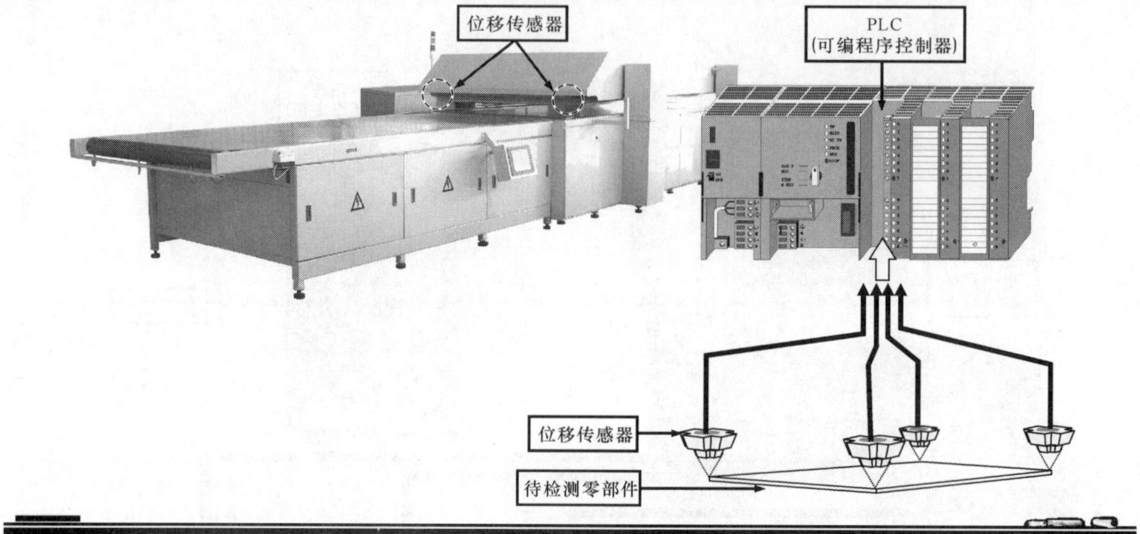


图 1-7　PLC 在自动检测装置中的应用

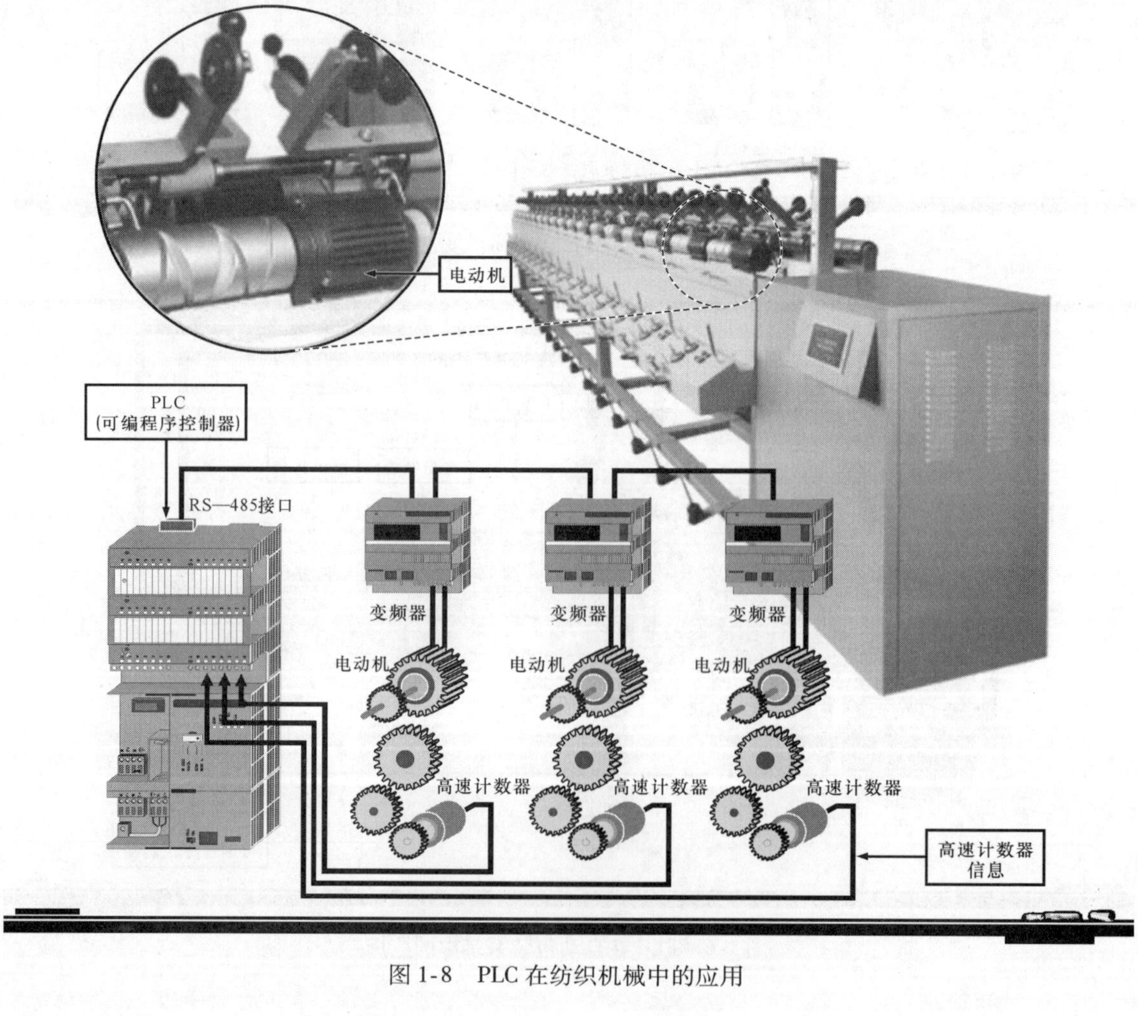


图 1-8　PLC 在纺织机械中的应用

## 1.2 认识一下不同的 PLC

目前，PLC（可编程序控制器）在全世界的工业控制中被大范围采用。PLC 的生产厂家不断涌现，推出的产品种类繁多，功能各具特色。其中，美国的 AB 公司、通用电气公司，德国的西门子公司，法国的 TE 公司，日本的欧姆龙、三菱、富士等公司，都是目前市场上非常主流且极具有代表性的生产厂家。目前，国内也自行研制、开发、生产出许多小型 PLC，应用于更多的有各类需求的自动化控制系统中。

目前，在世界范围内（包括国内市场），松下、西门子、欧姆龙、三菱的产品占有率较高，普及应用较广，下面介绍这些典型 PLC 的功能特点、相关参数以及系统配置。

### 1.2.1 西门子 PLC

德国西门子（SIEMENS）公司的可编程序控制器 SIATIC S5 系列产品在中国的推广较早，在很多的工业生产自动化控制领域，都曾有过经典的应用，并且西门子（SIEMENS）公司还开发了一些起标准示范作用的硬件和软件。从某种意义上说，西门子系列 PLC 决定了现代可编程序控制器发展的方向。图 1-9 所示为 1996 年西门子公司推出的西门子 S7 系列产品实物外形，S7 系列 PLC 包括小型 PLC S7—200、中型 PLC S7—300 和大型 PLC S7—400。

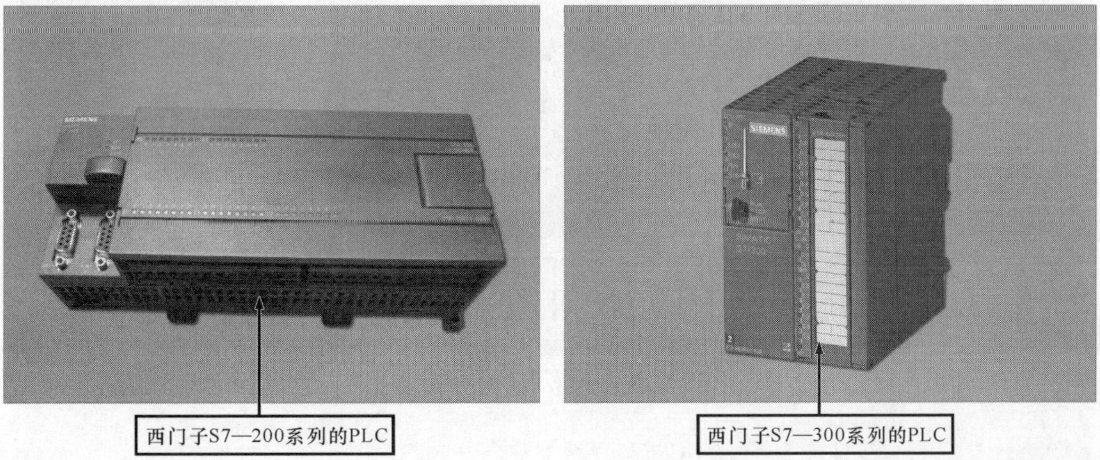


图 1-9　1996 年西门子公司推出的西门子 S7 系列产品实物外形

【资料】

具体了解一下西门子 PLC 的主要功能特点：

① 采用模块化紧凑设计，可按积木式结构进行系统配置，功能扩展非常灵活方便。

② 以极快的速度处理自动化控制任务，S7—200 和 S7—300 的扫描速度为 0.37μs/指令。

③ 具有很强的网络功能，可以将多个 PLC 按照工艺或控制方式连接成工业网络，构成多级完整的生产控制系统，既可以实现总线联网也可以实现点到点通信。

④ 在软件方面，允许在 Windows 操作平台下，使用相关的程序软件包、标准的办公室软件和工业通信网络软件，识别 C + + 等高级语言环境。

⑤ 编程工具更为开放，可使用普通计算机或笔记本电脑。

图 1-10 为西门子 S7—200 系列 PLC 的外部结构图。该 PLC 的外部主要由电源输入接口、输入接口、输出接口、通信接口、PLC 状态指示灯、输出 LED 指示灯、输入 LED 指示灯、可选配件、传感器输入接口、检修口等构成。

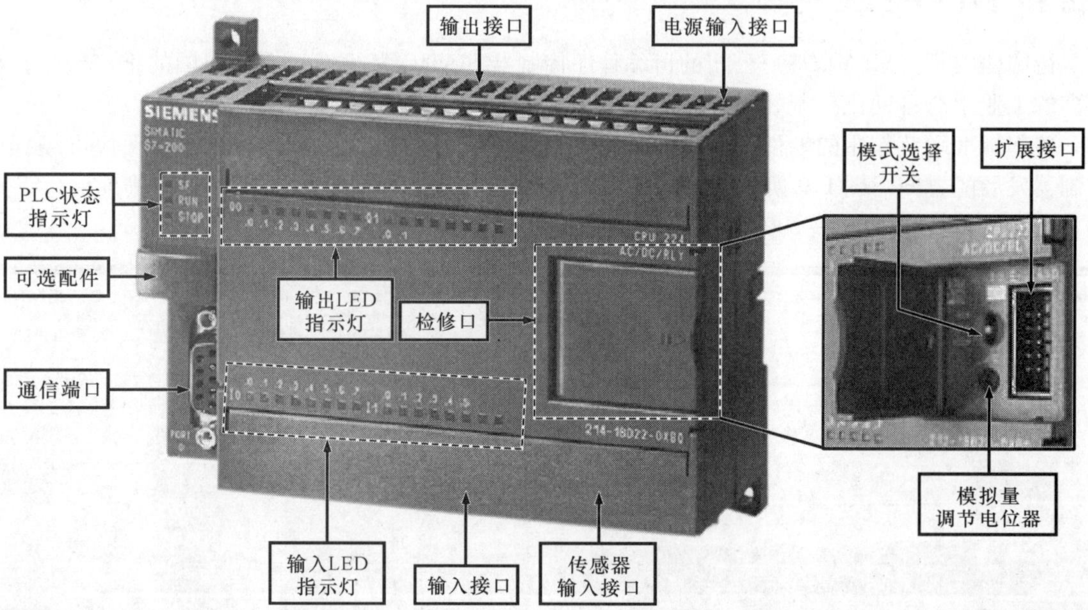


图 1-10　西门子 S7—200 系列 PLC 的外部结构图

图 1-11 为西门子 S7—200 系列 PLC 的正面俯视图。从图中可看出该 PLC 的每一个输入/输出接口、输入/输出 LED 指示灯、PLC 状态指示灯以及检修接口上都标识有该接口或该指示灯的文字标识。

下面以典型西门子 S7—200 系列、S7—300 系列为例，详细了解一下相关参数及性能配置。

**1. 西门子 S7—200 系列小型 PLC**

西门子 S7—200 系列小型 PLC 主要性能参数如表 1-1 所示。

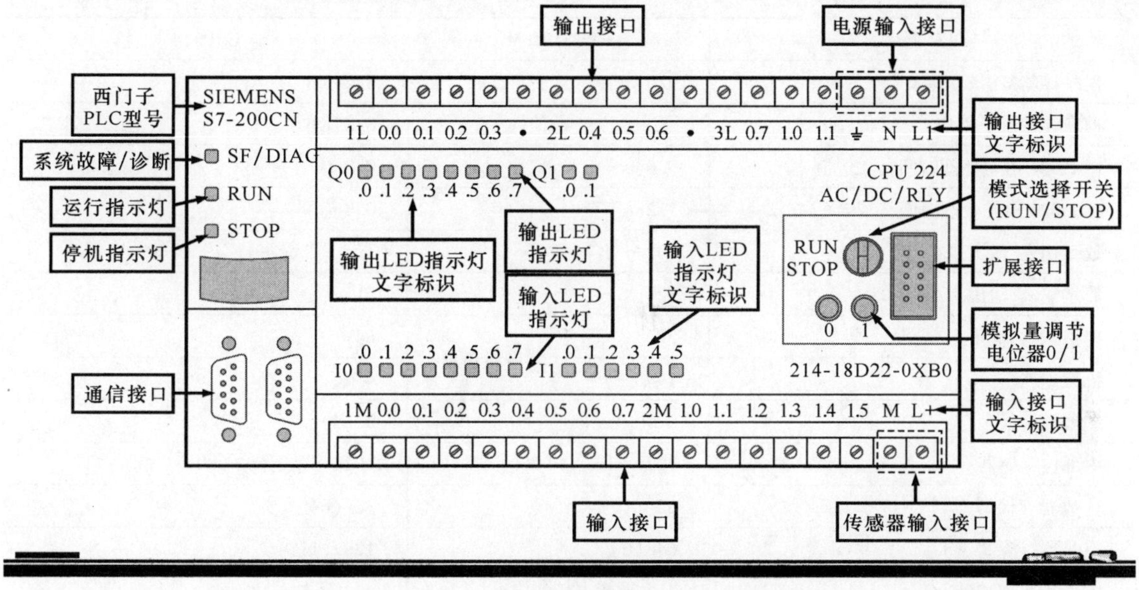


图 1-11　西门子 S7—200 系列 PLC 的正面俯视图

**表 1-1　西门子 S7—200 系列小型 PLC 主要性能参数**

| 项　　目 | 技术指标 |
|---|---|
| 用户存储器类型 | EEPROM |
| 最大数字量 I/O 影响区 | 128 点入，128 点出 |
| 最大模拟量 I/O 影响区 | 32 点入，32 点出 |
| 内部标志位（M 寄存器） | 256 位 |
| 掉电永久保存 | 112 位 |
| 超级电容或电池保存 | 256 位 |
| 定时器总数 | 256 个 |
| 1ms 定时器 | 4 个 |
| 10ms 定时器 | 16 个 |
| 100ms 定时器 | 236 个 |
| 计数器总数（超级电容或电池保存） | 256 个 |
| 布尔量运算执行速度 | 0.37 μs/指令 |
| 顺序控制继电器 | 256 点 |
| 定时中断 | 2 个，1ms 分辨率 |
| 硬件输入边沿中断 | 4 个 |
| 可选滤波时间输入 | 0.2 ~ 12.8ms |

**2. 西门子 S7—300 系列中型 PLC**

西门子 S7—300 系列中型 PLC 主要性能参数如表 1-2 所示。

表 1-2　西门子 S7—300 系列小型 PLC 主要性能参数

| CPU 型号 | CPU312IFM | CPU314 |
|---|---|---|
| 程序存储量语句/字节 | 2/6KB | 8/24KB |
| 程序存储量子模块 | 无 | 8/24KB |
| 每 1 024 语句处理时间，二进制 | 0.6ms | 0.3ms |
| 每 1 024 语句处理时间，混合 | 1.2ms | 0.8ms |
| 数字输入/输出量/本机 | 102/6 出 | 无 |
| 数字输入/输出量/最大 | 128 | 512 |
| 模拟输入/输出量/最大 | 32 | 64 |
| 机架组态 | 1 排 | 4 排 |
| 扩展模块最多 | 8 块 | 32 块 |
| 内部位存储器 | 1024/max，40 000 | 1024/max，190 000 |
| 计数器（保持型） | 32（16） | 32（64） |
| 定时器（保持型） | 64（0） | 128（128） |
| MPI 网络 18.7kbit/s | 4 主动节点 | 4 主动节点 |
| 可编址的 MPI 节点 | 32 | 32 |
| 可组态的功能模块 | 有 | 有 |
| 指令集 | 位逻辑，括号优先结果分配，存储计数，时间传送，比较，跳转，块调，特殊功能字逻辑，算术运算（定点 32 位浮点的 +、－、*：）脉冲沿评估和环标志 | |
| 程序组织结构 | 线性或结构化的 | |
| 程序处理 | 循环时间控制/或中断控制 | |
| 系统电源（供电压） | DC 24 V | |
| 环境温度 | 0～60 ℃ | |
| 负载电源（进线） | AC 120/230 | |
| 负载电源（DC 24V 输出） | 2A/5A/10A | |
| 数字输入 | DC 16×24V，AC 8×120/230V，AC 16×120V | |
| 数字输出 | DC 8×继电器 30V，0.5A 或 AC 250V，3A | |
| 模拟量输入 10，12，14 位（可设定参数） | 8 路模拟量输入；2 路模拟量输入 ±10 V；±50mV，±1 V，±20mA，4～20mA，Pt100、NI100，热电偶型 E、N、J、K（线性化） | |

## 1.2.2　三菱 PLC

三菱 PLC 在中国市场常见的系列产品有 FR—$FX_{1N}$、FR—$FX_{1S}$、FR—$FX_{2N}$、FR—$FX_{3UC}$、FR—$FX_{2NC}$、FR—A、FR—Q 等。图 1-12 所示为三菱系列的 PLC 实物外形图。

图 1-13 为三菱 $FX_{2N}$ 系列 PLC 的外部结构图。该 PLC 的外部主要由电源输入接口、输入接口、输出接口、PLC 状态指示灯、输出 LED 指示灯、输入 LED 指示灯、扩展接口、外围设备接线插座、盖板、存储器和串行通信接口等构成。

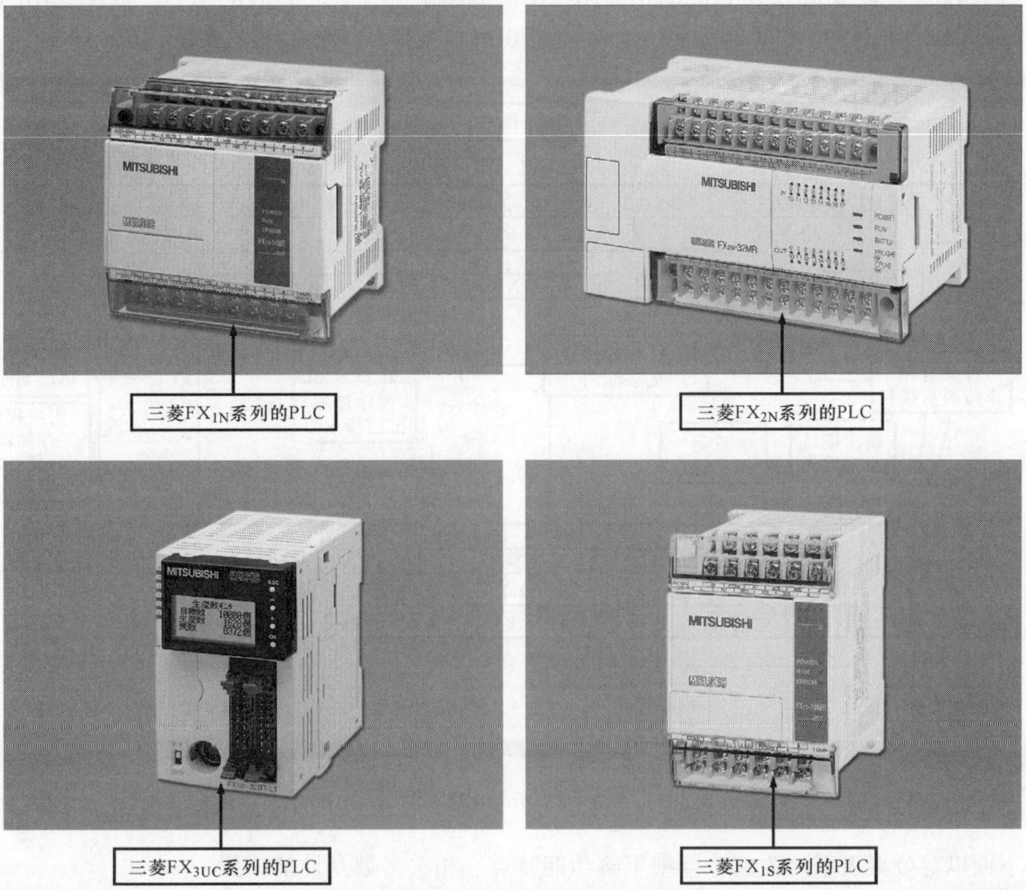


图 1-12　三菱系列的 PLC 实物外形图

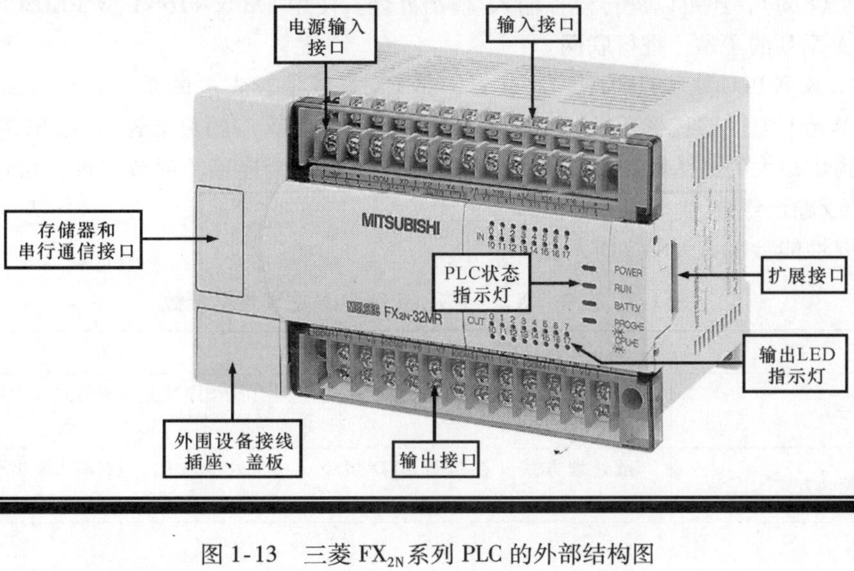


图 1-13　三菱 $FX_{2N}$系列 PLC 的外部结构图

图1-14为三菱 $FX_{2N}$ 系列PLC的正面俯视图。从图中可看出该PLC的每一个输入/输出接口、输入/输出LED指示灯、PLC状态指示灯上都标识有该接口或该指示灯的文字标识。

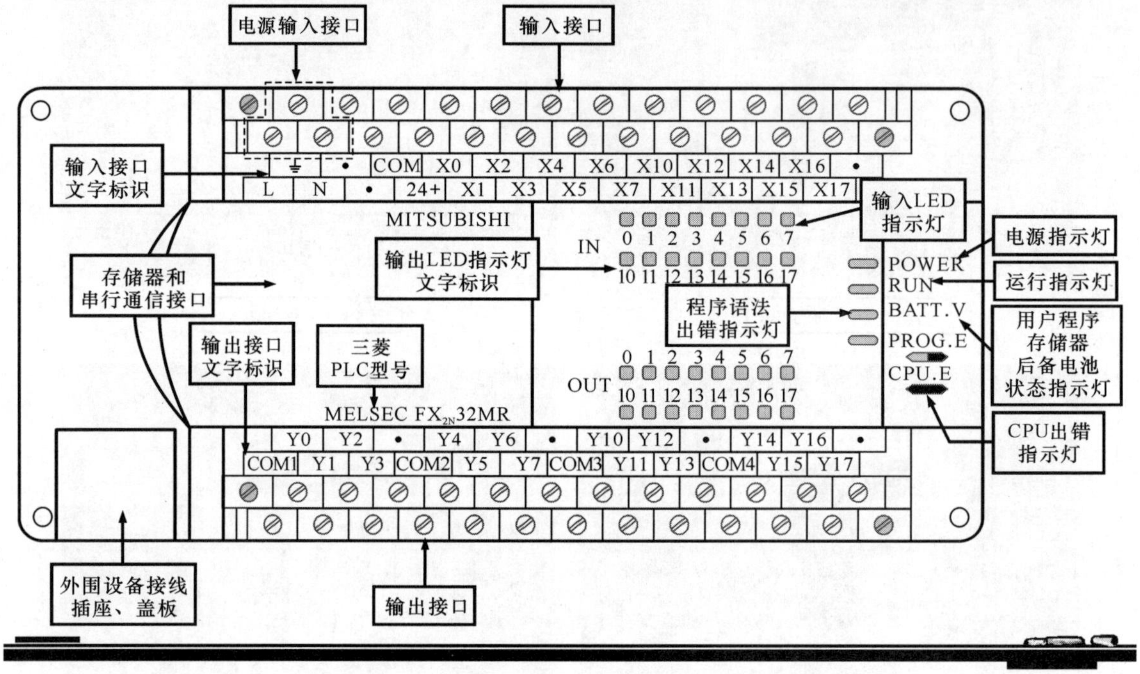


图1-14 三菱 $FX_{2N}$ 系列PLC的正面俯视图

下面以部分典型系列为例，详细了解功能特点、相关参数及性能配置。

**1. 三菱 $FX_{0N}$、$FX_{2N}$ 系列PLC**

三菱 $FX_{0N}$ 系列PLC可进行24～1281点灵活输入/输出组合。在24/40/60典型的基本单元上，可以采用最小8点的扩展模块进行扩展。利用模拟输入2点、输出1点的FX0N～3A型模拟输入/输出模块（8bit），还可以进行模拟输入/输出处理。使用FX0N～16NT型MELSCNET/MINI用接口，作为A系列的子站，进行联网。

三菱 $FX_{2N}$ 系列PLC属于超小型程序装置，是FX家族中较先进的系列，具有高速的处理速度，在基本单元上连接扩展单元或扩展模块，可进行16～256点的灵活输入/输出组合，为工厂自动化应用提供最大的灵活性和控制能力，还可在基本单元上连接单元或扩展，可进行16～256点的灵活输入/输出组合。

具体主要性能参数如表1-3所示。

**表1-3 三菱 $FX_{0N}$、$FX_{2N}$ 系列PLC主要性能参数**

| 项　目 | $FX_{0N}$ 系列 | $FX_{2N}$ 系列 |
|---|---|---|
| 运算处理方式 | 存储程序反复运算方式（专用LSI） | 存储程序反复运算方式（专用LSI） |
| 输入/输出控制方式 | 批处理方式（在执行EXD指令时），但有输入输出刷新指令 | 批处理方式，但有输入输出刷新指令 |

（续）

| 项　　目 | | | $FX_{0N}$系列 | $FX_{2N}$系列 |
|---|---|---|---|---|
| 程序语言 | | | 继电器符号语言+步进方式（用SPC表示） | （用SPC表示） |
| 程序容量/存储器形式 | | | 内附2 000步EEPROM、EPROM存储卡 | 内附8 000步EEPROM最大为16k步 |
| 指令数 | 基本步进指令 | | 基本（顺控）指令20个，步进指令2个 | 基本（顺控）指令27个，步进指令2个 |
| | 应用指令 | | 35种50，36种51个 | 128种298个 |
| 输入续电器 | | | 84点X0~X127 | 184点X0~X267　合计256点 |
| 输出续电器 | | | 64点Y0~Y77 | 184点Y0~Y267 |
| 辅助续电器 | 一般用 | | 348点X0~X383 | 5008点M0~M499 |
| | 锁存用 | | 128点M384~M511 | 2572点M500~M3700 |
| | 特殊用 | | 57点M0000~M0254 | 256点M8000~M8256 |
| 状态续电器 | 初始化用 | | 10点S0~S9 | 10点S0~S9 |
| | 一般化用 | | 118点S10~S127 | 400点S10~S499 |
| | 所存用 | | | 400点S500~S899 |
| | 报警用 | | | 100点S900~S999 |
| 定时器 | 100ms | | 63点T0~T63 | 56点T0~T55 |
| | 10ms | | | |
| | 1ms | | 1点T63 | 4点T246~255 |
| | 100ms（积算） | | | 6点T250~255 |
| 计数器 | 增计数 | 一般用 | 16点C0~C15 | 100点（16bit）C0~C99 |
| | | 锁存用 | 16点C16~C31 | 100点（16bit）C100~C199 |
| | 增/减计数 | 一般用 | | 20点（32位）C200~C219 |
| | | 锁存用 | | 15点（32位）C220~C234 |
| 数据寄存器 | 高速用 | | 1相5kHz、4点或二相2kHz、1点 | 1相5kHz、2点，10kHz、4点或二相30kHz、1点，50kHz、1点 |
| | 通用数据寄存器 | 一般用 | 128点（16位）D0~D127 | 200点（16位）D0~D199 |
| | | 锁存用 | 128点（16位）D120~D255 | 7 800点（16位）D200~D7900 |
| | 特殊用 | | 128点（16位）D0~D8255 | 256点（16位）D8000~D8255 |
| | 编址用 | | 2点V0，Z0 | 16点V0~V7，Z0~Z7 |
| | 文件寄存器 | | MAX1500点（16位）D8255 | 普通寄存器的D1000以后在500个单位设定文件寄存 |
| 指针跳步 | 转移用 | | 64点 | 128点P0~P127 |
| | 中断用 | | 4点 | 4点 |
| 频率 | | | 8点 | 8点N0~N7 |
| 常数 | 十进制K | | 16位：32768~32767　32位 | 16位：32768~32767　32位 |
| | 十六进制H | | 16位：0000~FFFF<br>32位：00000000~FFFFFFFF | 16位：0000~FFFF<br>32位：00000000~FFFFFFFF |

**2. 三菱 FX1S 系列 PLC**

三菱 FX1S 系列 PLC 属于集成型小型单元式 PLC，主要性能参数如表 1-4 所示。

**表 1-4　三菱 FX1S 系列 PLC 主要性能参数**

| 项　目 | | FX1S 系列 |
|---|---|---|
| 运算处理方式 | | 循环扫描，支持中断 |
| 输入/输出控制方法 | | 批处理方法（当执行 END 指令时） |
| 运转处理时间 | | 基本指令：0.55～0.7μs<br>应用指令：0.55～几百 μs |
| 编程语言 | | 逻辑梯形图和指令清单 |
| 程序容量 | | 内置 2k 步 EEPROM |
| 指令数目 | | 基本顺序指令：27<br>步进梯形指令：2<br>应用指令：85 |
| I/O 配置 | | 最大硬件 I/O 由主处理单元设置 |
| 辅助继电器（M 线圈） | 一般 | 384 点 M0～M383 |
| | 锁定 | 128 点（子系统）M384～M511 |
| | 特殊 | 256 点 M8000～M8255 |
| 状态继电器（S 线圈） | 一般 | 128 点 S0～S127 |
| | 初始 | 10 点（子系统）S0～S9 |
| 定时器（T） | 100ms | 范围：0～3 276.7s 63 点 T0～T55 |
| | 10ms | 范围：0～327.67s 31 点（当特殊 M 线圈工作时 T32～T62） |
| | 1ms | 范围：0.001～32.767s 4 点　T63 |
| 计数器（C） | 一般 | 范围：0～32767 数 16 点 C0～C15（16 位上计数器） |
| | 锁定 | 184 点 C16～C199 子系统（16 位上计数器） |
| | 一般 | 范围：1～32767 数 20 点 C200～C199（32 位上计数器） |
| | 锁定 | 15 点 C220～C234 子系统（32 位上计数器） |
| | 单相 | 范围：－2 147 483 648～＋2 147 483 647 数 4 点　C235～C238 点 |
| | 单相 C/W 起始/停止 | C241（锁定）、C242 和 C244（锁定）3 点 |
| 高速计数器（C） | 输入 | |
| | 双相 | C246、C247 和 C249（都锁定）3 点 |
| | A/B 相 | C251、C252 和 C254（都锁定）3 点 |
| 数据寄存器（D） | 一般 | 128 点 D0～D127 |
| | 锁定 | 7872 点 D128～D7999 |
| | 文件 | 7000 点 D1000～D7999 |
| | 外部调节 | 2 点　范围：0～255，模拟电位器间接近输入 D8030、D8031 |
| | 特殊 | 256 点 D8000～D8255 |
| | 变址 | 16 点 V 和 Z |
| | 用于 CALL | 128 点 P0～P127 |
| 指针（P）<br>嵌套层次 | 用于中断 | 6 点 100*～130*（上升触发*＝1，下降触发*＝0）<br>用于 MC 和 MRC 时 8 点 N0～N7 |
| 常数 | 十进位 K | 16 位：－32768～＋32768<br>32 位：－2147483648～＋2147483647 |
| | 十六进位 | 16 位：0000～FFFF<br>32 位：00000000～FFFFFFFF |

**3. 三菱 Q 系列 PLC**

三菱Q系列PLC其实是三菱公司原先A系列的升级产品，属于中、大型PLC系列产品。Q系列PLC采用了模块化的结构形式，系列产品的组成与规模灵活可变，最大输入/输出点数达到4096点；最大程序存储器容量可达252k步；采用扩展存储器后可以达到32MB；基本指令的处理速度可以达到34ns；整个系统的处理速度得到很多的提升，多个CPU模块可以在同一基板上安装，CPU模块间可以通过自动刷新来进行定期通信，或通过特殊指令进行瞬时通信。三菱Q系列PLC被广泛应用于各种中大型复杂机械、自动生产线的控制场合。

## 1.2.3 欧姆龙 PLC

日本欧姆龙（OMRON）公司的PLC较早进入中国市场，开发了最大的I/O点数在140点以下的C20P、C20等微型PLC；最大I/O点数在2048点的C2000H等大型PLC。图1-15所示为欧姆龙PLC系列产品的实物外形。公司产品被广泛用于自动化系统设计的产品中。

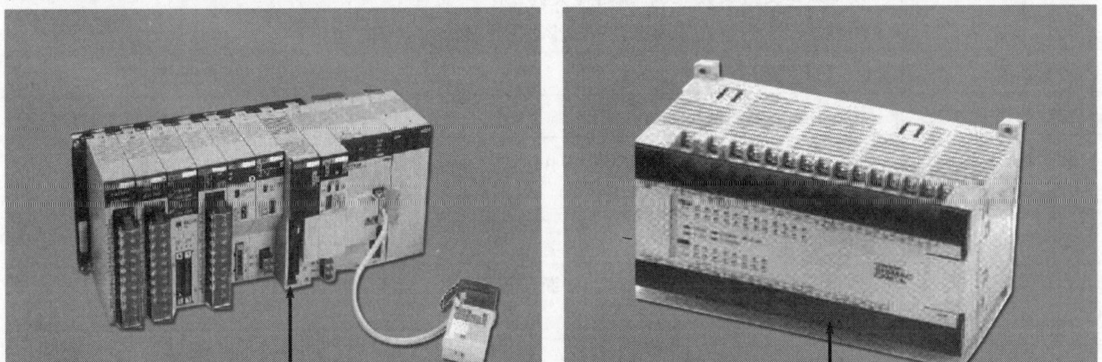


图1-15 欧姆龙PLC系列产品的实物外形

欧姆龙公司对可编程序控制器及其软件的开发有自己的特殊风格。例如，C2000H 大型 PLC 是将系统存储器、用户存储器、数据存储器和实际的输入输出接口、功能模块等，统一按绝对地址形式组成系统。它把数据存储和电器控制使用的术语合二为一，命名数据区为 I/O 继电器、内部负载继电器、保持继电器、专用继电器、定时器/计数器。

下面以典型欧姆龙 CP1L 型系列 PLC 为例，详细了解相关参数及性能配置。欧姆龙 CP1L 型系列 PLC 部分产品的主要性能参数如表 1-5 所示。

**表 1-5　欧姆龙 CP1L 型系列 PLC 主要性能参数**

| 项　目 | | 产品类型型号 | | | |
|---|---|---|---|---|---|
| | | CP1L—M60 | CP1L—M30 | CP1L—L20 | CP1L—L10 |
| 控制方式 | | 存储程序方式 | | | |
| 输入输出控制方式 | | 循环扫描方式和每次处理方式并用 | | | |
| 程序语言 | | 梯形图方式 | | | |
| 功能块 | | 功能块定义最大数 128，瞬时最大数 256<br>功能块定义内可以使用语言：梯形图、结构文本（ST） | | | |
| 指令长度 | | 1～7 步/1 指令 | | | |
| 指令种类 | | 约 500 种 | | | |
| 指令执行时间 | | 基本指令：0.55μs 应用指令：4.1μs | | | |
| 共同处理时间 | | 0.4ms | | | |
| 程序容量 | | 10k 步 | | 5k 步 | |
| 任务数 | 定时中断任务 | 288 个（循环执行任务 32 个、中断任务 256 个）<br>1 个（No.2 固定） | | | |
| 任务数 | 输入中断任务 | 6 个（No.140～145） | | | 2 个（No.140～145） |
| 子程序数最大值 | | 256 个 | | | |
| 跨跳数最大值 | | 256 个 | | | |
| 通道区 | 输入继电器 | 36 点 0.00～0.11<br>1.00～1.11、2.00～2.11 | 18 点 0.00～0.11、1.00～1.05 | 12 点 0.00～0.11 | 6 点 0.00～0.05 |
| 通道区 | 输出继电器 | 24 点 100.00～100.07、101.00～101.07、102.00～102.07 | 12 点 100.00～100.07、101.00～101.03 | 8 点 100.00～100.07 | 4 点 100.00～100.03 |
| 通道区 | 1 比 1 连接继电器区域 | 1024 点（64CH）3000.00～3063.15（3000～3063CH） | | | |
| 通道区 | 串行 PLC 连接继电器 | 1440 点（90CH）3100.00～3189.15（3100～3189CH） | | | |
| 内部辅助继电器 | | 8192 点（512CH）W0.00～W511.15 通道 I/O 37<br>504 点（2344CH）3800.00～6143.15（3800～6143CH） | | | |

（续）

| 项　　目 | 产品类型型号 | | | |
|---|---|---|---|---|
| | CP1L—M60 | CP1L—M30 | CP1L—L20 | CP1L—L10 |
| 暂时记忆继电器 | 16 点 TR0 ~ TR15 | | | |
| 保持继电器 | 8192 点（512CH）H0.00 ~ H511.15（H0 ~ H511） | | | |
| 特殊辅助继电器 | 读出专用（写入禁止）7168 位（448CH）A0.00 ~ A447.15（A0 ~ A447CH）<br>可读出/写入 8192 点（512CH）A448.00 ~ A959.15（A448 ~ A959CH） | | | |
| 定时器 | 4096 位 T0 ~ T4095 | | | |
| 计数器 | 4096 位 C0 ~ C4095 | | | |
| 数据存储 | 32K 字 D0 ~ D32767 | | 10K 字 D0 ~ D9999、D32000 ~ D32767 | |
| 数据寄存器 | 16 个（16 位）DR0 ~ DR15 | | | |
| 索引寄存器 | 16 个（32 位）IR0 ~ IR15 | | | |
| 任务标志区 | 32 个 TK0000 ~ TK0031 | | | |
| 追踪存储 | 4000 字 | | | |
| 内存盒 | 可以安装专用内存盒（CP1W-ME05M） | | | |
| 时钟功能 | 有 | | | |
| 通信功能 | 内置并联端口（USB1.1）×1 | | | |
| | 2 个串行通信端口 | | 1 个串行通信端口 | 不可 |
| 内存备份 | 闪存：用户程序、参数（PC 系统设定等）、可将注释信息和数据存储器的全部区域保存到闪存中（数据存储器的初始值）<br>电池备份：保持继电器、DM 区、计数器位 | | | |
| 电池寿命 | 25℃下 5 年 | | | |
| 内置输入输出点数 | 60 点（输入 36 点、输出 24 点） | 30 点（输入 18 点、输出 12 点） | 20 点（输入 12 点、输出 8 点） | 10 点（输入 6 点、输出 4 点） |
| 可以连接的扩展 I/O 数 | 3 台 | | 1 台 | 不可 |
| 最大输入/输出点数 | 180 点（内置 60 点 + 扩展 40 点 ×3 台） | 150 点（内置 30 点 + 扩展 40 点 ×3 台） | 60 点（内置 20 点 + 扩展 40 点 ×1 台） | 10 点（内置） |
| 输入中断 | 6 点（响应时间：0.3ms） | | | 2 点（响应时间：0.3ms） |
| 输入中断计数器模式 | 6 点（总计最大 5kHz）<br>数值范围：16 位加法计算或减法计算 | | | 2 点（总计最大计 5kHz）<br>数值范围：16 位加法计算或减法计算 |
| 脉冲捕捉输入 | 6 点（最小脉冲输入：50μs 以上） | | | 2 点（最小脉冲输入：50μs 以上） |
| 定时中断 | 1 点 | | | |

（续）

| 项　　目 | | 产品类型型号 | | | |
|---|---|---|---|---|---|
| | | CP1L—M60 | CP1L—M30 | CP1L—L20 | CP1L—L10 |
| 高速计数器 | | 4 点/2 轴（DC24V 输入）相位差（4 倍速）50kHz；单相（脉冲 + 方向、加/减、增量）100kHz；数值范围：32 位线性模式/环形模式；中断：目标值一致比较/带域比较 | | | |
| 脉冲输出（仅限晶体管输出型） | 脉冲输出 | 梯形加减速/S 形加减速<br>2 点 1Hz ~ 100kHz | | | |
| | PWM 输出 | 占空比 0.0 ~ 100.0% 可变<br>2 点 0.1 ~ 6553.5Hz 与 1 ~ 32800Hz | | | |
| 模拟量容量 | | 1 点（设定范围：0 ~ 255） | | | |
| 外部模拟量输入 | | 1 点（分辨率：1/256 输入范围：0 ~ 10V）非绝缘 | | | |

## 1.2.4　松下 PLC

松下 PLC 是目前国内比较常见的 PLC 产品之一，其功能完善，性价比较高。图 1-16 所示为松下 PLC 不同系列产品的实物外形。松下 PLC 可分为小型的 FP—X、FP0、FP1、FPΣ、FP—e 系列产品；中型的 FP2、FP2SH、FP3 系列；大型的 EP5 系列等。

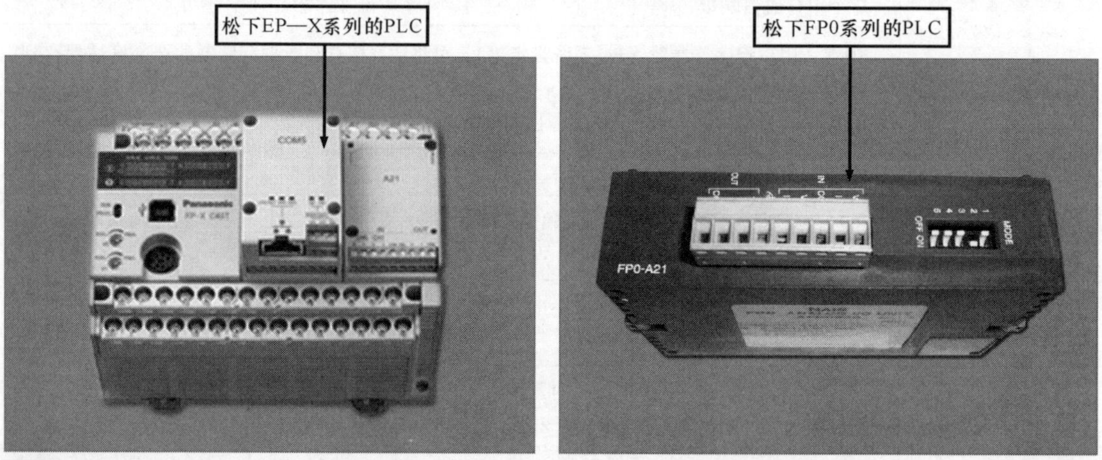


图 1-16　松下 PLC 不同系列产品实物外形

**【资料】**

具体了解一下松下 PLC 的主要功能特点：

① 具有超高速处理功能，处理基本指令只需 0.32μs，还可快速扫描。程序容量大，容量可达到 32k 步。

② 具有广泛的扩展性，I/O 最多为 300 点。还可通过功能扩展插件、扩展 FP0 适配器，使扩展范围更进一步扩大。

③ 可靠性和安全性可以保证，8 位密码保护和禁止上传功能，可以有效地保护系统程序。

④ 通过普通 USB 电缆线（AB 型）即可与计算机实现连接。

⑤ 部分产品具有指令系统，功能十分强大。

⑥ 部分产品采用了可以识别 FP-BASIC 语言的 CPU 及多种智能模块，可以设计十分复杂的控制系统。

⑦ FP 系列都配置通信机制，并且使用的应用层通信协议具有一致性，可以设计多级 PLC 网络控制系统。

下面以松下 PLC 典型几款产品为例，详细了解一下相关参数和系统配置。

**1. 松下 FP1 系列 PLC**

松下 FP1 系列有 C14、C16、C24、C40、C56、C72 多种规格产品，虽然是小型机，但性价比却很高，该产品比较适合于中小型企业中。

FP1 硬件配置除主机外，还可外加 I/O 扩展模块、A/D（模/数转换）、D/A（数/模转换）模块等智能单元。其最多可配置几百点，机内有高速计数器，可输入频率高达 10 kHz 的脉冲，并可同时输入两路脉冲，还可输出可调的频率脉冲信号（晶体管输出型）。

FP1 有 190 等多条功能指令，除基本逻辑运算外，还可进行 +、-、×、÷ 四则运算。其有 8 位、16 位、32 位数字处理功能，并能进行多种码制变换。FP1 还有中断程序调用、凸轮控制、高速计数、字符打印、步进等特殊功能指令。

FP1 监控功能很强，可实现梯形图监控、列表继电器监控、动态时序图监控（可同时监控 16 个 I/O 点的时序）具有几十条监控命令，多种监控方式，指令和监控结果可用日本、英国、德国、意大利亚四种文字显示。

FP1 系列部分产品的主要性能参数如表 1-6 所示。

**表 1-6 FP1 系列 PLC 典型产品的主要性能参数**

| 项 目 | FP1—C16 | FP1—C40 |
|---|---|---|
| I/O 分配 | 8/8 | 24/16 |
| 最大 I/O 点数 | 32 | 120 |
| 程序容量 | 900 步 | 2 720 步 |
| 指令数 | 126 | 154 |
| 内部继电器 | 256 | 1 008 |
| 特殊继电器 | 64 | 64 |
| 定时/计数器 | 128 | 144 |
| 数据计数器 | 256 | 1 660 |
| 串行通信 | | 1HC RS232C |
| 存储器类型 | EEPOM RAM（备份电池）和 EPROM | |
| 运行速度 | 1.6μs/步 | |
| 高速计数 | X0、X1 为计数输入，可加可减 | |

**2. 松下 FPΣ 系列 PLC**

FPΣ 系列 PLC 保持机身小巧、使用简便的同时，加载了中型 PLC 的功能。采用通信模块插件大幅增强了通信功能，可以实现最大 100 kHz 的位置控制；具有数据备份结构，可以对数据寄存器区进行完全备份，日历、时钟的数据也能由电池备份，I/O 注释可以与程序一同写入，大幅提高了系统保存性；具有高速、丰富的实数运算功能；FPΣ 型的 PLC 实现了 PID 控制的指令，可以进行自整，实现简便、高性能的控制；为了防止出厂后的意外改写程序或保护原始程序不被窃取，FPΣ 还可以设置密码功能。

**3. 松下 FP2/FP2SH 系列 PLC**

FP2 系列 PLC 有 FP2—C1，FP2—C1D，FP2—C1SL，FP2—C1A 等型号产品，外形结构紧凑，但保持了中规模 PLC 的功能，具有多种高功能单元，使得本系统能够从事诸如模拟量控制、联网和位置控制。FP2 系列集多种功能于一体，具有优良的性能价格比，I/O 点数基本结构最大 768 点，扩展结构最大 1600 点，使用远程 I/O 系统最大 2 048 点。它的 CPU 单元配有一个 RS—232编程口，可直接与人机界面相连。此外还带有一个用于远程监控和通过调制解调器进行维护的高级通信接口。

FP2SH 系列 PLC 的扫描时间为 1ms/20k 步，实现了超高速处理，它的程序容量最大为 120k 步，具有足够的程序容量。同时还配备了小 PC 卡，可用于程序备份或用作扩张数据内存，应用与大量数据进行处理的领域。此外，它内置注释和日历定时器功能。

**4. 松下 FP3/FP10SH 系列 PLC**

FP10SH 系列 PLC 的特点：高速 CPU；最多可控制 2 048 个 I/O 点；可利用中继功能执行高优先级的中断程序；编程器可在程序中插入注释，便于后期的检查与调试；具有高精度定时功能/日历功能；具备 16k 步的大程序容量；288 条方便指令功能；EPPROM 写入功能；还有就是网络的连接及安装十分简便。

# 第 2 章

# PLC 的灵魂——编程语言

现在，开始进入第 2 章的学习：这一章我们要认识一下 PLC 的编程语言。PLC 的编程语言可为 PLC 的灵魂，无论是 PLC 的设计、改造还是调试维修，电气技术人员都要了解 PLC 的编程语言。其中 PLC 梯形图和 PLC 语句表作为 PLC 最重要的两种编程语言（编程方式），已经成为 PLC 的编程标准。在学习 PLC 编程之前，让我们先了解一下这两种 PLC 编程语言有何特色、有何联系。

## 2.1 什么是 PLC 梯形图

PLC 梯形图是 PLC 非常重要的编程语言。若要学习 PLC 的编程技能，掌握 PLC 的设计构造，领会 PLC 的实际应用，一定要对 PLC 梯形图有系统的了解。下面，我们首先来认识一下什么是 PLC 梯形图。

### 2.1.1 PLC 梯形图能干什么

PLC 梯形图是 PLC 程序设计中最常用的一种编程语言。它继承了继电器控制线路的设计理念，采用图形符号的连接图形式直观形象地表达电气线路的控制过程。它与电气控制线路非常类似，十分易于理解可以说是广大电气技术人员最容易接受和使用的编程语言。

图 2-1 所示为典型电气控制线路与 PLC 梯形图的对应关系。

由图 2-1 可以看到，从电气控制原理图到 PLC 梯形图，整个程序设计保留了电气控制原理图的风格。在 PLC 梯形图中，特定的符号和文字标识标注了控制线路各电气部件及其工作状态。整个控制过程由多个梯级来描述，也就是说每一个梯级通过能流线上连接的图形、符号或文字标识反映了控制过程中的一个控制关系。在梯级中，控制条件表示在左面，然后沿能流线逐渐表现出控制结果。这就是 PLC 梯形图，这种编程设计习惯非常直观、形象，与电气线路图十分对应，控制关系一目了然。

因此，搞清 PLC 梯形图可以非常快速地了解整个控制系统的设计方案（编程），洞悉控制系统中各电气部件的连接和控制关系，为控制系统的调试、改造提供帮助，若控制系统出现故障，从 PLC 梯形图入手也可准确快捷地作出检测分析，有效地完成对故障的排查。可以说 PLC 梯形图在电气控制系统的设计、调试、改造以及检修中有着重要的意义。

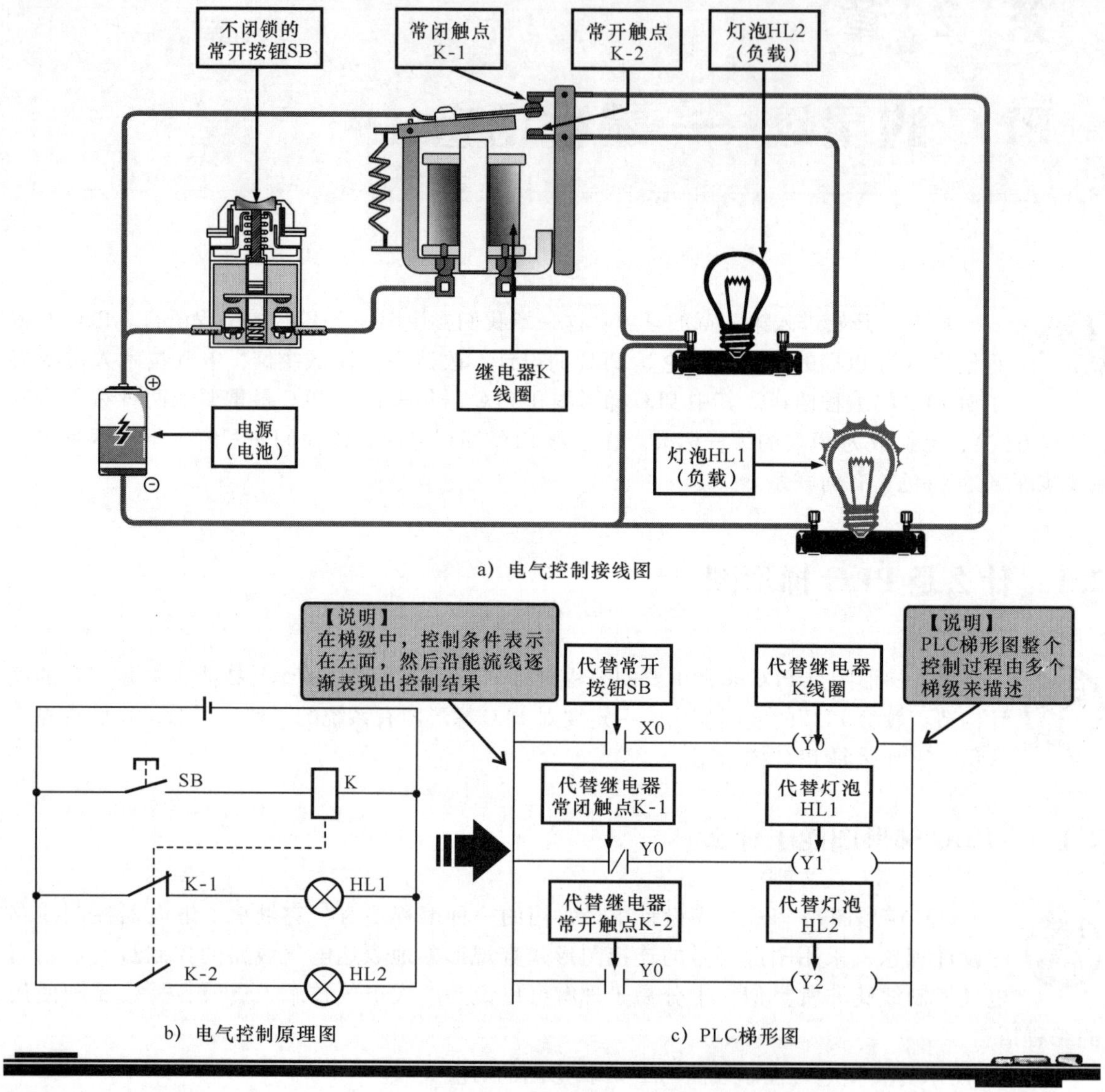


图 2-1　典型电气控制线路与 PLC 梯形图的对应关系

**【注意】**

由于 PLC 生产厂家的不同，PLC 梯形图中所定义的触点符号，线圈符号以及文字标识等所表示的含义都会有所不同。例如，三菱公司生产的 PLC 就要遵循三菱 PLC 梯形图编程标准，西门子公司生产的 PLC 就要遵循西门子 PLC 梯形图编程标准，具体要以设备生产厂商的标准为依据。

**1. PLC 梯形图在控制系统设计中的应用**

电气设计人员通过 PLC 梯形图完成的雨水再利用的自动化控制设计方案，如图 2-2 所示。通过 PLC 编辑软件完成 PLC 梯形图的编写后，将编写程序输入 PLC，再根据设计要求完成各设备之间的连接，这就是 PLC 梯形图最基础的应用。

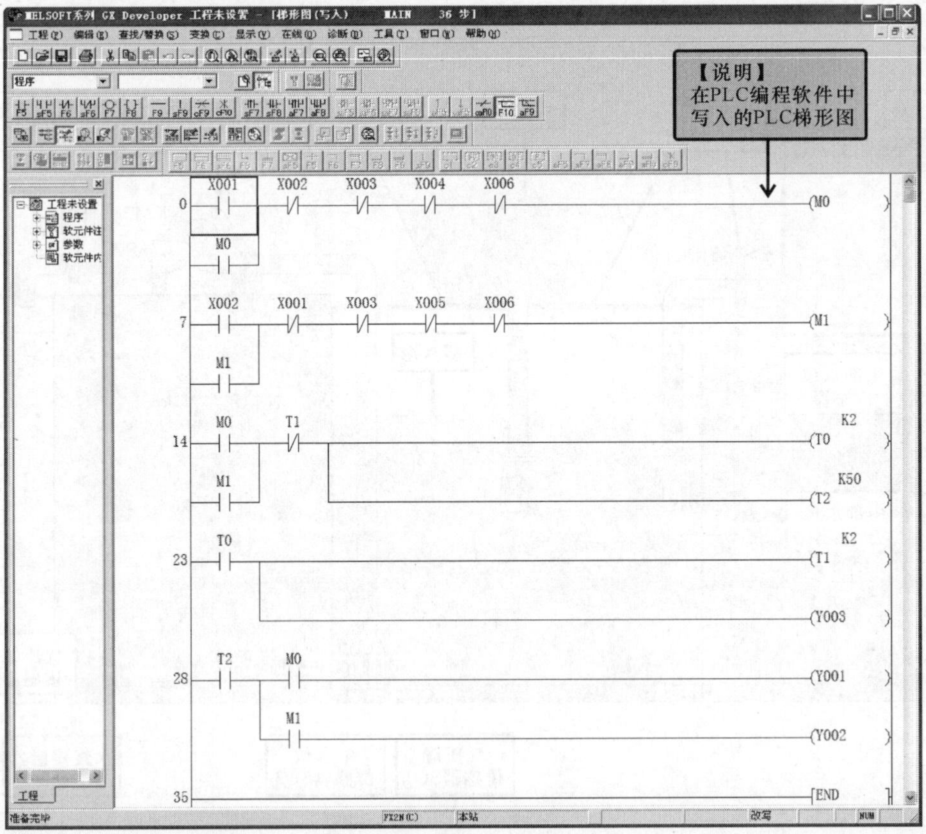


图 2-2　雨水再利用的自动化控制系统的设计方案

**2. PLC 梯形图在控制系统改造中的应用**

若需要对原控制系统进行改造，通过 PLC 梯形图了解原先的设计方案，然后在原设计方案的基础上，改写程序，调整外部设备的连接关系，即可在最短的时间内以最小的成本投入完成项目的改造。

图 2-3 所示为采用图 2-2 设计程序完成的雨水再利用的自动化控制系统。

通过对原始 PLC 梯形图的分析即可快速完成对整个系统的改造方案。图 2-4 所示为改造后的雨水再利用的自动化控制系统。

底部水位传感器增加完成后，绘制 PLC 梯形图编写时所需的 I/O 分配表，如表 2-1 所示。

可以看到，利用 PLC 梯形图非常方便地完成了低水位传感器的添加使系统能够对低水位状态进行有效的检测和控制。

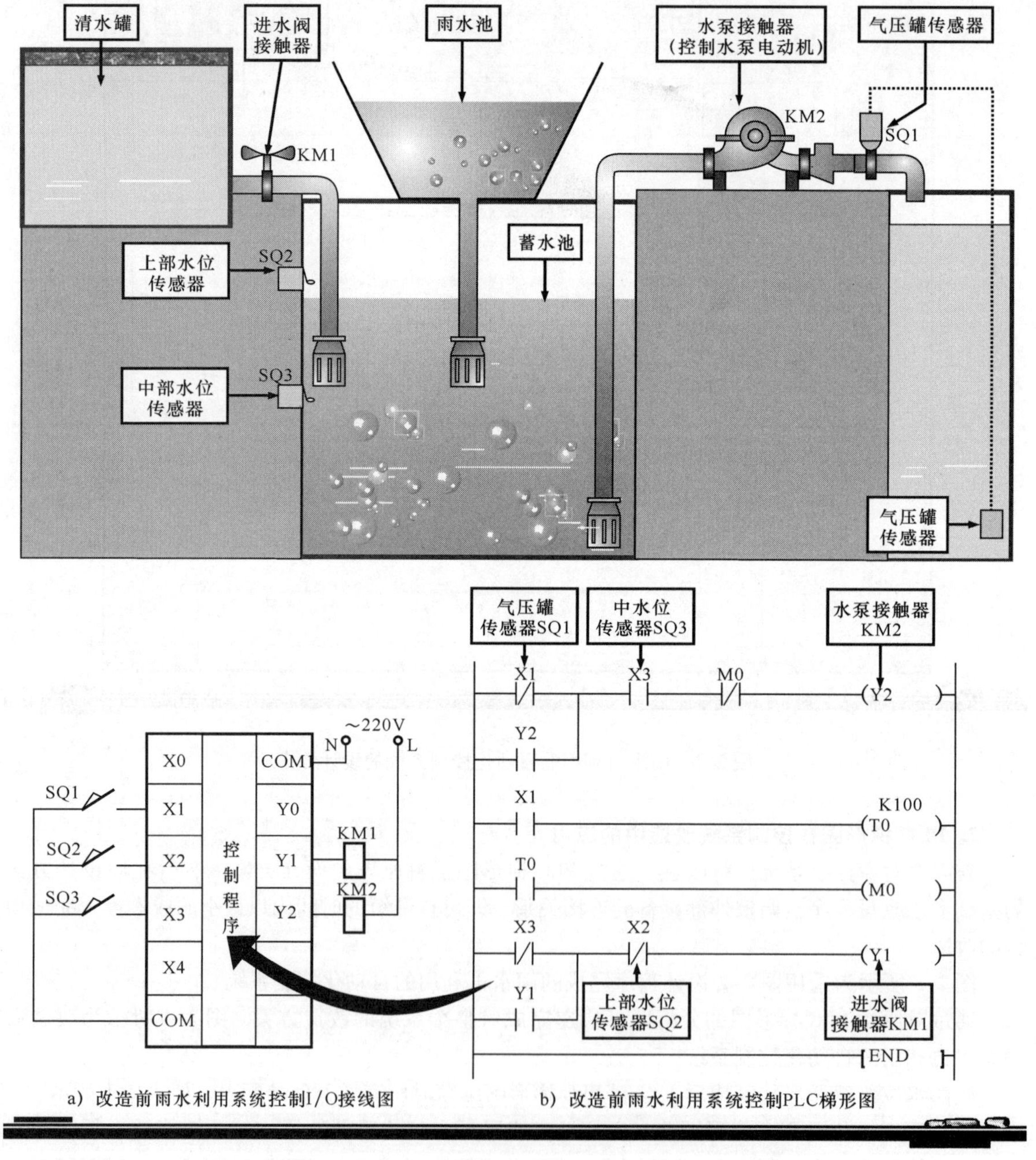


a）改造前雨水利用系统控制I/O接线图　　b）改造前雨水利用系统控制PLC梯形图

图 2-3　采用图 2-2 设计程序完成的雨水再利用的自动化控制系统

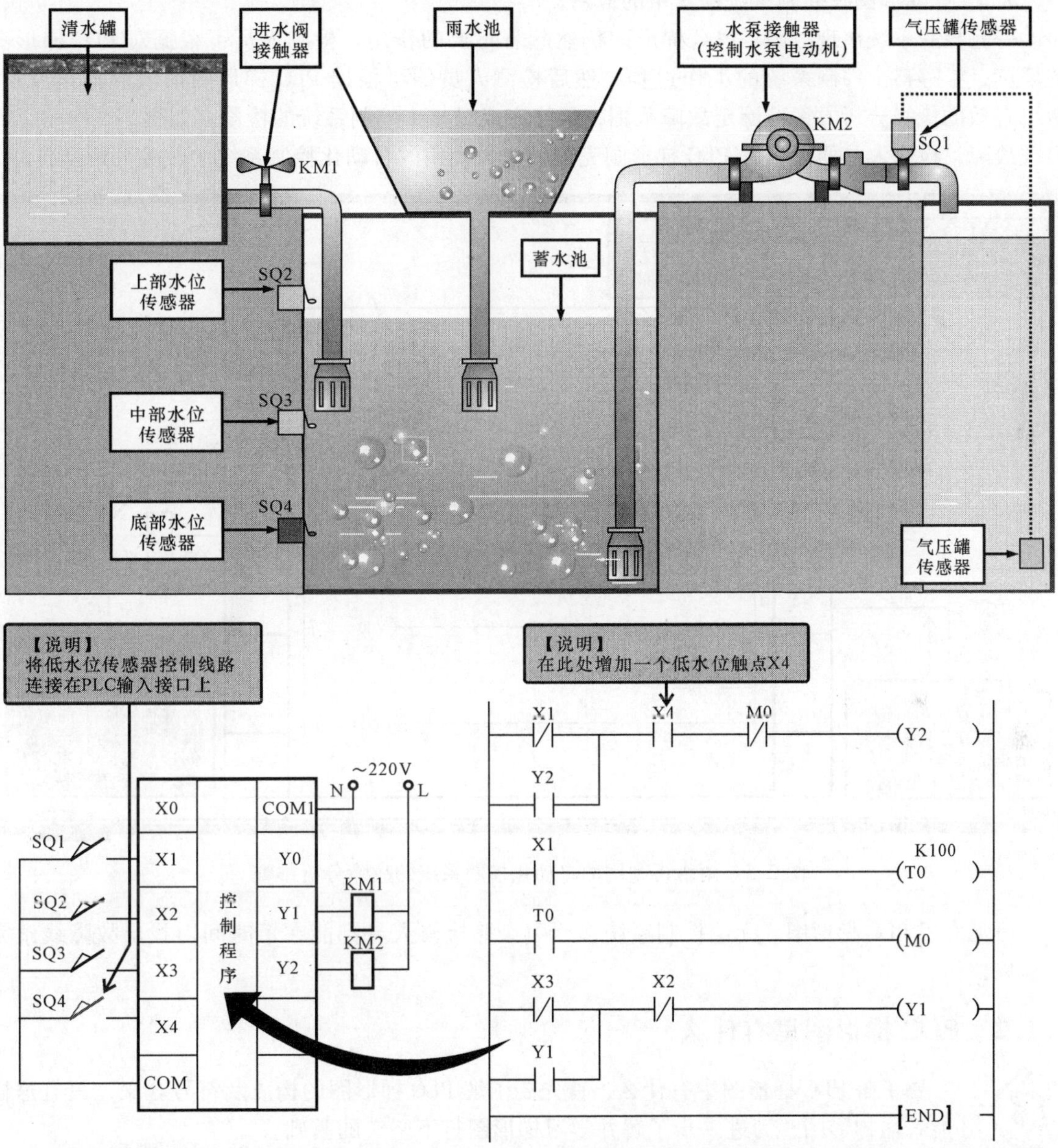


a) 改造前雨水利用系统控制I/O接线图　　b) 改造前雨水利用系统控制PLC梯形图

图 2-4　改造后的雨水再利用的自动化控制系统

**表 2-1　雨水利用控制系统的 PLC 控制 I/O 分配表**

| 输入信号及地址编号 | | | 输出信号及地址编号 | | |
|---|---|---|---|---|---|
| 名　称 | 代　号 | 输入点地址编号 | 名　称 | 代　号 | 输出点地址编号 |
| 气压罐传感器 | SQ1 | X1 | 进水阀接触器 | KM1 | Y1 |
| 上部水位传感器 | SQ2 | X2 | 水泵接触器 | KM2 | Y2 |
| 中部水位传感器 | SQ3 | X3 | | | |
| 底部水位传感器 | SQ4 | X4 | | | |

**3. PLC 梯形图在控制系统检修中的应用**

一旦控制系统出现故障，PLC 梯形图仍然起着重要的作用。检测人员可根据对 PLC 梯形图的识读，了解整个控制系统的工作过程，然后检测人员便可根据 PLC 梯形图反映的动作关系，做出有效的检修分析方案，圈定故障范围，最终完成对整个控制系统的检修。如图 2-5 所示，若出现故障，检修人员便可依据 PLC 梯形图完成雨水再利用的自动化控制系统的故障分析排查。

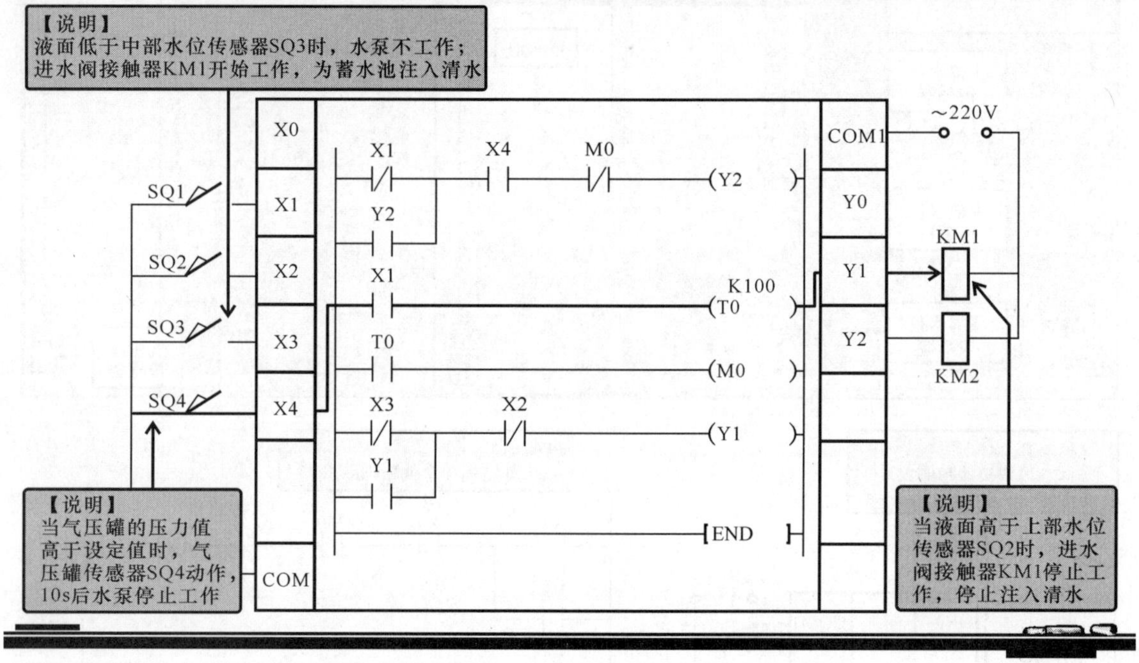


图 2-5　雨水再利用的自动化控制系统的故障分析排查

可见有了 PLC 梯形图，无论控制系统多么复杂，检修人员都能在短时间内找出故障线索完成检修工作。

## 2.1.2　PLC 梯形图里有什么

要了解 PLC 梯形图中有什么，首先要了解 PLC 梯形图的构成及符号含义，只有这样才能看懂梯形图，为进一步了解并学习梯形图打下坚实的基础。

**1. 梯形图的构成及符号含义**

梯形图主要是由母线、触点、线圈构成的，如图 2-6 所示。图中左、右的垂直线称为左、右母线；触点对应电气控制原理图中的开关、按钮、继电器触点、接触器触点等电气部件；线圈对应电气控制原理图中的继电器线圈、接触器线圈等，通常用来控制外部的指示灯、电动机、继电器线圈、接触器线圈等输出元件。

（1）母线

梯形图中两侧的竖线称为母线，在分析梯形图的逻辑关系时，可参照电气原理图的分析方式进行分析。如图 2-7 所示，在典型电气原理图，电流由电源的正极流出，经开关 SB1 加到灯泡 HL1 上与电源负极构成一个完整的回路，灯泡 HL1 点亮；电气原理图所对应的梯形图中，假定左母线代表电源正极，右母线代表电源负极，母线之间有“能流”，能流代表电流，从左向右流动，即能流由左母线经触点 X0 加到线圈 Y0 上，与右母线构成一个完整的回路，线圈 Y0 得电。

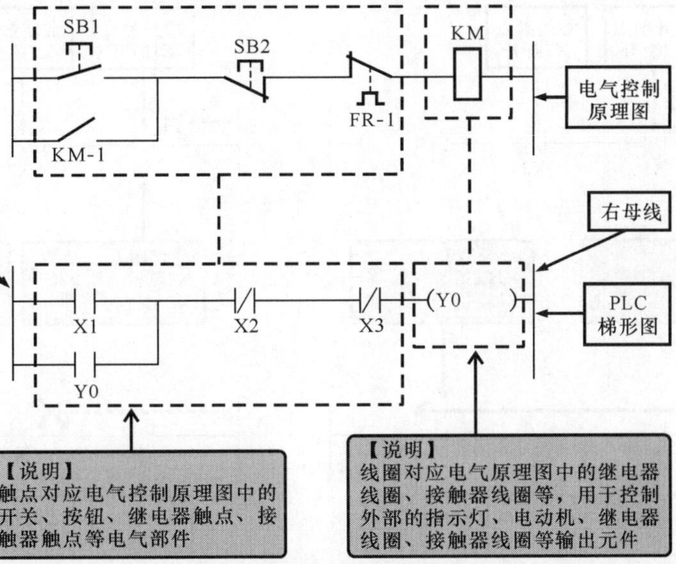


图 2-6　梯形图的构成及符号含义

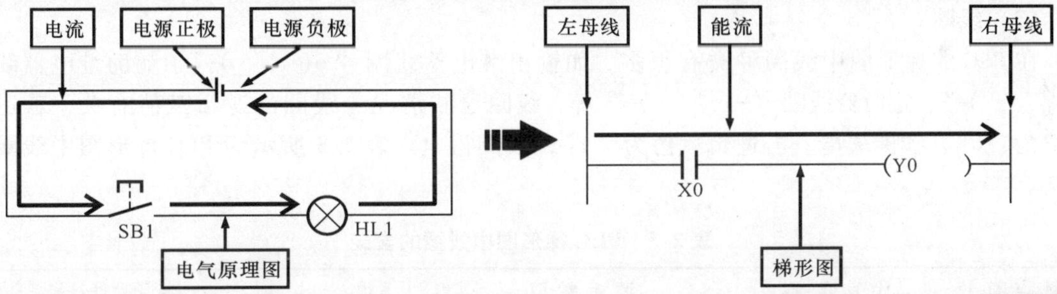


图 2-7　典型电气原理图与对应的梯形图

（2）触点

在 PLC 的梯形图中有两类触点，分别为常开触点“┤├”和常闭触点“┤/├”，触点的通断情况与触点的逻辑赋值有关，若逻辑赋值为“0”，常开触点“┤├”断开，常闭触点“┤/├”断开；若逻辑赋值为“1”，常开触点“┤├”闭合，常闭触点“┤/├”闭合。表 2-2 所示为 PLC 梯形图中触点的含义。

**表 2-2　PLC 梯形图中触点的含义**

| 触点符号 | 代表含义 | 逻辑赋值 | 状态 | 常用地址符号 |
|---|---|---|---|---|
| ┤├ | 常开触点 | “0”或“OFF”时 | 断开 | X、Y、M、T、C |
| | | “1”或“ON”时 | 闭合 | |
| ┤/├ | 常闭触点 | “1”或“ON”时 | 闭合 | |
| | | “0”或“OFF”时 | 断开 | |

图 2-8 所示为 PLC 梯形图内部触点的动作过程，从图中可看出当常开触点 X1 赋值为“1”，X2 赋值为“1”时，线圈 Y0 才可得电。

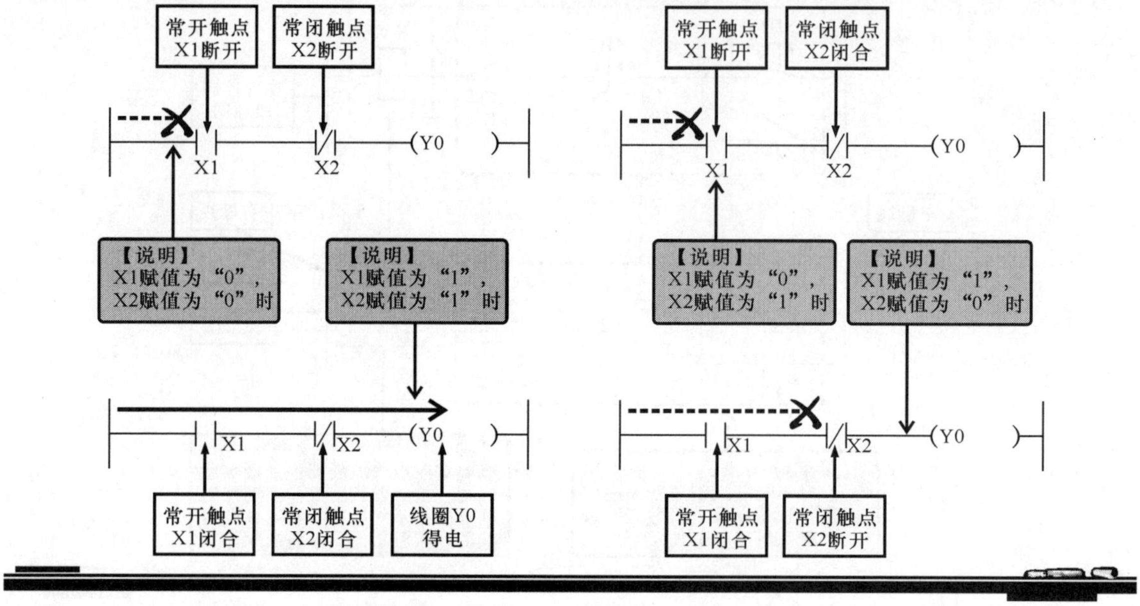


图 2-8　PLC 梯形图内部触点的动作过程

(3) 线圈

在 PLC 的梯形图中线圈种类有很多，如输出继电器线圈“—(　　)—”、辅助继电器线圈“—(　　)—”、定时器线圈“—(　　)—”等，线圈通断情况与线圈的逻辑赋值有关，若逻辑赋值为“0”，线圈失电；若逻辑赋值为“1”，线圈得电。表 2-3 所示为 PLC 梯形图中线圈的含义。

**表 2-3　PLC 梯形图中线圈的含义**

| 触点符号 | 代表含义 | 逻辑赋值 | 状态 | 常用地址符号 |
|---|---|---|---|---|
| —(　　)— | 线圈 | “0”或“OFF”时 | 失电 | Y、M、T、C |
| | | “1”或“ON”时 | 得电 | |

**2. PLC 梯形图中的继电器**

PLC 梯形图的内部是由许多不同功能的元件构成的，它们并不是真正的硬件物理元件，而是由电子电路和存储器组成的软元件，如 X 代表输入继电器，是由输入电路和输入映像寄存器构成的，用于直接输入给 PLC 的物理信号；Y 代表输出继电器，是由输出电路和输出映像寄存器构成的，用于从 PLC 直接输出物理信号；T 代表定时器、M 代表辅助继电器、C 代表计数器、S 代表状态继电器、D 代表数据寄存器，它们都是由存储器组成的，用于 PLC 内部的运算。

下面以典型的输入继电器、输出继电器和时间继电器为例进行介绍。

(1) 输入/输出继电器

输入继电器常使用字母 X 进行标识，与 PLC 的输入端子相连，将接收外部输入的开关信号状态读入并存储在输入映像寄存器中，它只能够使用外部输入信号进行驱动，而不能使用程序进行驱动；输出继电器常使用字母 Y 进行标识，与 PLC 的输出端子相连，将 PLC 输出的信号送给输出模块，然后由输出接口电路将其信号输出来控制外部的继电器、交流接触器、指示灯等负载，它只能够使用 PLC 内部程序进行驱动。图 2-9 所示为输入继电器和输出继电器的信号传递过程。

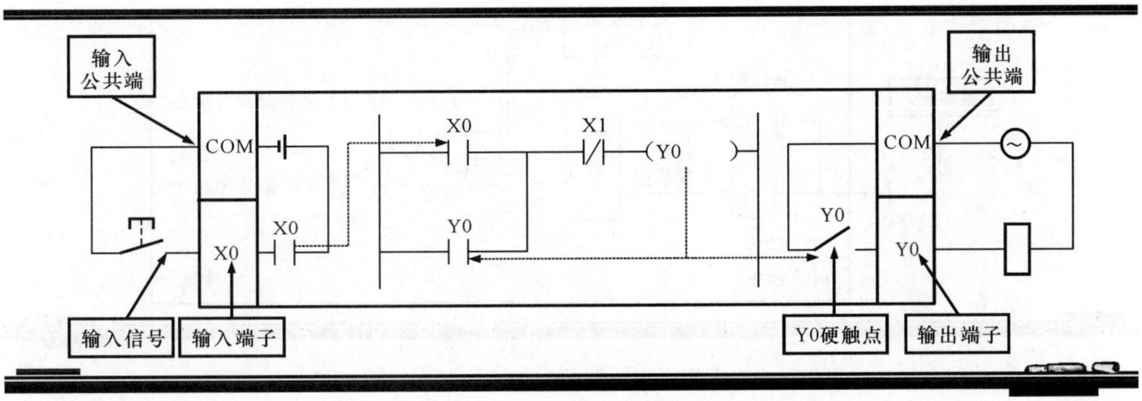


图2-9　输入继电器和输出继电器的信号传递过程

（2）定时器

PLC梯形图中的定时器相当于电气控制线路中的时间继电器，常使用字母T进行标识。不同品牌型号的PLC定时器其种类也有所不同，下面以三菱$FX_{2N}$系列PLC定时器为例进行介绍。

三菱$FX_{2N}$系列PLC定时器可分为通用型定时器和累计型定时器两种，该系列PLC定时器的定时时间$T$=分辨率等级（ms）×计时常数（$K$），不同类型、不同号码的定时器所对应的分辨率等级也有所不同，计算定时器的定时号码对应关系可参见表2-4进行计算。

**表2-4　三菱$FX_{2N}$系列PLC定时器定时号码对应的分辨率等级**

| 定时器类型 | 定时器号码 | 分辨率等级 | 计时范围 |
|---|---|---|---|
| 通用型定时器 | T0～T199 | 100ms | 0.1～3276.7s |
| | T200～T245 | 10ms | 0.01～327.67s |
| 累计型定时器 | T246～T249 | 1ms | 0.001～32.767s |
| | T250～T255 | 100ms | 0.1～3276.7s |

三菱$FN_{2X}$系列PLC中，一般用十进制的数来确定计时常数“$K$”值（0～32 767），例如定时器T0，其分辨率等级为100ms，当计时常数$K$预设值为50，则实际的定时时间$T$=100ms×50=5000ms=5s。

① 通用型定时器。通用型定时器的定时器线圈得电或失电后，经一段时间延时后，触点才会相应动作。但当输入电路断开或停电时，定时器不具有断电保持功能。图2-10为通用型定时器的内部结构及工作原理图。

输入继电器触点X0闭合，将计数数据送入计数器中，计数器从零开始对时钟脉冲进行计数，当计数值等于计时常数（设定值$K$）时，电压比较器输出端输出控制信号控制定时器常开触点、常闭触点相应动作。当输入继电器触点X0断开或停电时，计数器复位，定时器常开、常闭触点也相应复位。

图2-11所示为典型通用型定时器的工作过程。

当输入继电器触点X1闭合时，定时器线圈T200得电，开始从零对10ms时钟脉冲进行计数，即进行延时控制，当计数值与计时常数256相等时，定时器常开触点T200闭合，即延时时间到达2.56s时闭合，此时输出继电器线圈Y1得电。

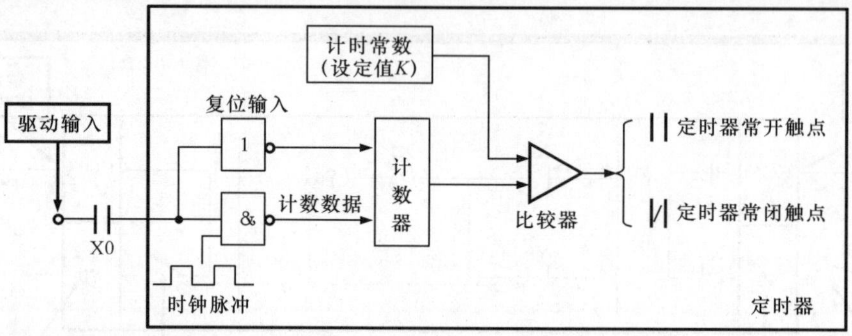


图 2-10　通用型定时器的内部结构及工作原理图

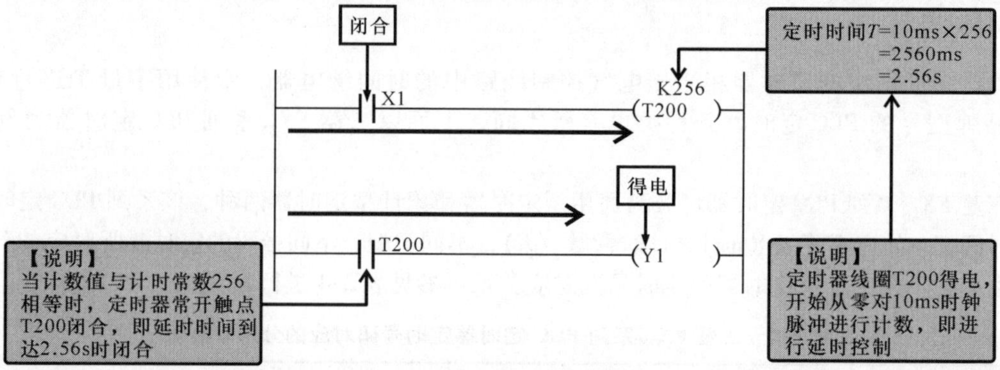


图 2-11　典型通用型定时器的工作过程

② 累计型定时器。累计型定时器与通用型定时器不同的是，累计型定时器在定时过程中断电或输入电路断开时，定时器具有断电保持功能，能够保持当前计数值，当通电或输入电路闭合时，定时器会在保持当前计数值的基础上继续累计计数。图 2-12 为累计型定时器的内部结构及工作原理图。

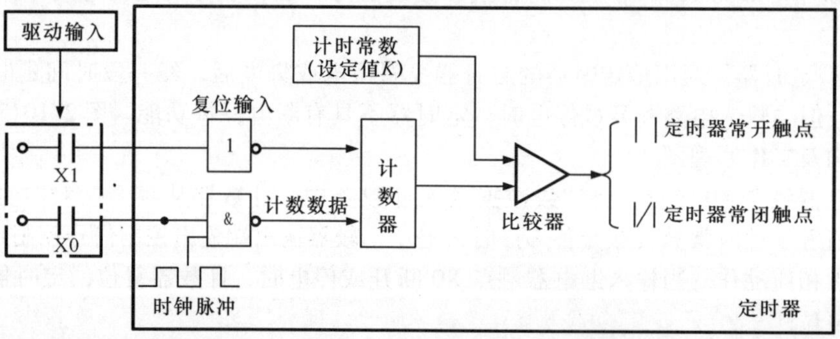


图 2-12　累计型定时器的内部结构及工作原理图

输入继电器触点 X0 闭合，将计数数据送入计数器中，计数器从零开始对时钟脉冲进行计数，当定时器计数值未达到计时常数（设定值 $K$）时输入继电器触点 X0 断开或断电时，计数器可保持当前计数值，当输入继电器触点 X0 再次闭合或通电时，计数器在当前值的基础上开始累计计数，当累计计数值等于计时常数（设定值 $K$）时，电压比较器输出端输出控制信号控制定时器常开触点、常闭触点相应动作。

当复位输入触点 X1 闭合时，计数器计数值复位，其定时器常开、常闭触点也相应复位。

图 2-13 所示为累计型定时器的工作过程。

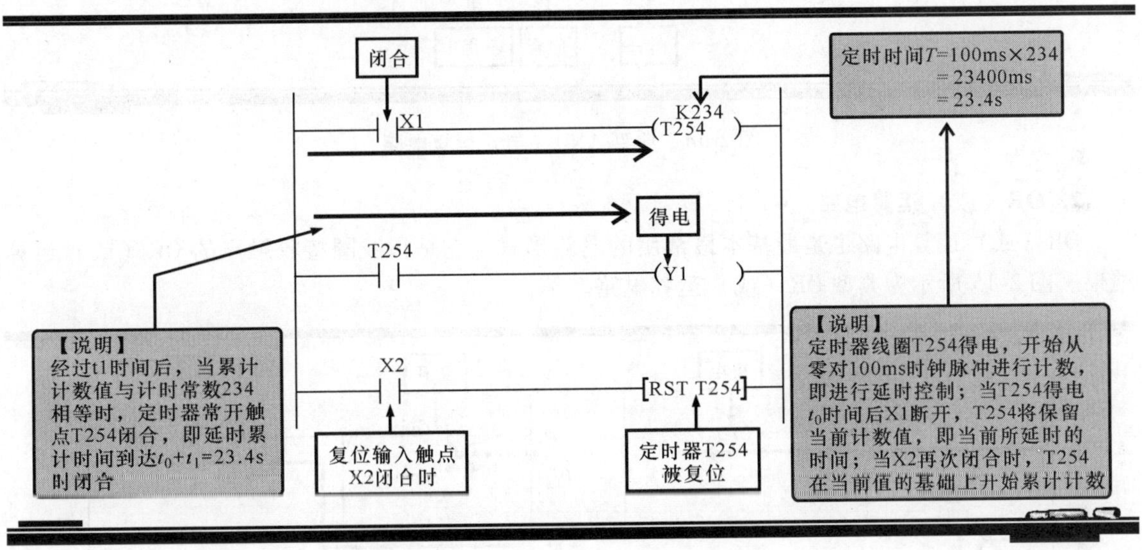


图 2-13　累计型定时器的工作过程

当输入继电器触点 X1 闭合时，定时器线圈 T234 得电，开始从零对 100ms 时钟脉冲进行计数，即进行延时控制；当定时器线圈 T254 得电 $t_0$ 时间后 X1 断开时，T254 将保留当前计数值，即当前所延时的时间；当 X1 再次闭合时，T254 在当前值的基础上开始累计计数，经过 $t_1$ 时间后，当累计计数值与计数常数 234 相等时，定时器常开触点 T254 闭合，即延时累计时间到达 $t_0+t_1=23.4$s 时闭合，输出继电器线圈 Y1 得电。

当复位输入触点 X2 闭合时，定时器 T254 被复位，当前值变为零，常开触点 T254 也随之复位断开。

## 2.1.3　PLC 梯形图中的基本电路形式

在 PLC 梯形图中 AND 运算电路、OR 运算电路、自锁电路、互锁电路、时间电路、分支电路等是非常基本的电路形式。

**1. AND（与）运算电路**

AND（与）运算电路是 PLC 编程语言中最基本最常用的电路形式，它是指线圈接收触点的 AND（与）运算结果。图 2-14 所示为典型 AND（与）运算电路。

当触点 X1 和触点 X2 均闭合时，线圈 Y0 才可得电；当触点 X1 和触点 X2 任意一点断开时，线圈 Y0 不能得电。线圈 Y0 接收的是触点 X1 和触点 X2 的 AND（与）运算结果，因此该类型的电路称之为 AND（与）运算电路。

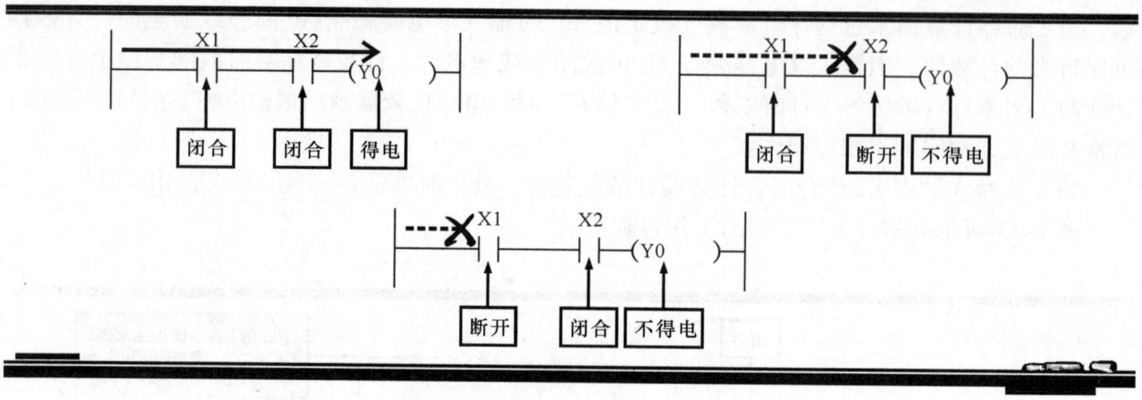


图 2-14　典型 AND（与）运算电路

**2. OR（或）运算电路**

OR（或）运算电路也是最基本最常用的电路形式，它是指线圈接收触点的 OR（或）运算结果。图 2-15 所示为典型 OR（或）运算电路。

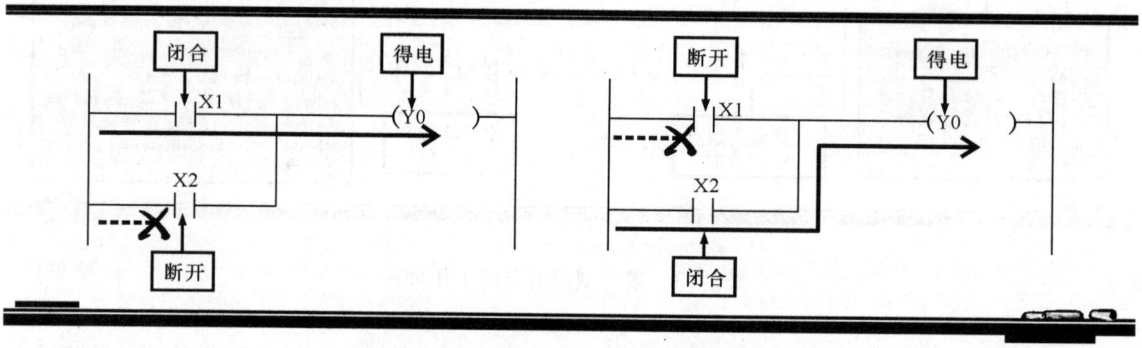


图 2-15　典型 OR（或）运算电路

当触点 X1 和触点 X2 任意一点闭合时，线圈 Y0 得电。线圈 Y0 接收的是触点 X1 和触点 X2 的 OR（或）运算结果，因此该类型的电路称之为 OR（或）运算电路。

**3. 自锁电路**

自锁电路是机械锁定开关电路编程中常用的电路形式，它是指输入继电器触点闭合，输出继电器线圈得电，控制其输出继电器触点锁定输入继电器触点，当输入继电器触点断开后，输出继电器触点仍能维持输出继电器线圈得电。

PLC 编程中常用的自锁电路有两种形式，分别为关断优先式自锁电路和起动优先式自锁电路。

（1）关断优先式自锁电路

图 2-16 所示为典型关断优先式自锁电路。该电路是指当输入继电器常闭触点 X2 断开时，无论输入继电器常开触点 X1 处于闭合还是断开状态，输出继电器线圈 Y0 均不能得电。

当输入继电器常开触点 X1 闭合时，输出继电器线圈 Y0 得电，使输出继电器常开触点 Y0 闭合自锁；当输入继电器常开触点 X1 断开时，输出继电器常开触点 Y0 仍能维持输出继电器线圈 Y0 得电。

当输入继电器常闭触点 X2 断开时，输出继电器线圈 Y0 失电，使输出继电器常开触点 Y0 断开；当需再次起动输出继电器线圈 Y0 时，需重新闭合输入继电器触点 X1。

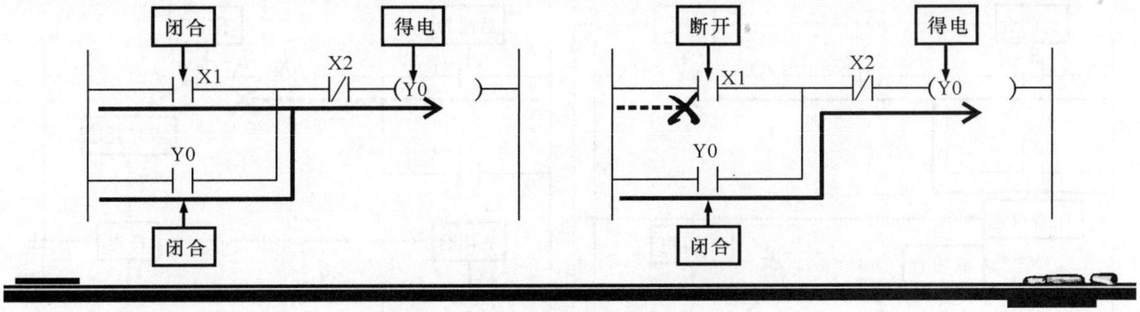


图2-16 典型关断优先式自锁电路

(2) 起动优先式自锁电路

图2-17所示为典型起动优先式自锁电路。该电路是指输入继电器常开触点X1闭合时，无论输入继电器常闭触点X2处于闭合还是断开状态时，输出继电器线圈Y0均能得电。

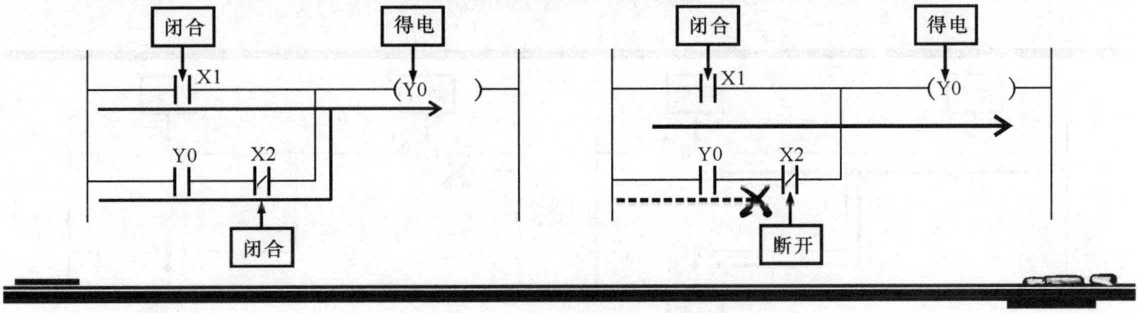


图2-17 典型起动优先式自锁电路

当输入继电器常开触点X1闭合时，输出继电器线圈Y0得电，使输出继电器常开触点Y0闭合与输入继电器常闭触点X2配合自锁；当输入继电器常开触点X1断开时，输出继电器常开触点Y0与输入继电器常闭触点X2配合仍能维持输出继电器线圈Y0得电。

当输入继电器常闭触点X2断开时，输出继电器线圈Y0才失电，使输出继电器常开触点Y0断开；当需再次起动输出继电器线圈Y0时，需重新闭合输入继电器触点X1。

**4. 互锁电路**

互锁电路是控制两个继电器不能够同时动作的一种电路形式，它是指通过其中一个线圈触点锁定另一个线圈，使其不能够得电。图2-18所示为典型互锁电路。

当输入继电器触点X1先闭合时，输出继电器线圈Y1得电，使其输出继电器常开触点Y1闭合自锁，输出继电器常闭触点Y1断开互锁，此时即使闭合输入继电器触点X3，输出继电器线圈Y2也不能够得电。

当输入继电器触点X3先闭合时，输出继电器线圈Y2得电，使其输出继电器常开触点Y2闭合自锁，输出继电器常闭触点Y2断开互锁，此时即使闭合输入继电器触点X1，输出继电器线圈Y1也不能够得电。

**5. 分支电路**

分支电路是由一条输入指令控制两条输出结果的一种电路形式。图2-19所示为典型分支电路。

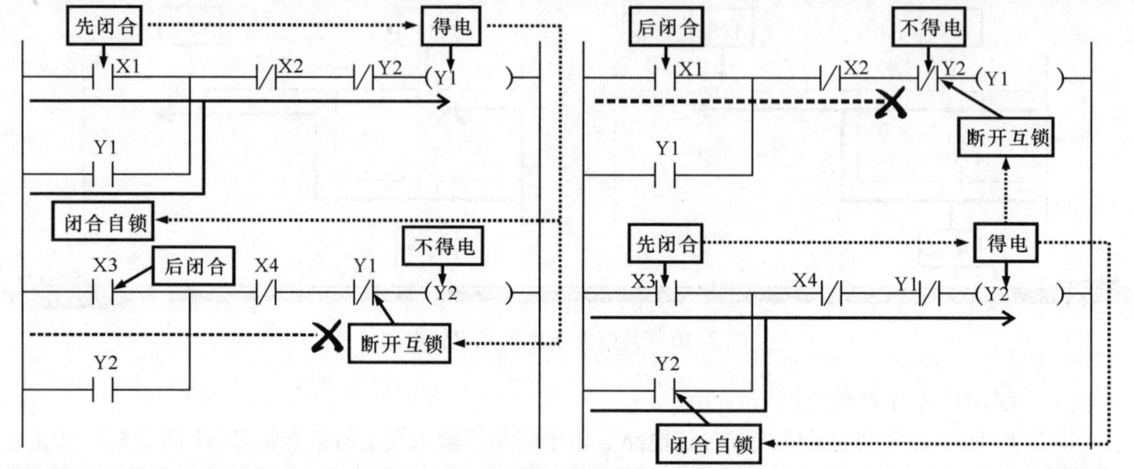


图 2-18　典型互锁电路

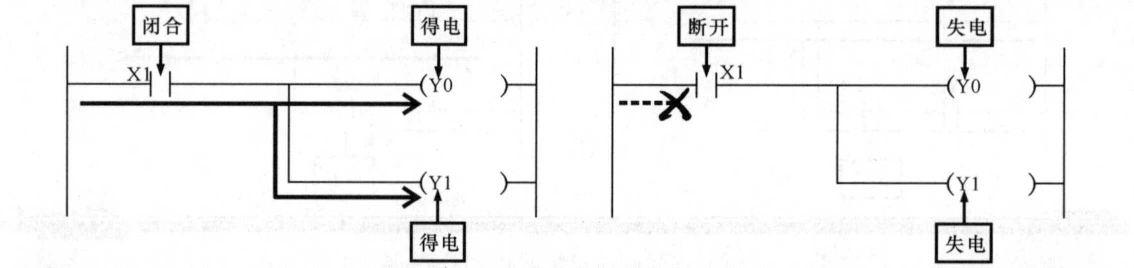


图 2-19　典型分支电路

当输入继电器触点 X1 闭合时，输出继电器线圈 Y0 和 Y1 同时得电；当输入继电器触点 X1 断开时，输出继电器线圈 Y0 和 Y1 同时失电。

**6. 时间电路**

时间电路是指由定时器进行延时、定时和脉冲控制的一种电路形式，相当于电气控制电路中的时间继电器的功能。

PLC 编程中常用的时间电路主要有由一个定时器控制的时间电路、由两个定时器组合控制的时间电路、定时器串联控制的时间电路等。

（1）一个定时器控制的时间电路

图 2-20 所示为一个定时器控制的时间电路。定时器 T1 的定时时间 $T = 100\text{ms} \times 30 = 3000\text{ms} = 3\text{s}$，即当定时器线圈 T 得电后，延时 3s 后，控制器常开触点 T1 闭合。

当输入继电器常开触点 X1 闭合时，定时器线圈 T1 得电，经 3s 延时后，定时器常开触点 T1 闭合，输出继电器线圈 Y1 得电。

（2）由两个定时器组合控制的时间电路

图 2-21 所示为两个定时器组合控制的时间电路，该电路可利用多个定时器实现更长时间的延时控制。图中定时器 T1 的定时时间 $T = 100\text{ms} \times 30 = 3000\text{ms} = 3\text{s}$，即当定时器线圈 T1 得电后，延时 3s 后，控制器常开触点 T1 闭合；定时器 T245 的定时时间 $T = 10\text{ms} \times 456 = 4560\text{ms} = 4.56\text{s}$，

即当定时器线圈 T245 得电后，延时 4.56s 后，控制器常开触点 T245 闭合。

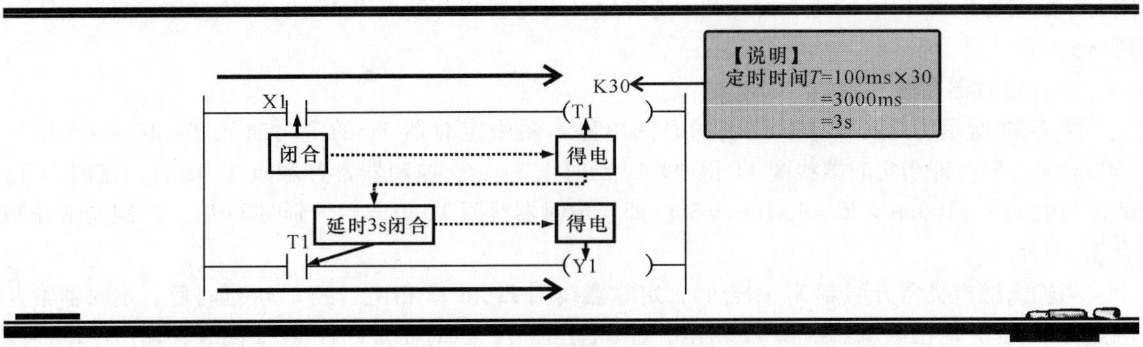


图 2-20　一个定时器控制的时间电路

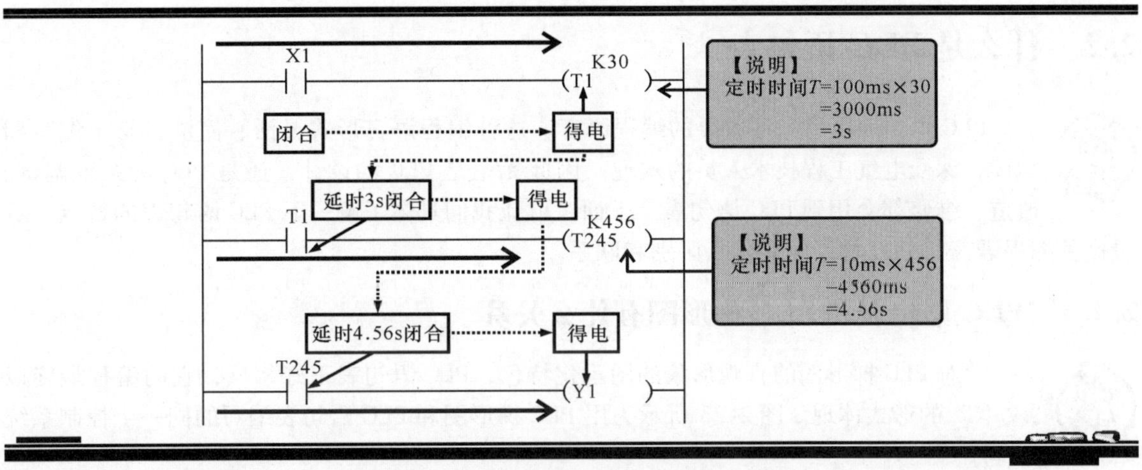


图 2-21　两个定时器组合控制的时间电路

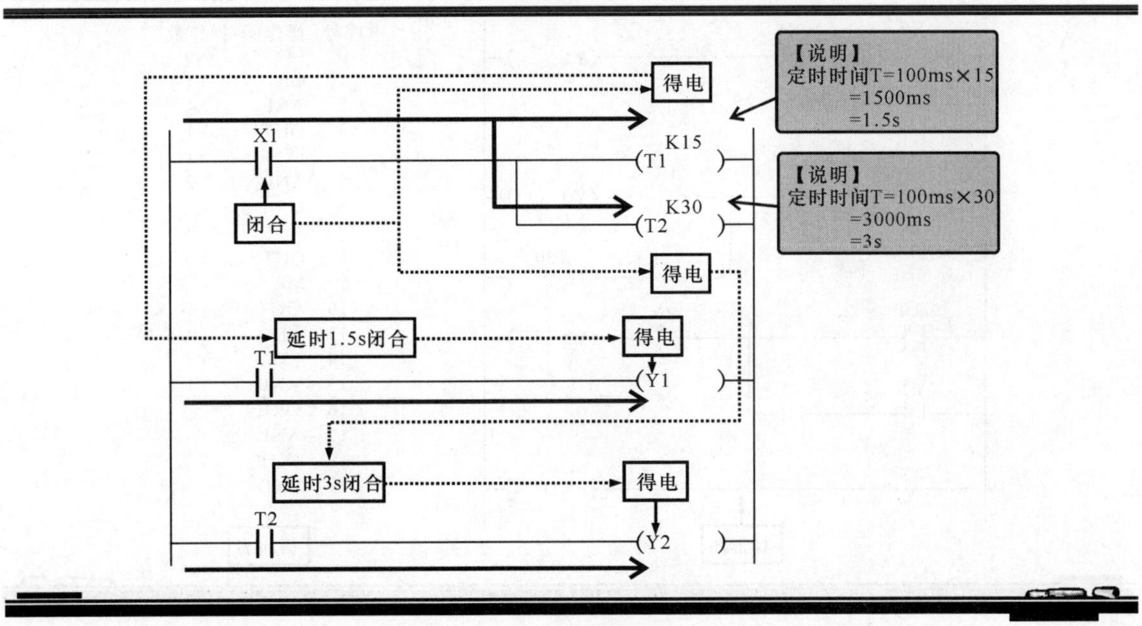


图 2-22　定时器串联控制的时间电路

当输入继电器常开触点 X1 闭合时，定时器线圈 T1 得电，经 3s 延时后，定时器常开触点 T1 闭合，定时器线圈 T245 得电，经 4.56s 延时后，定时器常开触点 T245 闭合，输出继电器线圈 Y1 得电。

（3）定时器串联控制的时间电路

图 2-22 所示为定时器串联控制的时间电路。图中定时器 T1 的定时时间 $T = 100\text{ms} \times 15 = 1500\text{ms} = 1.5\text{s}$，即当定时器线圈 T1 得电后，延时 1.5s 后，控制器常开触点 T1 闭合；定时器 T2 的定时时间 $T = 100\text{ms} \times 30 = 3000\text{ms} = 3\text{s}$，即当定时器线圈 T2 得电后，延时 3s 后，控制器常开触点 T2 闭合。

当输入继电器常开触点 X1 闭合时，定时器线圈 T1 和 T2 得电，经 1.5s 延时后，定时器常开触点 T1 闭合，输出继电器线圈 Y1 得电，经 3s 延时后，定时器常开触点 T2 闭合，输出继电器线圈 Y2 得电。

## 2.2 什么是 PLC 语句表

PLC 语句表是另一种重要的编程语言。这种编程语言形式灵活、简洁，易于编写和识读，深受电气工程技术人员的欢迎。因此无论是 PLC 的设计，还是 PLC 的系统调试、改造、维修都会用到 PLC 语句表。下面，就让我们具体了解一下 PLC 语句表的特点，看看这种编程语言与 PLC 梯形图有什么区别和联系。

### 2.2.1 PLC 语句表和 PLC 梯形图有什么关系

针对 PLC 梯形图的直观形象的图示化特色，PLC 语句表正好相反，它的编程最终以“文本”的形式体现。图 2-23 所示为用 PLC 梯形图和 PLC 语句表编写的同一个控制系统的程序。

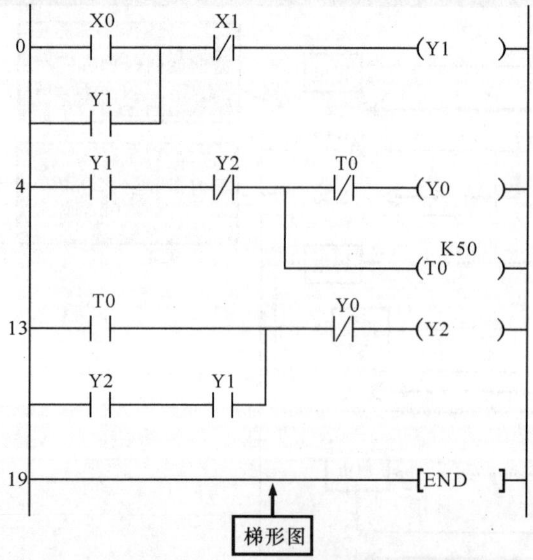


| 序号 | 操作码 | 操作数 |
|---|---|---|
| 0 | LD | X0 |
| 1 | OR | Y1 |
| 2 | ANI | X1 |
| 3 | OUT | Y1 |
| 4 | LD | Y1 |
| 5 | ANI | Y2 |
| 6 | MPS | |
| 7 | ANI | T0 |
| 8 | OUT | Y0 |
| 9 | MPP | |
| 10 | OUT | T0 K50 |
| 13 | LD | T0 |
| 14 | LD | Y2 |
| 15 | AND | Y1 |
| 16 | ORB | |
| 17 | ANI | Y0 |
| 18 | OUT | Y2 |
| 19 | END | |

语句表

图 2-23 用 PLC 梯形图和 PLC 语句表编写的同一个控制系统的程序

由图 2-23 可以看出，PLC 语句表没有 PLC 梯形图那样直观、形象，但 PLC 语句表的表达更加精练、简洁。如果能够了解 PLC 语句表和 PLC 梯形图的含义会发现 PLC 语句表和 PLC 梯形图是一一对应的。

**【注意】**

从图 2-23 中可看出在 PLC 梯形图的输入母线的每一条语句的分支处都标有数字编号，该编号代表该条语句的第一个指令在整个梯形图中的执行顺序，与语句表中的序号相对应。

PLC 梯形图中的每一条语句都与语句表中若干条语句相对应，且每一条语句中的每一个触点、线圈都与 PLC 语句表中的操作码和操作数相对应，如图 2-24 所示。除此之外梯形图中的重要分支点，如并联电路块串联、串联电路块并联、进栈、读栈、出栈触点处等，在语句表中也会通过相应指令指示出来。

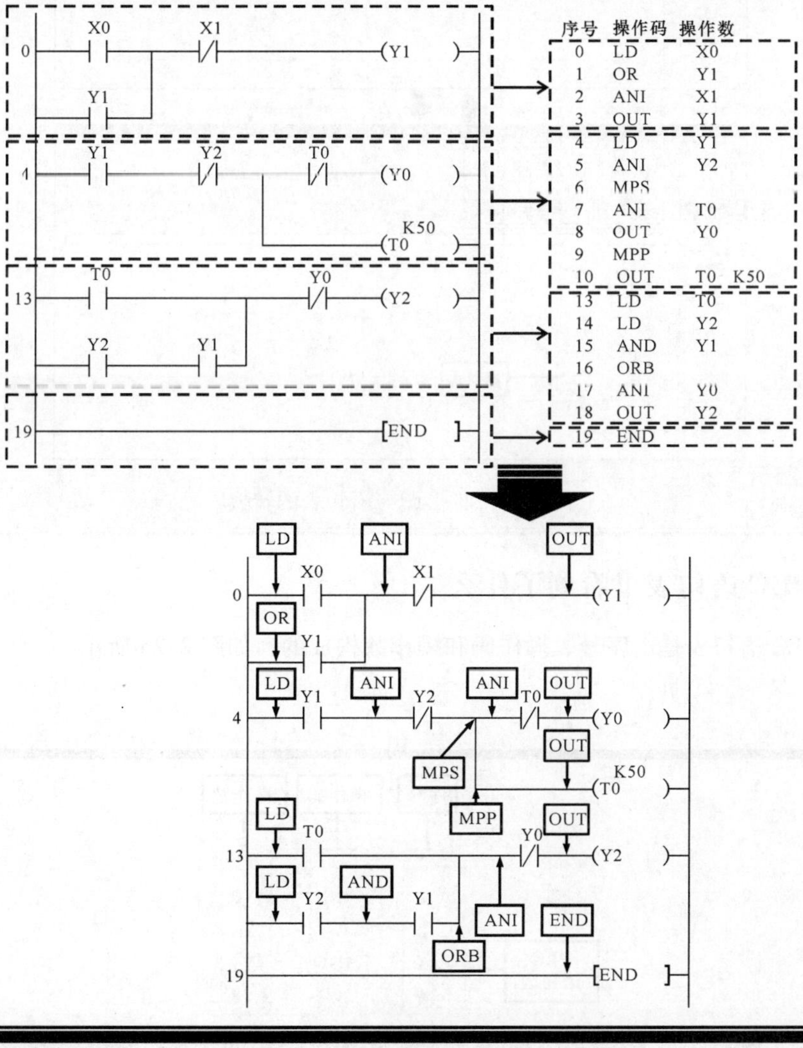


图 2-24　PLC 梯形图和语句表的对应关系

**【资料】**

如在很多PLC编程软件中，都具有PLC梯形图和PLC语句表的互换功能，如图2-25所示。通过“梯形图/指令表显示切换”按钮可实现PLC梯形图和语句表之间的转换。值得注意的是，在所有的PLC梯形图都可转换成所对应的语句表，但并不是所有的语句表都可以转换为所对应的梯形图。

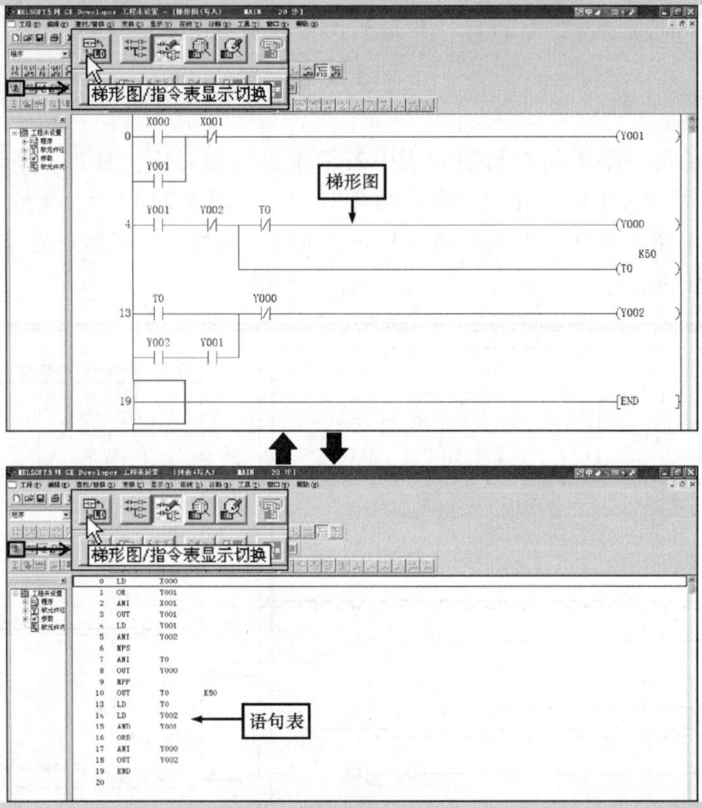


图2-25　梯形图与语句表的转换

## 2.2.2　从PLC语句表里看到了什么

PLC语句表是由序号、操作码和操作数构成的，如图2-26所示。

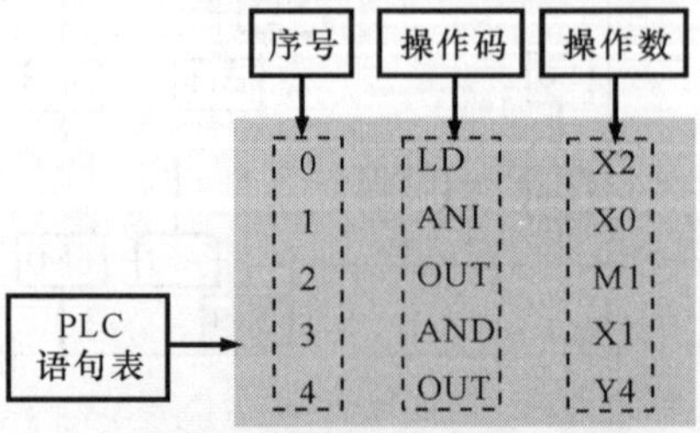


图2-26　PLC语句表的构成

**1. 序号**

序号使用数字进行标识，表示指令语句的顺序。

**2. 操作码**

操作码使用助记符进行标识，也称为编程指令，用于完成 PLC 的控制功能。不同厂家生产的 PLC，其语句表使用的助记符也不相同，表 2-5 所示为三菱 FX 系列和西门子 S7—200 系列 PLC 中常用的助记符。

**表 2-5 三菱 FX 系列和西门子 S7—200 系列 PLC 中常用的助记符**

| 功　能 | 三菱 FX 系列（助记符） | 西门子 S7—200 系列（助记符） |
|---|---|---|
| 读指令（逻辑段开始-常开触点） | LD | LD |
| 读反指令（逻辑段开始-常闭触点） | LDI | LDN |
| 输出指令（驱动线圈指令） | OUT | = |
| “与”指令 | AND | A |
| “与非”指令 | ANI | AN |
| “或”指令 | OR | O |
| “或非”指令 | ORI | ON |
| “电路块”与指令 | ANB | ALD |
| “电路块”或指令 | ORB | OLD |
| “置位”指令 | SET | S |
| “复位”指令 | RST | R |
| “进栈”指令 | MPS | LPS |
| “读栈”指令 | MRD | LRD |
| “出栈”指令 | MPP | LPP |
| 上升沿脉冲指令 | PLS | EU |
| 下降沿脉冲指令 | PLF | ED |

**3. 操作数**

操作数使用地址编号进行标识，用于指示 PLC 操作数据的地址，相当于梯形图中软继电器的文字标识，不同厂家生产的 PLC 其语句表使用的操作数也有所差异，例如，表 2-6 所示为三菱 FX 系列和西门子 S7—200 系列 PLC 中常用的操作数。

**表 2-6 三菱 FX 系列和西门子 S7—200 系列 PLC 中常用的操作数**

| 三菱 FX 系列（操作数） | | 西门子 S7—200 系列（操作数） | |
|---|---|---|---|
| 名称 | 地址编号 | 名称 | 地址编号 |
| 输入继电器 | X | 输入继电器 | I |
| 输出继电器 | Y | 输出继电器 | Q |
| 定时器 | T | 定时器 | T |
| 计数器 | C | 计数器 | C |
| 辅助继电器 | M | 通用辅助继电器 | M |
| 状态继电器 | S | 特殊标志继电器 | SM |
| | | 变量存储器 | V |
| | | 顺序控制继电器 | S |

# 第 3 章

# 轻松搞定西门子 PLC 的编程方法

现在，我们开始学习第 3 章：这一章我们主要来学习西门子 PLC 的编程方法，希望大家通过本章的学习能够了解西门子 PLC 梯形图和语句表的编程规则，在学习中加强训练，以便能够灵活运用到实际应用中，真正掌握西门子 PLC 的编程方法。好了，很多有趣的知识和案例等待着我们，让我们开始吧！

## 3.1　西门子 PLC 梯形图怎样编程

西门子 PLC 梯形图的编程方法主要应用于使用西门子 PLC 系统产品的电气控制环境。电气技术人员如果要在短时间内掌握西门子 PLC 梯形图的编程方法，要首先了解西门子 PLC 梯形图的编程规则，知晓西门子 PLC 梯形图的编程原则，编写方法及注意编写注意事项，然后在此基础上，结合实际的西门子 PLC 梯形图编程实例，体会西门子 PLC 梯形图的编程特色，必定会在西门子 PLC 梯形图的编程方面有所领略。

### 3.1.1　了解一些西门子 PLC 梯形图的编程规则

西门子 PLC 梯形图的编程规则是编程人员的必备基础，在进行 PLC 编程前，应具备一些扎实的理论编程基础知识作为铺垫，以帮助编程人员尽快地掌握西门子 PLC 梯形图的编程方法。

这里将从西门子 PLC 梯形图的结构特点和常用编程元件作为入手点，在此基础上介绍其基本编程方法。

**1. 西门子 PLC 梯形图的结构特点**

西门子 PLC 梯形图主要由母线、触点、线圈或用方框表示的指令框等构成，如图 3-1 所示。

（1）母线

在西门子 PLC 梯形图中，左右两侧的母线分别称为左母线和右母线，是每条程序的起始点和终止点，也就是说梯形图中的每一条程序都是始于左母线，终于右母线的。

一般情况下，西门子 PLC 梯形图编程时，习惯性的只画出左母线，省略右侧母线，但其所表达梯形图程序中的能流仍是由左母线经程序中触点 I0.1、I0.2、线圈 Q0.0 等至右母线中的过程，如图 3-2 所示。

（2）触点

在西门子 PLC 梯形图中，触点可分为常开触点和常闭触点，其中常开触点符号为“┤├”，常闭触点符号为“┤/├”，可使用字母 I、Q、M、T、C 进行标识，且这些标识一般写在其相应图形符号的正上方，如图 3-3 所示。

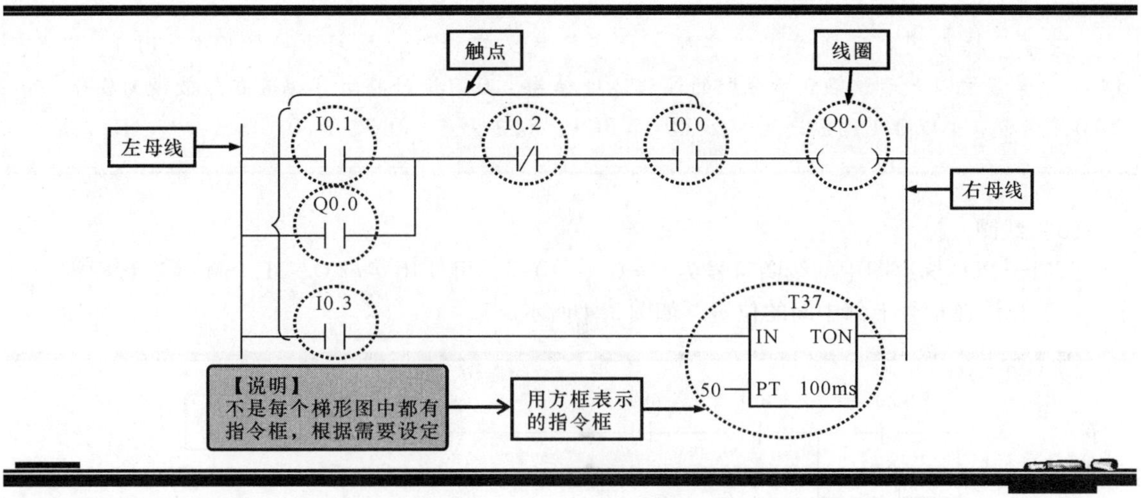


图 3-1 西门子 PLC 梯形图

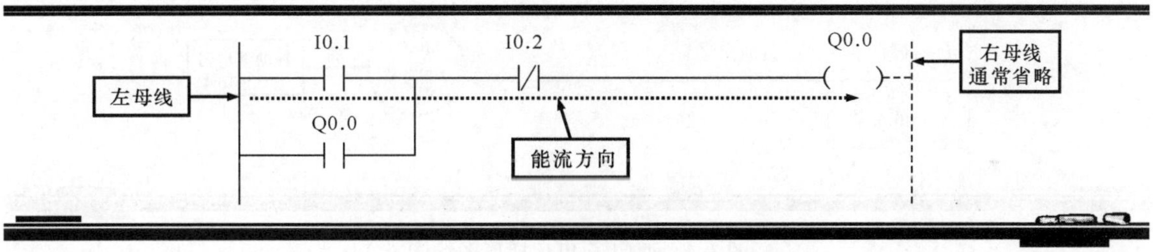


图 3-2 西门子 PLC 梯形图编程中的母线

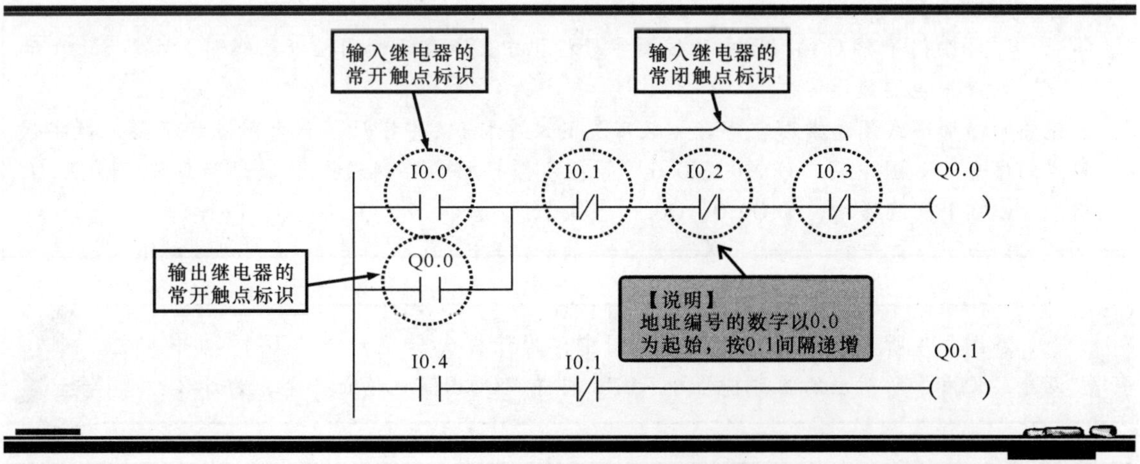


图 3-3 西门子 PLC 梯形图中的触点

**【资料】**

西门子 PLC 梯形图中的触点字母标识中，I 表示输入继电器触点，Q 表示输出继电器触点，M 表示通用继电器触点，T 表示定时器触点，C 表示计数器触点。

完整的梯形图触点通常用“字母＋数字”的文字标识，如图中的“I0.0、I0.1、I0.2、Q0.0”等，用以表示该触点所分配的编程地址编号，且习惯性将数字编号起始数设为0.0，如I0.0，然后依次以0.1间隔递增，如I0.0、I0.1、I0.2、…、I0.7，I1.0、I1.1、…、I1.7等。

（3）线圈

西门子PLC梯形图中的线圈符号为“—(　　)—”，可使用字母Q、M、SM等进行标识，且字母一般标识在括号上部中间的位置，如图3-4所示。

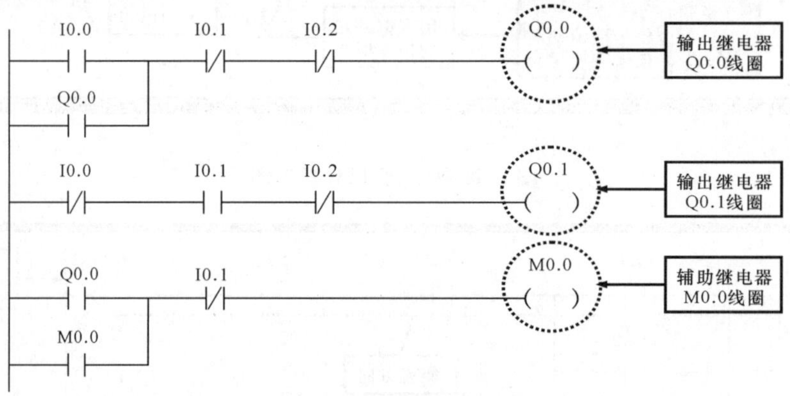


图3-4　西门子PLC梯形图线圈



【资料】

西门子PLC梯形图中的线圈字母标识中，Q表示输出继电器线圈，M或SM表示辅助继电器线圈。

完整的梯形图线圈通常用“字母＋数字”的文字标识，“字母”代表触点的类型，数字代表触点的序号。如图中的“Q0.0、M0.0”等；习惯性将数字编号起始数设为0.0，如Q0.0，然后依次以0.1间隔递增，如Q0.0、Q0.1、Q0.2、…、Q0.7，Q1.0、Q1.1…等。

**提问**　在图3-4所示的西门子PLC梯形图中，为什么会出现两个“I0.1”，并且这两个“I0.1”所对应的图形符号却不同？同样“Q0.0”也不止一个，为什么？

**回答**　在西门子PLC梯形图中每一个编程元件都对应一个统一的I/O地址，但是编程元件触点连接的状态可以是不同的，例如，复合按钮可以有两个触点，如图3-5所示，对于图中的制动按钮SB2来说，它的地址应该保持统一，SB2-1为常闭触点状态，SB2-2为常开触点状态，所以在梯形图反应时，就会出现同一个触点不同的状态。

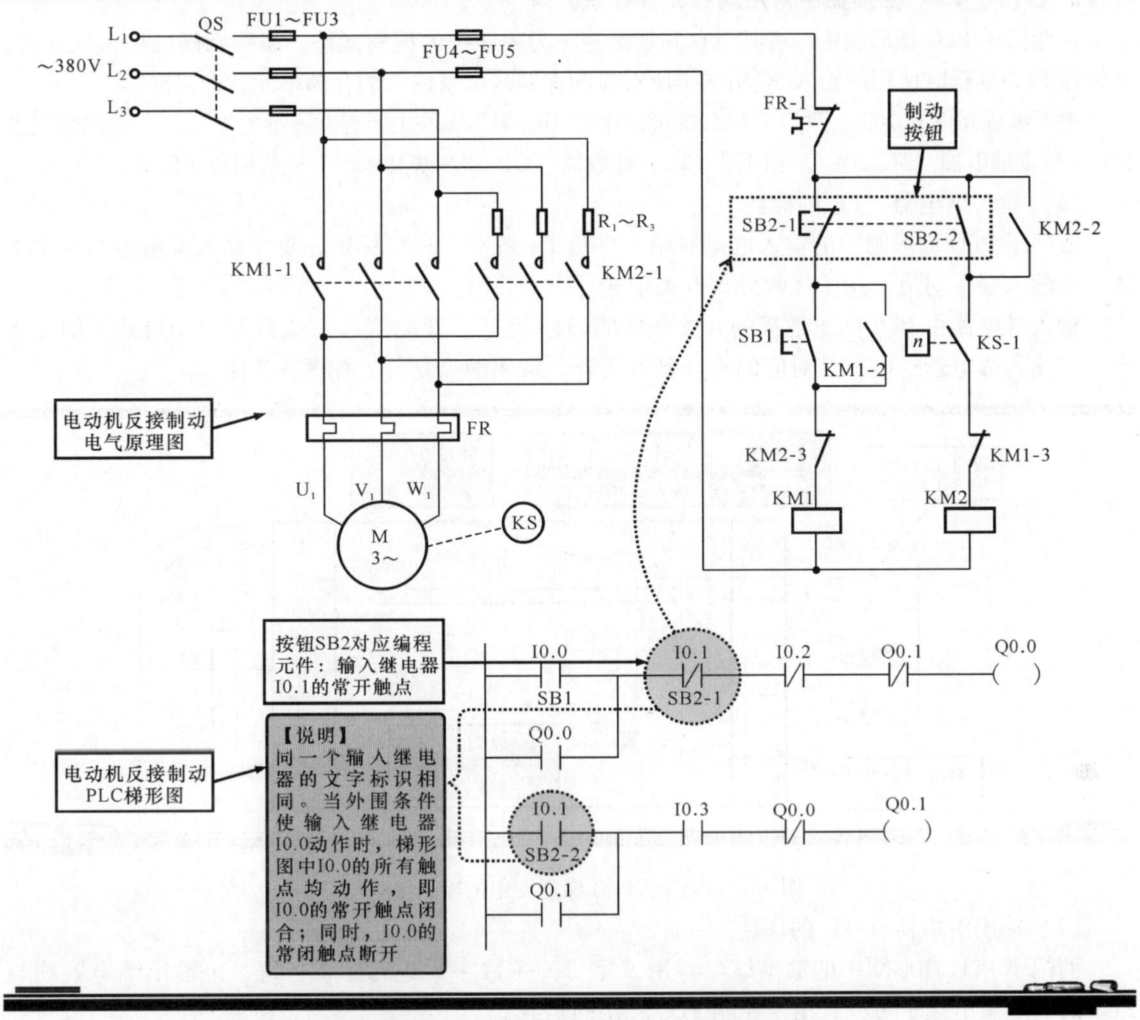


图 3-5 西门子 PLC 梯形图中软继电器的应用特点

**【资料】**

在西门子 PLC 梯形图中，除上述的触点、线圈等符号外，还通常使用一些指令框（也称为功能块）用来表示定时器、计数器或数学运算等附加指令，如图 3-6 所示，指令框的具体含义我们接下来将在常用编程元件中具体了解和学习。

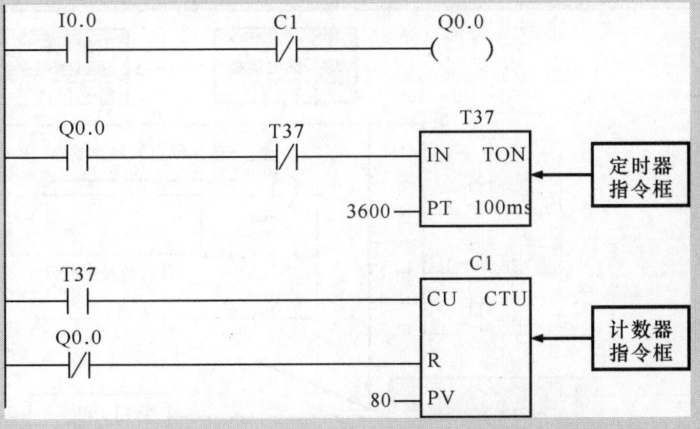


图 3-6 梯形图中的指令框

**2. 西门子 PLC 梯形图中常用编程元件标识方法**

在西门子 PLC 梯形图中，将其触点和线圈等称为程序中的编程元件。编程元件也称为软元件，是指在 PLC 编程时使用的输入/输出端子所对应的存储区以及内部的存储单元、寄存器等。

根据编程元件的功能，西门子 PLC 梯形图中常用的编程元件主要有输入继电器（I）、输出继电器（Q）、辅助继电器（M、SM）、定时器（T）、计数器（C）和一些其他较常见的编程元件等。

（1）输入继电器（I）的标注

西门子 PLC 梯形图中的输入继电器用“字母 I + 数字”进行标识，每个输入继电器均与 PLC 的一个输入端子对应，用于接收外部开关信号。

输入继电器由 PLC 端子连接的开关部件的通断状态（开关信号）进行驱动，当开关信号闭合时，输入继电器得电，其对应的常开触点闭合，常闭触点断开，如图 3-7 所示。

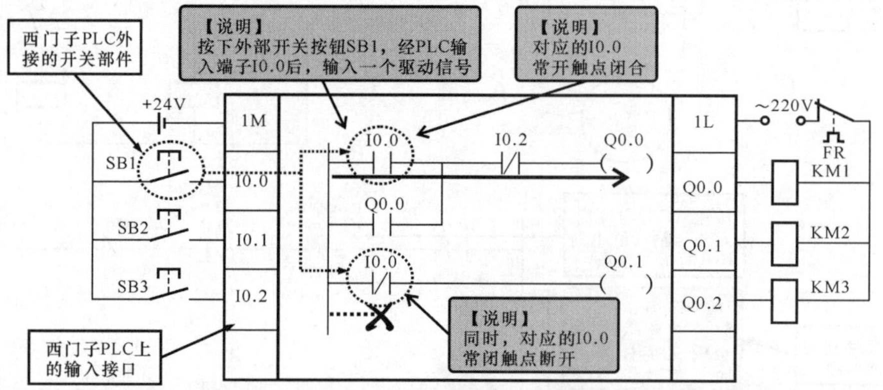


图 3-7　西门子 PLC 梯形图中的输入继电器

（2）输出继电器（Q）的标注

西门子 PLC 梯形图中的输出继电器用“字母 Q + 数字”进行标识，每一个输出继电器均与 PLC 的一个输出端子对应，用于控制 PLC 外接的负载。

输出继电器可以由 PLC 内部输入继电器的触点、其他内部继电器的触点或输出继电器自己的触点来驱动，如图 3-8 所示。

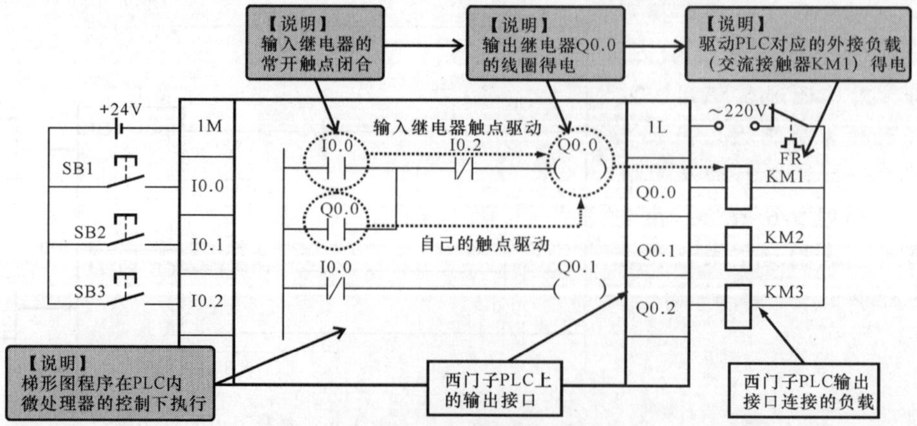


图 3-8　西门子 PLC 梯形图中的输出继电器

**【资料】**

西门子 PLC 梯形图中输入继电器、输出继电器的地址编号在程序设计之初由 I/O 分配表进行分配，一般 PLC 外接输入部件或负载部件对应的输入继电器、输出继电器编号为其所接端子的名称，表 3-1 所示为西门子 PLC 所用 I/O 分配表的一般形式。

**表 3-1　西门子 PLC 所用 I/O 分配表的一般形式**

| 输入信号及地址编号 | | | 输出信号及地址编号 | | |
|---|---|---|---|---|---|
| 开关部件名称 | 代号 | 地址编号 | 负载部件名称 | 代号 | 地址编号 |
| 起动按钮 | SB1 | I0.0 | 向左接触器 | KM1 | Q0.0 |
| 行程开关一 | SQ1 | I0.1 | 向右接触器 | KM2 | Q0.1 |
| 行程开关二 | SQ2 | I0.2 | | | |
| 行程开关三 | SQ3 | I0.3 | | | |



(3) 辅助继电器（M、SM）的标注

在西门子 PLC 梯形图中，辅助继电器有两种，一种为通用辅助继电器，一种为特殊标志位辅助继电器。

① 通用辅助继电器的标注。通用辅助继电器，又称为内部标志位存储器，如同传统继电器控制系统中的中间继电器，用于存放中间操作状态，或存储其他相关数字，用“字母 M + 数字”进行标识，如图 3-9 所示。

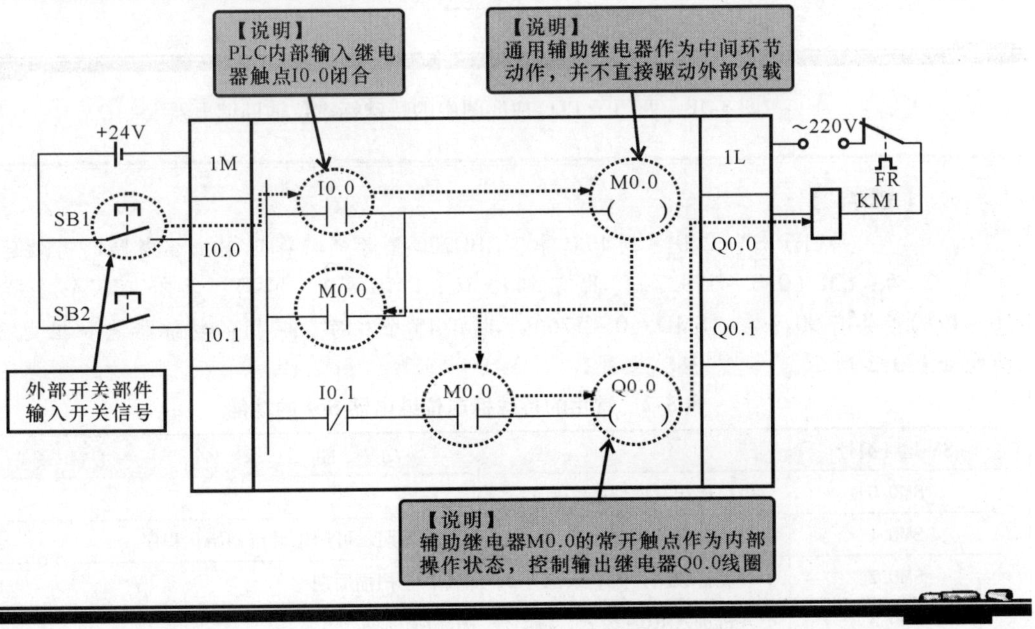


图 3-9　西门子 PLC 梯形图中的通用辅助继电器

由图 3-9 可以看到，通用辅助继电器 M0.0 既不直接接受外部输入信号，也不直接驱动外接负载，它只是作为程序处理的中间环节，起到桥梁的作用。

【资料】

西门子PLC梯形图中的通用辅助继电器的地址格式可以为位地址格式和字节、节、双字格式两种。

位地址格式：M［字节地址］.［位地址］，如M31.7。

字节、字、双字格式：M［数据长度］［起始字节地址］，如MB11、MW30、MD12等；其中B为BYTE（字节）缩写；W为WORD（字）缩写；M为DWORD（双色）缩写。

西门子S7—200系列PLC中，CPU226（型号）模块内部的通用辅助继电器有效地址范围：M（0.0~63.7），共512位；MB（0~63），共64个字节；MW（0~62），共32个字；MD（0~60），共16个双字。

② 特殊标志位辅助继电器的标注。特殊标志位辅助继电器，用“字母SM+数字”标识，如图3-10所示，通常简称为特殊标志位继电器，它是为保存PLC自身工作状态数据而建立的一种继电器，用于为用户提供一些特殊的控制功能及系统信息，如用于读取程序中设备的状态和运算结果，根据读取信息实现控制需求等。一般用户对操作的一些特殊要求也可通过特殊标志位辅助继电器通知CPU系统。

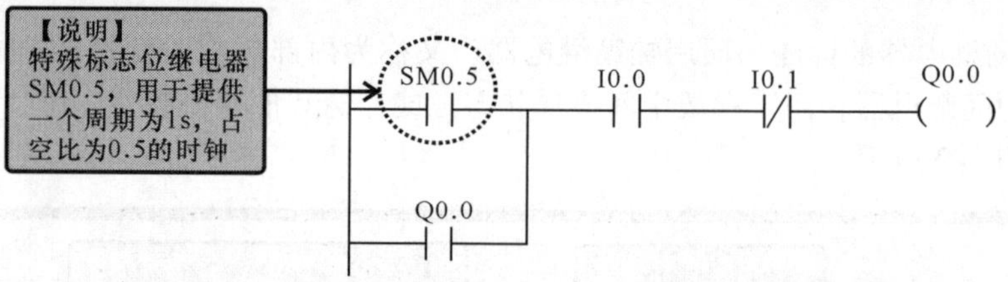


图3-10 西门子PLC梯形图中的特殊标志位辅助继电器

【资料】

西门子S7—200系列PLC中，CPU226型号的特殊标志位继电器的有效地址范围为：SM（0.0~179.7），共有1440位；SMB（0~179），共有180个字节；SMW（0~178），共有90个字；SMD（0~176），共有45个双字。常用的特殊标志位继电器SM的功能如表3-2所示。

表3-2 常用的特殊标志位继电器SM的功能

| SM地址编号 | 功　能 |
| --- | --- |
| SM0.0 | PLC运行时该位始终为1 |
| SM0.1 | PLC首次扫描时为1，保持一个扫描周期。可用于调用初始化程序 |
| SM0.2 | 若保持数据丢失，该位为1，保持一个扫描周期 |
| SM0.3 | 开机进入RUN模式，将闭合一个扫描周期 |
| SM0.4 | 提供一个周期为1min的时钟（高低电平各为30s） |
| SM0.5 | 提供一个周期为1s的时钟（高低电平各为0.5s） |
| SM0.6 | 扫描时钟，本次扫描置1，下次扫描置0。可用于扫描计数器的输入 |

（续）

| SM 地址编号 | 功　能 |
| --- | --- |
| SM0.7 | 指示 CPU 工作方式开关的位置，0 为 TEMR 位置；1 为 RUN 位置 |
| SM1.0 | 零标志，当执行某些命令的输出结果为 0 时，将该位置 1 |
| SM1.1 | 错误标志，当执行某些命令时，其结果溢出或出现非法数值时，将该位置 1 |
| SM1.2 | 负数标志，当执行某些命令时，其结果为负数时，将该位置 1 |
| SM1.3 | 试图除以零时，将该位置 1 |
| SM1.4 | 当执行 ATT（Add To Table）指令时，超出表范围时，将该位置 1 |
| SM1.5 | 当执行 LIFO 或 FIFO 时，从空表中读数时，将该位置 1 |
| SM1.6 | 当试图把一个非 BCD 数转换为二位制数时，将该位置 1 |
| SM1.7 | 当 SACⅡ码不能转换为有效的十六进制时，将该位置 1 |



（4）定时器（T）的标注

在西门子 PLC 梯形图中，定时器是一个非常重要的编程元件，用“字母 T + 数字”进行标识，数字从 0 ~ 255，共 256 个。不同型号的 PLC，其定时器的类型和具体功能也不相同。在西门子 S7—200 系列 PLC 中，定时器分为三种类型，即接通延时定时器（TON）、保留性接通延时定时器（TONR）、断开延时定时器（TOF）。三种定时器定时时间的计算公式相同，即

$$T = \mathrm{PT} \times S$$（$T$ 为定时时间，PT 为预设值，$S$ 为分辨率等级）

其中，PT 预设值根据编程需要输入设定值数值，分辨率等级一般有 1ms、10ms、100ms 三种，由定时器类型和编号决定，如表 3-3 所示。

**表 3-3　西门子 S7—200 定时器号码对应的分辨率等级及最大值等参数**

| 定时器类型 | 定时器编号 | 分辨率等级 | 最大值 |
| --- | --- | --- | --- |
| 接通延时定时器（TON）<br>断开延时定时器（TOF） | T32，T96 | 1ms | 32.767s |
| | T33 ~ T36，T97 ~ T100 | 10ms | 327.67s |
| | T37 ~ T63，T101 ~ T255 | 100ms | 3276.7s |
| 保留性接通延时定时器（TONR） | T0，T64 | 1ms | 32.767s |
| | T1 ~ T4，T65 ~ T68 | 10ms | 327.67s |
| | T5 ~ T31，T69 ~ T95 | 100ms | 3276.7s |

① 接通延时定时器（TON）的标注。接通延时定时器是指定时器得电后，延时一段时间（由设定值决定）后其对应的常开或常闭触点才执行闭合或断开动作；当定时器失电后，触点立即复位。

接通延时定时器（TON）在 PLC 梯形图中的表示方法如图 3-11 所示，其中，方框上方的“???”为定时器的编号输入位置；方框内的 TON 代表该定时器类型（接通延时）；IN 为起动输入端；PT 为时间预设值端（PT 外部的“???”为预设值的数值）；S 为定时器分辨率，与定时器的编号有关，可参照表 3-3。

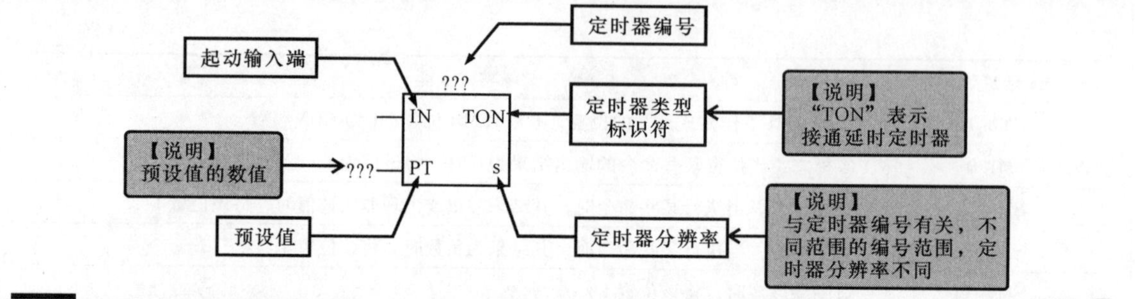


图 3-11 接通延时定时器（TON）在 PLC 梯形图中的表示方法



例如，某段 PLC 梯形图程序中所用定时器编号为 T37，预设值 PT 为 300，定时分辨率为 100ms，如图 3-12 所示。

可以计算出，该定时器的定时时间为 300 × 100ms = 30 000ms = 30s；则在该程序中，当输入继电器 I0. 3 闭合后，定时器 T37 得电，延时 30s 后控制输出继电器 Q0. 0 的延时闭合的常开触点 T37 闭合，使输出继电器 Q0. 0 线圈得电。

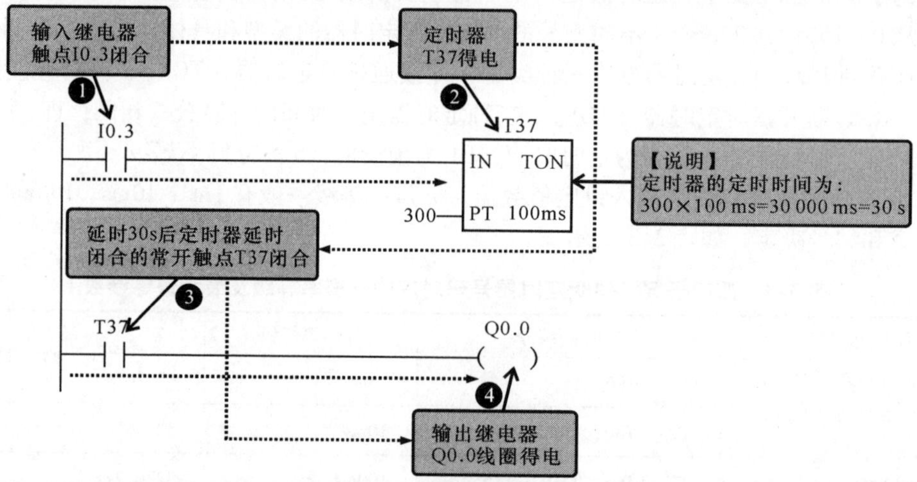


图 3-12 接通延时定时器（TON）应用

**【资料】**

定时器的计时时间一般用 16 位符号整数来表示，最大计数值为 32767，定时器在进行计时过程中，当计时时间与预设值相等时，延时时间到，定时器的相应触点动作，这时，定时器将继续计时，直到 32767 时，才停止计时。直到起动输入端变为 0，定时器被复位。

② 保留性接通延时定时器（TONR）的标注。保留性接通延时定时器（TONR）与上述的接通延时定时器（TON）原理基本相同，不同之处在于在计时时间段内，未达到预设值前，定时

器断电后，可保持当前计时值，当定时器得电后，从保留值的基础上再进行计时，可多间隔累加计时，当到达预设值时，其触点相应动作（常开触点闭合，常闭触点断开）。

保留性接通延时定时器（TONR）在 PLC 梯形图中的表示方法如图 3-13 所示。其中，方框上方的“???”为定时器的编号输入位置；方框内的 TONR 代表该定时器类型（接通延时）；IN 为起动输入端；PT 为时间预设值端（PT 外部的“???”为预设值的数值）；S 为定时器分辨率，与定时器的编号有关，可参照表 3-3。

③ 断开延时定时器（TOF）的标注。断开延时定时器（TOF）是指定时器得电后，其相应常开或常闭触点立即执行闭合或断开动作；当定时器失电后，需延时一段时间（由设定值决定），其对应的常开或常闭触点才执行复位动作。

断开延时定时器（TOF）在 PLC 梯形图中的表示方法与上述两种定时器基本相同。图 3-14 所示为断开延时定时器（TOF）的典型应用。



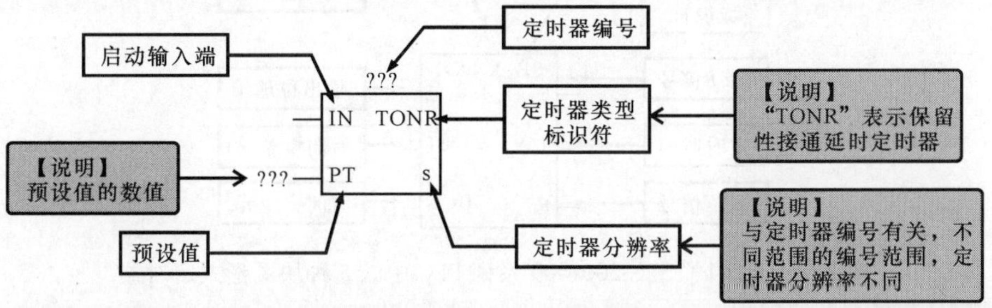


图 3-13 保留性接通延时定时器（TONR）在 PLC 梯形图中的表示方法

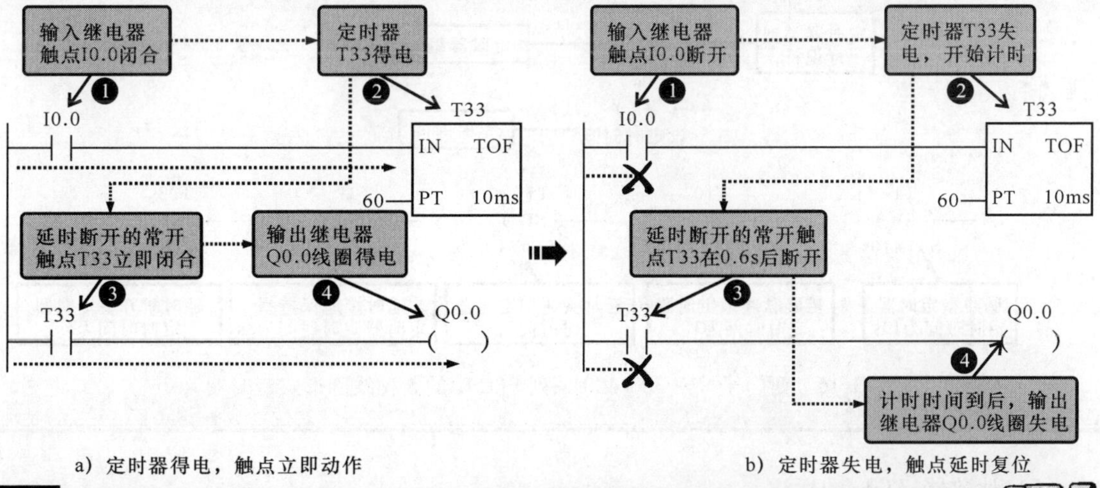


图 3-14 断开延时定时器（TOF）的典型应用

由图 3-14 可以看到，该程序中所用定时器编号为 T33，预设值 PT 为 60，定时分辨率为 10ms。

可以计算出，该定时器的定时时间为 60 × 10ms = 600ms = 0.6s；则该程序中，当输入继电器 I0.3 闭合后，定时器 T38 得电，控制输出继电器 Q0.0 的延时断开的常开触点 T38 立即闭合，使输出继电器 Q0.0 线圈得电；当输入继电器 I0.3 断开后，定时器 T38 失电，控制输出继电器 Q0.0 的延时断开的常开触点 T38 延时 0.6s 后才断开，输出继电器 Q0.0 线圈失电。

**【资料】**

西门子 S7—300/400 系列 PLC 中的定时器有 5 种类型，分别为脉冲型定时器（SP）、扩展脉冲型定时器（SE）、延时接通型定时器（SD）、延时接通保持型定时器（SS）和延时断开型定时器（SF），其表现形式有两种，一种为块图形式，一种为线圈形式。

用块图形式定时器表现比较直观，对应有 5 种定时器，分别为脉冲型定时器（SP_ PULSE）、扩展脉冲型定时器（SE_ PEXT）、延时接通型定时器（SD_ ODT）、延时接通保持型定时器（SS_ DDTS）和延时断开型定时器（SF_ OFFDT），每种定时器有 6 个端子，其相关符号和文字标识含义如图 3-15 所示。

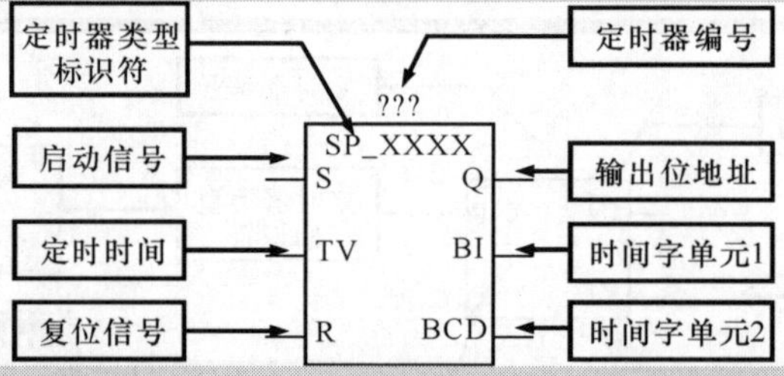


图 3-15　西门子 S7—300/400 系列 PLC 中的 5 种块图形式定时器

用线圈形式表现的定时器也有 5 种，分别为脉冲型定时器（SP）、扩展脉冲型定时器（SE）、延时接通型定时器（SD）、延时接通保持型定时器（SS）、延时断开型定时器（SF），其相关符号和文字标识含义如图 3-16 所示。

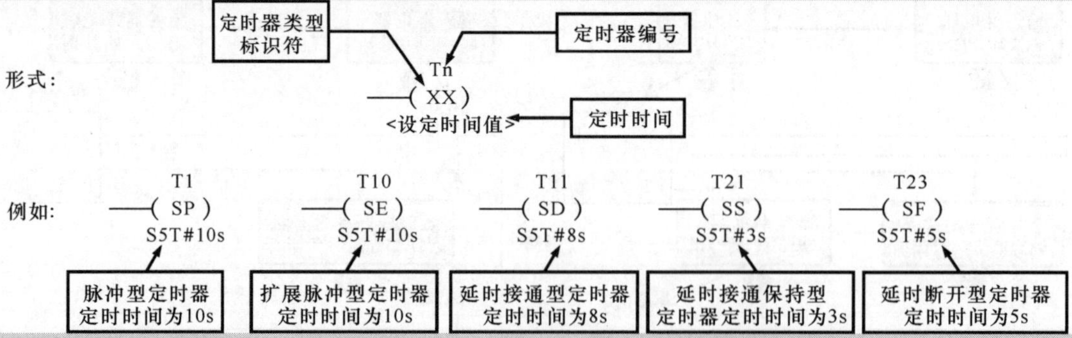


图 3-16　西门子 S7—300/400 系列 PLC 中的 5 种线圈形式定时器

（5）计数器（C）的标注

在西门子 PLC 梯形图中，计数器的结构和使用与定时器基本相似，也是应用广泛的一种编程元件，用来累计输入脉冲的次数，经常用来对产品进行计数。用“字母 C + 数字”进行标识，数字从 0 ~ 255，共 256 个。

不同型号的 PLC，其定时器的类型和具体功能也不相同。在西门子 S7—200 系列 PLC 中，计数器分为 3 种类型，即增计数器（CTU）、减计数器（CTD）、增减计数器（CTUD），一般情况下，计数器与定时器配合使用。

① 增计数器（CTU）的标注。增计数器（CTU）是指在计数过程中，当计数端输入一个脉冲式时，当前值加1，当脉冲数累加到等于或大于计数器的预设值时，计数器相应触点动作（常开触点闭合，常闭触点断开）。

在西门子 S7—200 系列 PLC 梯形图中，增计数器的图形符号及文字标识含义如图3-17所示，其中方框上方的“???”为增计数器编号输入位置，CU 为计数脉冲输入端，R 为复位信号输入端（复位信号为0时，计数器工作），PV 为脉冲设定值输入端。

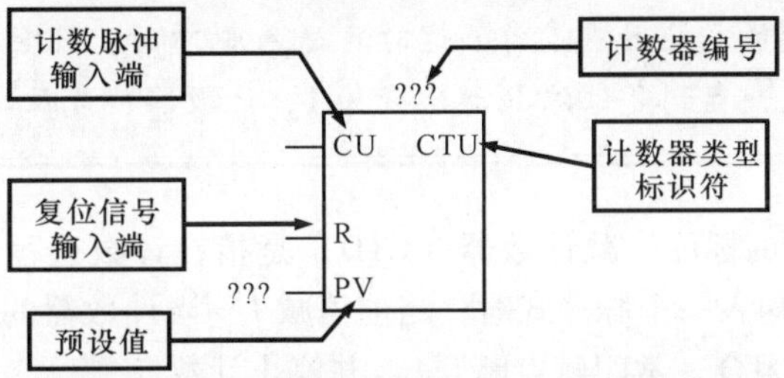


图3-17　增计数器的图形符号及文字标识含义

例如，某段 PLC 梯形图程序中计数器类型为 CTU，增计数器，编号为 C1，预设值 PV 为 80，复位端由输出继电器 Q0.0 的常闭触点控制，如图3-18 所示。

可以看到，该程序中，初始状态下，输出继电器 Q0.0 的常闭触点闭合，即计数器复位端为1，计数器不工作；当 PLC 外部输入开关信号使输入继电器 I0.0 闭合后，输出继电器 Q0.0 线圈得电，其常闭触点 Q0.0 断开，计数器复位端信号为0，计数器开始工作；同时输出继电器 Q0.0 的常开触点闭合，定时器 T37 得电。

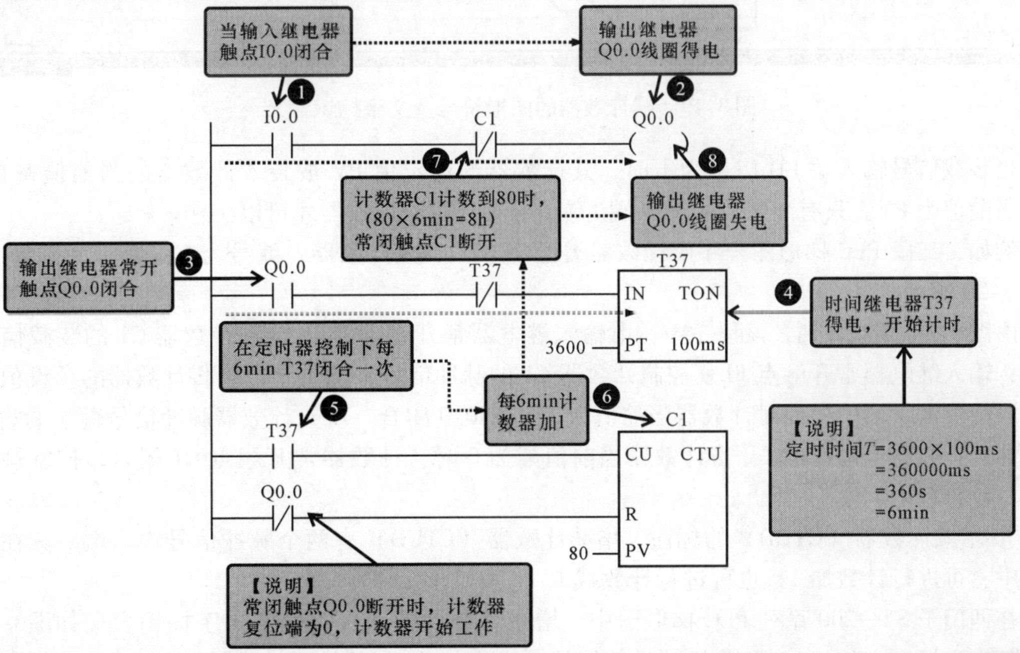


图3-18　增计数器（CTU）的应用

在定时器T37控制下，其常开触点T37每6min闭合一次，即每6min向计数器C1脉冲输入端输入一个脉冲信号，计数器当前值加1，当计数器当前值等于80时（历时时间为8h），计数器触点动作，即控制输出继电器Q0.0的常闭触点在接通8h后自动断开。

**【资料】**

与定时器相似，计数器的计数器累加脉冲数也一般用16位符号整数来表示，最大计数值为32767、最小值为－32767，增计数器在进行脉冲累加过程中，当累加数与预设值相等时，计数器的相应触点动作，这时再送入脉冲时，计数器的当前值仍不断累加，直到32767时，停止计数，直到复位端R再次变为1，计数器被复位。



② 减计数器（CTD）的标注。减计数器（CTD）是指在计数过程中，将预设值装入计数器当前值寄存器，当计数端输入一个脉冲式时，当前值减1，当计数器的当前值等于0时，计数器相应触点动作（常开触点闭合、常闭触点断开），并停止计数。

在西门子S7—200系列PLC梯形图中，减计数器的图形符号及文字标识含义如图3-19所示，其中方框上方的"???"为减计数器编号输入位置，CD为计数脉冲输入端，LD为装载信号输入端，PV为脉冲设定值输入端。

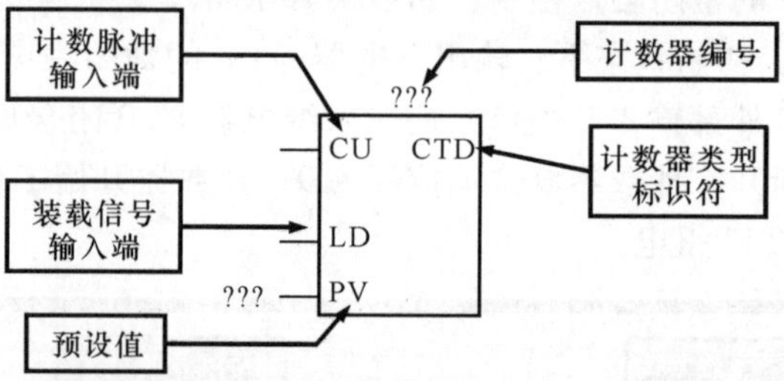


图3-19　减计数器的图形符号及文字标识含义

当装载信号输入端LD信号为1时，其计数器的设定值PV被装入计数器的当前值寄存器，此时当前值为PV。只有装载信号输入端LD信号为0时，计数器才可以工作。

例如，某段PLC梯形图程序中计数器类型为CTD，减计数器，编号为C1，预设值PV为3，如图3-20所示。

由图3-20可以看到，该程序中，由输入继电器常开触点I0.1控制计数器C1的装载信号输入端；输入继电器常开触点I0.0控制计数器C1的脉冲信号，I0.1闭合，将计数器的预设值3装载到当前值寄存器中，此时计数器当前值为3，当I0.0闭合一次，计数器脉冲信号输入端输入一个脉冲，计数器当前值减1，当计数器当前值减为0时，计数器常开触点C1闭合，控制输出继电器Q0.0线圈得电。

③ 增减计数器（CTUD）的标注。增减计数器（CTUD）有两个脉冲信号输入端，其在计数过程中，可进行计数加1，也可进行计数减1。

在西门子S7—200系列PLC梯形图中，增减计数器的图形符号及文字标识含义如图3-21所示，其中方框上方的"???"为增减计数器编号输入位置，CU为增计数脉冲输入端，CD为减计数脉冲输入端，R为复位信号输入端，PV为脉冲设定值输入端。

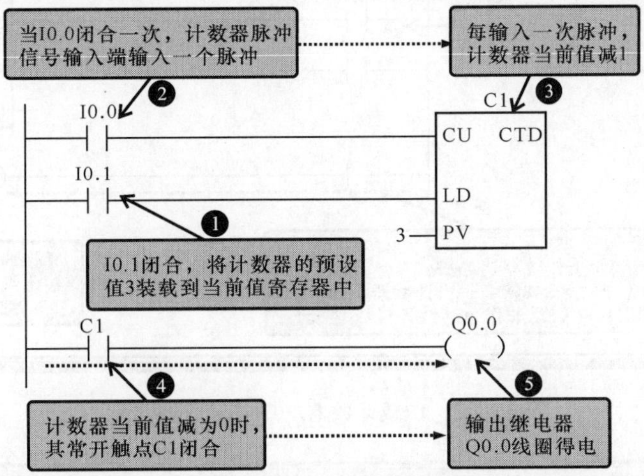


图 3-20　减计数器（CTD）的应用

当 CU 端输入一个计数脉冲时，计数器当前值加 1，当计数器当前值等于或大于预设值时，计数器由 OFF 转换为 ON，其相应触点动作；当 CD 端输入一个计数脉冲时，计数器当前值减 1，当计数器当前值小于预设值时，计数器由 OFF 转换为 ON，其相应触点动作。

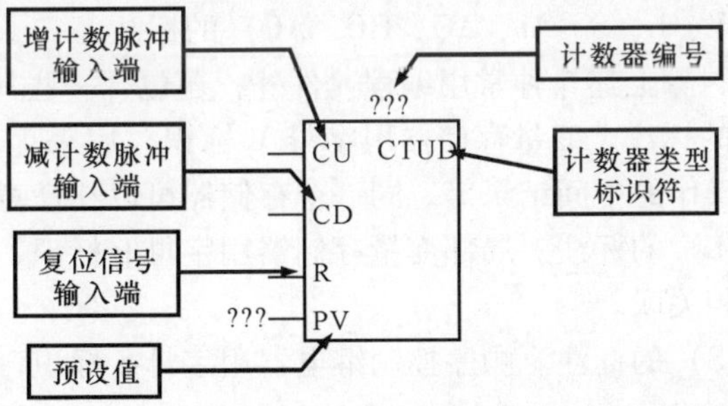


图 3-21　增减计数器的图形符号及文字标识含义

例如，某段 PLC 梯形图程序中计数器类型为 CTUD，增减计数器，编号为 C48，预设值 PV 为 4，如图 3-22 所示。

由图 3-22 可以看到，当输入继电器常开触点 I0.0 闭合一次，为计数器 CU 输入一个脉冲，计数器当前值加 1，当累加至 4 时，计数器 C48 动作，其常开触点 C48 闭合，输出继电器 Q0.0 线圈得电；当输入继电器常开触点 I0.1 闭合一次，为计数器 CD 输入一个脉冲，计数器当前值减 1，当减至 4 时，计数器 C48 动作，其常开触点 C48 闭合，输出继电器 Q0.0 线圈得电。

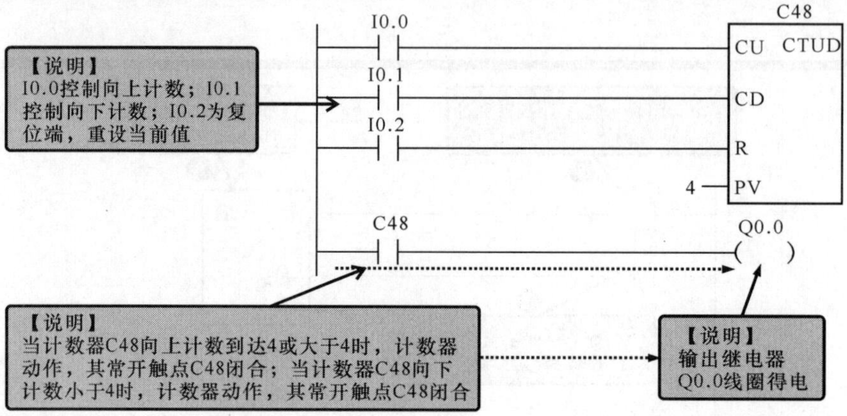




图 3-22　增减计数器（CTUD）的应用

**【资料】**

增减计数器在计数过程中，当计数器的当前值大于等于设定值 PV 时，计数器动作，这时增计数脉冲输入端再输入脉冲时，计数器的当前值仍不断累加，达到最大值 32767 后，下一个 CU 脉冲将使计数器当前值跳变为最小值 -32767 并停止计数；

同样，当计数器进行减 1 操作，当前值小于设定值 PV 时，计数器动作，这时减计数脉冲输入端再输入脉冲时，计数器的当前值仍不断递减，达到最大值 -32767 后，下一个 CD 脉冲将使计数器当前值跳变为最大值 32767 并停止计数。

（6）其他编程元件（V、L、S、AI、AQ、HC、AC）的标注

西门子 PLC 梯形图中，除上述 5 种常用编程元件外，还包含一些其他基本编程元件。

① 变量存储器（V）的标注。变量存储器用字母 V 标识，用来存储全局变量，可用于存放程序执行过程中控制逻辑操作的中间结果等。同一个存储器可以在任意程序分区被访问。

② 局部变量存储器（L）的标注。局部变量存储器用字母 L 标识，用来存储局部变量，同一个存储器只和特定的程序相关联。

③ 顺序控制继电器（S）的标注。顺序控制继电器用字母 S 标识，用于顺序控制和步进控制中，是一种特殊的继电器。

④ 模拟量输入、输出映像寄存器（AI、AQ）的标注。模拟量输入映像寄存器（AI）用于存储模拟量输入信号，并实现模拟量的 A/D 转换；模拟量输出映像寄存器（AQ）为模拟量输出信号的存储区，用于实现模拟量的 D/A 转换。

⑤ 高速计数器（HC）的标注。高速计数器（HC）与普通计数器基本相同，其用于累计高速脉冲信号。高速计数器比较少，在西门子 S7—200 系列 PLC 中，CPU226 中高速计数器为 HC（0～5），共 6 个。

⑥ 累加器（AC）的标注。累加器（AC）是一种暂存数据的寄存器，可用来存放运算数据、中间数据或结果数据，也可用于向子程序传递或返回参数等。西门子 S7—200 系列 PLC 中累加器为 AC（0～3），共 4 个。

**3. 西门子 PLC 梯形图的编写要求**

西门子 PLC 梯形图在编写格式上有严格的要求，使用西门子 PLC 梯形图编程的技术人员

要对西门子 PLC 梯形图中各元素的编程格式、编写顺序以及梯形图梯次的编排等有所了解，采用正确规范的程序编写格式，方可确保西门子 PLC 梯形图编程的正确有效。

（1）西门子 PLC 梯形图中触点的编写要求

在西门子 PLC 梯形图中，触点的编写方法、排列顺序对程序执行可能会带来很大的影响，有时甚至会使程序无法运行，因此需要采取正确方法的进行编写。

触点应画在梯形图的水平线上，所有触点均位于线圈符号的左侧，且应根据控制要求遵循自左至右、自上而下的原则，如图 3-23 所示。

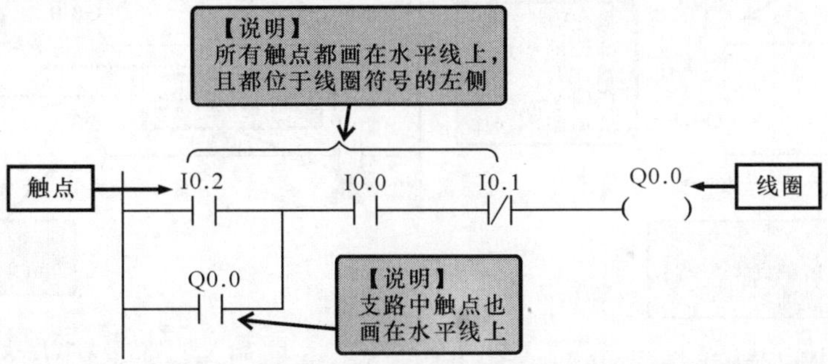


图 3-23　西门子 PLC 梯形图中触点的编写原则



**【资料】**

很多时候，梯形图是根据电气原理图进行绘制的，但需要注意的是，有些电气原理图中，为了节约继电器触点，常采用“桥接”支路，交叉实现对线圈的控制，这时有些编程人员在对应编写 PLC 梯形图时，也将触点放“桥接”支路上，这些触点便画在垂直分支上，这种编写方法是错误的，如图 3-24 所示。可见，PLC 梯形图的编程不简单的是电气原理图的转化，还需要在此基础上根据编写原则进行修改和完善。

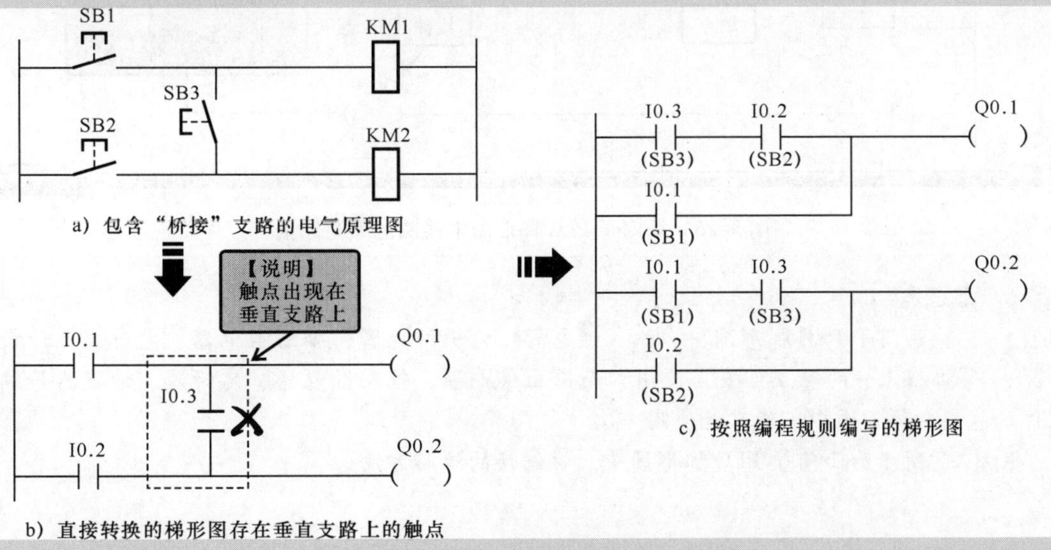


图 3-24　触点的编程规则训练

【资料】

同一个触点在PLC梯形图中可以多次使用，且可以有两种初始状态，用于实现不同的控制要求。例如，需要实现按下PLC外接开关部件，使其对应的触点控制线圈Q0.0闭合，同时控制线圈Q0.1断开，根据该控制要求，编写程序如图3-25所示。

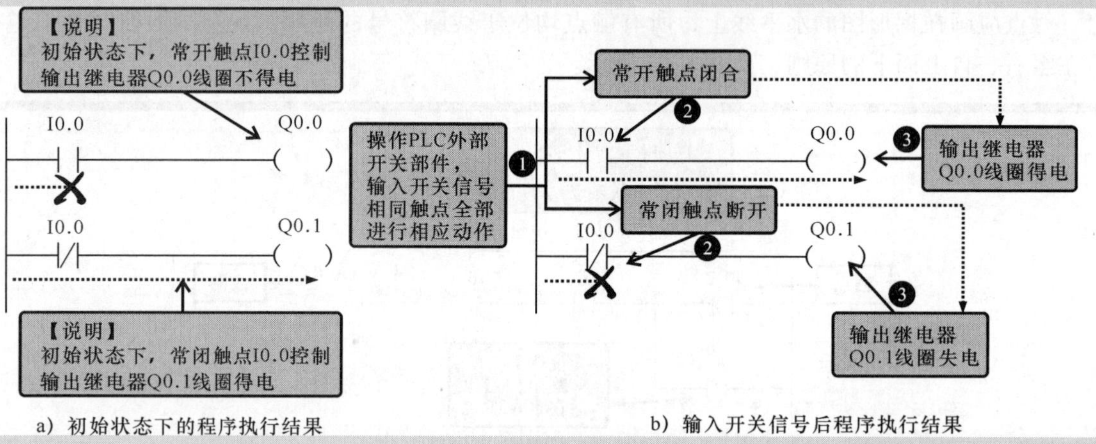


图3-25　同一个触点重复使用

（2）西门子PLC梯形图中线圈的编写要求

西门子PLC梯形中，线圈仅能画在同一行所有触点的最右边，而且，由于线圈输出作为逻辑结果必有条件，体现在梯形图中时，线圈与左母线之间必须有触点，如图3-26所示。

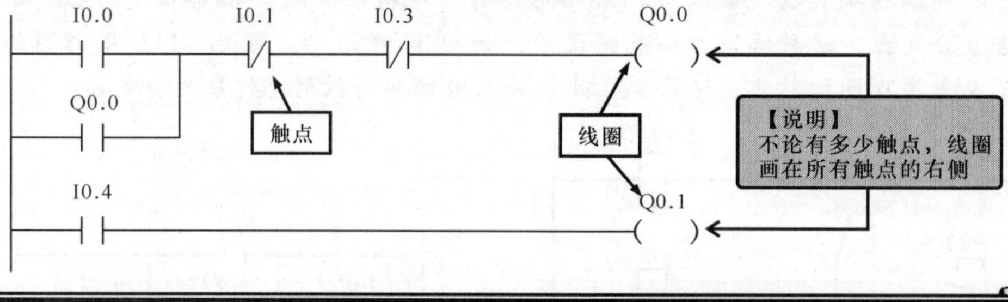


图3-26　西门子PLC梯形图中线圈的编写原则

【注意】

西门子PLC梯形图中，输入继电器、输出继电器、辅助继电器、定时器、计数器等编程元件的触点可重复使用，而输出继电器、辅助继电器、定时器、计数器等编程元件的线圈在梯形图中一般只能使用一次。

图3-27所示为西门子PLC梯形图中几种错误的编写方法。

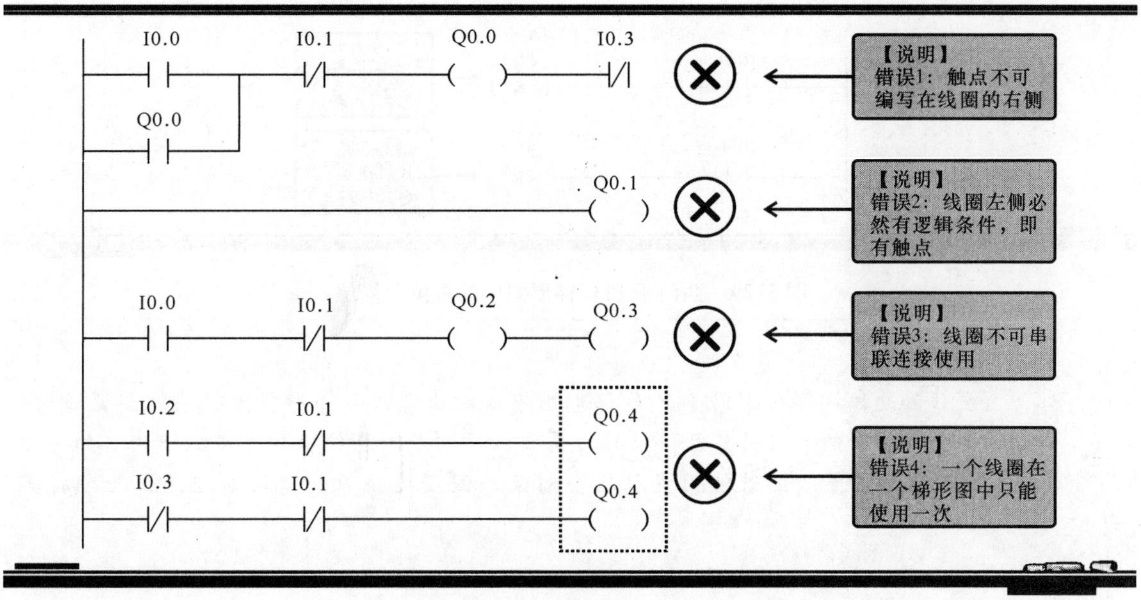


图 3-27　西门子 PLC 梯形图中几种错误的编写方法

（3）西门子 PLC 梯形图中母线分支的优化规则

在进行编程时，常遇到并联输出的支路，即一个条件下可同时实现两条或多条线路输出。西门子 PLC 梯形图一般用堆栈指令操作实现并联输出的功能，但由于通过堆栈操作会增加程序存储器容量等缺点，一般不编写并联输出支路，而是将每个支路都作为一条单独的输出进行编写，如图 3-28 所示。

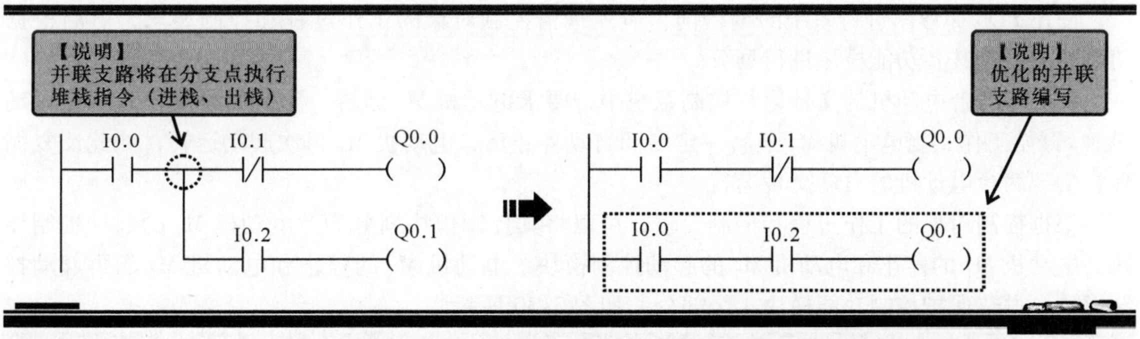


图 3-28　西门子 PLC 梯形图中并联输出支路的编写原则

（4）西门子 PLC 梯形图一些特殊编程元件的使用规则

在西门子 PLC 梯形图中一些特殊编程元件需要成对出现，即需要配合使用才能实现正确编程。

例如，西门子 PLC 梯形图中的置位和复位操作，一般这两个操作均是由指令实现的（相关指令含义将在第 3.2 节中具体介绍），其在西门子 PLC 梯形图中一般写在线圈符号内部，如图 3-29所示。

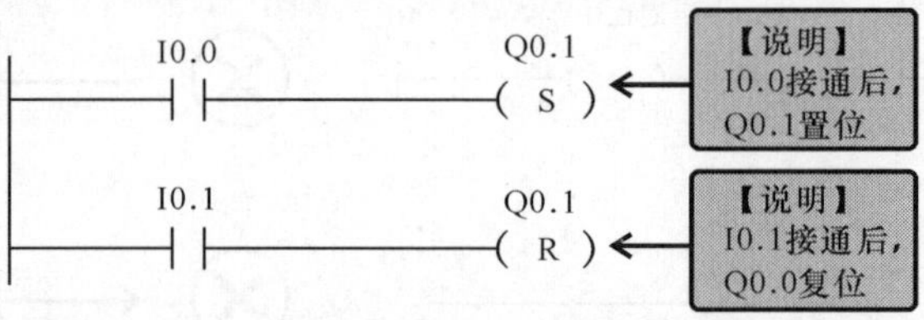


图3-29　西门子PLC梯形图中的置位和复位

【注意】

置位和复位操作在西门子PLC梯形图中成对出现，当梯形图中将某线圈置位时，后面的程序中必然会有对其复位操作。需要注意的是，复位指令可单独使用，如单独对计数器或定时器复位等，但若使用置位指令对某一线圈置位时，必须通过复位指令将其复位。



## 3.1.2　西门子PLC梯形图编程需要训练

在使用西门子PLC梯形图编写程序时，可采用编写电气控制电路图类似的思路进行编写，首先对系统完成的各功能进行模块划分，并对PLC的各个I/O点进行分配，然后根据I/O分配表对各功能模块逐个进行编写，再根据各模块实现功能的先后顺序对其模块进行组合并建立控制关系，最后分析编写完成的梯形图并做调整，最终完成整个系统的编程工作。

**1. 西门子PLC梯形图编程前的分析准备**

使用PLC梯形图进行系统的编程前，应先理清控制对象的工作过程和控制要求，然后根据功能的不同对其各功能模块进行划分。

例如，两台电动机的交替运行控制系统中，要求电动机$M_1$运转一定时间自动停止后，电动机$M_2$开始工作，当电动机$M_2$运转一定时间自动停止后，电动机$M_1$再次起动运转，如此反复循环，实现两台电动机的自动交替运行。

根据控制对象的工作过程和控制要求，可以将其控制模块划分为：电动机$M_1$的起动控制模块、电动机$M_1$的停止和电动机$M_2$的起动控制模块、电动机$M_2$的停止和电动机$M_1$的再起动控制模块、过热保护控制功能模块4个部分，如图3-30所示。

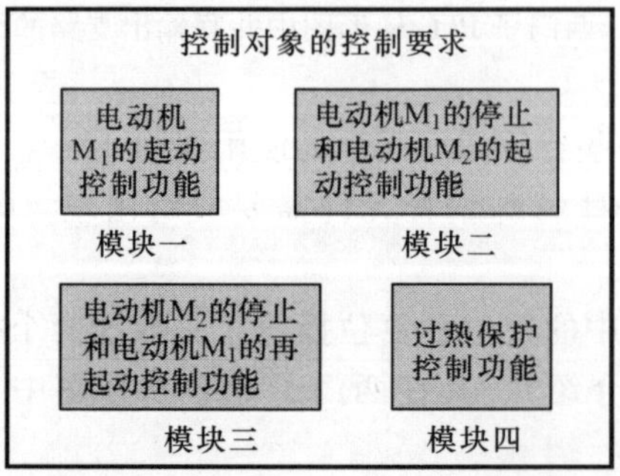


图3-30　两台电动机的交替运行控制系统功能模块的划分

**2. 西门子 PLC 梯形图编程时的 I/O 分配**

分配绘制西门子 PLC 梯形图的 I/O 分配表是梯形图编程过程中非常重要的步骤，它直观地表达出了西门子 PLC 外部连接部件对应的 I/O 接口及梯形图程序中的编程元件名称或地址。表 3-4 所示为西门子 I/O 分配表的一般形式。

**表 3-4　西门子 I/O 分配表的一般形式**

| 输入信号及地址编号 | | | 输出信号及地址编号 | | |
|---|---|---|---|---|---|
| 名　称 | 代　号 | 输入点地址编号 | 名　称 | 代　号 | 输出点地址编号 |
| 起动按钮 | SB1 | I0.0 | 控制电动机 $M_1$ 的接触器 | KM1 | Q0.0 |
| 停止按钮 | SB2 | I0.1 | 控制电动机 $M_2$ 的接触器 | KM2 | Q0.1 |

**3. 西门子 PLC 梯形图的程序编写**

我们看到的西门子 PLC 梯形图中，一条条程序基本上都是由触点或线圈的串联、并联或某部分程序块的串联、并联等构成的，这些串并联关系构成一定的逻辑关系，因而能够实现特定的控制结果。那么在编程过程中，如何确定触点间或程序块之间是串联关系还是并联关系，是梯形图程序的编程关键，也是程序编写的核心过程。

（1）编程元件初始状态的确定

编程元件的初始状态，是指在外部未输入开关控制信号时所处的状态，简单来说，就是确定触点为常开触点还是常闭触点。

确定触点的初始状态取决于触点动作时对线圈的控制关系，一般来说，若需要闭合时，线圈才执行动作，则其初始状态为常开触点；若需要其断开时，控制线圈执行某一动作，则其初始状态应为常闭触点。

例如，编程中需要实现触点 I0.0 闭合时，线圈 Q0.0 得电。由此可知，在保持初始状态下，所编写的程序应是断路的状态，根据分析，输入继电器触点初始状态应为常开触点，程序编写如图 3-31 所示，在该程序下可实现只有当操作外部条件使 I0.0 闭合，才能接通线圈 Q0.0。

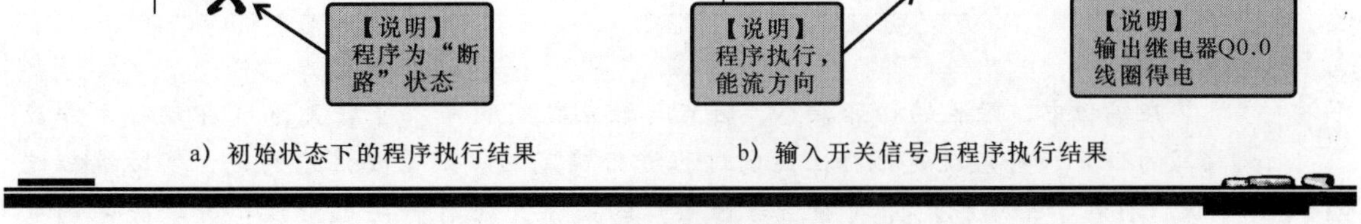


图 3-31　编程元件初始状态的确定

（2）编程元件或程序块间串联关系的确定

西门子 PLC 梯形图程序编写时，一般将控制同一个输出继电器线圈的触点，称为控制这个线圈的条件，当这些控制条件存在一定的制约关系，才能够完成对线圈的控制时，即构成“与”逻辑关系时，这些触点构成串联关系。

例如，要求起动按钮 SB1 控制电动机 M 起动，停止按钮 SB2 控制电动机 M 停止，电动机 M 起动与停止受接触器 KM1 控制，编写该控制过程梯形图。

根据控制要求可知，编写程序中有两个控制条件 SB1、SB2，且为输入继电器，为其分配地址为 I0.0、I0.1，PLC 外接接触器 KM1 为执行元件，作为输出继电器，分配其地址为 Q0.0，其程序编写过程如图 3-32 所示。

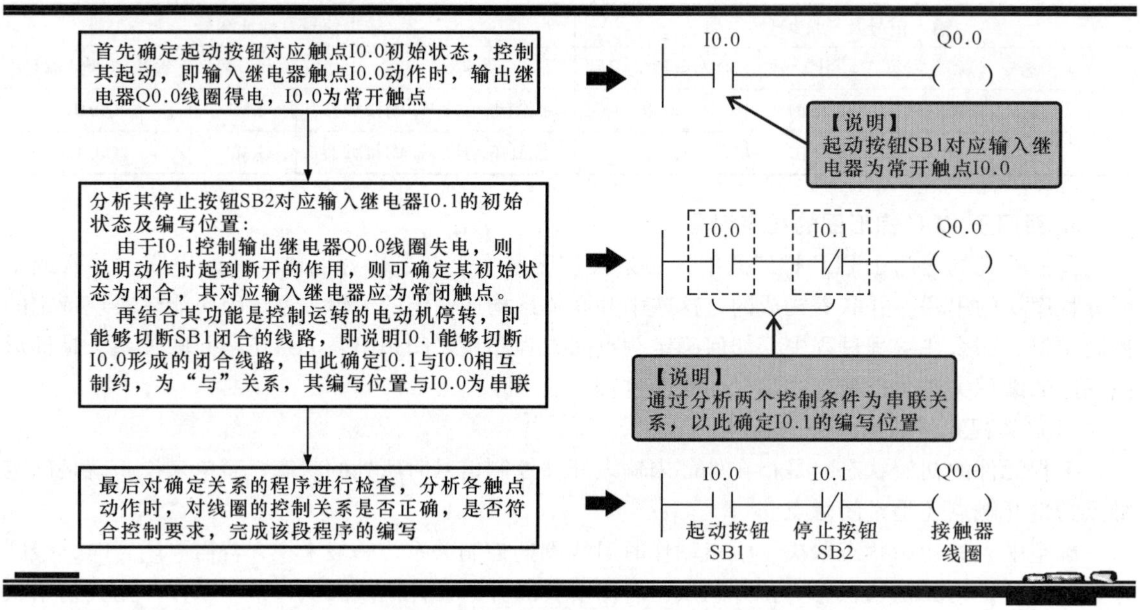


图 3-32　编程元件间串联关系的确定方法和过程

（3）编程元件或程序块间并联关系的确定

西门子 PLC 梯形图程序编写时，将控制同一个输出继电器线圈的触点，称为控制这个线圈的条件，当这些控制条件中任何一个动作均能够完成对线圈的控制时，即构成“或”逻辑关系时，这些触点构成并联关系。

例如，要求按下起动按钮 SB1 控制接触器 KM1 得电，电动机 M 起动，松开按钮 SB1 后，由接触器 KM 的自锁触点保持控制信号接通电动机仍运转。

根据控制要求可知，编写程序中有 1 个控制条件 SB1，且为输入继电器，为其分配地址为 I0.0，PLC 外接接触器 KM1 为执行元件，其线圈作为输出继电器，分配地址为 Q0.0，其自锁触点也作为一个控制条件，但同一个部件，其编程元件名称仍为 Q0.0，编写过程如图 3-33 所示。

**【注意】**

在编程中，触点的初始状态、触点与触点之间的串、并联关系（即编程元件应编写的位置）一般就是根据上述的过程进行确定的。但需要注意的是，实际编程过程中，不仅仅存在单个编程元件（触点与触点）的关系，还有一些已形成串并联关系的电路，再与其他的串并联电路构成串并联，即称为程序块间的串并联。其关系的确定也基本上遵循上述分析过程，需要编程人员编写时清晰了解对控制对象的需求或要求，并注意总结编写时的一些经验和方法，能够形成一定的编写思维惯性，对学习 PLC 梯形图的编程十分重要。

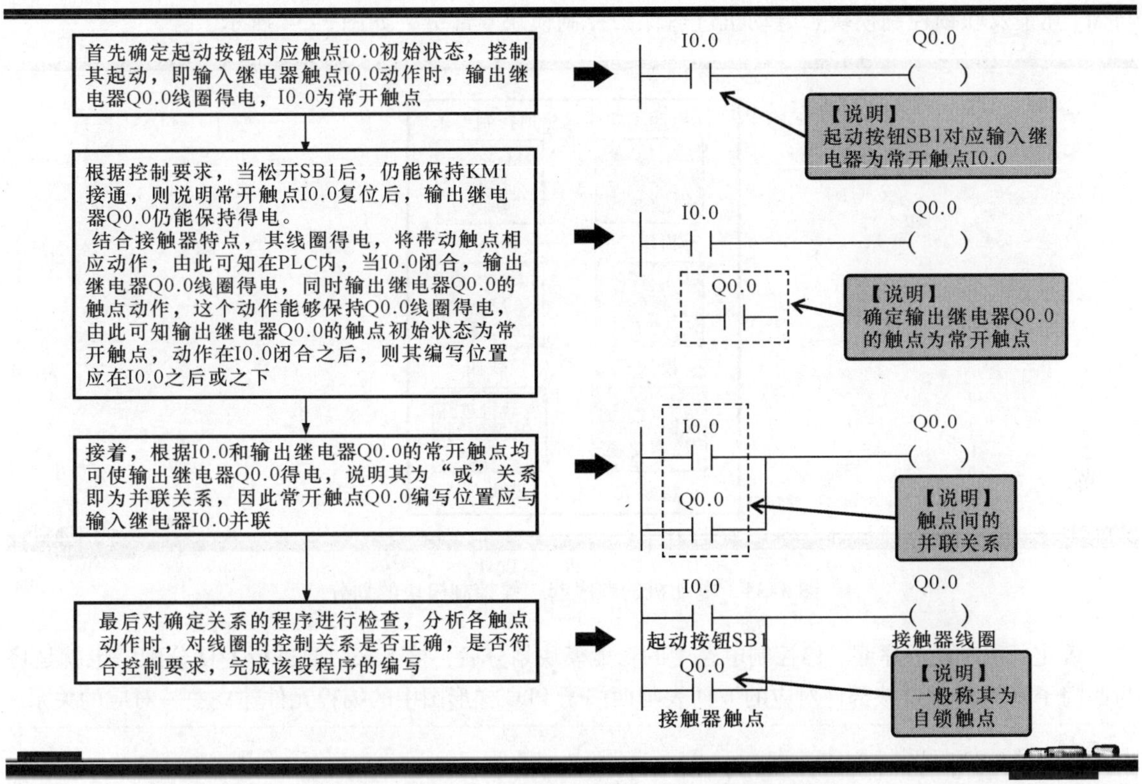


图 3-33　编程元件间并联关系的确定方法和过程

## 3.1.3　多一些西门子 PLC 梯形图的编程案例

了解了西门子 PLC 梯形图的编程方法后，为了使大家对西门子 PLC 编程的技能有更深刻的理解，同时也能够有更多的锻炼机会，我们特别准备了一些西门子 PLC 梯形图的编程案例，供大家学习，实践。希望大家通过这些案例的学习能够对西门子 PLC 梯形图的编程风格有更深的体会，对西门子 PLC 梯形图的编程规则更加熟悉。

**1. 电动机顺序起、停控制的西门子 PLC 梯形图编程案例**

案例描述：

- 按下起动按钮 SB1，控制交流接触器 KM1 得电，电动机 $M_1$ 起动运转。
- 按下起动按钮 SB3，控制交流接触器 KM2 得电，电动机 $M_2$ 继 $M_1$ 后顺序起动运转。
- 按下停止按钮 SB4，控制交流接触器 KM2 失电，电动机 $M_2$ 停转。
- 按下停止按钮 SB2，控制交流接触器 KM1 失电，电动机 $M_1$ 继 $M_2$ 后反顺序停转。
- 若线路中出现过载、过热故障由过热保护继电器 FR 自动切断控制线路。
- 为了确保只有在 $M_1$ 起动后，$M_2$ 才能起动的顺序，在 $M_2$ 起动控制线路中串入电动机 $M_1$ 交流接触器 KM1 的常开触点。

同时，为了防止当起动电动机 $M_2$ 时，误操作按动电动机 $M_1$ 的停止按钮 SB2，而关断电动机 $M_1$，在电动机 $M_1$ 的起动控制线路中并入电动机 $M_2$ 交流接触器 KM2 的常开触点，实现联锁控制。

根据编程案例中对控制过程的描述，可以将整个控制关系划分成：电动机 $M_1$ 起动控制模块、电动机 $M_2$ 起动控制模块、电动机 $M_2$ 停机控制模块、电动机 $M_1$ 停机控制模块、电动机 $M_1$

与 $M_2$ 互锁及联锁控制模块、电动机过热保护控制模块 6 部分，如图 3-34 所示。

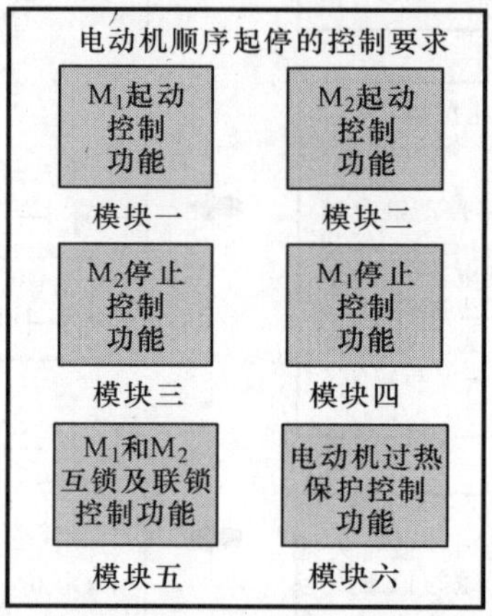


图 3-34　电动机的顺序起、停控制模块的划分

确定了电动机顺序起、停控制电路中的功能模块划分后，接下来，要进行 I/O 分配，也就是将与西门子 PLC 外部链接部件对应的 I/O 表与西门子 PLC 梯形图中的编程元件建立一一对应的关系。

**【注意】**

根据上述控制要求可知，输入设备主要包括：控制信号的输入 4 个，即 $M_1$ 起动按钮 SB1、$M_1$ 停止按钮 SB2、$M_2$ 起动按钮 SB3、$M_2$ 停止按钮 SB4、自动保护输入信号有 1 个，即过热保护继电器的 FR 的保护触点。因此，应有 5 个输入信号。

输出设备主要包括 2 个接触器，即电动机 $M_1$ 交流接触器 KM1、电动机 $M_2$ 交流接触器 KM2，因此，应有 2 个输出信号。

电动机顺序起、停控制的西门子 PLC 梯形图的 I/O 分配表，如表 3-5 所示。

**表 3-5　电动机顺序起、停控制的西门子 PLC 梯形图 I/O 分配表**

| 输入信号及地址编号 | | | 输出信号及地址编号 | | |
|---|---|---|---|---|---|
| 名　称 | 代　号 | 输入点地址编号 | 名　称 | 代　号 | 输出点地址编号 |
| 过热保护继电器 | FR | I0.0 | 电动机 $M_1$ 交流接触器 | KM1 | Q0.0 |
| $M_1$ 起动按钮 | SB1 | I0.1 | 电动机 $M_2$ 交流接触器 | KM2 | Q0.1 |
| $M_1$ 停止按钮 | SB2 | I0.2 | | | |
| $M_2$ 起动按钮 | SB3 | I0.3 | | | |
| $M_2$ 停止按钮 | SB4 | I0.4 | | | |

I/O 分配完毕，便可根据控制过程完成三菱 PLC 梯形图的程序编写。

（1）电动机 $M_1$ 起动控制过程梯形图编程解析

输入控制信号：

按下起动按钮 SB1。

输出结果：

输入继电器 I0.1 得电→Q0.0 得电→（同时导致 a，b）

a→KM1 线圈得电吸合→KM1 主触点闭合，电动机 $M_1$ 起动运转；

b→常开辅助触点（Q0.0）闭合，实现自锁。

根据上述分析过程，绘制梯形图时，将控制电路中的电气部件按 I/O 分配表对应梯形图的触点符号：使用输入继电器常开触点 I0.1 代替 $M_1$ 起动按钮 SB1；使用输出继电器 Q0.0 线圈代替电动机 $M_1$ 交流接触器 KM1；使用输出继电器 Q0.0 常开触点实现 Q0.0 线圈的自锁，进行连续控制。

电动机 $M_1$ 起动控制模块的梯形图如图 3-35 所示。

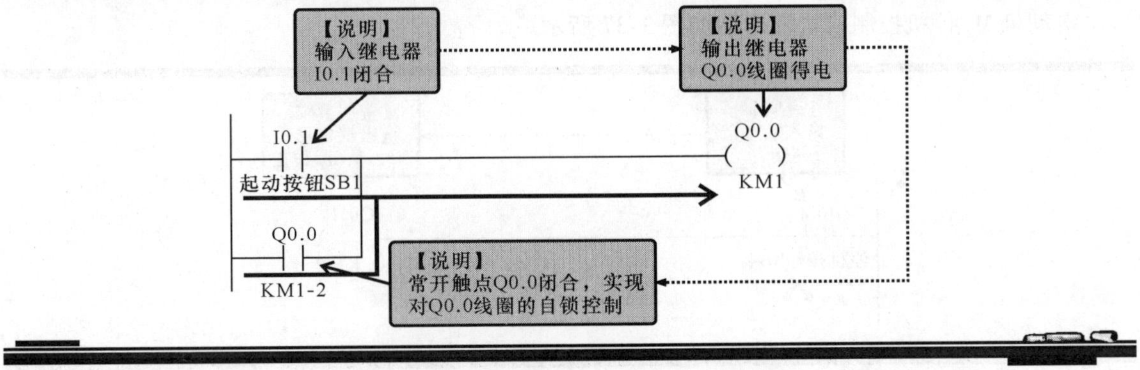


图 3-35　电动机 $M_1$ 起动控制模块梯形图

（2）电动机 $M_2$ 起动控制过程梯形图编程解析

输入控制信号：

按下起动按钮 SB3。

输出结果：

输入继电器 I0.3 得电→Q0.1 得电→（同时导致 a，b）

a→KM2 线圈得电吸合→KM2 主触点闭合，电动机 $M_2$ 起动运转；

b→常开辅助触点（Q0.1）闭合，实现自锁。

根据上述分析过程，绘制梯形图时，将控制电路中的电气部件按 I/O 分配表对应梯形图的触点符号：使用输入继电器常开触点 I0.3 代替 $M_2$ 起动按钮 SB3；使用输出继电器 Q0.1 线圈代替电动机 $M_2$ 交流接触器 KM2；使用输出继电器 Q0.1 常开触点实现 Q0.1 线圈的自锁，进行连续控制。

电动机 $M_2$ 起动控制模块的梯形图如图 3-36 所示。

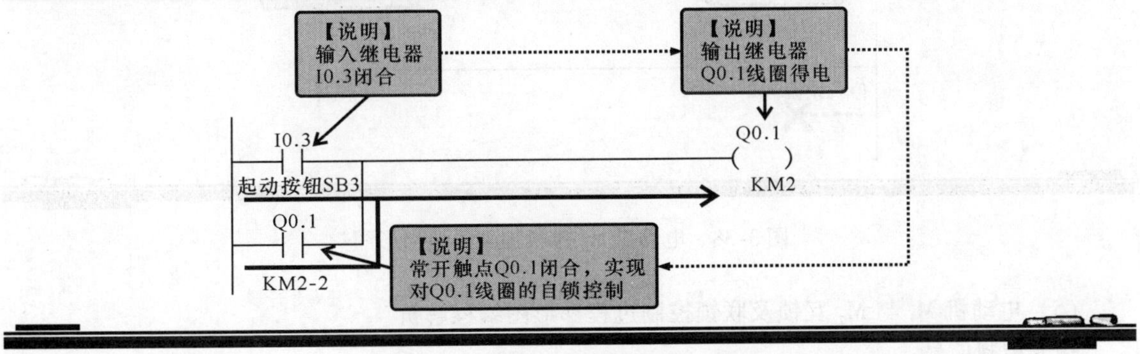


图 3-36　电动机 $M_2$ 起动控制模块梯形图

（3）电动机 $M_2$ 停机控制过程梯形图编程解析

输入控制信号：

按下停止按钮 SB4。

输出结果：

输入继电器 I0.4 失电→Q0.1 失电。

根据上述分析过程，绘制梯形图时，将控制电路中的电气部件按 I/O 分配表对应梯形图的触点符号：使用输入继电器常开触点 I0.4 代替 $M_2$ 停机按钮 SB4，使其在梯形图中能够控制输出继电器 Q0.1 失电。

电动机 $M_2$ 停机控制模块梯形图如图 3-37 所示。

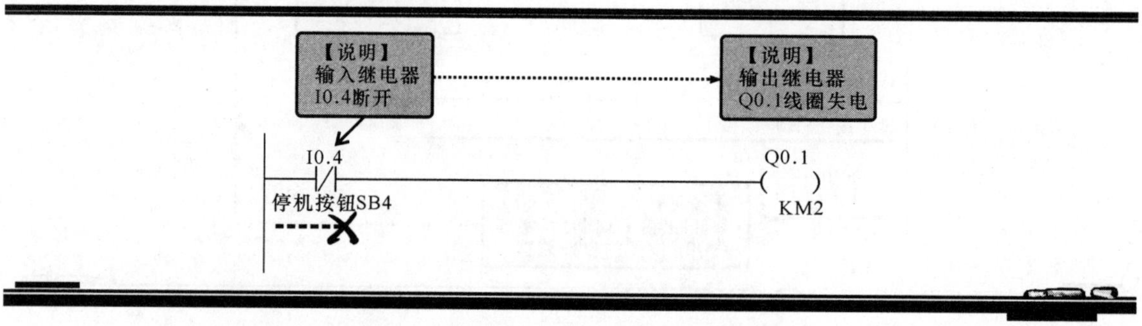


图 3-37　电动机 $M_2$ 停机控制模块梯形图

（4）电动机 $M_1$ 停机控制过程梯形图编程解析

输入控制信号：

按下停止按钮 SB2。

输出结果：

输入继电器 I0.2 失电→Q0.0 失电。

根据上述分析过程，绘制梯形图时，将控制电路中的电气部件按 I/O 分配表对应梯形图的触点符号：使用输入继电器常开触点 I0.2 代替 $M_1$ 停机按钮 SB2，使其在梯形图中能够控制输出继电器 Q0.0 失电。

电动机 $M_1$ 停机控制模块梯形图如图 3-38 所示。

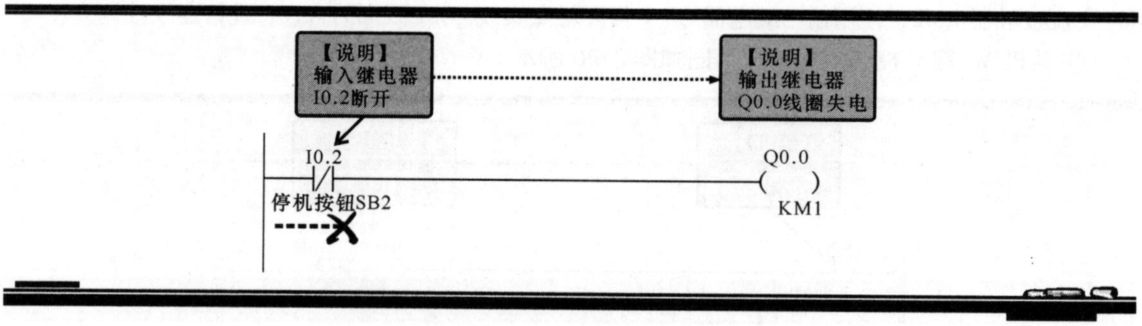


图 3-38　电动机 $M_1$ 停机控制模块梯形图

（5）电动机 $M_1$ 与 $M_2$ 互锁及联锁控制过程梯形图编程解析

输入控制信号：

Q0.0 的常开触点闭合；Q0.1 的常开触点闭合。

输出结果：

作为 Q0.1 线圈得电的限制条件，只有 Q0.0 的常开触点闭合后，Q0.1 才能得电；

作为 Q0.2 线圈失电的限制条件，当误操作按下 SB2 时，即 I0.2 触点断开时，Q0.0 仍保持得电状态。

根据上述分析过程，绘制梯形图时，将控制电路中的电气部件按 I/O 分配表对应梯形图的触点符号：将输出继电器 Q0.0 的常开触点串入电动机 $M_2$ 的起动控制线路中；将输出继电器 Q0.1 的常开触点并入电动机 $M_1$ 的停止按钮 SB2 两端。

电动机 $M_1$ 与 $M_2$ 互锁及联锁控制模块梯形图如图 3-39 所示。

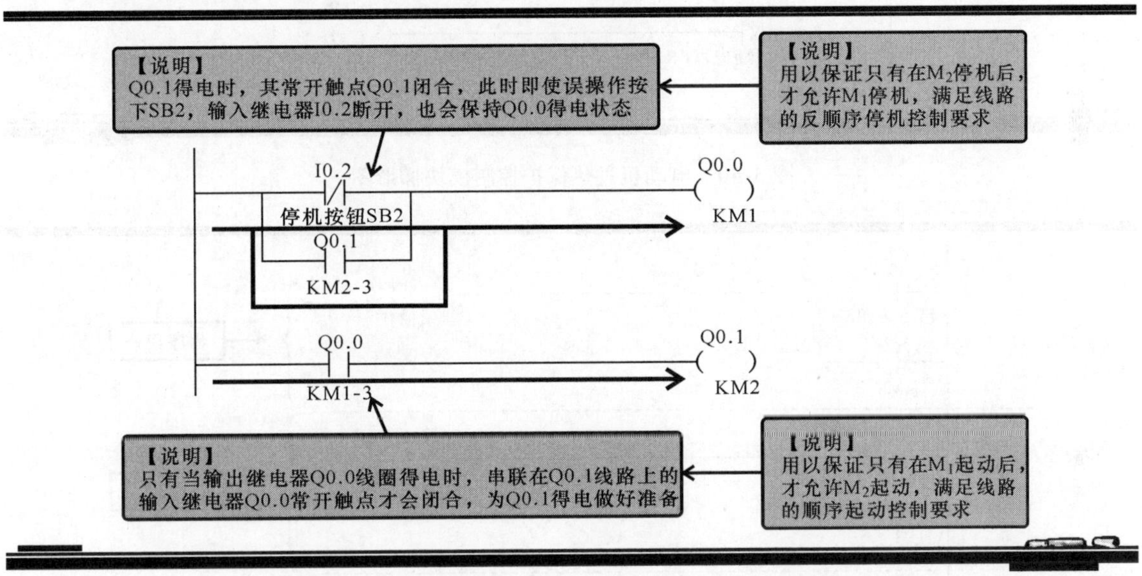


图 3-39　电动机 $M_1$ 与 $M_2$ 互锁及联锁控制模块梯形图

（6）电动机过热保护控制过程梯形图编程解析

输入控制信号：

过热保护继电器的触点断开。

输出结果：

输入继电器 I0.0 失电→（同时导致 a，b）

a→Q0.0 失电，KM1 线圈失电复位→KM1 主触点断开，电动机 $M_1$ 停转；

b→Q0.1 失电，KM2 线圈失电复位→KM2 主触点断开，电动机 $M_2$ 停转。

根据上述分析过程，绘制梯形图时，将控制电路中的电气部件按 I/O 分配表对应梯形图的触点符号：使用输入继电器常开触点 Q0.0 代替过热保护继电器 FR，当电动机出现过热时，使其在梯形图中能够控制输出继电器 Q0.0 和 Q0.1 失电。

电动机过热保护控制模块梯形图如图 3-40 所示。

（7）程序的合并和调整

根据各模块的先后顺序，将上述 6 个模块（控制过程）所得 6 段程序进行组合，得出总的梯形图程序，如图 3-41 所示。

直接根据先后顺序简单组合的总梯形图程序并不是最终程序，需要明确各个模块之间的关联，进行合并调整。因此，首先需将图 3-41 中 6 个程序段中相同线圈的控制线路进行合并。

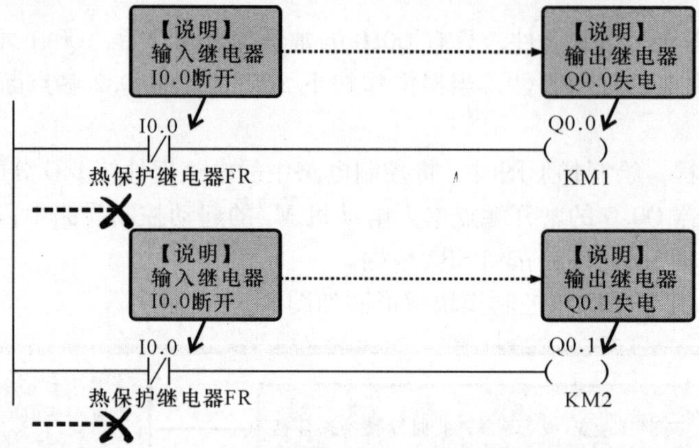


图 3-40　电动机过热保护控制模块梯形图



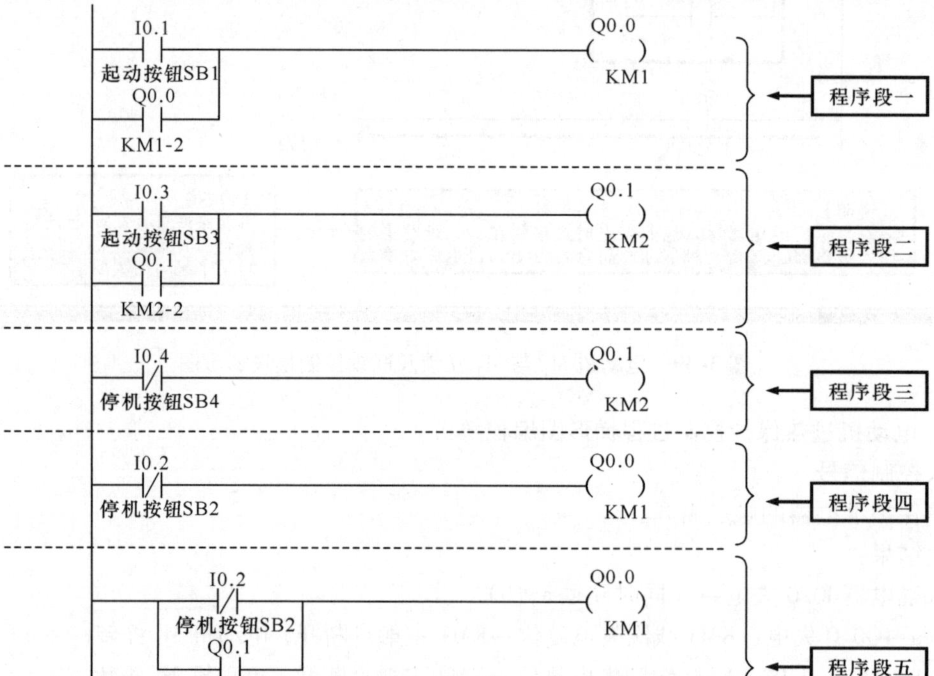


图 3-41　组合得出的总梯形图程序

注意合并时，应根据实际控制要求，确定触点之间的串并联关系。最终获得的PLC梯形图程序，如图3-42所示。

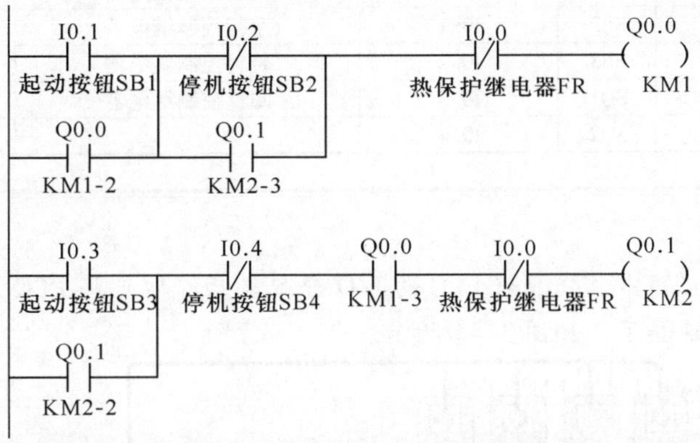


图3-42　分析、完善、优化后的运输车PLC梯形图程序

**2. 运输车自动往返控制的西门子PLC梯形图编程案例**

案例描述：

- 运输车的起动由左行起动按钮和右行起动按钮SB1、SB2进行控制。
- 运输车起动运行后，首先右行到限位开关SQ1处，此时运输车停止进行装料，30s后装料完毕，运输车开始左行。
- 当运输车左行至限位开关SQ2处时，运输车停止进行卸料，60s后卸料结束，再右行，行至限位开关SQ1处再停止，进行装料，如此循环工作。
- 按下停止按钮SB3后，运输车停止工作。

根据运输车的自动往返运行的控制要求，可以将功能模块划分为运输车右行起动控制模块、30s装料及自动左行控制模块、60s卸料机自动返回控制模块、停止控制模块4部分，如图3-43所示。

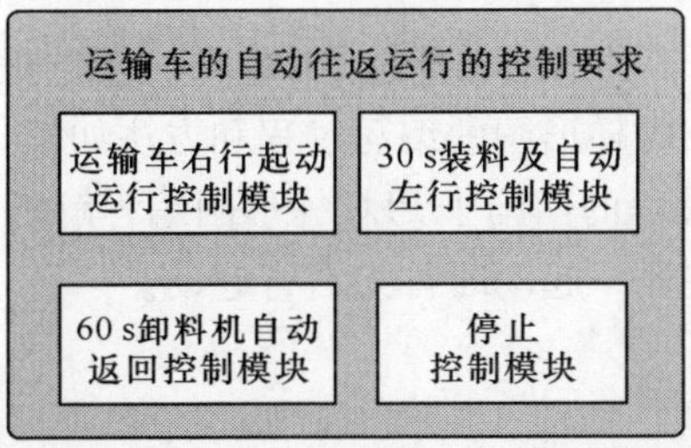


图3-43　电动机的正反转控制模块的划分

编写程序之前填写PLC梯形图的I/O分配表，为所有输入继电器和输出继电器进行编程元件编号（分配地址），如表3-6所示。

**表 3-6　运输车自动往返控制 PLC 梯形图 I/O 分配表（西门子 S7—200 系列 PLC）**

| 输入信号及地址编号 | | | 输出信号及地址编号 | | |
|---|---|---|---|---|---|
| 名　称 | 代　号 | 输入点地址编号 | 名　称 | 代　号 | 输出点地址编号 |
| 右行控制起动按钮 | SB1 | I0.0 | 右行控制继电器 | KM1 | Q0.0 |
| 左行控制起动按钮 | SB2 | I0.1 | 左行控制继电器 | KM2 | Q0.1 |
| 停止按钮 | SB3 | I0.2 | 装料控制继电器 | KM3 | Q0.2 |
| 右行限位开关 | SQ1 | I0.3 | 卸料控制继电器 | KM4 | Q0.3 |
| 左行限位开关 | SQ2 | I0.4 | | | |

**【资料】**

在实际应用中，分配好 PLC 的 I/O 分配表后，即可将 PLC 与外部电器部件进行硬件之间的连接了，如图 3-44 所示。

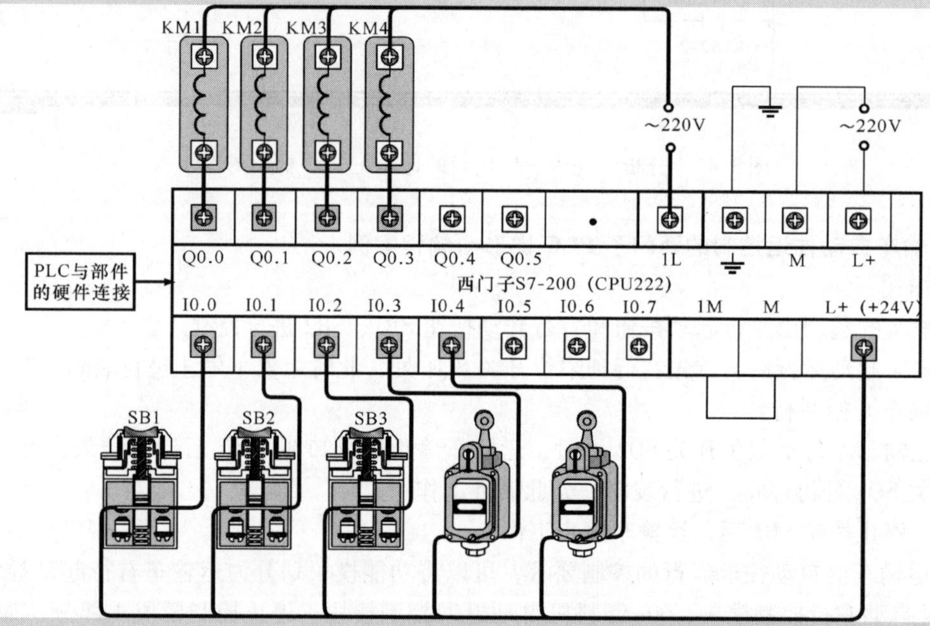


图 3-44　PLC 与外部控制和执行部件的硬件连接关系

I/O 分配完毕，便可根据控制过程完成西门子 PLC 梯形图的程序编写。

运输车自动往返控制过程相应梯形图的编写过程和方法如下。

（1）运输车右行起动控制过程的西门子 PLC 梯形图编程解析

假设运输车初始位置位于左侧，起动时首先右行起动。

输入控制信号：

按下右行起动按钮 SB1。

输出结果：

输入继电器 I0.0 得电→Q0.0 得电→（同时导致 a，b，c）

a→KM1 线圈得电吸合→KM1 主触点闭合，运输车右行；

b→常闭辅助触点（Q0.0）断开，使 KM2 不能得电，实现联锁；

c→常开辅助触点（Q0.0）闭合，实现自锁。

另外，为了防止误操作同时按下左右行起动按钮，两只起动按钮均采用复合按钮，实现互锁控制。

根据上述分析过程，绘制梯形图时，将控制电路中的电气部件按 I/O 分配表对应梯形图的触点符号：其控制部件（输入元件）对应的编程元件在梯形图中作为输入继电器使用，即右行起动按钮 SB1、接触器的常开、常闭触点；其执行部件（输出元件）对应的编程元件在梯形图中作为输出继电器，即 KM1 线圈部分为输出继电器。

运输车右行起动控制过程的 PLC 梯形图如图 3-45 所示。

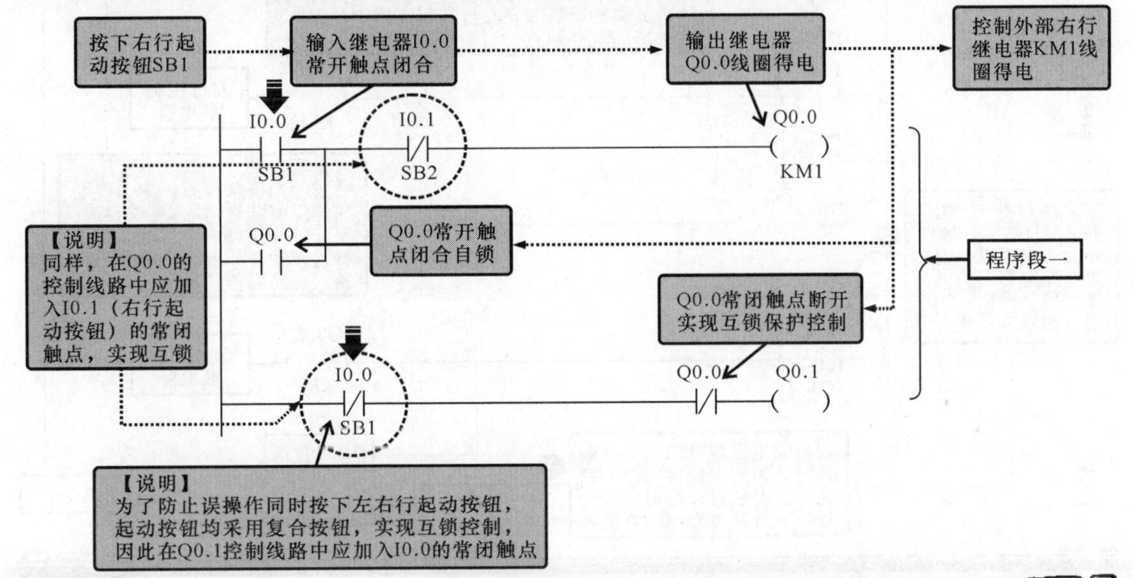


图 3-45　运输车右行起动控制过程的 PLC 梯形图

（2）30s 装料及自动左行控制过程的西门子 PLC 梯形图编程解析

输入信号：

当运输车运行到右行限位开关 SQ1 位置。

输出结果：

限位开关 SQ1 动作→I0.3 动作→（同时导致 a，b）

a→其常闭触点（I0.3）断开→Q0.0 失电→KM1 失电→运输车停止运行；
→Q0.0 复位闭合，解除互锁；
→Q0.0 复位断开，解除自锁。

b→其常开触点（I0.3）闭合→Q0.2 得电→KM3 线圈得电→运输车开始装料；
→定时器 T37 闭合，开始装料计时。

当装料时间到（30s）→定时器常开触点 T37［1］闭合→Q0.1 得电→（同时导致 c，d，e）

c→左行继电器 KM2 线圈得电吸合→主触点闭合，运输车自动左行。

d→常闭辅助触点 Q0.1 断开，使 Q0.0 不能得电，实现互锁；

e→常开辅助触点 Q0.1 闭合，自锁。

30s 装料及自动左行控制过程的 PLC 梯形图如图 3-46 所示。

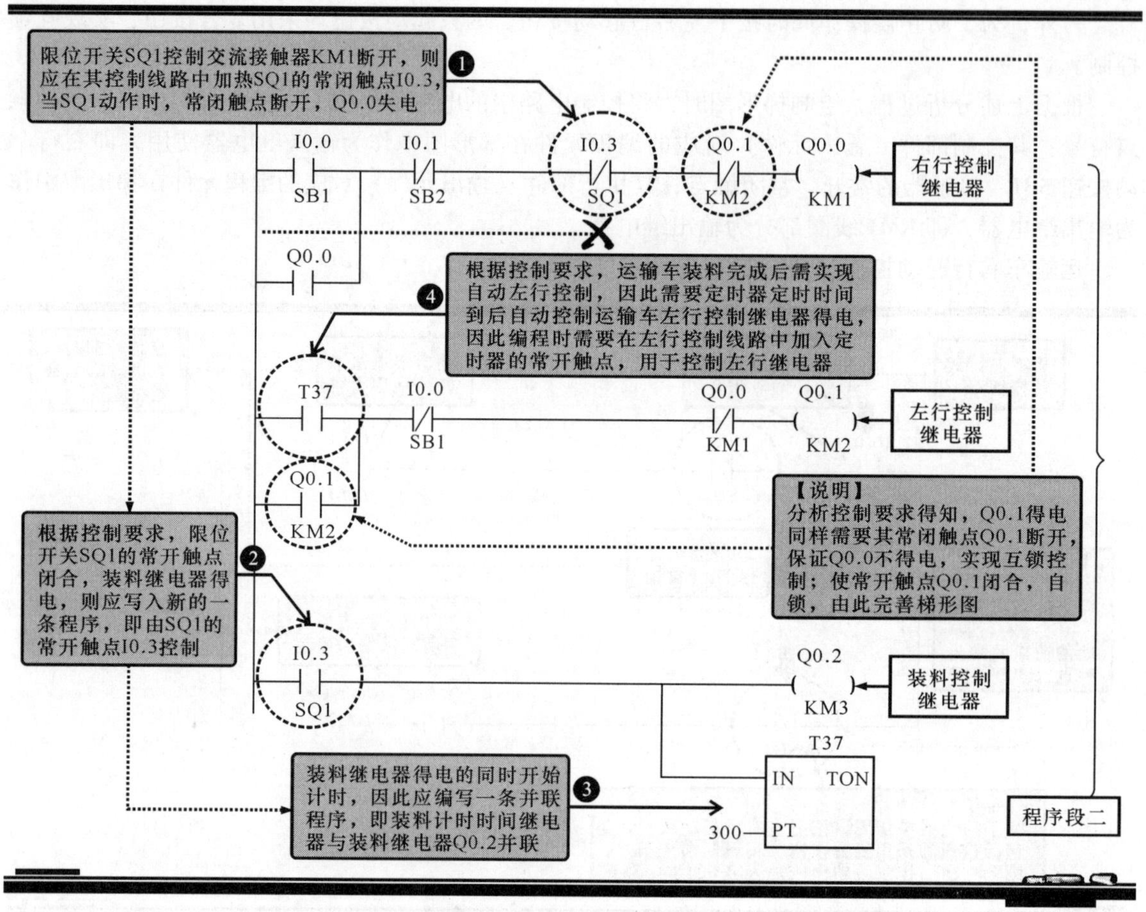


图 3-46　30s 装料及自动左行控制过程的 PLC 梯形图

（3）60s 卸料及自动返回（右行）控制过程的西门子 PLC 梯形图编程解析

输入信号：

当运输车运行到左行限位开关 SQ2 位置。

输出结果：

限位开关 SQ2 动作→I0.4 动作→（同时导致 a，b）

a→其常闭触点（I0.4）断开→Q0.1 失电→KM2 失电→运输车停止运行；

→Q0.1 复位闭合，解除互锁；

→Q0.1 复位断开，解除自锁。

b→其常开触点（I0.4）闭合→Q0.3 得电→KM4 线圈得电→运输车开始卸料；

→定时器 T38 闭合，开始卸料计时。

当卸料时间到（60s）→定时器 T38 的常开触点闭合→运输车左行控制继电器 Q0.1 得电→KM2 线圈得电吸合→主触点闭合，运输车自动左行。

当装料时间到（60s）→定时器常开触点 T38［1］闭合→Q0.0 得电→（同时导致 c，d，e）

c→右行继电器 KM1 线圈得电吸合→主触点闭合，运输车自动右行；

d→常闭辅助触点 Q0.0［1］断开，使 Q0.1 不能得电，实现互锁；

e→常开辅助触点 Q0.0［2］闭合，自锁。

60s 卸料及自动返回（右行）控制过程的 PLC 梯形图如图 3-47 所示。

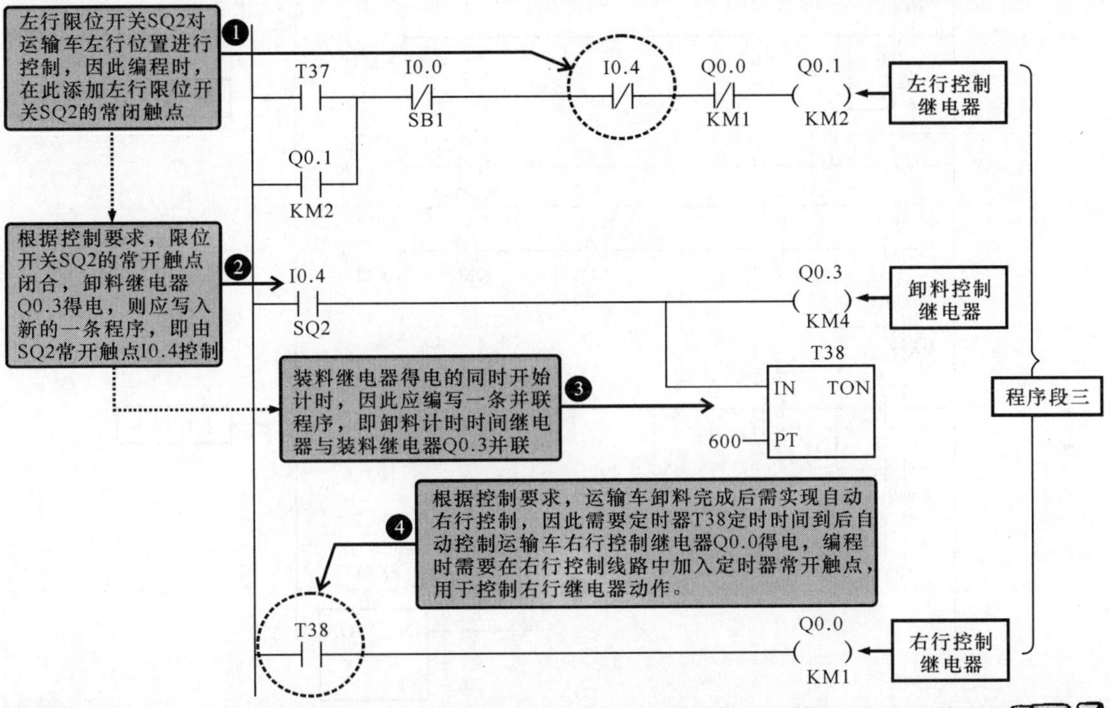


图 3-47　60s 卸料及自动返回（右行）控制过程的 PLC 梯形图

（4）运输车停止控制过程的西门子 PLC 梯形图编程解析

输入信号：

当按下停止按钮 SB3。

输出结果：

不论运输车处于何种状态，均停止运行，即此时即控制左行控制继电器 Q0. 1，又能控制右行控制继电器 Q0. 0。

运输车停止控制的 PLC 梯形图如图 3-48 所示。

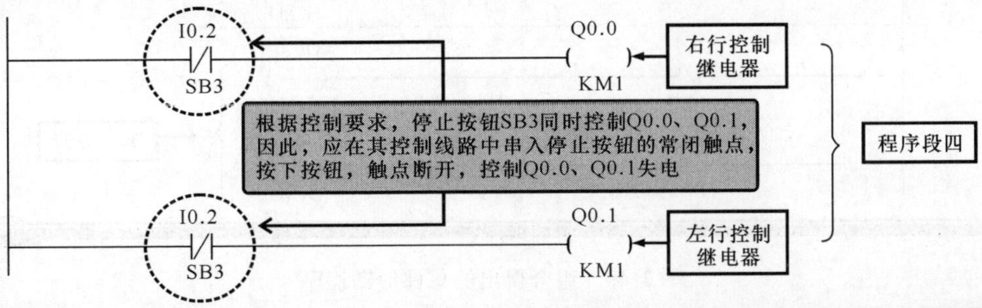


图 3-48　运输车停止控制的 PLC 梯形图

（5）程序的合并和调整

根据各模块的先后顺序，将上述 4 个模块（控制过程）所得 4 段程序进行组合，得出总的梯形图程序，如图 3-49 所示。

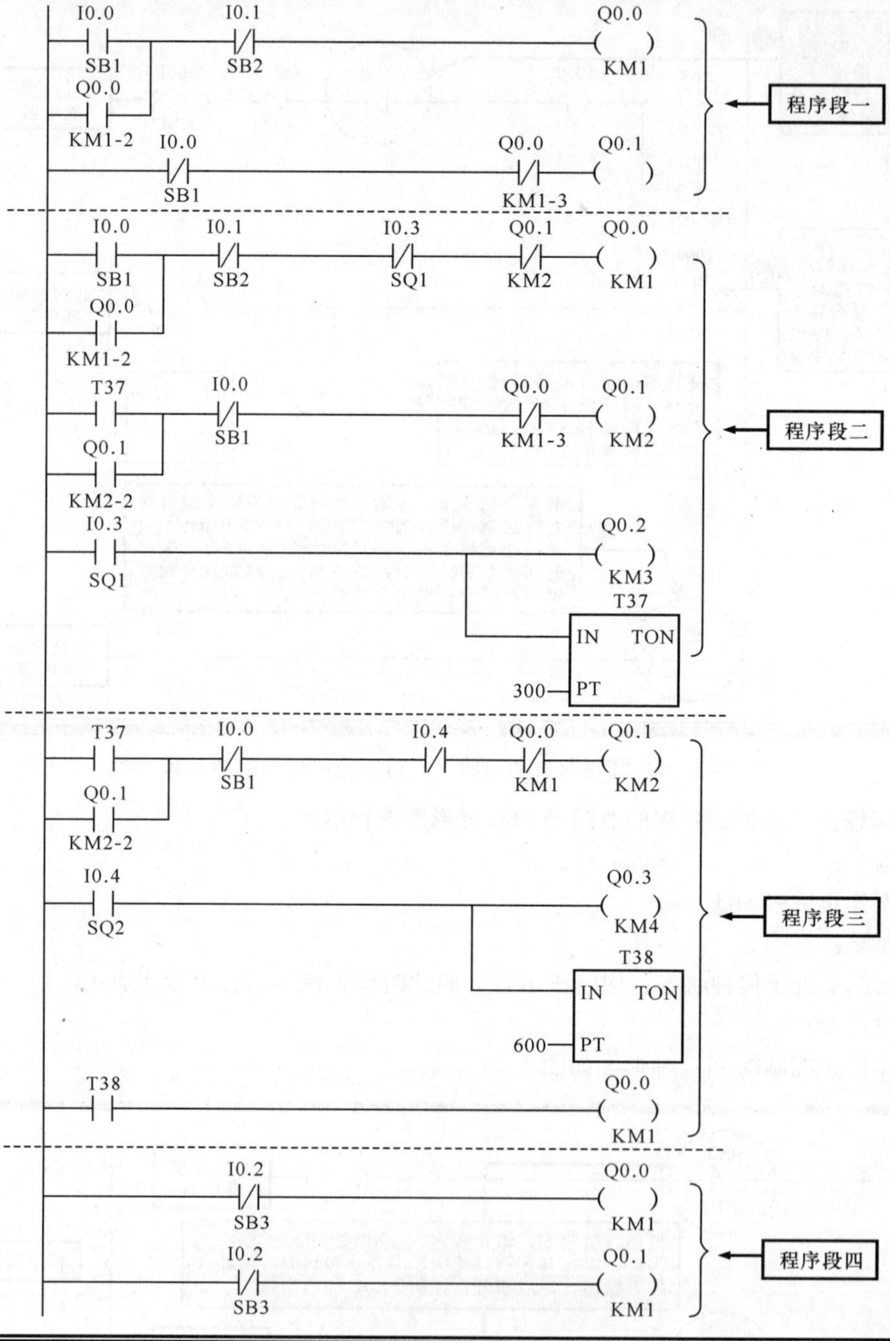


图 3-49　组合得出的总梯形图程序

直接根据先后顺序简单组合的总梯形图程序并不是最终程序，需要明确各个模块之间的关联，进行合并调整。另外，根据前面章节中对梯形图规则的确定，开关、继电器、定时器、计数器等软元件的触点可重复使用，没有必要特意采用复杂程序结构来减少触点的使用次数；而继电器、定时器等软元件的线圈在梯形图中只能使用一次，不能够重复的出现线圈，因此首先将4段程序中相同线圈的控制线路进行合并。

合并时，应注意根据实际控制要求，确定触点之间的串并联关系。另外，在运输车的控制要求中我们可以了解到，运输车右行和左行均可直接由右行和左行起动按钮控制，在前面我们分析的是初始状态向右行驶的过程，如果初始状态向左行驶，则需要操作左行起动按钮 SB2，因此需要在左行控制继电器 Q0.1 的控制程序中添加左行起动按钮 SB2 的触点 I0.1，其程序结构及串并联关系与右行控制继电器 Q0.0 基本相同。

分析、完善、优化后的运输车 PLC 梯形图程序如图 3-50 所示。

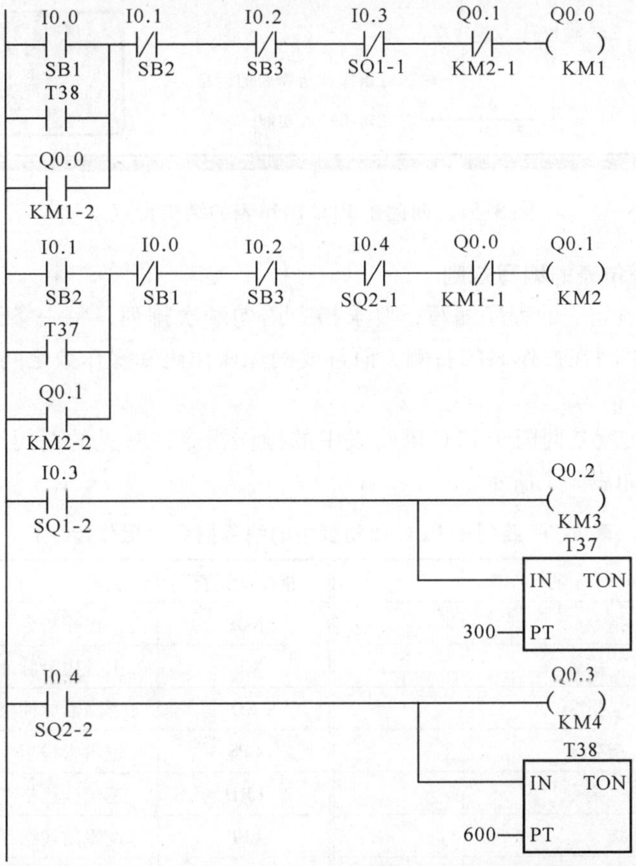


图 3-50　分析、完善、优化后的运输车 PLC 梯形图程序

## 3.2　西门子 PLC 语句表怎样编程

西门子 PLC 语句表也是电气技术人员普遍采用的编程方式，这种编程方式适用于需要使用编程器进行工业现场调试和编程的场合。

与西门子 PLC 梯形图编程方式相比，这种编程方式不是非常直观，对于控制过程全部依托指令语句表来表达。因此，若想掌握西门子 PLC 语句表的编程方法，首先要了解西门子 PLC 语句表的编程规则，明白西门子 PLC 语句表中常用编程指令的含义和用法。然后，通过实际的案例编程训练，领会西门子 PLC 语句表编程的要领，相信学会西门子 PLC 语句表的编程方法并不困难。

## 3.2.1 了解西门子 PLC 语句表的编程规则

西门子 PLC 语句表是通过指令语句表来表达控制过程的。图 3-51 所示为西门子 PLC 语句表的结构特点。

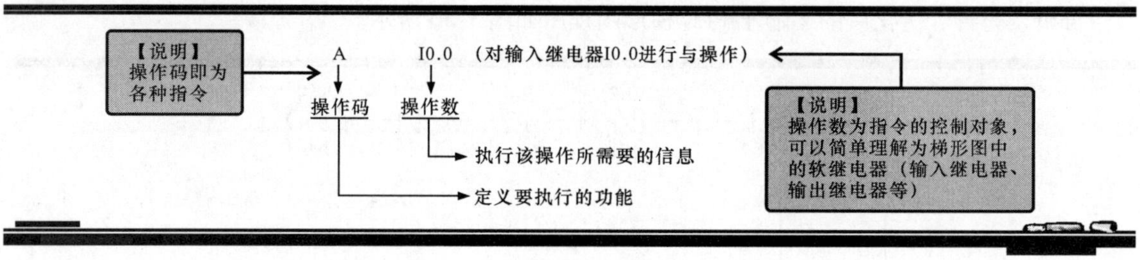


图 3-51 西门子 PLC 语句表的结构特点



### 1. 西门子 PLC 语句表的编写规则

对于西门子 PLC 语句表的程序编写，要求指令语句顺次排列，每一条语句都要将操作码书写在左侧，将操作数书写在操作码的右侧，而且要确保操作码和操作数之间要有间隔，不能连在一起。

对于操作码，其实就是西门子 PLC 语句表中的操作指令，常见的西门子 PLC 语句表中的编程指令（操作指令）如表 3-7 所示。

**表 3-7 西门子 PLC 语句表中的编程指令**（操作指令）

| 指令助记符 | 功 能 | 指令助记符 | 功 能 |
|---|---|---|---|
| LD | “读” 指令 | NOP | 空操作指令 |
| LDN | “读反” 指令 | EU | 上升边沿脉冲指令 |
| = | “输出” 指令 | ED | 下降沿脉冲指令 |
| A | “与” 指令 | LPS | 逻辑入栈指令 |
| AN | “与非” 指令 | LRD | 逻辑读栈指令 |
| O | “或” 指令 | LPP | 逻辑出栈指令 |
| ON | “或非” 指令 | LDS | 载入堆栈指令 |
| OLD | 串联电路块的并联指令 | TON | 接通延时定时器指令 |
| ALD | 并联电路块的串联指令 | TONR | 有记忆接通延时定时器指令 |
| S | 置位指令 | TOF | 断开延时定时器指令 |
| R | 复位指令 | CTU | 加计数器指令 |
| LDI | 立即存（装载）指令 | CTD | 减计数器指令 |
| LDNI | 立即取指令 | CTUD | 加减计数器指令 |

可以看到，这些编程指令都是由若干个英文字母给合而成，分别具有各自的功能，在书写时不可写错，或将英文字母组合断开。

而对于操作数，就是操作指令要控制的对象，如果学习了西门子 PLC 梯形图，不难发现，这些编程指令要控制的对象与西门子 PLC 梯形图中的触点标识一致，这就是所控制对象的地址编码，此编码的书写也需严格按规范书写，否则，西门子 PLC 语句表的编写就会发生错误。

【注意】

在西门子 PLC 语句表中，有些编程指令也可不带操作数，这通常是因为被操作的对象是唯一的，故不再额外书写操作数。

**2. 西门子 PLC 语句表中各常用编程指令的用法规则**

下面，进一步了解西门子 PLC 语句表中各常用编程指令的功能，看看这些编程指令的应用规则。

由于西门子 PLC 语句表中的编程指令非常抽象，我们会结合西门子 PLC 梯形图进行对比分析，在对应关系中体会西门子 PLC 语句表不同编程指令的特点和应用。

（1）触点的逻辑读、读反和线圈的驱动指令（LD、LDN、=）的用法规则

LD：触点的逻辑读指令，也称为装载指令，在梯形图中表示一个与左母线相连的常开触点指令。

LDN：触点的逻辑读反指令，也称为装载反指令，在梯形图中表示一个与左母线相连的常闭触点指令。

=：输出指令，表示驱动线圈的指令，用于驱动输出继电器、辅助继电器等，但不能用于驱动输入继电器。

图 3-52 所示为西门子 PLC 的 LD、LDN 和 = 指令及应用特点。

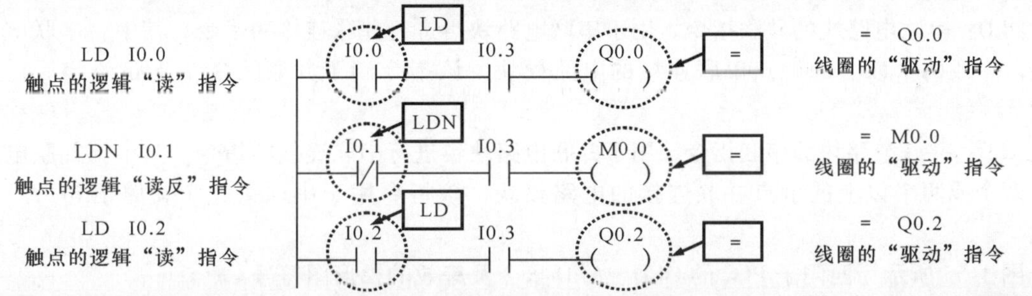


图 3-52　西门子 PLC 的 LD、LDN 和 = 指令及应用特点

（2）触点串联指令（A、AN）的用法规则

A：逻辑与操作指令，用于常开触点与其他编程元件相串联。

AN：逻辑与非操作指令，用于常闭触点与其他编程元件相串联。

图 3-53 所示为西门子 PLC 的 A、AN 指令及等效的梯形图符号。

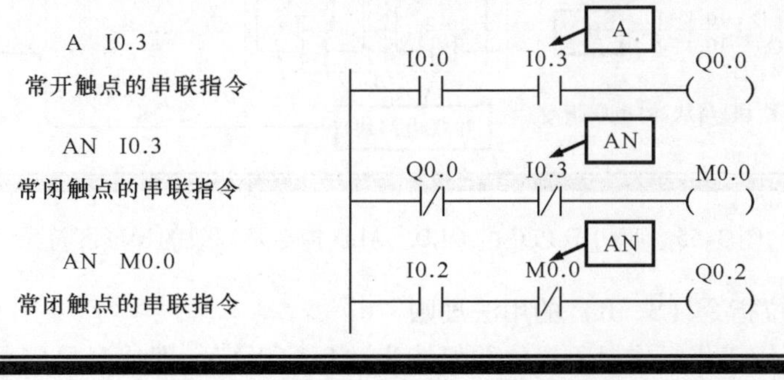


图 3-53　西门子 PLC 的 A、AN 指令及等效的梯形图符号

(3) 触点并联指令（O、ON）的用法规则

O：逻辑或操作指令，用于常开触点与其他编程元件的并联。

ON：逻辑或非操作指令，用于常闭触点与其他编程元件的并联。

图 3-54 所示为西门子 PLC 的 O、ON 指令及等效的梯形图符号。

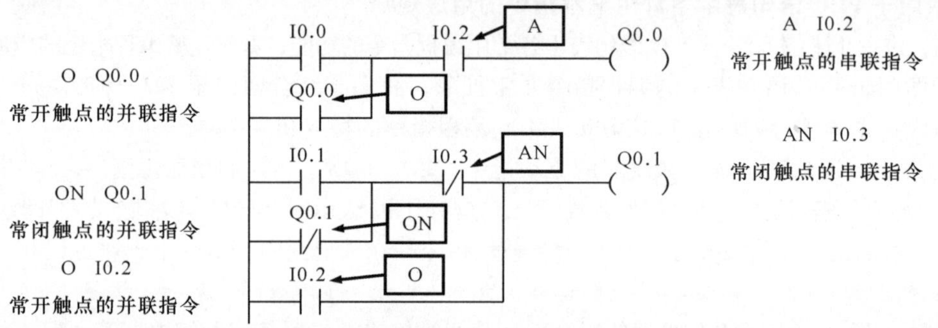


图 3-54 西门子 PLC 的 O、ON 指令及等效的梯形图符号

(4) 电路块串并联指令（OLD、ALD）的用法规则

OLD：串联电路块的并联指令，用于串联电路块再进行并联连接的指令。其中，串联电路块是指两个或两个以上的触点串联连接的电路模块，该指令用于并联第二个支路语句后，无操作数。

ALD：并联电路块的串联指令，用于并联电路块再进行串联连接的指令。其中，并联电路块是指两个或两个以上的触点并联连接的电路模块，该指令用于串联第二个支路语句后，无操作数。

图 3-55 所示为西门子 PLC 的 OLD、ALD 指令及等效的梯形图符号。

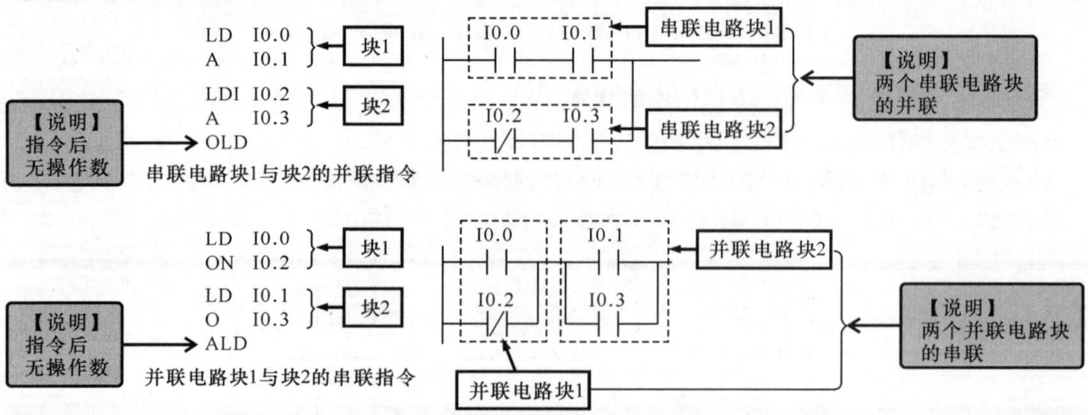


图 3-55 西门子 PLC 的 OLD、ALD 指令及等效的梯形图符号

(5) 置位、复位指令（S、R）的用法规则

S：置位指令，用于将操作对象置位并保持为“1（ON）”，即使置位信号变为 0 以后，被置位的状态仍然可以保持，直到复位信号的到来。

R：复位指令，用于将操作对象复位并保持为“0（OFF）”，即使复位信号变为0以后，被复位的状态仍然可以保持，直到置位信号的到来。

图3-56所示为西门子PLC的S、R指令及等效的梯形图符号。其表示置位和复位指令可以将位存储区某一位（bit）开始的一个或多个（n）同类存储器置1或置0。

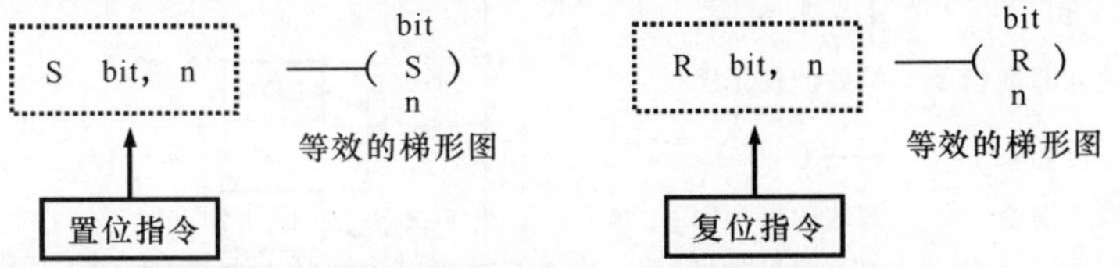


图3-56 西门子PLC的S、R指令及等效的梯形图符号

如图3-57所示，I0.0接通后，将对Q0.0及其开始的4个同类存储器（Q0.0～Q0.3）置位；I0.1接通后，将对Q0.1及其开始的2个同类存储器（Q0.1～Q0.2）复位。

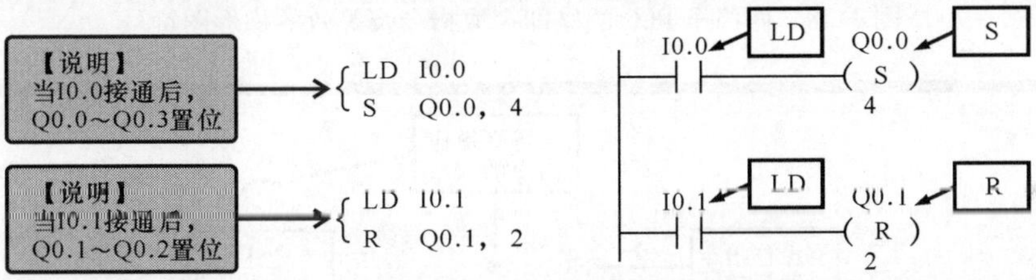


图3-57 西门子PLC的S、R指令及应用

**【资料】**

S置位指令可对I、Q、M、SM、T、C、V、S和L进行置位操作。在图3-57中，当I0.0闭合时，S置位指令将线圈Q0.0及其开始的4个线圈（Q0.0～Q0.3）均置位，即线圈Q0.0～Q0.3得电，即使当I0.0断开时，线圈Q0.0～Q0.3仍保持得电。

R复位指令可对I、Q、M、SM、T、C、V、S和L进行复位操作。在图3-57中，当I0.1闭合时，R复位指令将线圈Q0.1及其开始的2个线圈均复位，即线圈Q0.1～Q0.2被复位（线圈失电），并保持为0，即使当I0.1断开时，线圈Q0.1～Q0.2仍保持失电状态。

（6）立即存取指令（LDI、LDNI、=I、SI、RI）的用法规则

西门子S7—200系列PLC可通过立即存取指令加快系统的响应速度，较常用的立即存取指令主要有触点的立即取指令（LDI、LDNI）、立即输出指令（=I）和立即复位/置位指令（SI、RI）。

图3-58所示为西门子PLC的立即存取指令形式及等效的梯形图符号。

（7）空操作指令（NOP）的用法规则

NOP：空操作指令，它是一条无动作的指令，将稍微延长扫描周期的长度，但不影响用户程序的执行，主要用于改动或追加程序时使用。

图3-59所示为西门子PLC的NOP指令及等效的梯形图符号。??? 处为操作数N，操作数N

为执行空操作指令的次数，N=0~255。

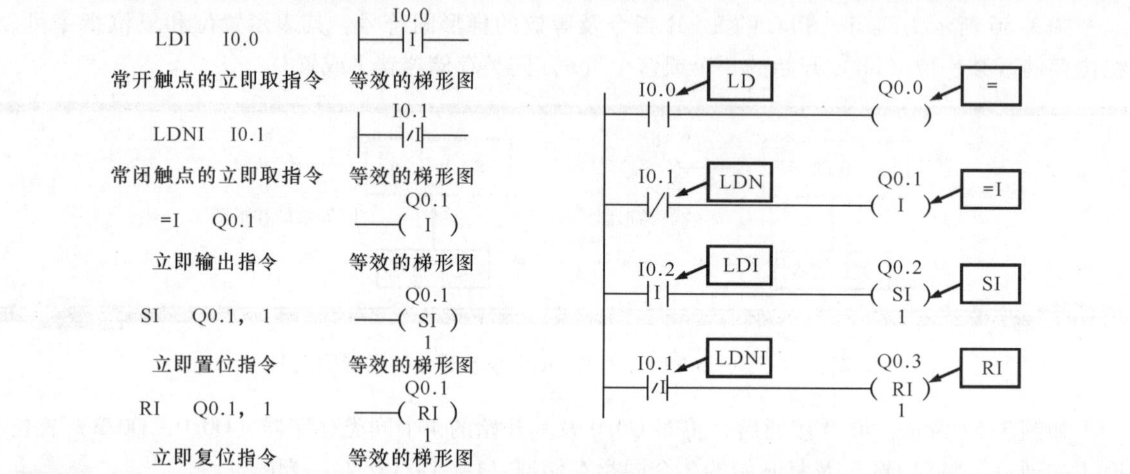


图3-58 西门子PLC的立即存取指令及等效的梯形图符号

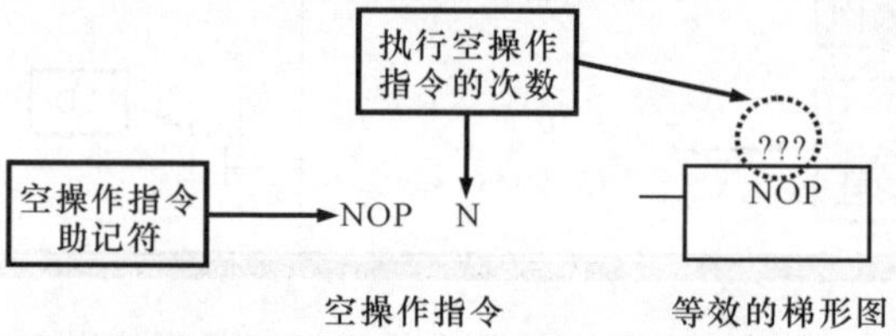


图3-59 西门子PLC的NOP指令及等效的梯形图符号

图3-60所示为NOP操作指令在程序调试时的应用。

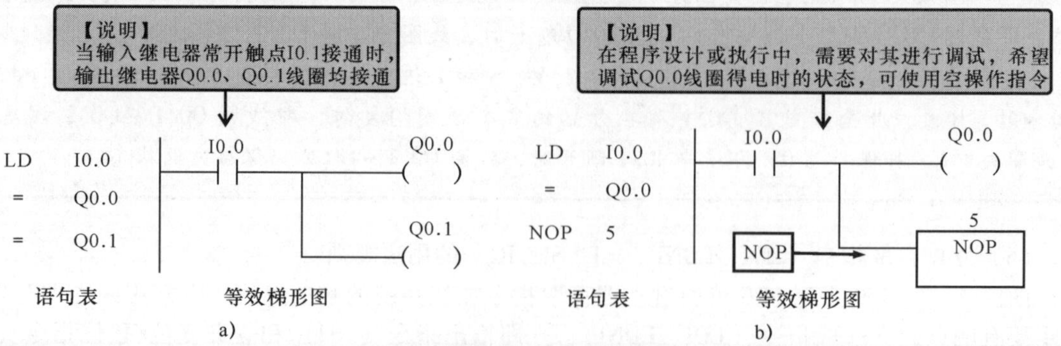


图3-60 NOP操作指令在程序调试时的应用

（8）边沿脉冲指令（EU、ED）的用法规则

EU：上升边沿脉冲指令，也称为上微分操作指令，是指某一位操作数的状态由0变为1的过程，即出现上升沿的过程中，该指令在这个上升沿形成一个ON，并保持一个扫描周期的脉冲，

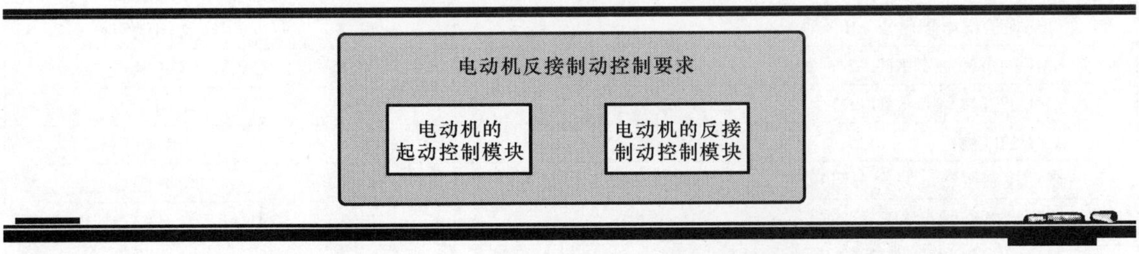


且只存在一个扫描周期。

ED：下降沿脉冲指令，也称为下微分操作指令，是指某一位操作数的状态由1变为0的过程，即出现下降沿的过程中，该指令在这个下降沿形成一个ON，并保持一个扫描周期的脉冲，且只存在一个扫描周期。

图3-61所示为西门子PLC的EU、ED指令及等效的梯形图符号，边沿脉冲指令本身无操作数，受脉冲指令控制的元件写在该脉冲指令之后。

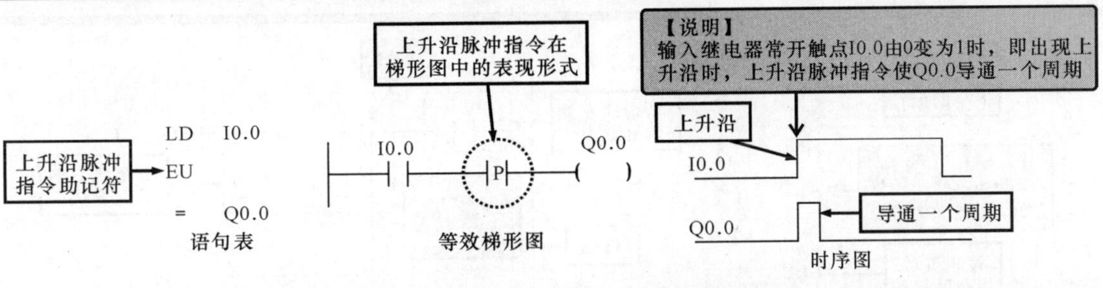


a）上升沿脉冲指令及对应梯形图应用

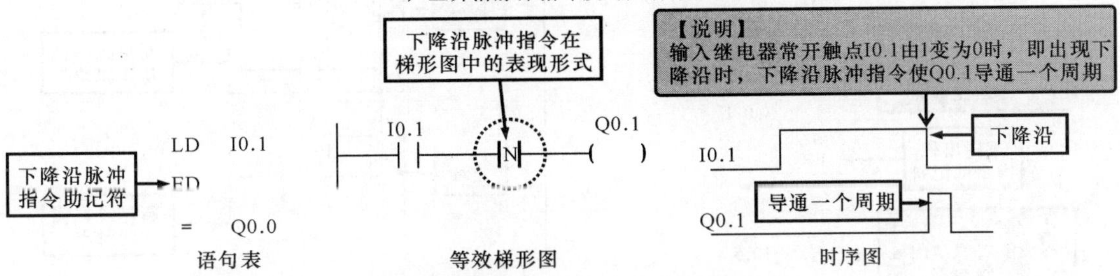


b）下降沿脉冲指令及对应梯形图应用

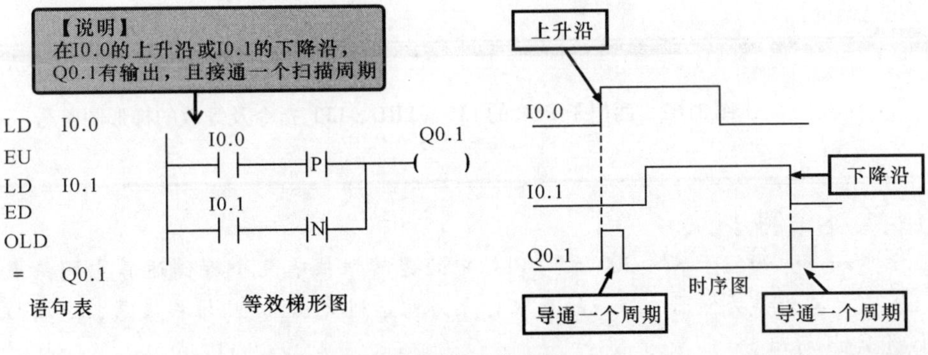


c）上升和下降沿脉冲指令的应用

图3-61　西门子PLC的EU、ED指令及等效的梯形图符号

（9）逻辑堆栈指令（LPS、LRD、LPP、LDS）的用法规则

LPS：逻辑入栈指令，指分支电路的开始指令，可以形象地看为该指令用于生成一条新母线，其左侧为主逻辑块，右侧为从逻辑块。

LRD：逻辑读栈指令，在分支结构中，新母线右侧的第一个从逻辑块开始用LPS指令，第二个及以后的逻辑块用LRD指令。其中是将第二个堆栈值复制到堆栈顶部，原栈顶值被替换。

LPP：逻辑出栈指令，在分支结构中，LPP用于最后一个从逻辑块的开始，执行完该指令后将转移至上一层母线。

LDS：载入堆栈指令，其指令形式为“LDS　n”，该指令不常用。

图3-62所示为西门子PLC中的LPS、LRD、LPP指令及等效的梯形图符号，各堆栈指令均无操作数，且LPS和LPP指令必须成对使用，其中间的读栈操作可使用LRD指令。

一般由于使用堆栈指令将占用PLC很大内存空间，影响执行速度，一般LPS和LPP指令连续使用应少于9次，或对语句表进行优化，减少堆栈使用情况。

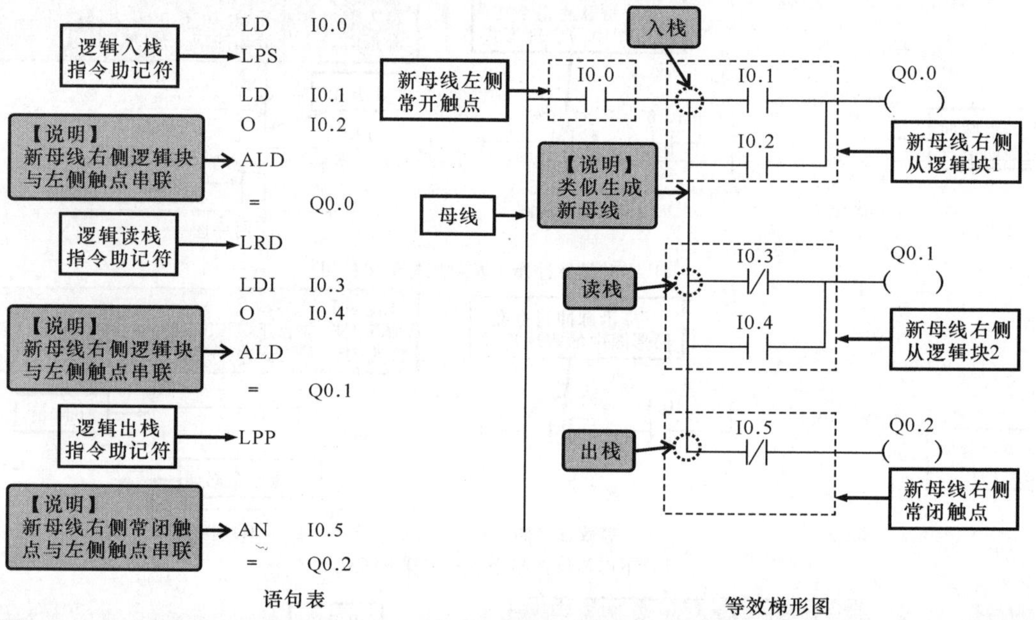


图3-62　西门子PLC的LPS、LRD、LPP指令及等效的梯形图符号

**【资料】**

西门子S7—200系列PLC中的逻辑堆栈有9个存储运算中间结果的存储器，称其为栈存储器。堆栈的存取特点为“后进先出”。从堆栈来看，逻辑堆栈指令的作用如图3-63所示。

- LPS逻辑入栈指令作用是复制栈顶顶部的数值，并将此数值推入栈顶，原堆栈中栈值依次下压一级，栈底值被推出或丢失。
- LRD逻辑读栈指令是将第二个堆栈值复制到堆栈顶部，原栈顶值被替换。
- LPP逻辑出栈指令是将堆栈栈顶数值弹出，原堆栈中各级栈值上弹一级，原堆栈第二级为新堆栈的栈顶值。
- LDS载入堆栈指令，表示复制堆栈中的第 $n$ 级的值到栈顶，原栈中的栈值依次下压一级。

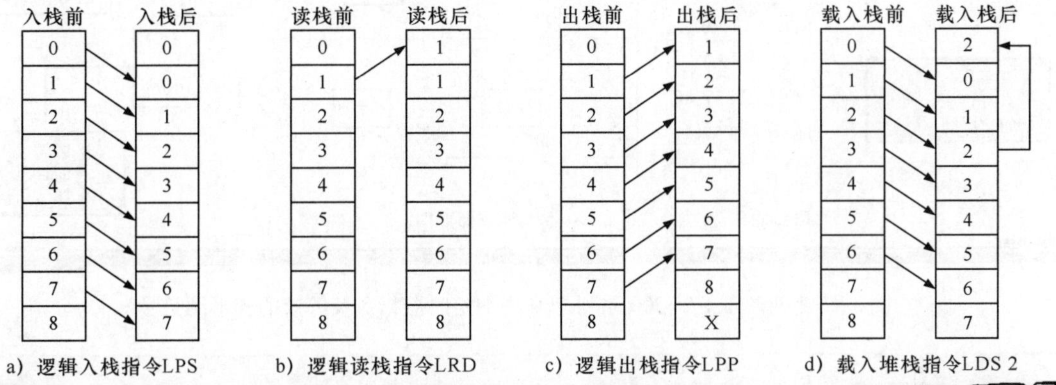




图 3-63 逻辑堆栈的作用

（10）定时器指令（TON、TONR、TOF）的用法规则

西门子 S7—200 系列 PLC 中的定时器指令主要有三种：TON（接通延时定时器指令）、TONR（有记忆接通延时定时器指令）和 TOF（断开延时定时器指令），三种定时器的功能及含义在 3.1.1 小节中已具体介绍，这里重点介绍其在语句表程序中的指令格式。

图 3-64 所示为西门子 S7—200 系列 PLC 中的定时器指令格式及等效的梯形图符号。

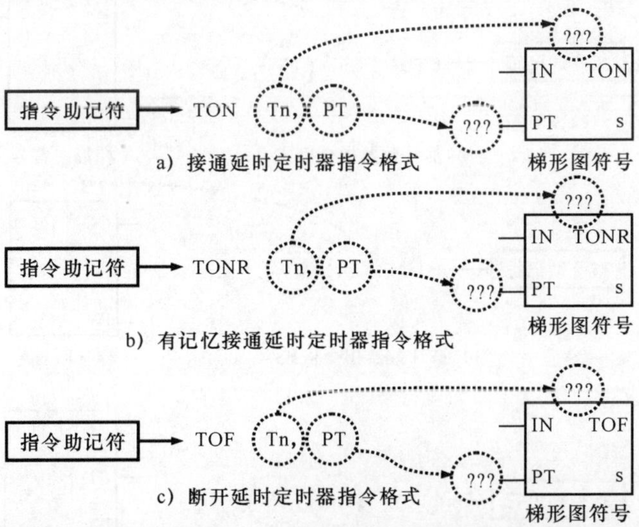


图 3-64 西门子 S7—200 系列 PLC 中的定时器指令格式及等效的梯形图符号

例如，图 3-65 所示为西门子 S7—200 系列 PLC 中定时器指令及等效的梯形图符号。

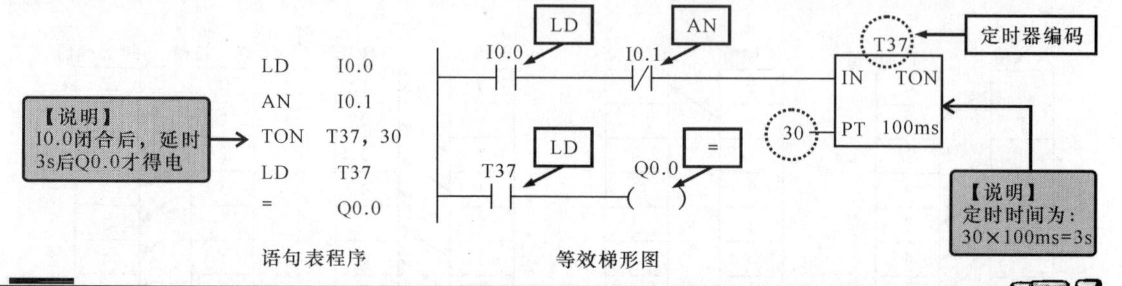


图 3-65 西门子 S7—200 系列 PLC 中的定时器指令及等效的梯形图符号



**【注意】**

在使用定时器指令时应注意，不能把一个定时器编码同时用作于接通延时定时器和断开延时定时器；有记忆接通延时定时器只能通过复位指令进行复位。

（11）计数器指令（CTU、CTD、CTUD）的用法规则

西门子 S7—200 系列 PLC 中的计数器指令也主要有三种：CTU（加计数器指令）、CTD（减计数器指令）和 CTUD（加减计数器指令）。

图 3-66 所示为西门子 S7—200 系列 PLC 中的计数器指令格式及等效的梯形图符号。

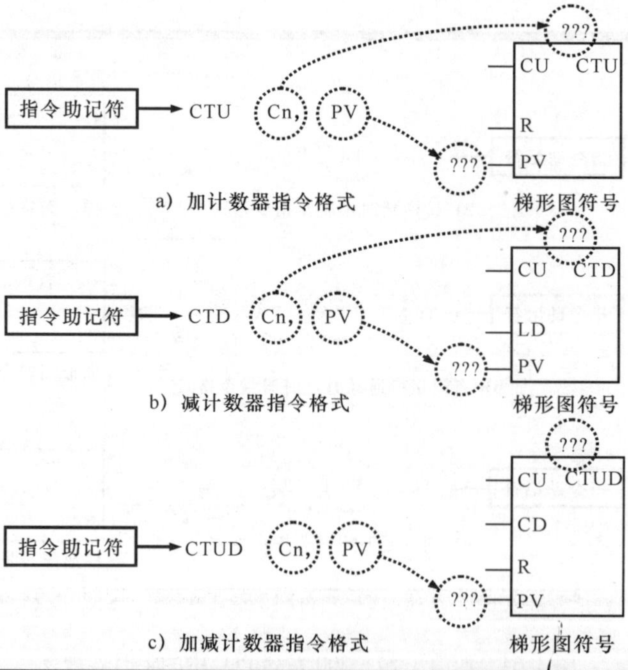


图 3-66 西门子 S7—200 系列 PLC 中的计数器指令格式及等效的梯形图符号

例如，图 3-67 所示为西门子 S7—200 系列 PLC 中计数器指令及等效的梯形图符号。

在使用定时器指令时应注意，在一个语句表程序中，同一个计数器号码只能使用一次；可以

用复位指令对三种计数器进行复位。

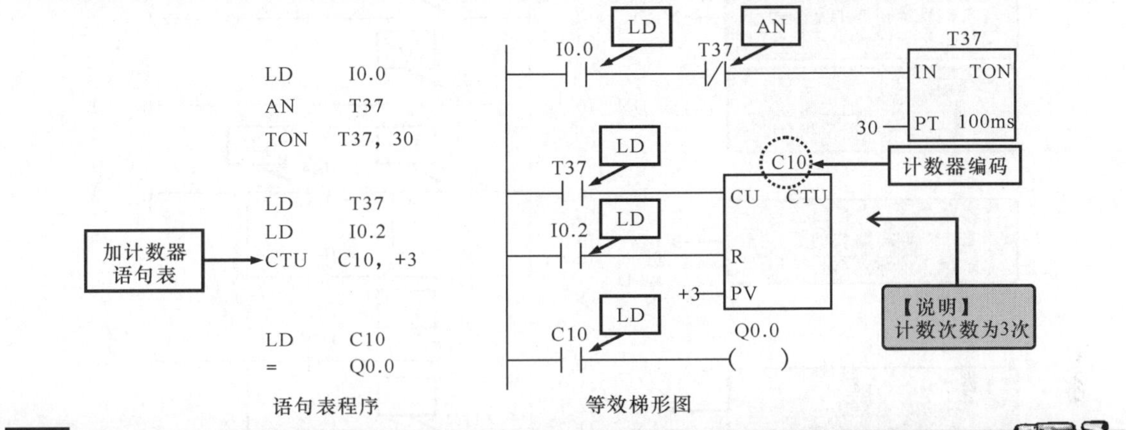


图 3-67　西门子 S7—200 系列 PLC 中的计数器指令及等效的梯形图符号

**【资料】**

上述几种均为西门子 S7—200 系列 PLC 语句表程序中应用最多、最基本的逻辑指令，除了这些指令外，西门子 S7—200 系列 PLC 还有很多比较重要的指令，如比较操作指令（=、>=、<=、>、<和<>）、移位操作指令（SHR_B、SHL_B 等）、结束指令（END、MEND）、暂停指令（STOP）、看门狗指令（WDR）、跳转指令（JMP）、循环指令（FOR、NEXT）、子程序操作指令（SBR_n、RET）以及各种数学运算指令等。

### 3.2.2　西门子 PLC 语句表编程需要训练

西门子 PLC 语句表的编程思路同梯形图的编程思路基本类似，也应先根据系统完成的功能进行模块的划分，然后对其 PLC 各个 I/O 点进行分配，并根据分配的 I/O 点对其各功能模块进行程序的编写，再对其各功能模块的语句表进行组合，最后分析编写好的语句表并做调整，最终完成整个系统的编写工作。

其中，西门子 PLC 语句表编程的重点是正确判断出控制功能的实现使用什么编程指令，或不同的指令应用于哪些场合等。一般情况下，编程指令如何使用的关键是判断编程元件的状态（读还是驱动）和关系（串联还是并联），其他各种指令的使用也是建立在了解状态和关系的基础上编写的，因此，这里重点介绍编程元件状态和关系指令的判断和处理。

**1. 语句表编程时，逻辑读、读反指令（LD、LDN）关系的判断**

在西门子 PLC 语句表编程时，根据控制要求判断触点的有图 3-68 所示的几种状态时，应使用逻辑读、读反指令（LD、LDN）。

**2. 语句表编程时，线圈驱动指令的判断**

在西门子 PLC 语句表编程时，根据输出关系编写线圈的驱动指令（=），如图 3-69 所示。

**3. 语句表编程时，触点关系的判断**

西门子 PLC 语句表中表示编程元件关系的指令有触点的串并联指令和电路块串、并联指令，参照前述编程指令的应用规则可知，该类指令的应用场合如图 3-70 所示。

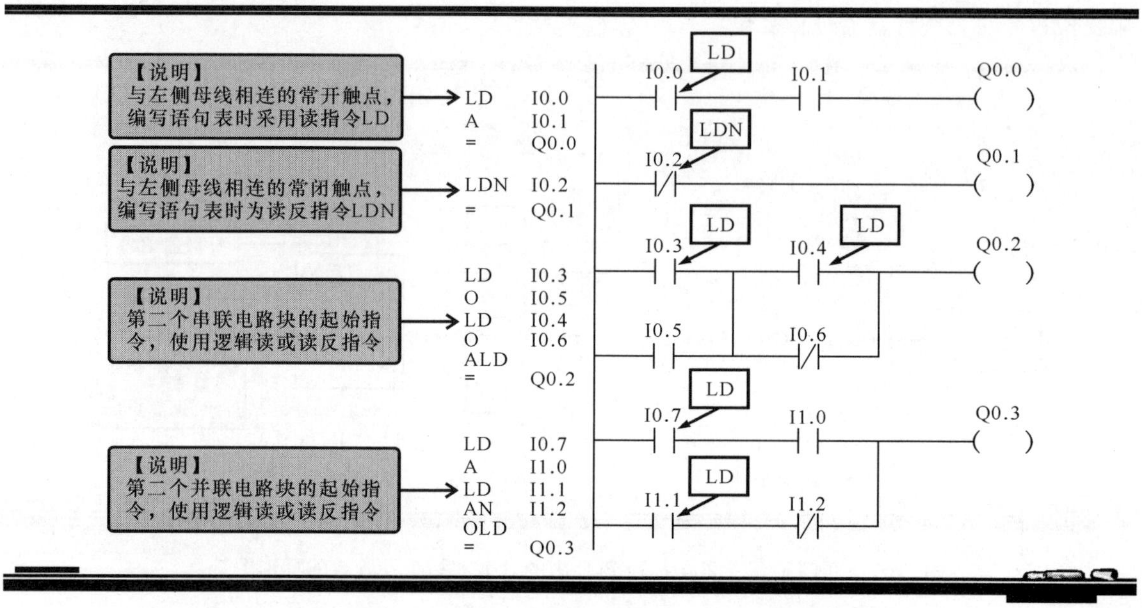


图 3-68　逻辑读、读反指令（LD、LDN）的处理

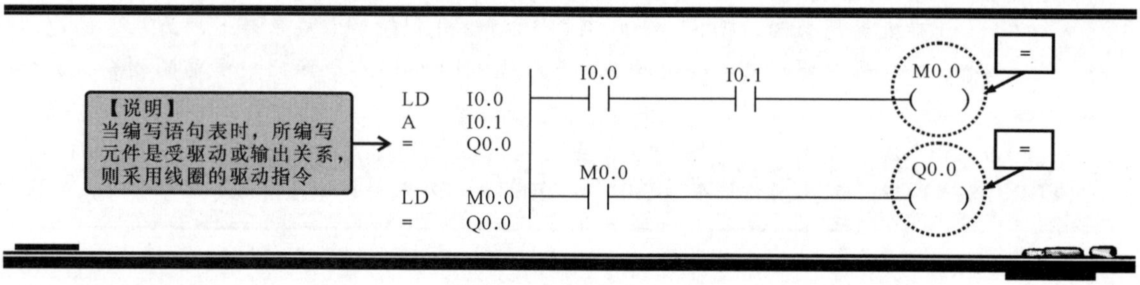


图 3-69　驱动指令（=）的处理

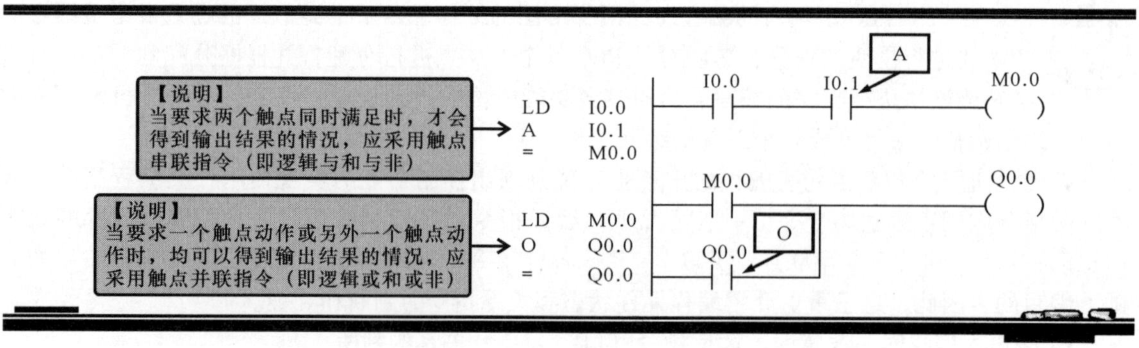


图 3-70　串并联指令的处理

**【注意】**

同样，其他的编程指令也是根据控制要求分析和判断出编程元件之间的控制关系，结合相应指令的含义进行编写的，这里不再一一介绍。

### 3.2.3 多一些西门子 PLC 语句表的编程案例

了解了西门子 PLC 语句表的编程方法后，为了使大家对西门子 PLC 编程的技能有更深刻的理解，同时也能够有更多的锻炼机会，我们特别准备了典型西门子 PLC 语句表的编程案例，供大家学习、实践。希望大家通过实际案例的学习能够对西门子 PLC 语句表的编程风格有更深的体会，对西门子 PLC 语句表的编程规则更加熟悉。

下面以三相交流电动机反接制动控制的西门子 PLC 语句表编程为例，进行训练。

**1. 案例描述**

- 按下起动按钮 SB1，控制交流接触器 KM1 线圈得电，电动机起动并正向运转。
- 在电动机起动过程中，当转速大于 120r/min 时，速度继电器 KS 触点闭合，为制动停机接通做好准备。
- 按下制动停机按钮 SB2，控制反接制动交流接触器 KM2 线圈得电，电动机电源相序反接，电动机开始反接制动。
- 在反接制动过程中，电动机转速越来越低，当速度小于一定转速时，速度继电器触点断开，切断反接制动交流接触器 KM2 线圈供电，交流接触器 KM2 线圈失电，电动机停机。
- 使用过热保护继电器 FR 接入控制线路中，若线路中出现过载、过热故障则由过热保护继电器 FR 自动切断控制线路。
- 为了避免因误操作导致交流接触器 KM1、KM2 同时得电造成电源相间短路，在起动控制线路中串入反转控制接触器的常闭触点，在反转控制线路中串入正转控制接触器的常闭触点，实现电气互锁控制。

**2. 划分控制关系，分配 PLC 语句表的 I/O 分配表**

根据反接制动控制的要求，首先将各控制功能进行分解，并按其功能划分为起动和制动两个模块，如图 3-71 所示。

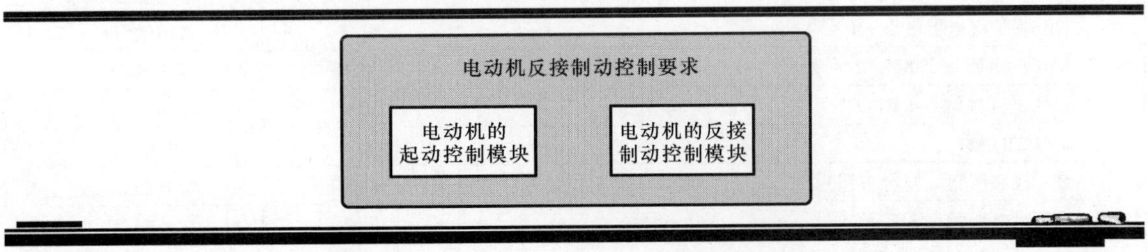


图 3-71 电动机反接制动控制功能分析和划分

根据上述控制要求可知，输入设备主要包括 4 个控制信号的输入，即起动按钮 SB1、制动按钮 SB2、过热保护继电器热元件 FR 和速度继电器触点，因此，应有 4 个输入信号。

输出设备主要包括 2 个交流接触器，即控制电动机 M 起动交流接触器 KM1 和反接制动的交流接触器 KM2，因此，应有 2 个输出信号。

将输入设备和输出设备的元件编号与三菱 PLC 语句表中的操作数（编程元件的地址编号）进行对应，填写西门子 PLC 语句表的 I/O 分配表，如表 3-8 所示。

**3. 程序编写**

电动机反接制动控制模块划分和 I/O 分配表绘制完成后，便可根据各模块的控制要求进行语句表的编写，最后将各模块语句表进行组合。

**表 3-8　电动机反接制动控制的西门子 PLC 语句表的 I/O 分配表**

| 输入信号及地址编号 | | | 输出信号及地址编号 | | |
|---|---|---|---|---|---|
| 名　称 | 代　号 | 输入点地址编号 | 名　称 | 代　号 | 输出点地址编号 |
| 起动按钮 | SB1 | I0.0 | 交流接触器 | KM1 | Q0.0 |
| 制动按钮 | SB2 | I0.1 | 交流接触器 | KM2 | Q0.1 |
| 过热保护继电器热元件 | FR | I0.2 | | | |
| 速度继电器触点 | KS | I0.3 | | | |

**【资料】**

除了根据控制要求划分功能模块，并分配 I/O 表外，还可根据功能分析并确定两个功能模块中器件的初始状态，类似 PLC 梯形图的 I/O 分配表，相当于为程序中的编程元件“赋值”，以此来确定使用什么编程指令。例如，原始状态为常开触点，其读指令用 LD，串并联关系指令用 A、O；若原始状态为常闭触点，其相关指令为读反指令 LDN，串并联关系指令为 AN、ON 等。

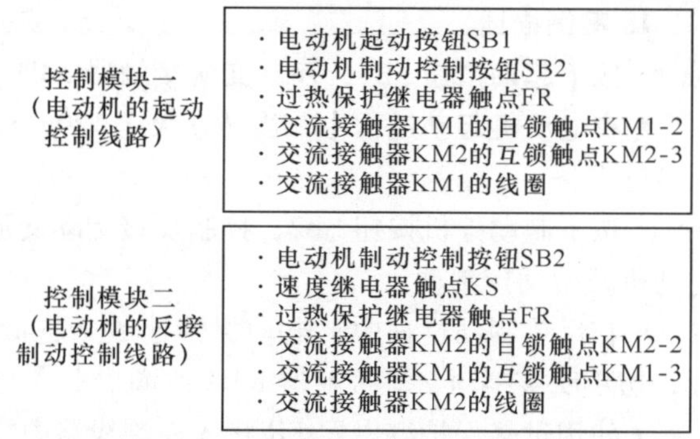


图 3-72　分析功能模块中器件的初始状态

确定两个功能模块中器件的初始状态，为编程元件“赋值”，如图 3-72 和表 3-9 所示。

**表 3-9　各功能部件对应编程元件的“赋值”表**

| | 地 址 分 配 | 初 始 状 态 |
|---|---|---|
| 起动按钮 SB1 | I0.0 | 常开触点 |
| 制动控制按钮（复合按钮）SB2-1 | I0.1 | 常闭触点 |
| 过热保护继电器触点 FR | I0.2 | 常闭触点 |
| KM1 的自锁触点 KM1-2 | Q0.0 | 常开触点 |
| KM1 的互锁触点 KM1-3 | Q0.0 | 常闭触点 |
| KM1 的线圈 | Q0.0 | 输出继电器 |
| 制动控制按钮（复合按钮）SB2-2 | I0.1 | 常开触点 |
| 速度继电器触点 KS | I0.3 | 常开触点 |
| KM2 的自锁触点 KM2-2 | Q0.1 | 常开触点 |
| KM2 的互锁触点 KM2-3 | Q0.1 | 常闭触点 |
| KM2 的线圈 | Q0.1 | 输出继电器 |

根据上述分析分别编写电动机起动控制和反接制动控制两个模块的语句表。

(1) 电动机起动控制模块语句表的编程

控制要求：按下起动按钮 SB1，控制交流接触器 KM1 得电，电动机 M 起动运转，且当松开起动按钮 SB1 后，仍保持连续运转；按下反接制动按钮 SB2，交流接触器 KM1 失电，电动机失电；交流接触器 KM1、KM2 不能同时得电。

电动机起动控制模块语句表的编程过程如图 3-73 所示。

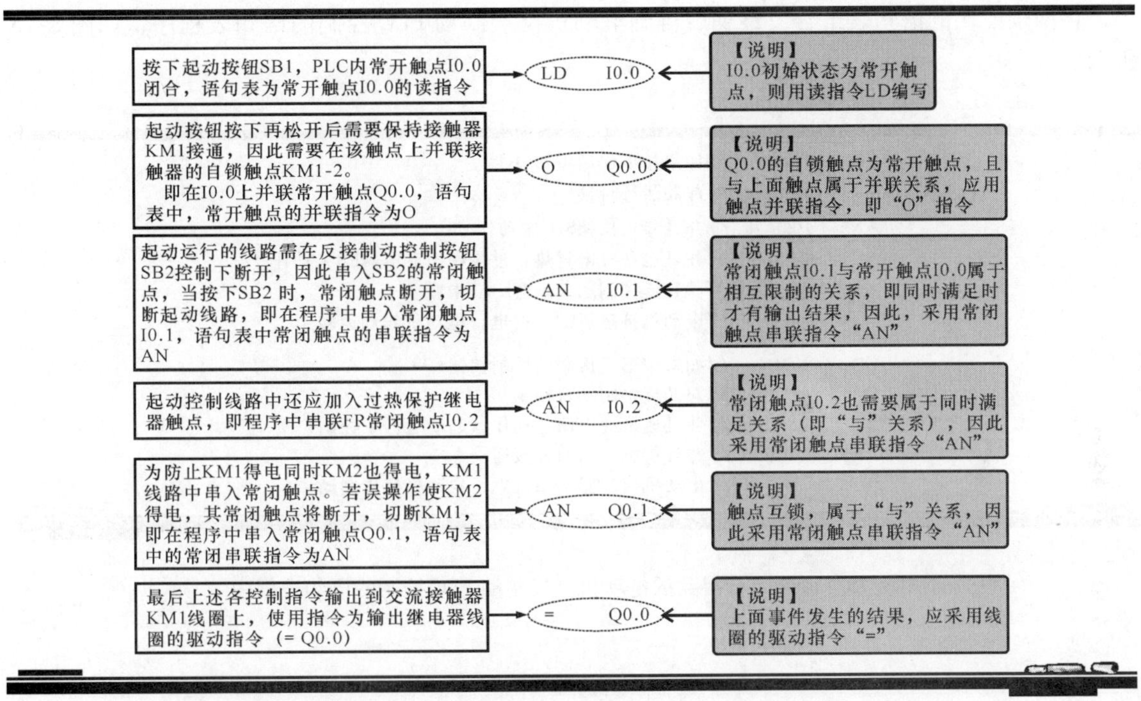


图 3-73　电动机起动控制模块语句表的编程

（2）电动机反接制动控制模块语句表的编程

控制要求：按下反接制动按钮 SB2，交流接触器 KM2 得电，KM1 失电，且松开 SB2 后，仍保持 KM2 得电；且要求电动机速度达到一定转速后，才可能实现反接制动控制；另外，交流接触器 KM1、KM2 不能同时得电。

电动机反接制动控制模块语句表的编程如图 3-74 所示。

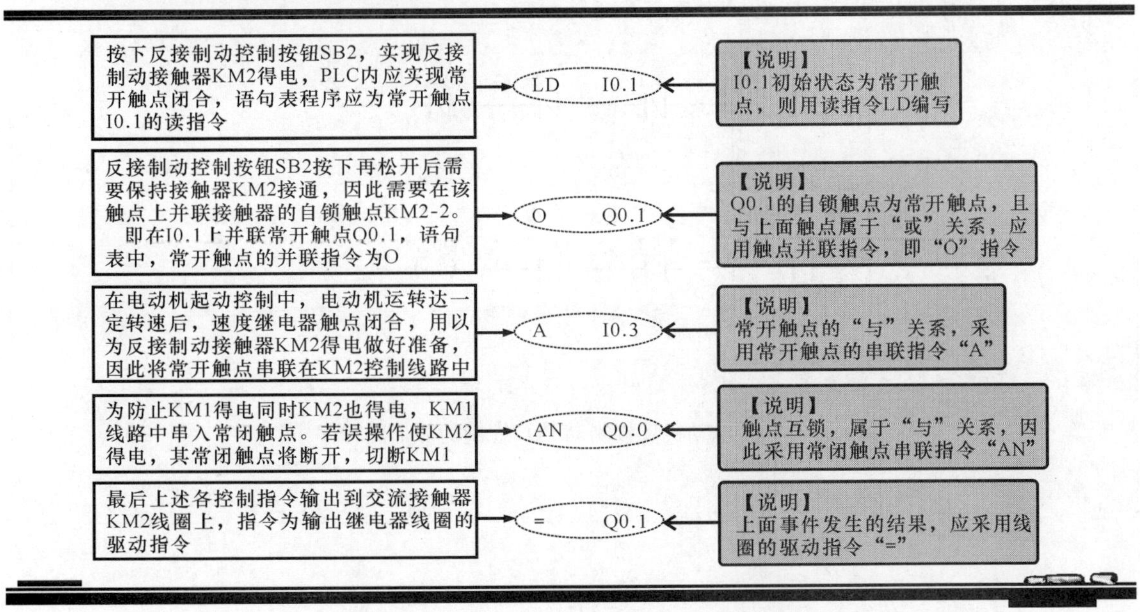


图 3-74　电动机反接制动模块语句表的编程

将两个模块的语句表组合，整理后得到电动机反接制动 PLC 控制的语句表程序，如图 3-75 所示。

```
LD    I0.0    //如果按下起动按钮SB1
O     Q0.0    //起动运行自锁
AN    I0.1    //并且停止按钮SB2未动作
AN    I0.2    //并且电动机未过热，过热保护继电器FR未动作
AN    Q0.1    //并且反接制动接触器KM2未接通
=     Q0.0    //电动机接触器KM1得电，电动机起动运转
LD    I0.1    //如果按下反接制动控制按钮SB2
O     Q0.1    //起动反接制动自锁
A     I0.3    //并且速度继电器已动作（起动运行中控制）
AN    Q0.0    //并且接触器KM1未接通
=     Q0.1    //电动机接触器KM2得电，电动机反接制动
```



图 3-75　最终组合得到的电动机反接制动 PLC 控制的语句表程序

【提示】

由于直接使用指令进行语句表编程比较抽象，对于初学者比较困难，因此大多数情况下编写语句表时通常与梯形图语言配合使用，先编写梯形图程序，然后按照编程指令的应用规则进行逐条转换。

例如，在上述电动机反接制动 PLC 控制中，根据控制要求很容易画出十分直观的梯形图，如图 3-76 所示。

按照各编程指令的应用规则，将梯形图直接转换为语句表，如图 3-77 所示，其基本原则为：按照梯形图从上到下、从左到右的顺序逐一编写。

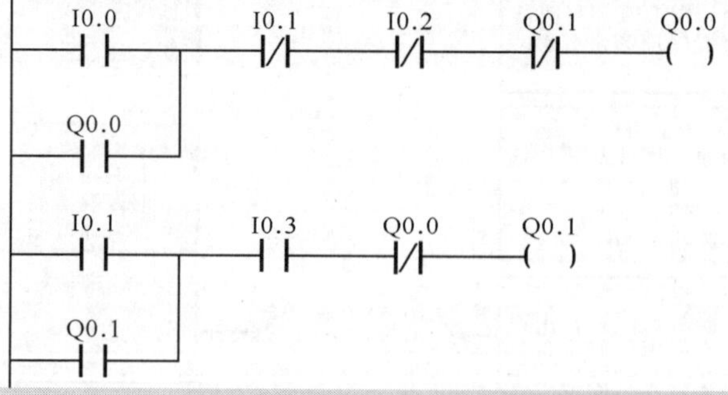


图 3-76　电动机反接制动 PLC 控制的梯形图程序

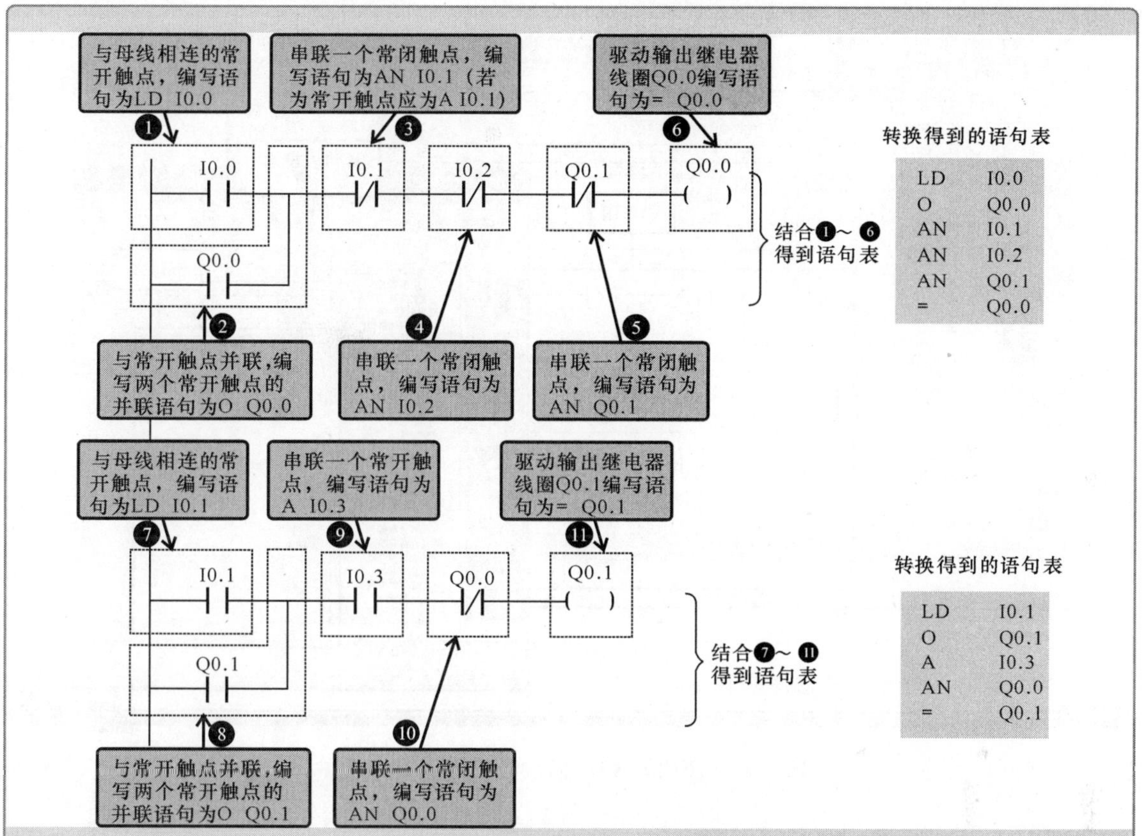


图 3-77　西门子 PLC 梯形图向语句表的转换方法

**【资料】**

大部分编程软件中都能够实现梯形图和语句表的自动转换，因此可在编程软件中绘制好梯形图，然后通过软件进行“梯形图/语句表”转换，如图 3-78 所示。

值得注意的是，在编程软件中，梯形图和指令语句表之间可以相互转换，基本所有的梯形图都可直接转换为对应的指令语句表；但指令语句表不一定全部可以直接转换为对应的梯形图，需要注意相应的格式及指令的使用。

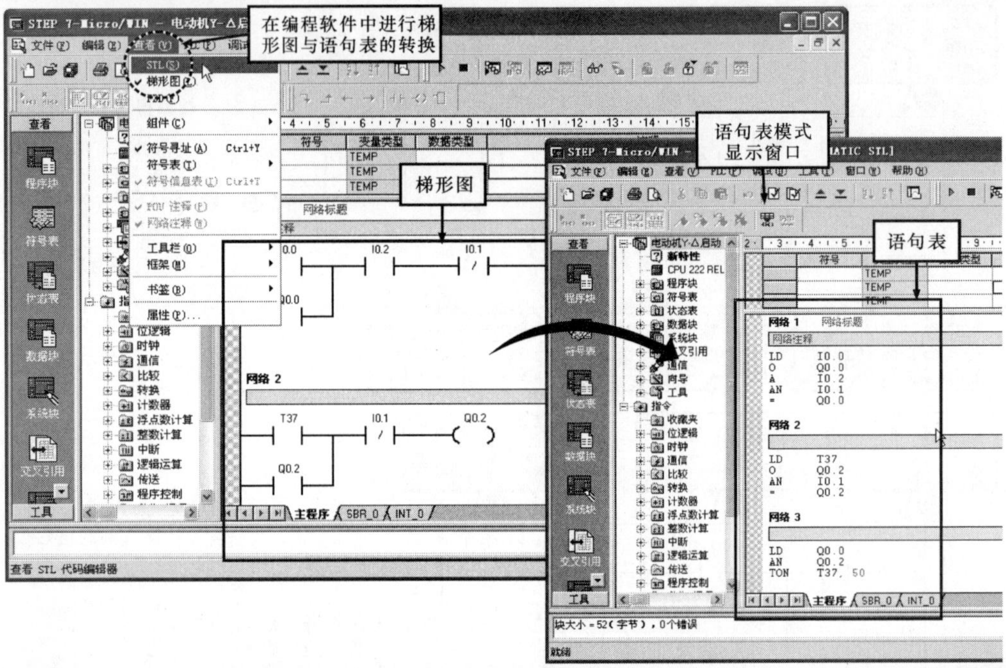


图 3-78　使用编程软件转换梯形图和语句表

# 第 4 章

# 轻松搞定三菱 PLC 的编程方法

现在我们开始学习第 4 章：这一章我们主要来学习三菱 PLC 的编程方法，希望大家通过本章的学习能够了解三菱 PLC 梯形图和语句表的编程规则，在学习中加强训练，以便能够灵活运用到实际应用中，真正掌握三菱 PLC 的编程方法。好了，很多有趣的知识和案例等待着我们，让我们开始吧！

## 4.1　三菱 PLC 梯形图怎样编程

三菱 PLC 梯形图的编程方法主要应用于使用三菱 PLC 系统产品的电气控制环境。电气技术人员如果要在短时间内掌握三菱 PLC 梯形图的编程方法，要首先了解三菱 PLC 梯形图的编程规则，知晓三菱 PLC 梯形图的编程原则，编写方法及注意编写注意事项。然后在此基础上，结合实际的三菱 PLC 梯形图编程实例，体会三菱 PLC 梯形图的编程特色，必定会在三菱 PLC 梯形图的编程方面有所领略。

### 4.1.1　了解一些三菱 PLC 梯形图的编程规则

了解三菱 PLC 梯形图的编程规则，先从三菱 PLC 梯形图的结构特点入手。认识三菱 PLC 梯形图常用编程元件的表达和标注方式，然后在三菱 PLC 梯形图中总结编程规范要领和注意事项。

**1. 三菱 PLC 梯形图的结构特点**

三菱 PLC 梯形图主要是由母线、触点、线圈构成的，如图 4-1 所示。

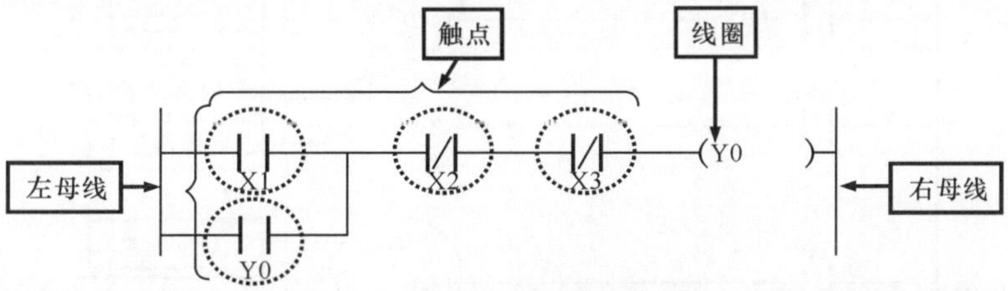


图 4-1　三菱 PLC 梯形图结构组成

（1）母线

在三菱 PLC 梯形图中，左母线为起始母线，右边为结束母线，每一个梯形图都是始于左母线，终于右母线的，如图 4-2 所示，能流由左母线流出，经常开触点 X0、常闭触点 X1 和线圈 Y0 流入右母线中。

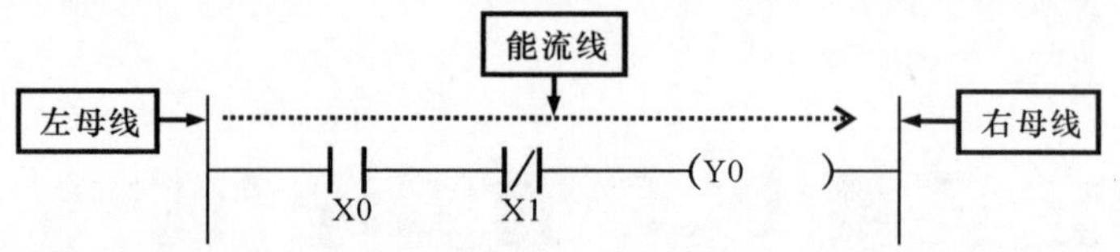


图 4-2　三菱 PLC 梯形图母线

(2) 触点

在三菱 PLC 梯形图中，触点可分为常开触点和常闭触点，其中常开触点符号为“┤├”，常闭触点符号为“┤/├”，可使用字母 X、Y、M、T、C 进行标识，如图 4-3 所示。其中，X 表示输入继电器触点；Y 表示输出继电器触点；M 表示通用继电器触点；T 表示定时器触点；C 表示计数器触点。

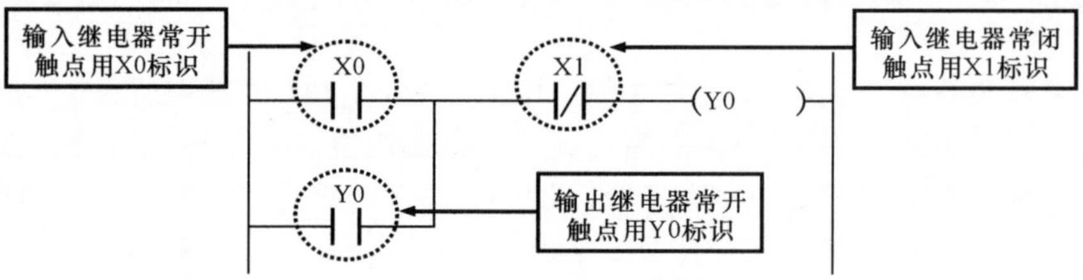


图 4-3　三菱 PLC 梯形图触点

(3) 线圈

三菱 PLC 梯形图中的线圈符号为“─(　　)─”，可使用字母 Y、M、T、C 进行标识，且字母一般标识在括号内靠左侧的位置，而定时器 T 和计数器 C 的设定值 K 通常标识在括号上部居中的位置，如图 4-4 所示。

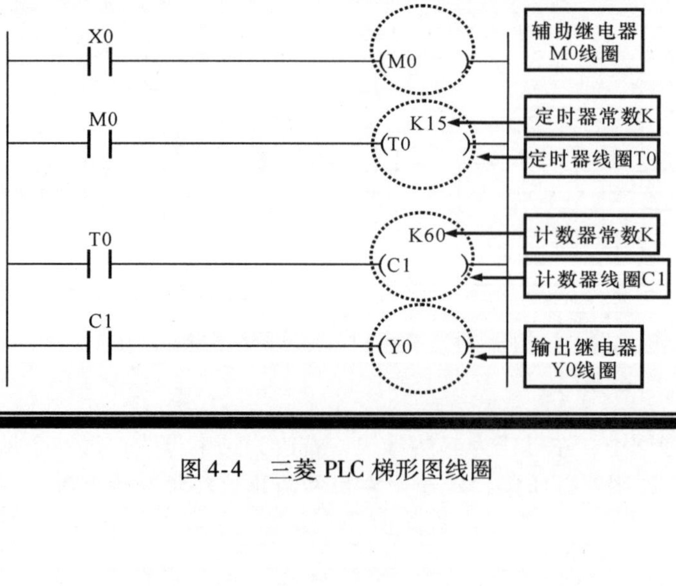


图 4-4　三菱 PLC 梯形图线圈

【资料】

在三菱 PLC 梯形图中，除上述的触点、线圈等符号外，还通常使用一些指令符号，如复位指令、置位指令、梯形图的结束指令、脉冲输出指令、主控指令和主控复位指令等，均采用中括号的表现形式，如图 4-5 所示，置位指令符号为“[SET ]”，复位指令符号为“[RST ]”，梯形图结束指令符号为“[END ]”。

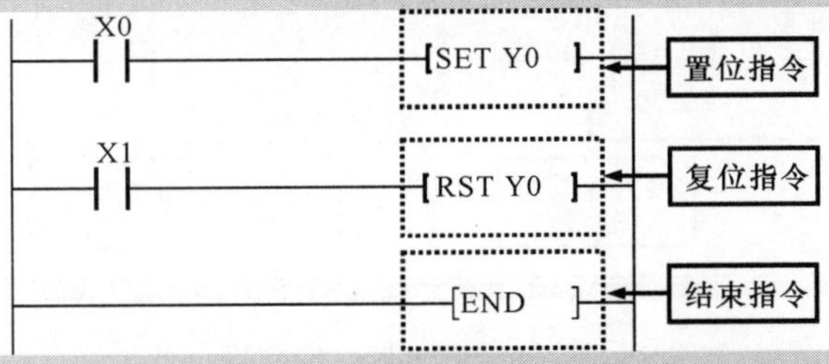


图 4-5　三菱 PLC 梯形图中其他指令的表现形式

**2. 三菱 PLC 梯形图中编程元件的标注方法**

三菱 PLC 梯形图中的编程元件主要由字母和数字组成，标注时通常采用“字母 + 数字”的组合方式，其中字母表示编程元件的类型，如输入继电器 X、输出继电器 Y、辅助继电器 M、定时器 T、计数器 C 等，而数字则表示该编程元件的序号。

下面，具体了解三菱 PLC 梯形图中常用编程元件的标注方法。

（1）输入/输出继电器的标注

输入继电器在三菱 PLC 梯形图中使用字母 X 进行标识，采用八进制编号。与 PLC 的输入端子相连，用于将外部输入的开关信号状态读入并存储在输入映像寄存器中，它只能够使用外部输入信号进行驱动，而不能使用程序进行驱动。

输出继电器在三菱 PLC 梯形图中使用字母 Y 进行标识，也采用八进制编号，与 PLC 的输出端子相连，将 PLC 输出的信号送给输出模块，然后由输出接口电路将其信号输出来控制外部的继电器、交流接触器、指示灯等功能部件，它只能够使用 PLC 内部程序进行驱动。

图 4-6 所示为三菱 PLC 中输入继电器与输出继电器的标注效果。

在三菱 PLC 中，不同系列不同型号的输入继电器和输出继电器的编号是不同的，如三菱 $FX_{2N}$ 系列 PLC 可包括 16M、32M、48M、64M、80M、128M 几种型号，其各型号的输入继电器和输出继电器的编号如表 4-1 所示。

（2）辅助继电器的标注

辅助继电器是 PLC 编程中应用较多的一种编程元件，它不能直接读取外部输入，也不能直接驱动外部功能部件，只能作为辅助运算。如图 4-7 所示，辅助继电器在三菱 PLC 梯形图中使用字母 M 进行标识，采用十进制编号。由输入继电器 X0 读取外部输入，即 X0 闭合，辅助继电器 M0 线圈得电，常开触点闭合，控制输出继电器 Y0 线圈得电，并由输出继电器 Y0 驱动外部交流接触器线圈得电。

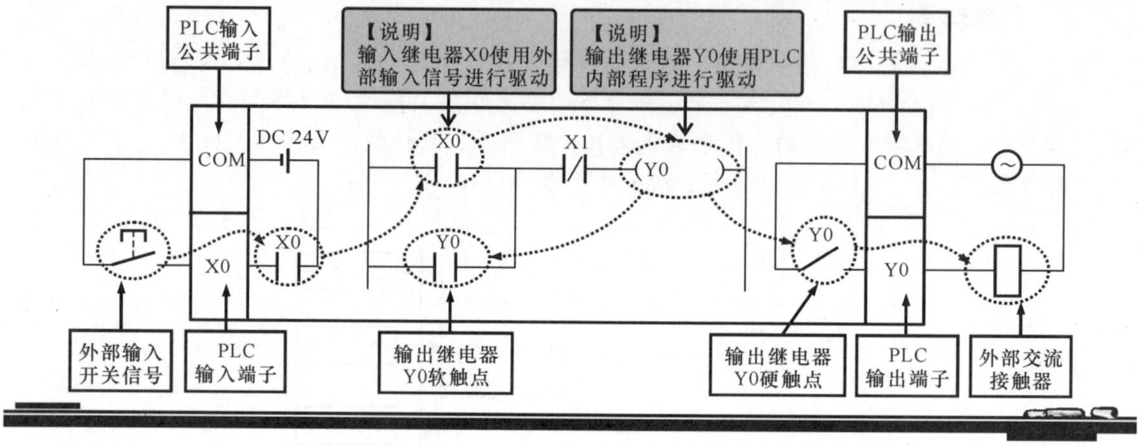


图 4-6　三菱 PLC 中输入继电器与输出继电器的标注效果

**表 4-1　三菱 $FX_{2N}$ 系列 PLC 各型号输入继电器和输出继电器的编号**

| $FX_{2N}$系列 PLC 型号 | 输入继电器 X | 输入点数 | 输出继电器 Y | 输出点数 |
|---|---|---|---|---|
| $FX_{2N}$—16M | X0 ~ X7 | 8 | Y0 ~ Y7 | 8 |
| $FX_{2N}$—32M | X0 ~ X17 | 16 | Y0 ~ Y17 | 16 |
| $FX_{2N}$—48M | X0 ~ X27 | 24 | Y0 ~ Y27 | 24 |
| $FX_{2N}$—64M | X0 ~ X37 | 32 | Y0 ~ Y37 | 32 |
| $FX_{2N}$—80M | X0 ~ X47 | 40 | Y0 ~ Y47 | 40 |
| $FX_{2N}$—128M | X0 ~ X77 | 64 | Y0 ~ Y77 | 64 |



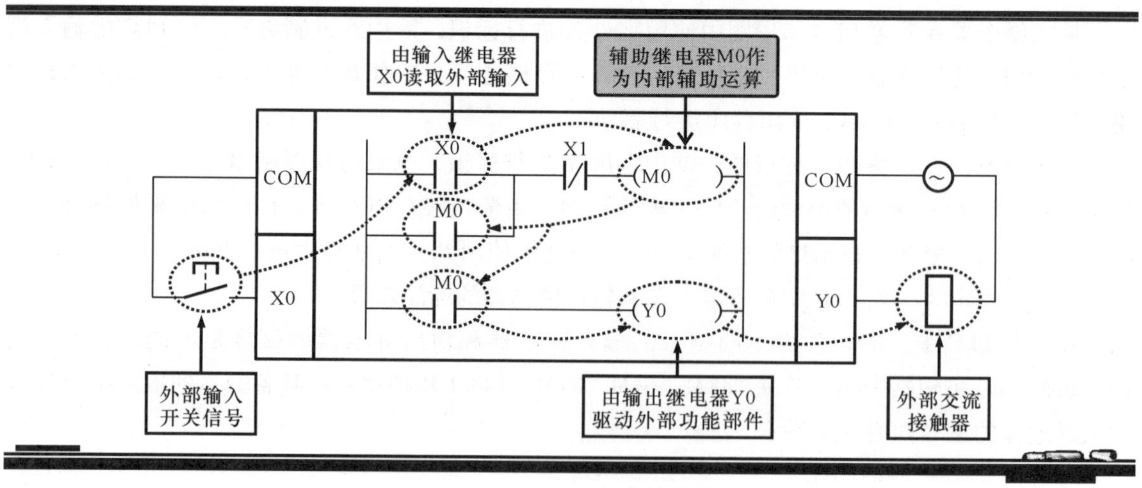


图 4-7　辅助继电器的工作方式

三菱 PLC 梯形图中的辅助继电器根据功能的不同可分为通用型辅助继电器、保持型辅助继电器和特殊型辅助继电器三种。如在三菱 $FX_{2N}$ 系列 PLC 中通用型辅助继电器共有 500 点，元件范围为 M0 ~ M499；保持型辅助继电器共有 2572 点，元件范围为 M500 ~ M3071；特殊型辅助继电器共有 256 点，元件范围为 M8000 ~ M8255。根据上述的元件范围即可在三菱 $FX_{2N}$ 系列 PLC 的梯形图中识别出辅助继电器的类型，如图 4-8 所示。

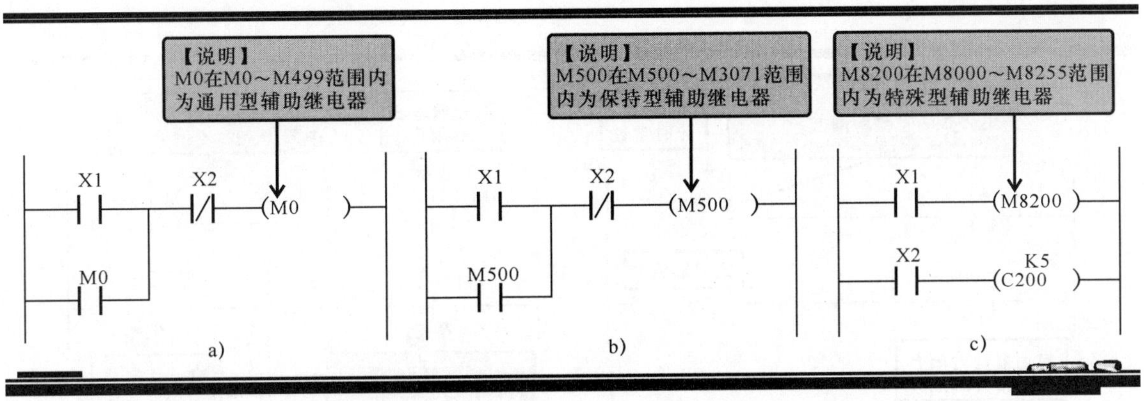


图 4-8　三菱 $FX_{2N}$系列 PLC 梯形图中辅助继电器类型的识别

**【资料】**

通用型辅助继电器在三菱 PLC 中常用于辅助运算、移位运算等，该类型辅助继电器不具备断电保持功能。

保持型辅助继电器在三菱 PLC 中常用于要求能够记忆电源中断前的瞬时状态，该类型辅助继电器在 PLC 运行过程中突然断电时，可使用后备锂电池对其映像寄存器中的内容进行保持，当 PLC 再次接通电源的第一个扫描周期保持断电瞬时状态。

特殊型辅助继电器具有特殊的功能，如在三菱 PLC 中常用于设定计数器的计数方向、禁止中断、设定 PLC 的运行方式等。

(3) 定时器的标注

定时器是将 PLC 内的 1ms、10ms、100ms 等的时钟脉冲进行累计计时的，当定时器计时到达预设值时，其延时动作的常开、常闭触点才会相应动作。

在三菱 PLC 梯形图中，定时器使用字母 T 进行标识，采用十进制编号。

一般来说，在三菱 $FX_{2N}$系列 PLC 中，根据功能的不同，定时器可分为通用型定时器和累计型定时器两种，其中通用型定时器共有 246 点，元件范围为 T0 ~ T245；累计型定时器共有 10 点，元件范围为 T246 ~ T255。不同类型不同编号的定时器，其时钟脉冲和计时范围也有所不同。图 4-9 所示为定时器在三菱 PLC 梯形图中的标注效果及作用。表 4-2 所示为三菱 $FX_{2N}$系列 PLC 不同类型不同编号的定时器所对应的时钟脉冲和计时范围。

**表 4-2　三菱 $FX_{2N}$系列 PLC 不同类型不同编号的定时器所对应的时钟脉冲和计时范围**

| 定时器类型 | 定时器编号 | 时钟脉冲 | 计时范围 |
|---|---|---|---|
| 通用型定时器 | T0 ~ T199 | 100ms | 0.1 ~ 3276.7s |
| | T200 ~ T245 | 10ms | 0.01 ~ 327.67s |
| 累计型定时器 | T246 ~ T249 | 1ms | 0.001 ~ 32.767s |
| | T250 ~ T255 | 100ms | 0.1 ~ 3276.7s |

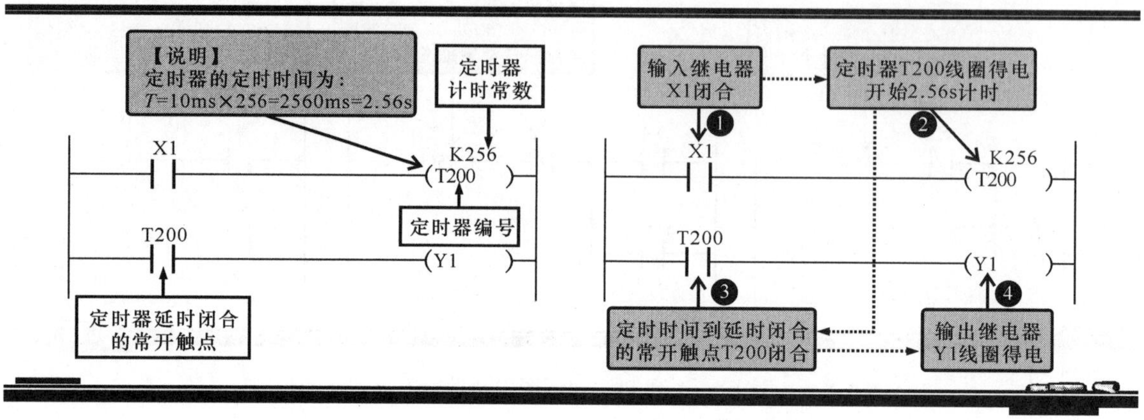


图 4-9　定时器在三菱 PLC 梯形图中的标注效果及作用

**提问**

定时器有定时的作用，我如何能够从三菱 PLC 梯形图中得知定时器的定时时间呢？好像并没有写明呀？



**回答**

三菱 PLC 定时器的定时时间 $T$ = 时钟脉冲（ms）×计时常数（$K$ 或 $H$）。计时常数用于设定定时器的计时时间，常使用字母 K 或 H 进行标识，其中 $K$ 用来表示十进制常数，$H$ 用来表示十六进制常数（0～9 和 A～F）。因此按照此计算规律，图 4-9 中的定时器编号为 T200，计时常数 K 预设值为 256，通过表 4-2 查询可知 T200 的时钟脉冲为 10ms，因此可计算出该定时器的定时时间 $T$ = 10ms×256 = 2560ms = 2.56s。即当输入继电器 X1 闭合后，定时器 T200 线圈得电，开始 2.56s 计时，当计时时间到时，其延时闭合的常开触点 T200 闭合，控制输出继电器 Y1 线圈得电。

**【注意】**

三菱 $FX_{2N}$ 系列 PLC 通用型定时器是指定时器线圈得电或失电后，经一段时间延时后，触点才会相应动作，但当输入电路断开或停电时，定时器不具有断电保持功能；累计型定时器与通用型定时器不同的是，累计型定时器在定时过程中断电或输入电路断开时，定时器具有断电保持功能，能够保持当前计时值，当通电或输入电路闭合时，定时器会在所保持的当前计时值的基础上继续累计计时，只有当复位信号输入时，累计型定时器才会被复位。图 4-10 所示为三菱 $FX_{2N}$ 系列 PLC 累计型定时器的工作过程。

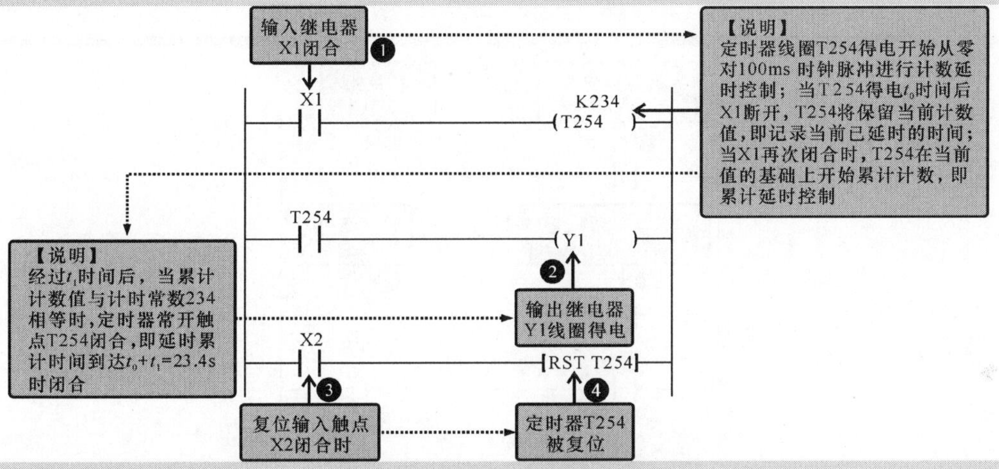


图 4-10　三菱 $FX_{2N}$系列 PLC 累计型定时器的工作过程

（4）计数器的标注

计数器在三菱 PLC 梯形图中使用字母 C 进行标识，根据记录开关量的频率可分为内部信号计数器和外部高速计数器。

① 内部计数器。内部计数器是用来对 PLC 内部软元件 X、Y、M、S、T 提供的信号进行计数的，当计数值到达计数器的设定值时，计数器的常开、常闭触点会相应动作。

在三菱 $FX_{2N}$系列 PLC 中，内部计数器可分为 16 位加计数器和 32 位加/减计数器，这两种类型的计数器又分别可分为通用型计数器和累计型计数器两种。表 4-3 所示为三菱 $FX_{2N}$系列 PLC 计数器的类型及编号对照表。

**表 4-3　三菱 $FX_{2N}$系列 PLC 计数器的类型及编号对照表**

| 计数器类型 | 计数器功能类型 | 计数器编号 | 设定值范围 *K* |
|---|---|---|---|
| 16 位加计数器 | 通用型计数器 | C0 ~ C99 | 1 ~ 32767 |
| | 累计型计数器 | C100 ~ C199 | |
| 32 位加/减计数器 | 通用型计数器 | C200 ~ C219 | −2147483648 ~ +214783647 |
| | 累计型计数器 | C220 ~ C234 | |

• 16 位加计数器。三菱 $FX_{2N}$系列 PLC 中通用型 16 位加计数器是在当前值的基础上累计加 1，当计数值等于计数常数 *K* 时，计数器的常开、常闭触点相应动作，如图 4-11 所示。累计型 16 位加计数器与通用型 16 位加计数器的工作过程基本相同，不同的是，累计型计数器在计数过程中断电时，计数器具有断电保持功能，能够保持当前计数值，当通电时，计数器会在所保持当前计数值的基础上继续累计计数。

• 32 位加/减计数器。三菱 $FX_{2N}$系列 PLC 中，32 位加/减计数器具有双向计数功能，其计数方向是由特殊辅助继电器 M8200 ~ M8234 进行设定的。当特殊辅助继电器为“OFF”状态时，其计数器的计数方向为加计数；当特殊辅助继电器为“ON”状态时，其计数器的计数方向为减计数。如图 4-12 所示，当特殊辅助继电器 M8200 为“OFF”时，32 位加/减通用型计数器

C200 执行加计数；当特殊辅助继电器 M8200 为“ON”时，32 位加/减通用型计数器 C200 执行减计数。

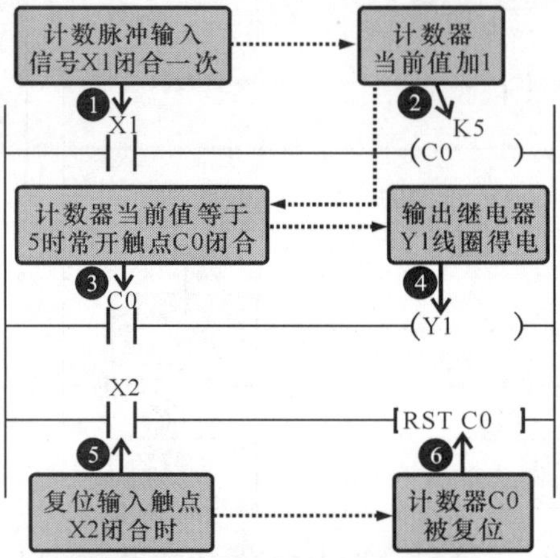


图 4-11　通用型 16 位加计数器

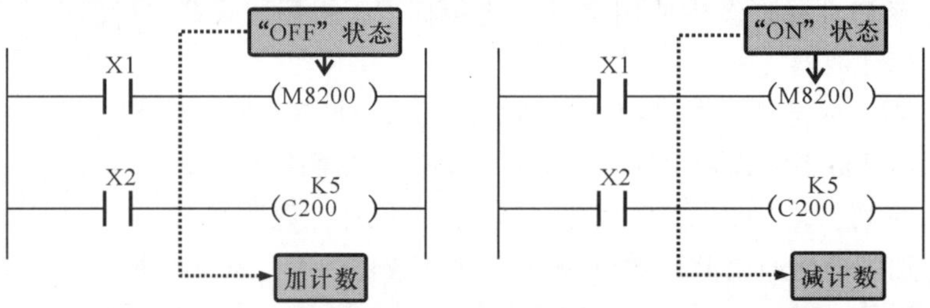


图 4-12　32 位加/减计数器

② 外部高速计数器。外部高速计数器简称高速计数器，在三菱 $FX_{2N}$系列 PLC 中高速计数器共有 21 点，元件范围为 C235 ~ C255，其类型主要有 1 相 1 计数输入高速计数器、1 相 2 计数输入高速计数器和 2 相 2 计数输入高速计数器三种，均为 32 位加/减计数器，设定值为 -2147483648 ~ +214783648，其计数方向也是由特殊辅助继电器或指定的输入端子进行设定的。

• 1 相 1 计数输入高速计数器。1 相 1 计数输入高速计数器是指具有一个计数器输入端子的计数器，该计数器共有 11 点，元件范围为 C235 ~ C245，计数器的计数方向取决于特殊辅助继电器 M8235 ~ M8245 的状态。如图 4-13 所示，C235 ~ C240 为无启动/复位端 1 相 1 计数输入高速计数器，该计数器复位需要使用梯形图中的输入信号 X11 进行软件复位；C241 ~ C245 为有启动/复位端，其设定值由数据寄存器 D0 或 D1 进行指定，该计数器具有启动/复位输入端，除了使用复位端子进行硬件复位外，也可利用输入信号 X11 进行软件复位。

• 1 相 2 计数输入高速计数器。1 相 2 计数输入高速计数器是指具有两个计数器输入端的计数器，分别用于加计数和减计数，该计数器共有 5 点，元件范围为 C246 ~ C250，其计数器的计数方向取决于 M8246 ~ M8250 的状态，如图 4-14 所示。

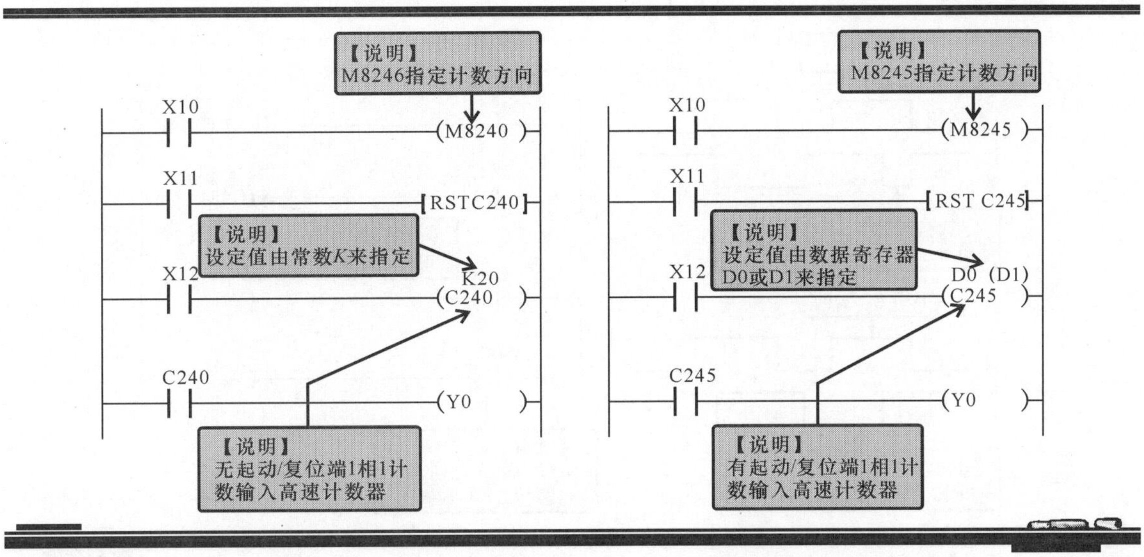


图4-13　1相1计数输入高速计数器

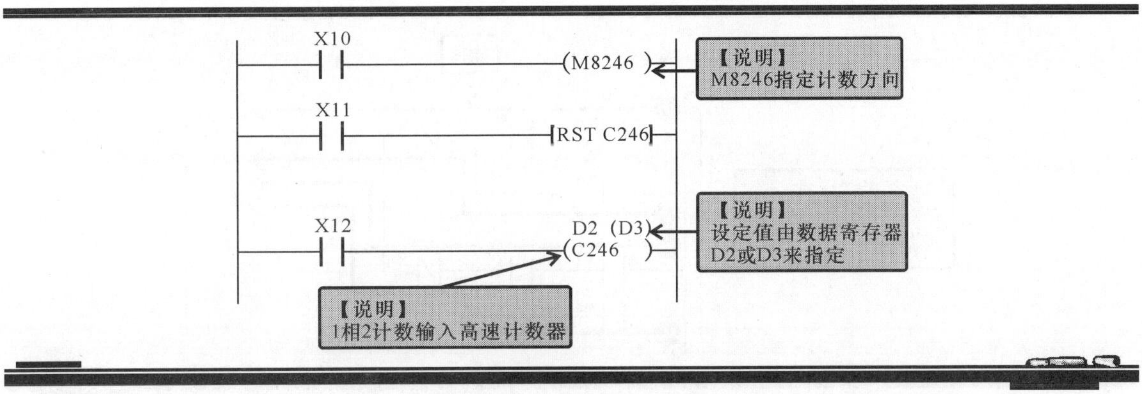


图4-14　1相2计数输入高速计数器

• 2相2计数输入高速计数器。2相2计数输入高速计数器也称为A-B相型高速计数器，共有5点，元件范围为C251～C255其计数器的计数方向取决于A相和B相的信号，如图4-15所示，当A相为“ON”，B相由“OFF”变为“ON”时，计数器进行加计数，当A相为“ON”，B相由“ON”变为“OFF”时，计数器进行减计数。

**3. 三菱PLC梯形图的编写要求**

三菱PLC梯形图在编写格式上有严格的规范，除了编程元件有严格的书写规范外，在编程过程中还有很多规定需要遵守。

(1) 三菱PLC梯形图编程顺序的规定

编写三菱PLC梯形图时要严格遵循能流的概念，就是将母线假想成“能量流”或“电流”，在梯形图中从左向右流动，与执行用户程序时的逻辑运算的顺序一致。

根据三菱PLC梯形图编写规定，三菱PLC梯形图应遵循“能流从左向右流动”的原则。如图4-16所示，能流①经过触点X3、X5、X2；能流②经过触点X1、X2；能流③经过触点X1、X5、X4；能流④经过触点X3、X4。由此可知，每一个触点经过的能流均符合从左向右的原则，因此在绘制编写三菱PLC梯形图时通常采用这种方式。

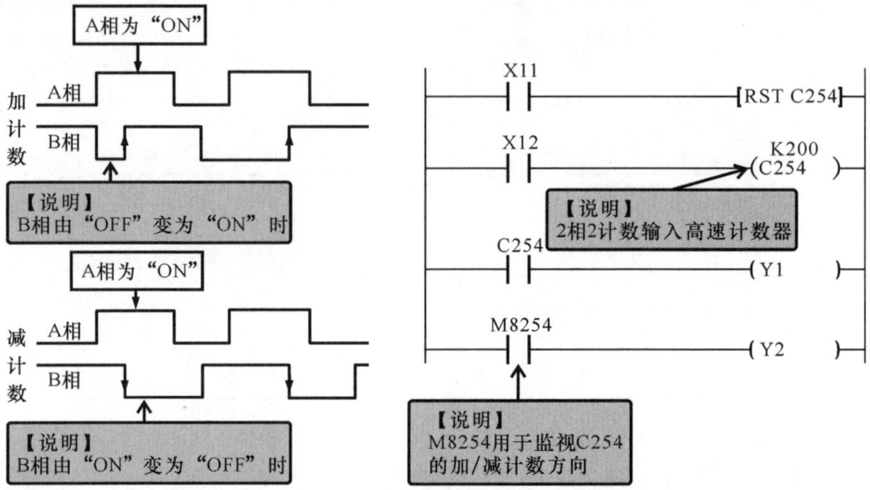


图 4-15　2 相 2 计数输入高速计数器

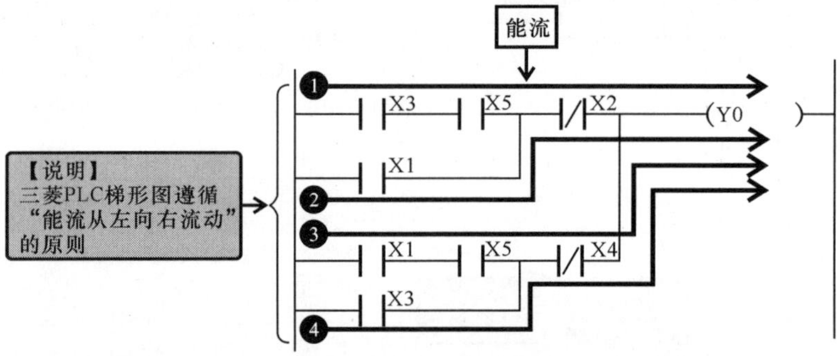


图 4-16　梯形图能流流向的要求

**【资料】**

有些编程人员在编写PLC梯形图时，为了减少触点的使用次数，经常会将梯形图的结构复杂化，因此就会出现图 4-17 所示的梯形图结构。在图中可看出能流①经过触点 X1、X2；能流②经过触点 X1、X5、X4；能流③经过触点 X3、X5、X2；能流④经过触点 X3、X4。由此可知，可能有两个方向的能流流过触点 X5，不符合能流只能从左向右流动的原则，因此在绘制编写三菱 PLC 梯形图时一般不采用这种方式。

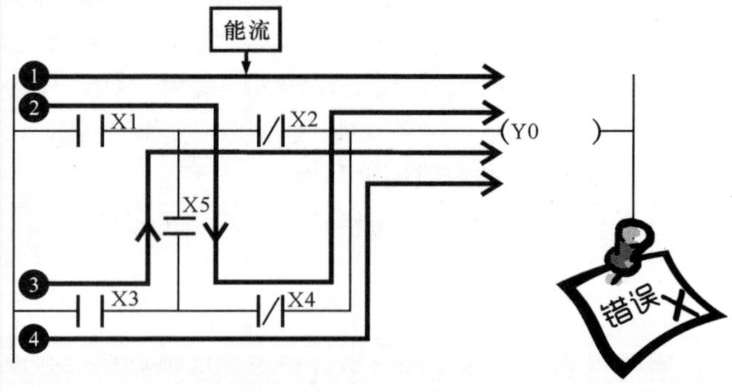


图 4-17　梯形图中错误的能流流向

另外，由于整个三菱 PLC 梯形图是由多个梯级组成，每个梯级表示一个因果关系。为了能够清晰、条理的表达指令，便于电气技术人员阅读，同时避免引起歧义，规定在三菱 PLC 梯形图中，事件发生的条件表示在梯形图的左面，事件发生的结果表示在梯形图的右面。编写梯形图时，应按从左到右，从上到下的顺序进行编写，如图 4-18 所示。

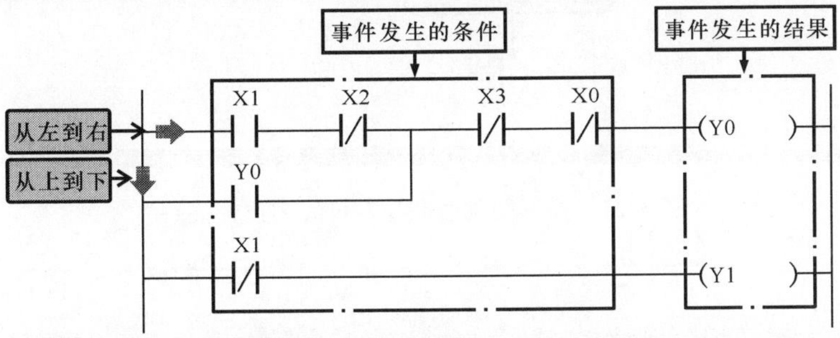


图 4-18　三菱 PLC 梯形图的编写顺序

（2）三菱 PLC 梯形图编程元件位置关系的规定

① 触点与线圈的位置关系的编写规定。三菱 PLC 梯形图的每一行都是从左母线开始，右母线结束，触点位于线圈的左边，线圈接在最右边与右母线相连，如图 4-19 所示。

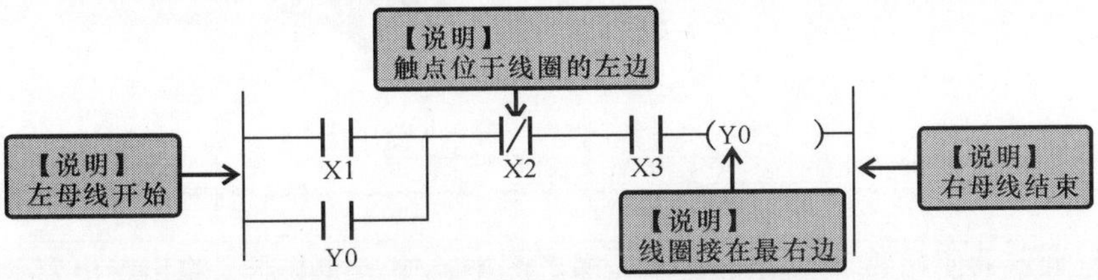


图 4-19　梯形图中触点与线圈的位置关系

【资料】

有些编程人员在编写 PLC 梯形图时，会将触点放在线圈的右边，这种梯形图的编写方法是错误的，如图 4-20 所示。在继电器控制原理图中，继电器的触点可以放在线圈的右边，但在梯形图中触点不允许放在线圈的右边。

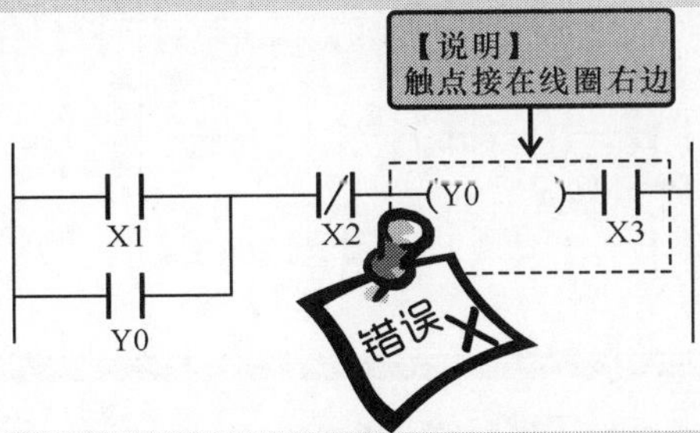


图 4-20　触点放在线圈的右边

② 线圈与左母线的位置关系的编写规定。在三菱 PLC 梯形图中，线圈输出作为逻辑结果必有条件，体现在梯形图中时，线圈与左母线之间必须有触点，如图 4-21 所示。

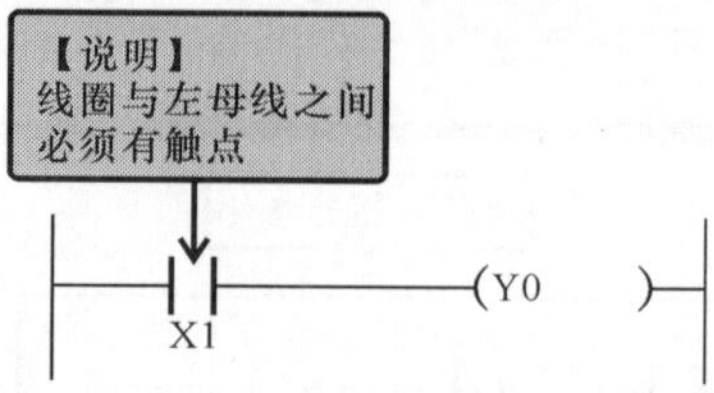


图 4-21　梯形图中线圈与左母线的位置关系

**【资料】**

有些编程人员在编写 PLC 梯形图时，会将线圈与左母线直接进行连接，这种梯形图的编写方法是错误的，如图 4-22 所示。

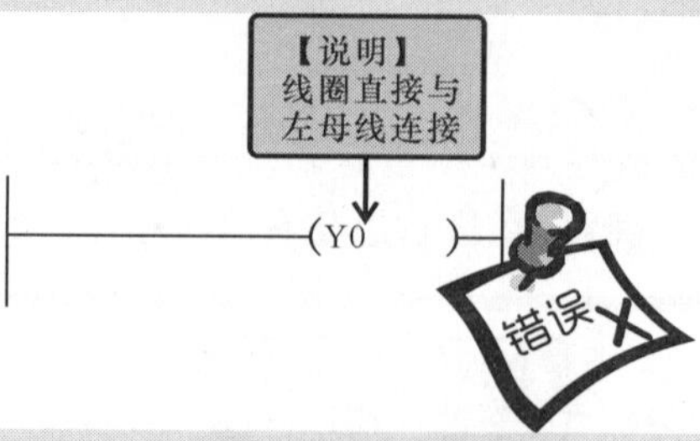


图 4-22　线圈与左母线直接连接

③ 线圈与触点的使用要求。在三菱 PLC 梯形图中，输入继电器、输出继电器、辅助继电器、定时器、计数器等编程元件的触点可重复使用，而输出继电器、辅助继电器、定时器、计数器等编程元件的线圈在梯形图中一般只能使用一次，如图 4-23 所示。

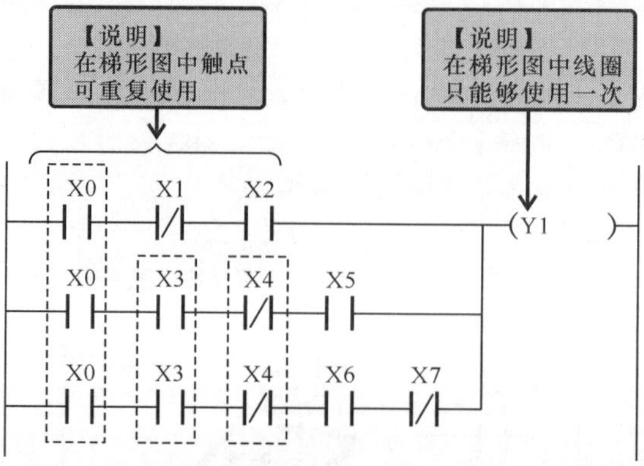


图 4-23　梯形图中线圈与触点的使用次数

【资料】

有些编程人员在编写PLC梯形图时，会采用复杂程序结构来减少触点的使用次数且重复使用线圈Y0、M0等，这两种梯形图的编写方法增加了程序的复杂化，在实际程序编写时不建议采用，如图4-24所示。

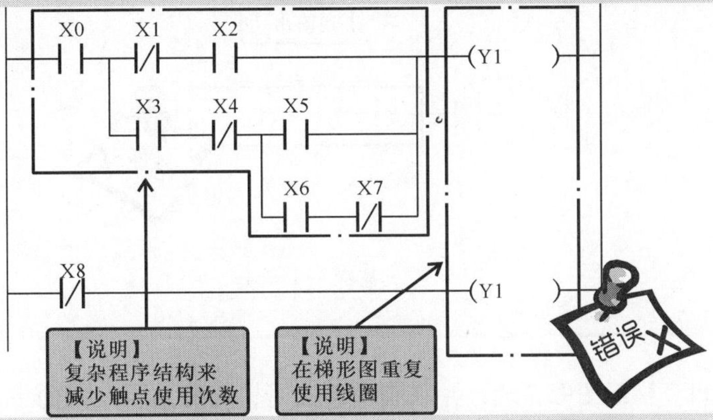


图4-24　不建议采用的梯形图触点和线圈的使用方式



（3）三菱PLC梯形图母线分支的规定

在三菱PLC梯形图中，是通过一条条的母线来反映梯级的关系，每一条母线上都会关联多个触点和线圈，而由于控制关系的影响，很多时候这些触点和线圈会产生串联或并联的关系。这就会使母线出现分支。为了规范程序的书写，三菱PLC在母线分支（即触点或线圈的连接关系）上有明确的规定。

首先，在三菱PLC梯形图中，触点既可以串联也可以并联，而线圈只可以进行并联连接，如图4-25所示。

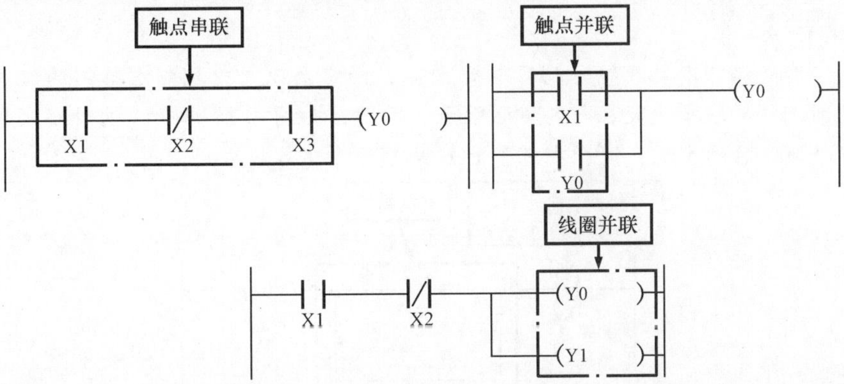


图4-25　触点及线圈的串并联方式

【资料】

有些编程人员在编写PLC梯形图时，遇到相同条件的两个输出结果的情况下，通常会将两个输出结果的线圈串联在一个梯级上，这种梯形图的编写方法是错误的，如图4-26所示。因为在三菱PLC梯形图中线圈只可以并联连接不可以串联连接的。

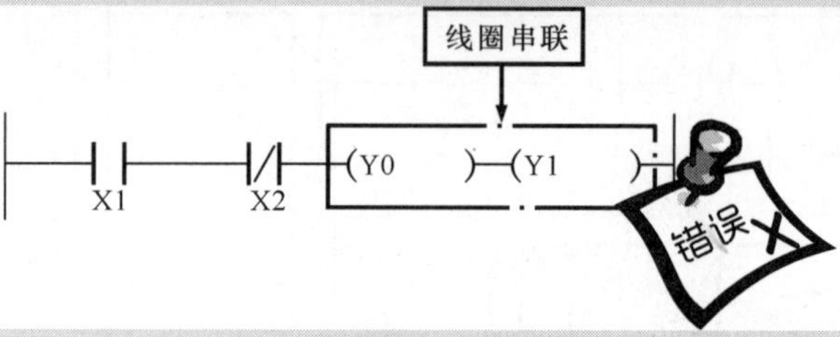


图4-26　线圈串联连接

其次，在三菱PLC梯形图中，进行并联模块串联时，应将其触点多的一条线路放在梯形图的左方，符合左重右轻的原则，如图4-27所示。

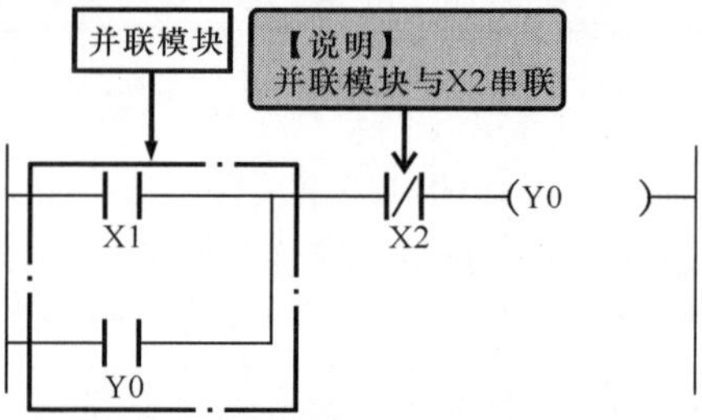


图4-27　并联模块串联方式

【资料】

有些编程人员在编写PLC梯形图时，经常会以电气控制电路图的编写形式进行编写，将并联模块放在与其串联触点的右端，如图4-28所示，这种梯形图的编写方法会增加程序读取时的步骤，因此在三菱PLC梯形图中不建议采用。

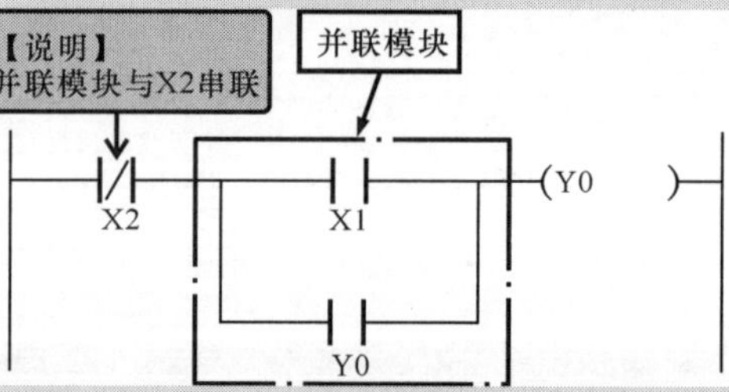


图4-28　不合理的并联模块串联方式

再有，在三菱 PLC 梯形图中，进行串联模块并联时，应将触点多的一条线路放在梯形图的上方，符合上重下轻的原则，如图 4-29 所示。

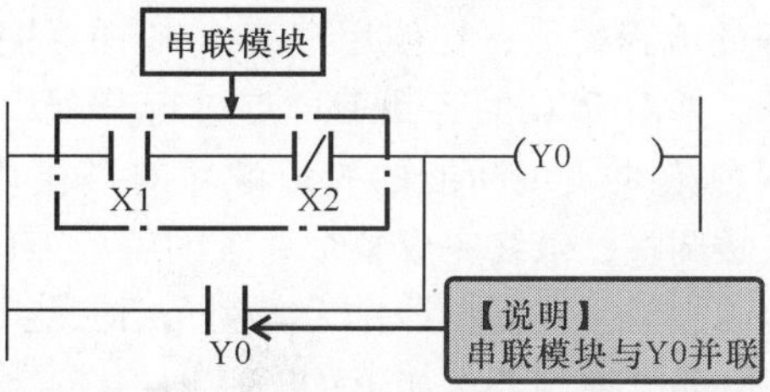


图 4-29　串联模块并联方式

**【资料】**

有些编程人员在编写 PLC 梯形图时，经常会将串联的模块放在与其并联触点的下方，如图 4-30 所示，这种梯形图的编写方法会增加程序读取时的步骤，同时也会使程序指令复杂化，因此在三菱 PLC 梯形图中不建议采用。

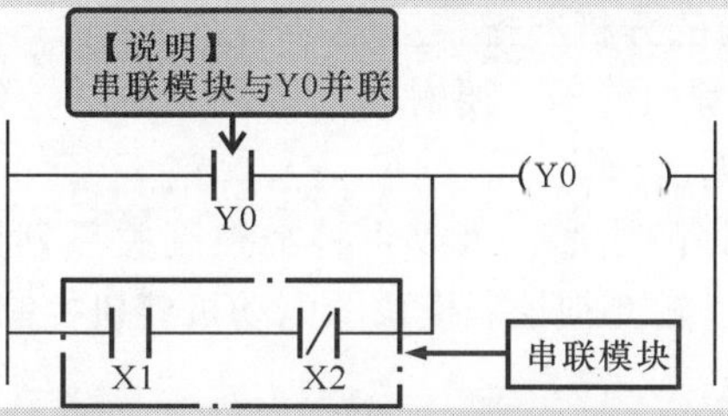


图 4-30　不合理的串联模块并联方式

（4）三菱 PLC 梯形图结束方式的规定

三菱 PLC 梯形图程序编写完成后，应在最后一条程序的下一条线路上加上 END 结束符，代表程序结束，如图 4-31 所示。

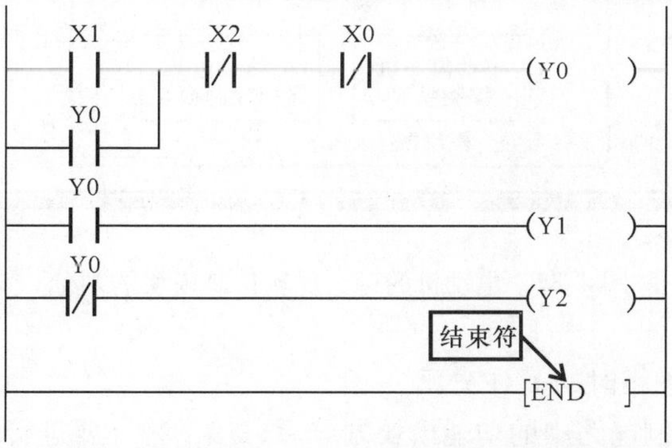


图 4-31　结束符的编写

### 4.1.2 三菱 PLC 梯形图编程需要训练

与西门子 PLC 梯形图编程的流程类似，在使用三菱 PLC 梯形图编写程序时，首先也要对系统完成的各功能进行模块划分，并对 PLC 的各个 I/O 点进行分配，然后根据 I/O 分配表对各功能模块逐个进行编写，再根据各模块实现功能的先后顺序对其模块进行组合并建立控制关系，最后分析编写完成的梯形图并做调整，最终完成整个系统的编程工作。

下面，通过电动机连续运转控制系统的设计作为案例介绍三菱 PLC 梯形图的编程。

设计电动机正、反转控制电路，控制要求如下：

按下正转起动按钮 SB2，控制交流接触器 KM1 得电，电动机起动并正向运转；

按下反转起动按钮 SB3，控制交流接触器 KM2 得电，电动机起动并反向运转；

按下停机按钮 SB1，控制线路中所有接触器失电，电动机停转；

若线路中出现过载、过热故障由过热保护继电器 FR 自动切断控制线路。

除此之外，为了避免正、反转两个交流接触器同时得电造成电源相间短路，在正转控制线路中串入反转控制接触器的常闭触点，在反转控制线路中串入正转控制接触器的常闭触点，实现电气互锁控制。

**1. 三菱 PLC 梯形图编程前的分析准备**



在进行三菱 PLC 梯形图编程的前期，要对当前控制系统的控制过程进行认真的分析。理清控制关系，划分出控制系统的功能模块。

根据编程案例中对控制过程的描述，可以将整个控制关系划分成电动机正转控制模块、电动机反转控制模块、电动机正反转互锁控制模块、电动机停机控制模块、电动机过热保护控制模块 5 部分，如图 4-32 所示。

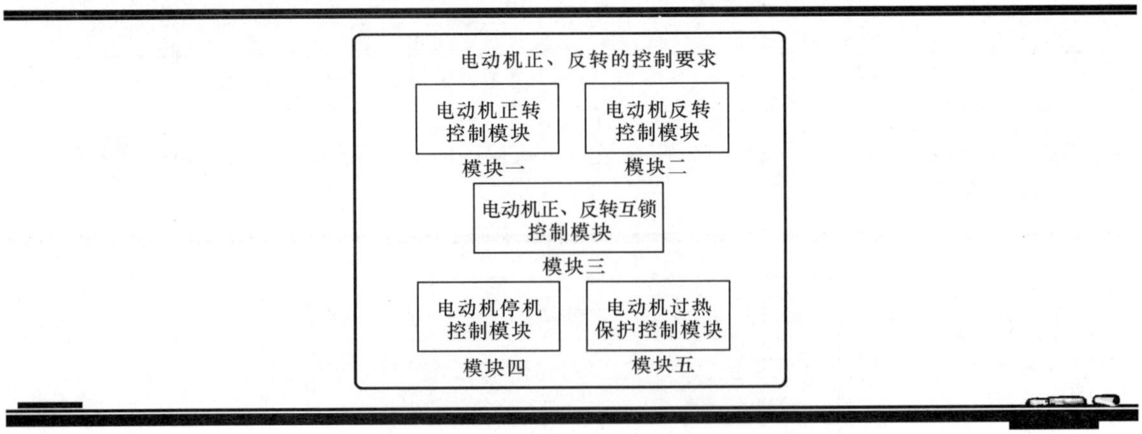


图 4-32 电动机的正、反转控制模块的划分

**2. 三菱 PLC 梯形图编程时的 I/O 分配**

确定了电动机连续控制电路中的功能模块划分后，接下来，要进行 I/O 分配，也就是将与三菱 PLC 外部连接部件对应的 I/O 与三菱 PLC 梯形图中的编程元件建立一一对应的关系。

【注意】

根据上述控制要求可知，输入设备主要包括3个控制信号的输入，即停止按钮SB1、正转起动按钮SB2、反转起动按钮SB3，自动保护输入信号有1个，即过热保护继电器的FR的保护触点。因此，应有4个输入信号。

输出设备主要包括2个接触器，即正转交流接触器KM1、反转交流接触器KM2，因此，应有2个输出信号。

通常，最终会将I/O分配的关系通过I/O分配表的形式体现。

将输入设备和输出设备的元件编号与三菱PLC梯形图中的输入继电器和输出继电器的编号进行对应，填写三菱PLC梯形图的I/O分配表，如表4-4所示。

**表4-4　电动机正、反转的PLC控制梯形图I/O分配表**

| 输入设备及地址编号 | | | 输出设备及地址编号 | | |
|---|---|---|---|---|---|
| 名　称 | 代　号 | 输入点地址编号 | 名　称 | 代　号 | 输出点地址编号 |
| 过热保护继电器 | FR | X0 | 正转交流接触器 | KM1 | Y0 |
| 停止按钮 | SB1 | X1 | 反转交流接触器 | KM2 | Y1 |
| 正转起动按钮 | SB2 | X2 | | | |
| 反转起动按钮 | SB3 | X3 | | | |

**3. 三菱PLC梯形图的程序编写**

电动机正、反转控制模块划分和I/O分配表绘制完成后，便可根据各模块的控制要求进行梯形图的编写，最后将各模块梯形图进行组合。

（1）电动机正转控制模块梯形图的编写

控制要求：按下正转起动按钮SB2，正转控制交流接触器KM1得电，电动机正向起动并连续运转。

将控制要求中的控制部件及控制关系在梯形图中进行体现，如图4-33所示，使用输入继电器常开触点X2代替正转起动按钮SB2；使用输出继电器Y0线圈代替正转交流接触器KM1；使用输出继电器Y0常开触点实现Y0线圈的自锁，进行连续控制。编写该控制模块的梯形图时应根据PLC梯形图的编写方法中的第1条和第2条的原则进行编写。

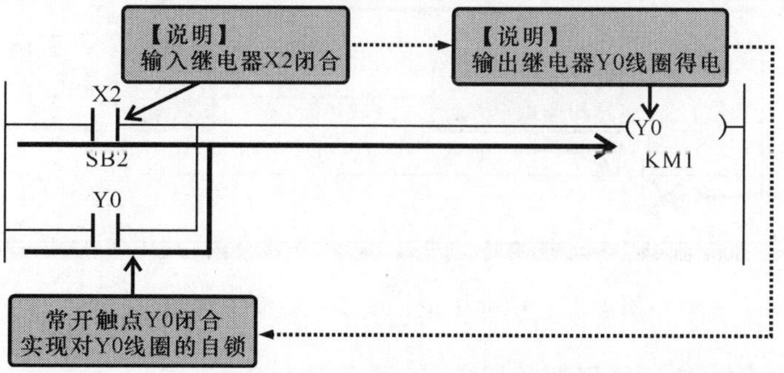


图4-33　电动机正转控制模块梯形图

(2) 电动机反转控制模块梯形图的编写

控制要求：按下反转起动按钮 SB3，控制反转交流接触器 KM2 得电，电动机反向起动并连续运转。

将控制要求中的控制部件及控制关系在梯形图中进行体现，如图 4-34 所示，使用输入继电器常开触点 X3 代替反转起动按钮 SB3；使用输出继电器 Y1 线圈代替反转交流接触器 KM2；使用输出继电器 Y1 常开触点实现 Y1 线圈的自锁，进行连续控制。编写该控制模块的梯形图时应根据 PLC 梯形图的编写方法中的第 1 条和第 2 条的原则进行编写。

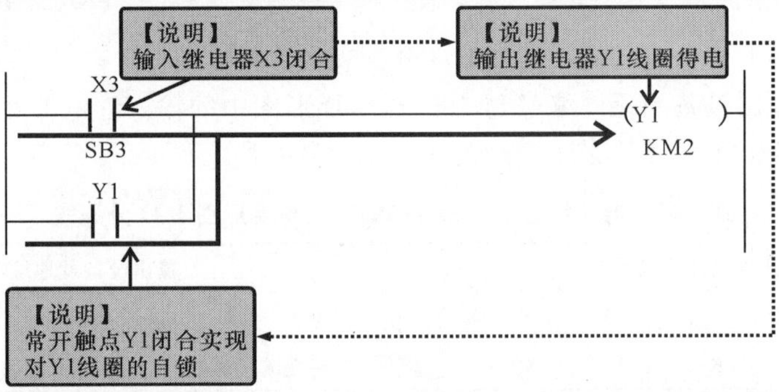


图 4-34　电动机反转控制模块梯形图



(3) 电动机正、反转互锁模块梯形图的编写

控制要求：为了避免正、反转两个交流接触器同时得电造成电源相间短路，在正转控制线路中串入反转控制接触器的常闭触点，在反转控制线路中串入正转控制接触器的常闭触点，实现电气互锁控制。

将控制要求中的控制部件及控制关系在梯形图中进行体现，如图 4-35 所示，将输出继电器常闭触点 Y1 串入正转控制线路中，将输出继电器常闭触点 Y0 串入反转控制线路中，使其输出继电器 Y0 和 Y1 线圈不可同时得电。编写该控制模块的梯形图时应根据 PLC 梯形图的编写方法中的第 1 条和第 2 条的原则进行编写。

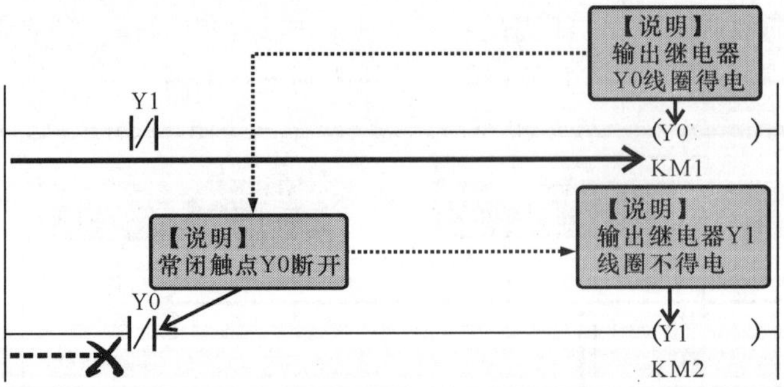


图 4-35　电动机正、反转互锁模块梯形图

(4) 电动机停机控制模块梯形图的编写

控制要求：按下停止按钮 SB1，不论是正转还是反转状态下，都可以使交流接触器 KM1 或

KM2 失电，电动机停止运转。

将控制要求中的控制部件及控制关系在梯形图中进行体现，如图 4-36 所示，使用输入继电器常开触点 X1 代替停止按钮 SB1，使其在梯形图中能够控制输出继电器 Y0 和 Y1 失电。编写该控制模块的梯形图时应根据 PLC 梯形图的编写方法中的第 1 条、第 2 条和第 5 条的原则进行编写。

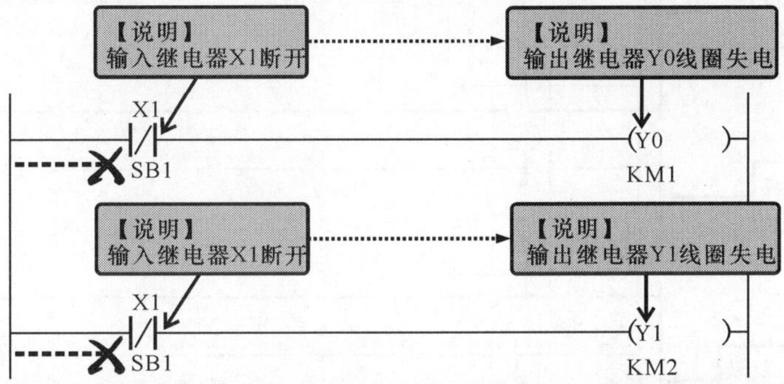


图 4-36　电动机停机控制模块梯形图

（5）电动机过热保护控制模块梯形图的编写

控制要求：当电动机出现过热故障时，过热保护继电器 FR 自动切断控制线路，电动机停止运转。

将控制要求中的控制部件及控制关系在梯形图中进行体现，如图 4-37 所示，使用输入继电器常开触点 X0 代替过热保护继电器 FR，当电动机出现过热时，使其在梯形图中能够控制输出继电器 Y0 和 Y1 失电。编写该控制模块的梯形图时应根据 PLC 梯形图的编写方法中的第 1 条、第 2 条和第 5 条的原则进行编写。

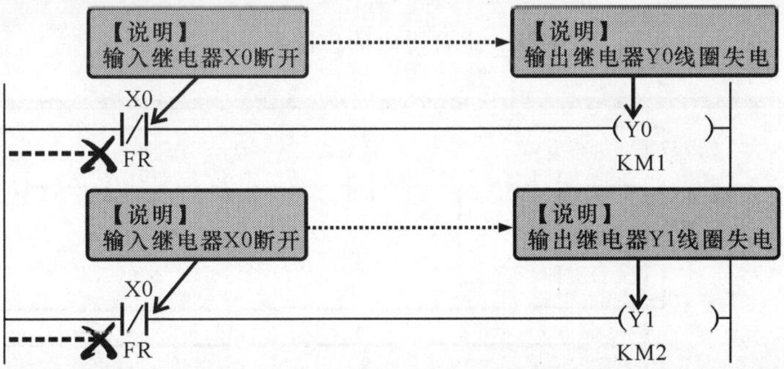


图 4-37　电动机过热保护控制模块梯形图

（6）5 个控制模块梯形图的组合

根据各模块的先后顺序，将上述 5 个控制模块所得梯形图进行组合，得出总的梯形图程序，如图 4-38 所示。

根据三菱 PLC 梯形图的编写要求（编写规范），对上述组合得出的总梯形图进行整理、合并，如图 4-39 所示。触点 X0、X1、X2、Y1 均对 Y0 线圈控制，根据编程元件的线圈在梯形图中只能使用一次的原则，将其控制 Y0 线圈的梯形图语句进行合并，同时还应遵循并联模块串联的要求将并联模块放在梯形图的左方。使用同样的方法对其控制 Y1 线圈的梯形图语句进行合并，合并完成后编写 PLC 梯形图的结束语句。最后分析编写完成的梯形图并做调整，最终完成整个系统的编程工作。

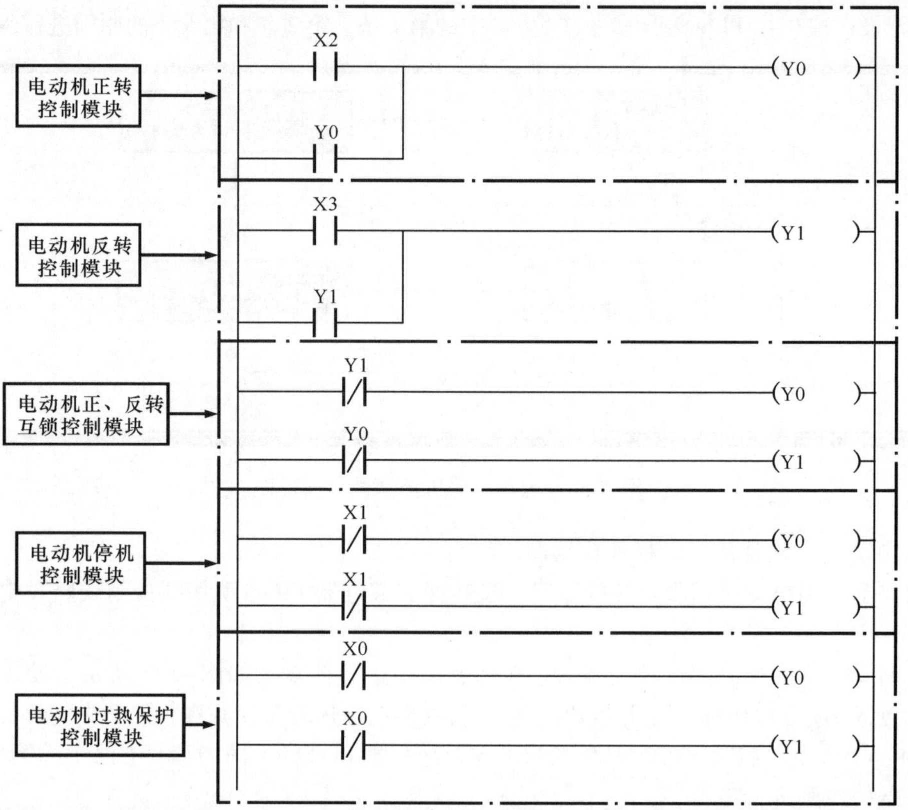


图 4-38　组合得出的总梯形图程序

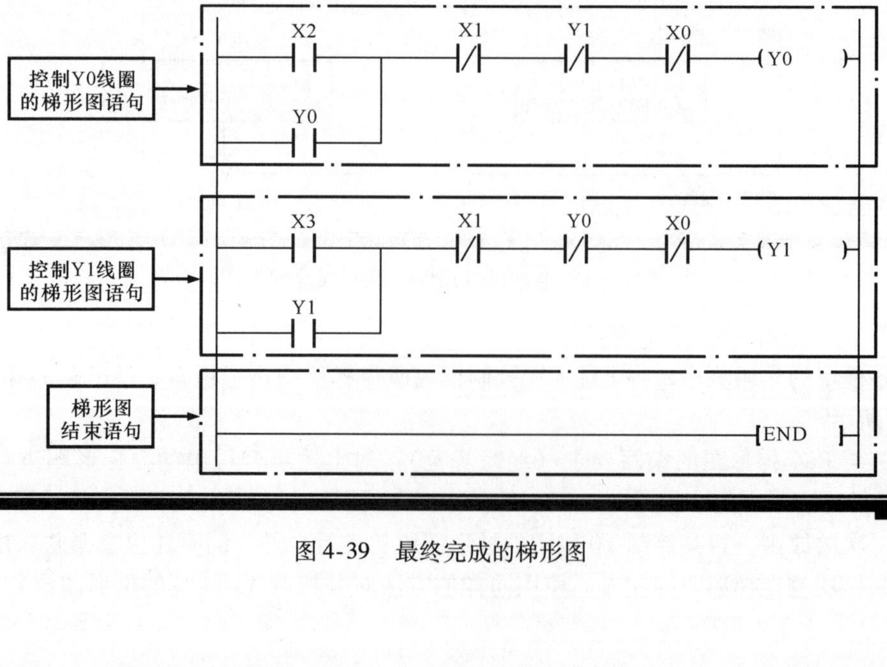


图 4-39　最终完成的梯形图

【注意】

在上述分析和梯形图编程过程中，我们是根据控制要求进行模块划分，并针对每个模块编写梯形图程序，接着“聚零为整”进行组合，然后再在初步组合而成的总梯形图基础上，根据PLC梯形图的编写方法中的一些要求和规则进行相关编程元件的合并，添加程序结束指令，最后得到完善的总梯形图程序。

【资料】

在一些实际编程过程中，除了可按照上述逐步分析，逐步编写的方法外，在一些传统工业设备（电动机传动）的线路改造中，还可以将现成的电气控制线路作为依据，将原有的电气控制系统输入信号及输出信号作为PLC的I/O点，将原来由继电器—接触器硬件完成的控制线路由PLC梯形图程序直接替代。

### 4.1.3 多一些三菱PLC梯形图的编程案例



了解了三菱PLC梯形图的编程方法后，为了使大家对三菱PLC编程的技能有更深刻的理解，同时也能够有更多的锻炼机会，我们特别准备了一些三菱PLC梯形图的编程案例，供大家学习、实践。希望大家通过这些案例的学习能够对三菱PLC梯形图的编程风格有更深的体会，对三菱PLC梯形图的编程规则更加熟悉。

**1. 电动机定子串电阻减压起动控制的三菱PLC梯形图编程案例**

案例描述：

- 按下减压起动按钮SB1，控制交流接触器KM1得电，电动机M减压起动运转。
- 按下全电压运行按钮SB2，控制交流接触器KM2得电，电动机M全电压状态下运行。
- 按下停机按钮SB3，交流接触器KM1、KM2失电，电动机停止运转。
- 若线路中出现过载、过热故障由过热保护继电器FR自动切断控制线路。
- 除此之外，为了避免减压起动与全电压运行控制的顺序进行，电路中KM1的常开触头串接在SB2、KM2线圈支路中起顺序控制的作用，也就是说只有KM1线圈先接通后，KM2线圈才能够接通，即电路先进入减压起动状态后，才能进入全电压运行状态，达到减压起动、全电压运行的控制目的。

根据案例描述总结控制过程，划分控制关系，如图4-40所示，分配并填写I/O分配表，如表4-5所示。

I/O分配完毕，便可根据控制过程完成三菱PLC梯形图的程序编写。

（1）电动机减压起动控制过程的三菱PLC梯形图编程解析

输入控制信号：

按下减压起动按钮SB1。

输出结果：

输入继电器X1得电→Y0得电→（同时导致a，b）

a→KM1线圈得电吸合→KM1主触点闭合，电源经电阻$R_1$～$R_3$减压后，为电动机供电，使得电动机M在减压情况下起动运转。

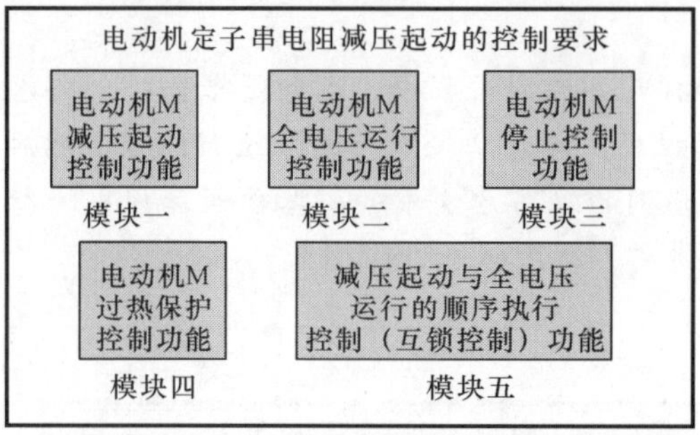


图 4-40　电动机定子串电阻减压起动控制关系划分

**表 4-5　电动机定子串电阻减压起动控制的三菱 PLC 梯形图 I/O 分配表**

| 输入信号及地址编号 | | | 输出信号及地址编号 | | |
|---|---|---|---|---|---|
| 名　称 | 代　号 | 输入点地址编号 | 名　称 | 代　号 | 输出点地址编号 |
| 过热保护继电器 | FR1 | X0 | 减压起动接触器 | KM1 | Y0 |
| 减压起动按钮 | SB1 | X1 | 全电压起动接触器 | KM2 | Y1 |
| 全电压起动按钮 | SB2 | X2 | | | |
| 停机按钮 | SB3 | X3 | | | |



b→常开辅助触点（Y0）闭合，实现自锁。

根据上述分析过程，绘制梯形图时，将控制电路中的电气部件按 I/O 分配表对应梯形图的触点符号：使用输入继电器常开触点 X1 代替电动机 M 起动按钮 SB1；使用输出继电器 Y0 线圈代替电动机 M 交流接触器 KM1；使用输出继电器 Y0 常开触点实现 Y0 线圈的自锁，进行连续控制。

电动机减压起动控制模块梯形图如图 4-41 所示。

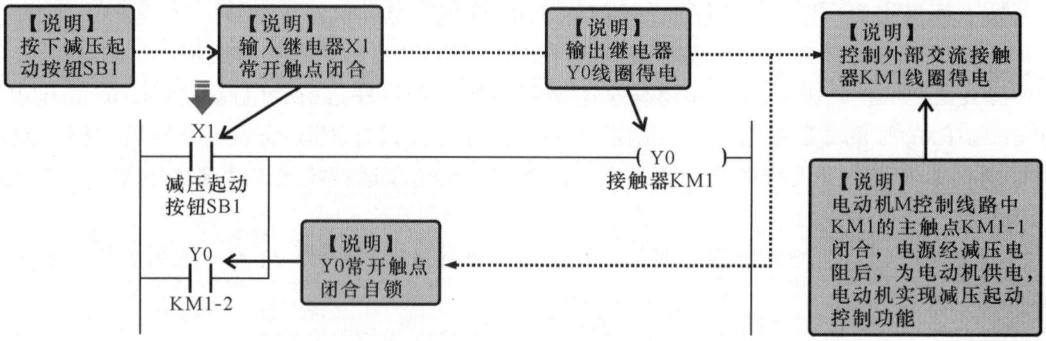


图 4-41　电动机减压起动控制模块梯形图

（2）电动机全电压运行控制过程的三菱 PLC 梯形图编程解析

输入控制信号：

在减压起动完成后，按下全电压运行按钮 SB2。

输出结果：

输入继电器 X2 得电→Y1 得电→（同时导致 a，b）

a→KM2 线圈得电吸合→KM2 主触点闭合，将电阻 $R_1 \sim R_3$ 短路后，电源直接为电动机供电，使电动机 M 在全电压状态下高速运行。

b→常开辅助触点（Y1）闭合，实现自锁。

根据上述分析过程，绘制梯形图时，将控制电路中的电气部件按 I/O 分配表对应梯形图的触点符号：使用输入继电器常开触点 X2 代替电动机 M 起动按钮 SB2；使用输出继电器 Y1 线圈代替电动机 M 交流接触器 KM2；使用输出继电器 Y1 常开触点实现 Y1 线圈的自锁，进行连续控制。

电动机全电压运行控制模块梯形图如图 4-42 所示。

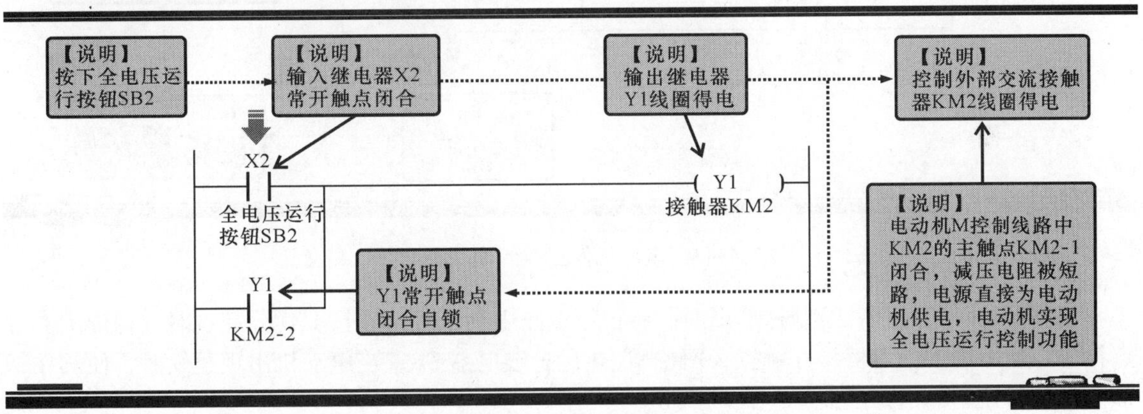


图 4-42　电动机全电压运行控制模块梯形图

（3）电动机停机控制过程的三菱 PLC 梯形图编程解析

输入控制信号：

按下停机按钮 SB3。

输出结果：

输入继电器 X3 失电→（同时导致 a，b）

a→输出继电器线圈 Y0 失电→KM1 线圈失电→KM1 主触点复位断开，电源被切断，电动机 M 失电停转；同时 KM1 辅助触点复位断开，解除自锁控制。

b→输出继电器线圈 Y1 失电→KM2 线圈失电→KM2 主触点复位断开，为下一次全电压运行控制做好准备；同时 KM2 辅助触点复位断开，解除自锁控制。

根据上述分析过程，绘制梯形图时，将控制电路中的电气部件按 I/O 分配表对应梯形图的触点符号：使用输入继电器常开触点 X3 代替电动机 M 停机按钮 SB3；使用输出继电器 Y0 线圈代替电动机 M 交流接触器 KM1；使用输出继电器 Y1 线圈代替电动机 M 交流接触器 KM2。

电动机停机控制模块梯形图如图 4-43 所示。

（4）电动机过热保护控制过程梯形图编程解析

输入控制信号：

过热保护继电器的触点断开。

输出结果：

输入继电器 X0 失电→（同时导致 a，b）

a→Y0 失电，KM1 线圈失电复位→KM1 主触点断开，电动机 M 停转；

b→Y1 失电，KM2 线圈失电复位→KM2 主触点断开，电动机 M 停转。

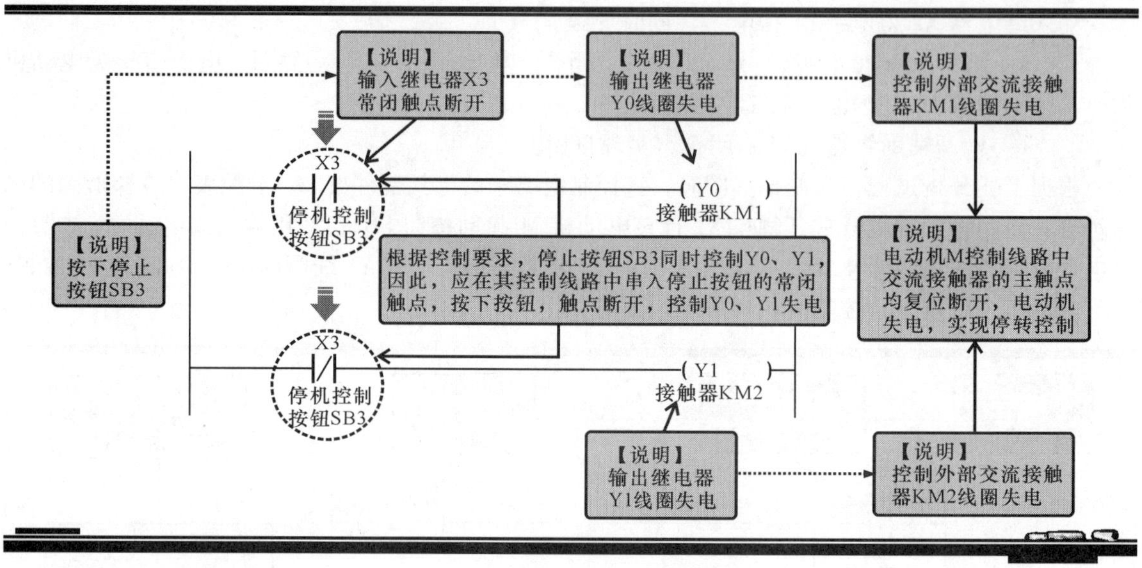


图 4-43　电动机停机控制模块梯形图

根据上述分析过程，绘制梯形图时，将控制电路中的电气部件按 I/O 分配表对应梯形图的触点符号：使用输入继电器常开触点 X0 代替过热保护继电器 FR，当电动机出现过热时，使其在梯形图中能够控制输出继电器 Y0 和 Y1 失电。



电动机过热保护控制模块梯形图如图 4-44 所示。

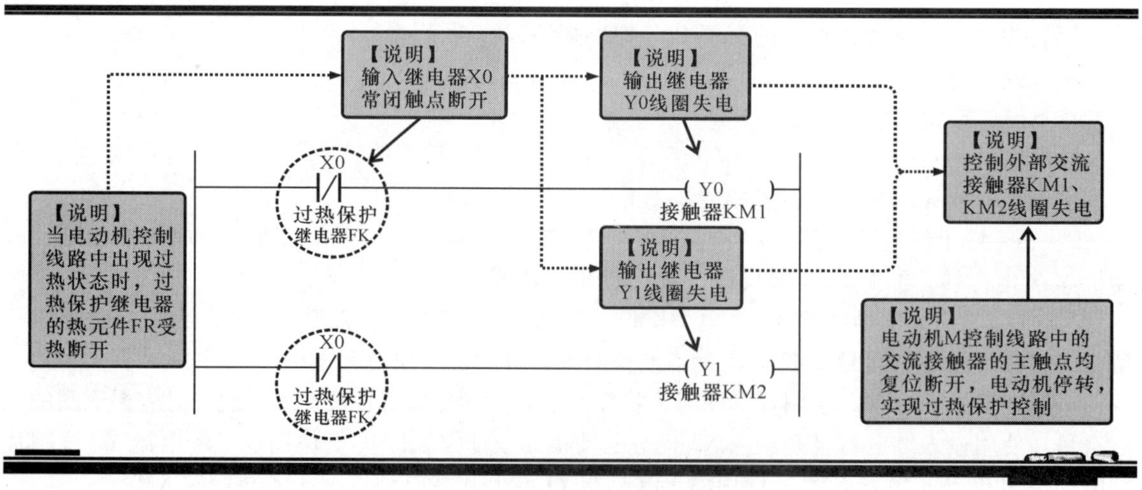


图 4-44　电动机过热保护控制模块梯形图

（5）电动机减压起动与全电压运行顺序关系控制过程梯形图编程解析

输入控制信号：

Y0 的常开触点闭合。

输出结果：

作为 Y 1 线圈得电的限制条件，只有 Y 0 的常开触点闭合后，Y1 才能得电。

根据上述分析过程，绘制梯形图时，将控制电路中的电气部件按 I/O 分配表对应梯形图的触点符号：将输出继电器 Y0 的常开触点串入电动机 M 的全电压运行控制线路中。

电动机减压起动与全电压运行顺序关系控制模块梯形图如图4-45所示。

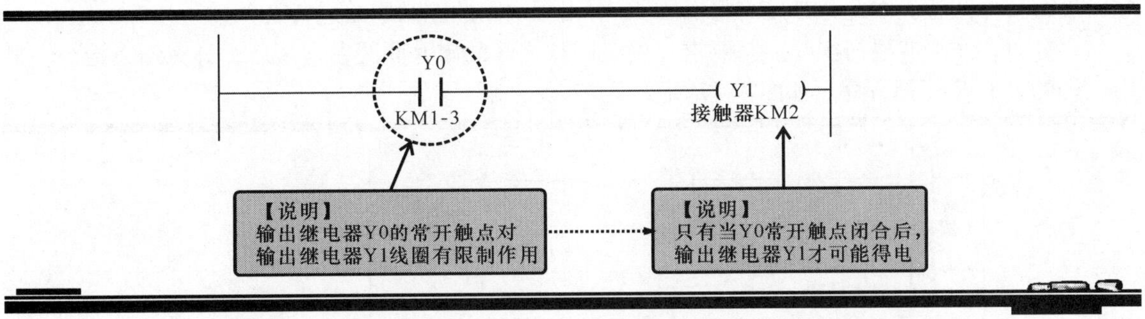


图4-45　电动机减压起动与全电压运行顺序关系控制模块梯形图

(6) 程序的合并和调整

根据各模块的先后顺序，将上述5个模块（控制过程）所得5段程序进行组合，得出总的梯形图程序，如图4-46所示。

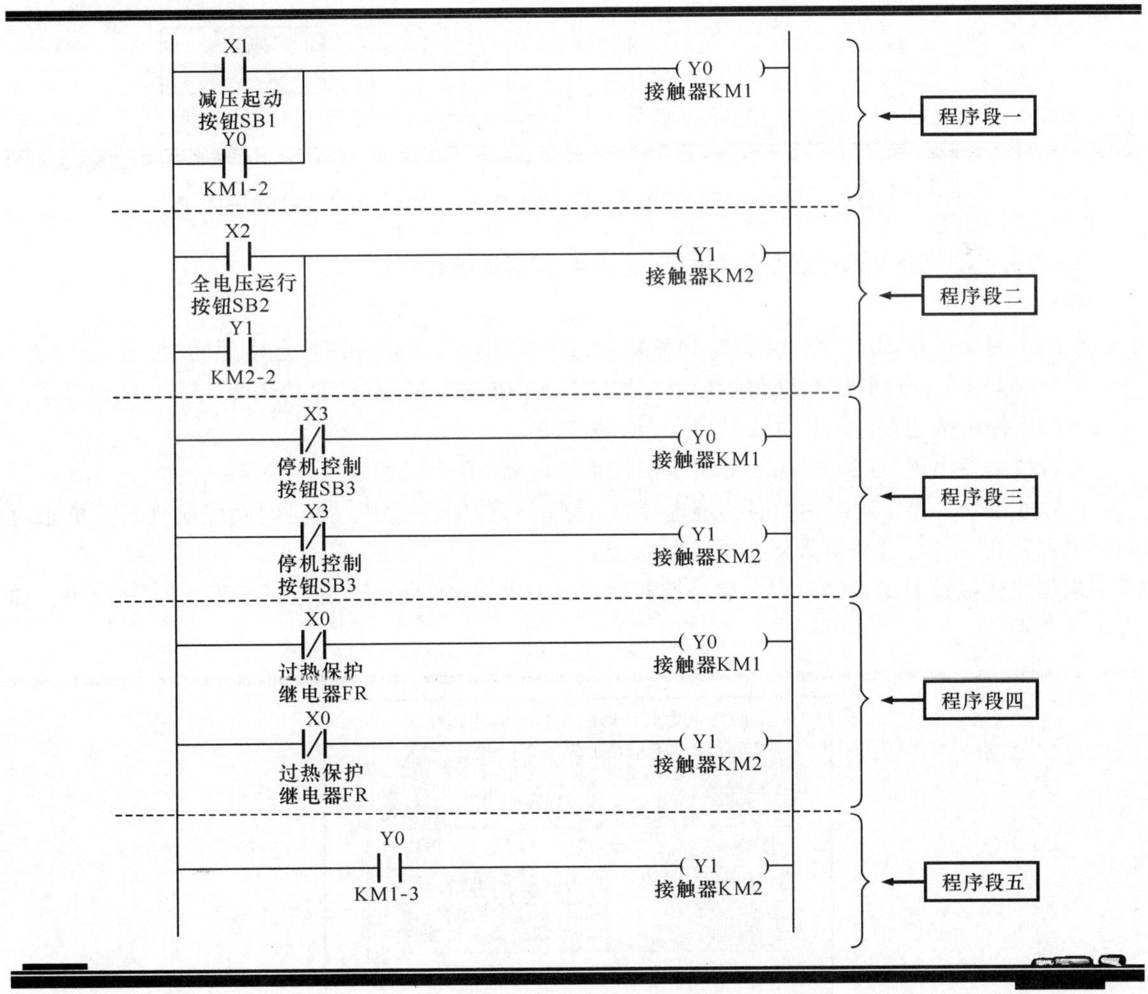


图4-46　组合得出的总梯形图程序

直接根据先后顺序简单组合的总梯形图程序并不是最终程序，需要明确各个模块之间的关联，进行合并调整。因此，首先需将图4-46中相同线圈的控制线路进行合并。

合并时，注意应根据实际控制要求，确定触点之间的串并联关系。最后，补充结束指令，最终获得的PLC梯形图程序，如图4-47所示。

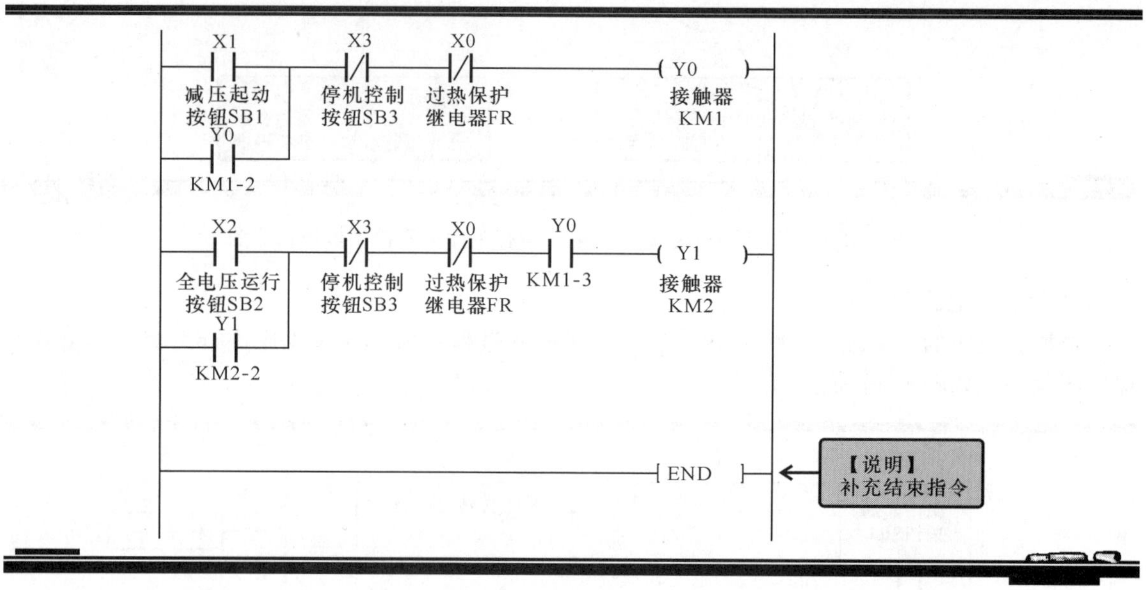


图4-47　分析、完善、优化后的电动机定子串电阻减压起动控制梯形图程序



**2. 两台电动机自动顺序起动控制的三菱PLC梯形图编程案例**

案例描述：

• 按下起动按钮SB1，电动机$M_1$交流接触器KM1得电，电动机$M_1$起动运转。

• 延时1s后，电动机$M_2$交流接触器KM2得电，电动机$M_2$自动起动运转。

• 按下停机按钮SB2，电动机$M_1$、$M_2$同时停转。

• 若线路中出现过载、过热故障由过热保护继电器FR自动切断控制线路。

• 除此之外，由于延时用的时间继电器只在延时过程中起作用，当延时功能实现后，要求时间继电器停止工作，准备进入下一次延时状态。

根据案例描述总结控制过程，划分控制关系，如图4-48所示，分配并填写I/O分配表，如表4-6所示。

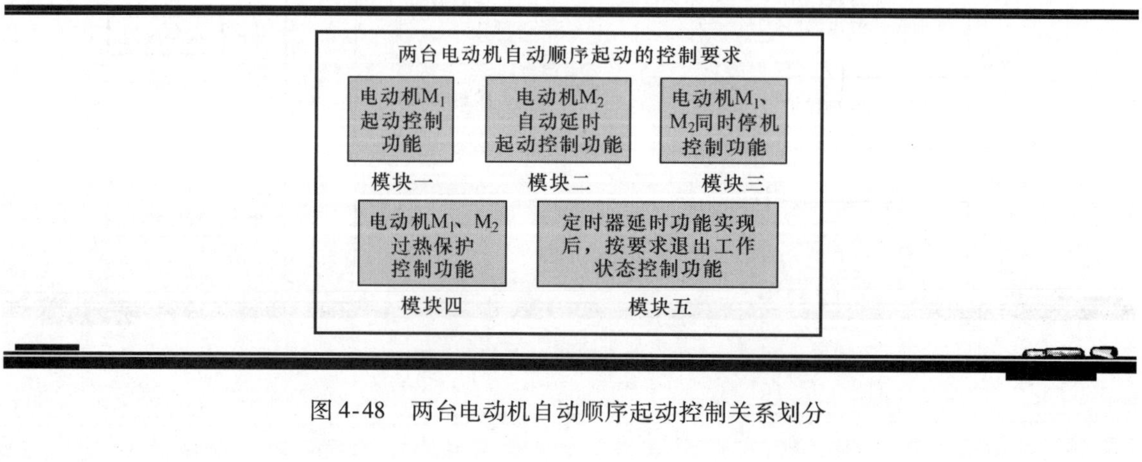


图4-48　两台电动机自动顺序起动控制关系划分

**表 4-6　两台电动机自动顺序起动控制的三菱 PLC 梯形图 I/O 分配表**

| 输入信号及地址编号 | | | 输出信号及地址编号 | | |
|---|---|---|---|---|---|
| 名　　称 | 代　号 | 输入点地址编号 | 名　　称 | 代　号 | 输出点地址编号 |
| 过热保护继电器 | FR1 | X0 | 控制电动机 $M_1$ 的接触器 | KM1 | Y0 |
| 起动按钮 | SB1 | X1 | 控制电动机 $M_2$ 的接触器 | KM2 | Y1 |
| 停机按钮 | SB2 | X2 | | | |

I/O 分配完毕，便可根据控制过程完成三菱 PLC 梯形图的程序编写。

（1）电动机 $M_1$ 起动控制过程的三菱 PLC 梯形图编程解析

输入控制信号：

按下减压起动按钮 SB1。

输出结果：

输入继电器 X1 得电→输出继电器 Y0 线圈得电→（同时导致 a，b，c）

a→KM1 线圈得电吸合→KM1 主触点闭合，电动机 $M_1$ 得电起动。

b→输出继电器 Y0 的常开自锁触点（Y0）闭合，实现自锁，松开 SB1 后，仍保持 Y0 线圈得电状态。

c→输出继电器 Y0 的常开辅助触点（Y0）闭合，定时器得电，开始计时。

根据上述分析过程，绘制梯形图时，将控制电路中的电气部件按 I/O 分配表对应梯形图的触点符号：使用输入继电器常开触点 X1 代替电动机 $M_1$ 起动按钮 SB1；使用输出继电器 Y0 线圈代替电动机 $M_1$ 交流接触器 KM1；使用输出继电器 Y0 常开触点实现 Y0 线圈的自锁，进行连续控制；将 Y0 常开触点串定时器控制线路中，由其闭合后控制定时器得电。

电动机 $M_1$ 起动控制模块梯形图如图 4-49 所示。

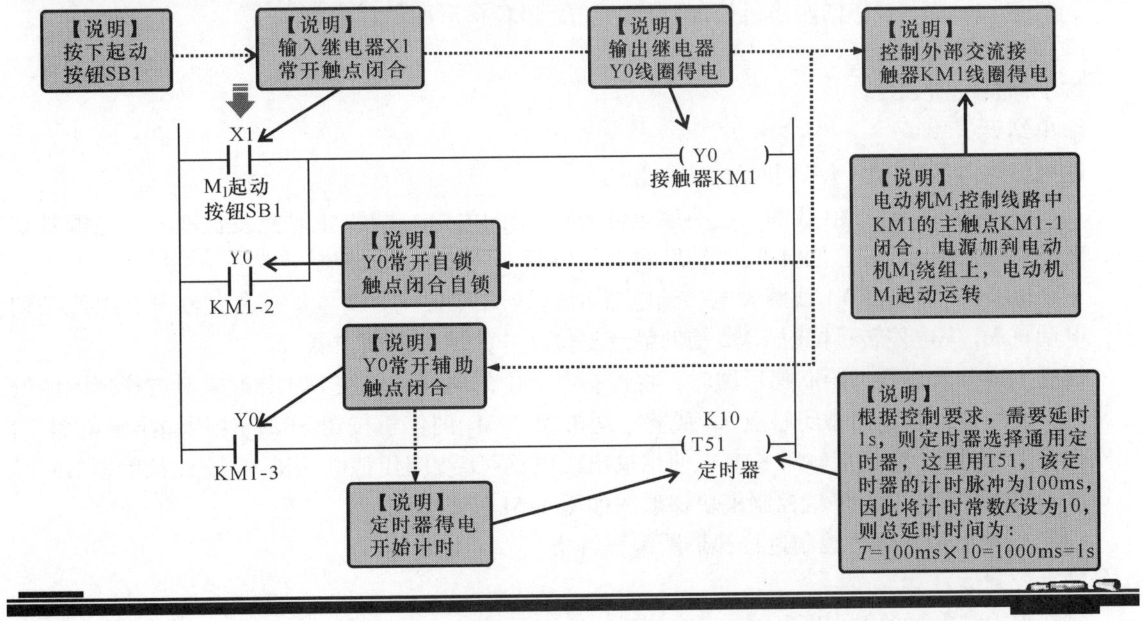


图 4-49　电动机 $M_1$ 起动控制模块梯形图

（2）电动机 $M_2$ 延时自动起动控制过程的三菱 PLC 梯形图编程解析

输入控制信号：

时间延迟 1s 后。

输出结果：

定时器常开触点得电→输出继电器 Y1 线圈得电→（同时导致 a，b）

a→KM2 线圈得电吸合→KM2 主触点闭合，电动机 $M_2$ 得电，继 $M_1$ 起动 1s 后，自动起动运转。

b→输出继电器 Y1 的常开自锁触点（Y1）闭合，实现自锁，定时器断电后，仍保持 Y1 线圈得电状态。

根据上述分析过程，绘制梯形图时，将控制电路中的电气部件按 I/O 分配表对应梯形图的触点符号：使用定时器常开触点 T51 串入输出继电器 Y1 线圈控制线路中，控制 Y1 线圈得电；使用输出继电器 Y1 常开自锁触点并联定时器常开触点 T51，实现 Y1 线圈的自锁，进行连续控制。

电动机 $M_2$ 延时自动起动控制模块梯形图如图 4-50 所示。

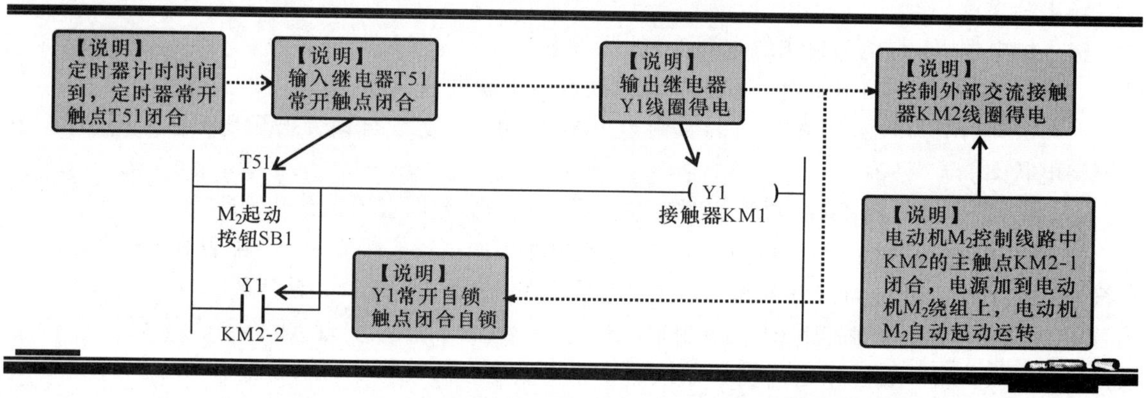


图 4-50　电动机 $M_2$ 延时自动起动控制模块梯形图

（3）电动机 $M_1$、$M_2$ 同时停机控制过程的三菱 PLC 梯形图编程解析

输入控制信号：

按下停机按钮 SB2。

输出结果：

输入继电器 X2 失电→（同时导致 a，b）

a→输出继电器 Y0 线圈失电→继电器 KM1 线圈失电→KM1 主触点复位断开，电源被切断，电动机 $M_1$ 失电停转；同时 KM1 辅助触点复位断开，解除自锁控制。

b→输出继电器 Y1 线圈失电→继电器 KM2 线圈失电→KM2 主触点复位断开，电源被切断，电动机 $M_2$ 失电停转；同时 KM2 辅助触点复位断开，解除自锁控制。

根据上述分析过程，绘制梯形图时，将控制电路中的电气部件按 I/O 分配表对应梯形图的触点符号：使用输入继电器常闭触点 X2 代替电动机 $M_1$、$M_2$ 的停机按钮 SB2；使用输出继电器 Y0 线圈代替电动机 $M_1$ 交流接触器 KM1；使用输出继电器 Y1 线圈代替电动机 $M_1$ 交流接触器 KM2。

电动机 $M_1$、$M_2$ 同时停机控制模块梯形图如图 4-51 所示。

（4）电动机过热保护控制过程梯形图编程解析

输入控制信号：

过热保护继电器的触点断开。

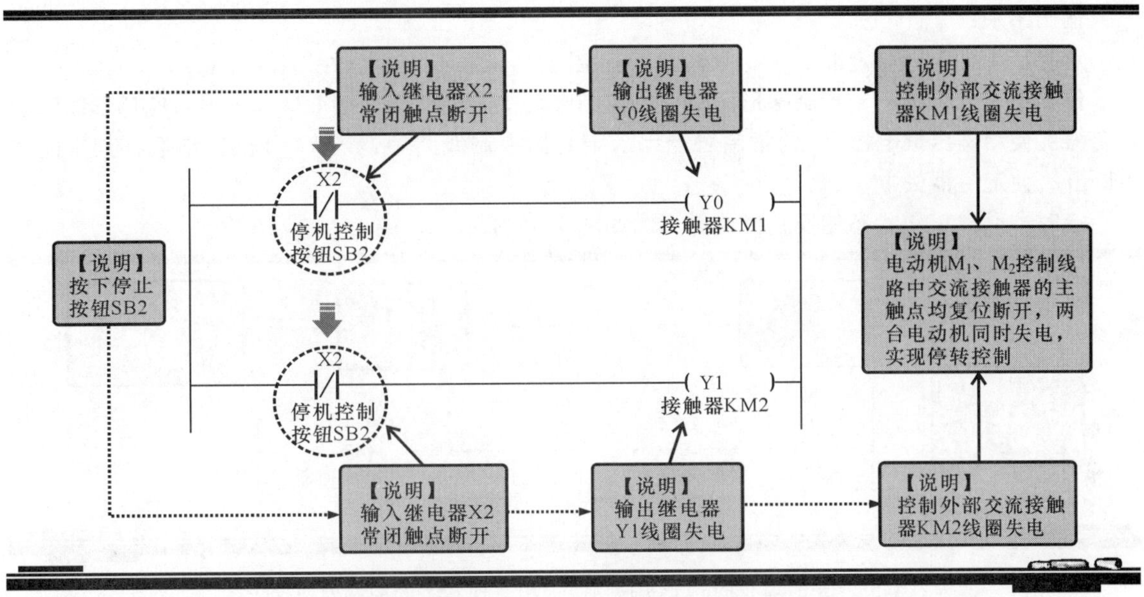


图 4-51 电动机 $M_1$、$M_2$ 同时停机控制模块梯形图

输出结果：

输入继电器 X0 失电→（同时导致 a，b）

a→Y0 失电，KM1 线圈失电复位→KM1 主触点断开，电动机 $M_1$ 停转；

b→Y1 失电，KM2 线圈失电复位→KM2 主触点断开，电动机 $M_2$ 停转。

根据上述分析过程，绘制梯形图时，将控制电路中的电气部件按 I/O 分配表对应梯形图的触点符号：使用输入继电器常开触点 X0 代替过热保护继电器 FR，当电动机出现过热时，使其在梯形图中能够控制输出继电器 Y0 和 Y1 失电。

电动机过热保护控制模块梯形图如图 4-52 所示。

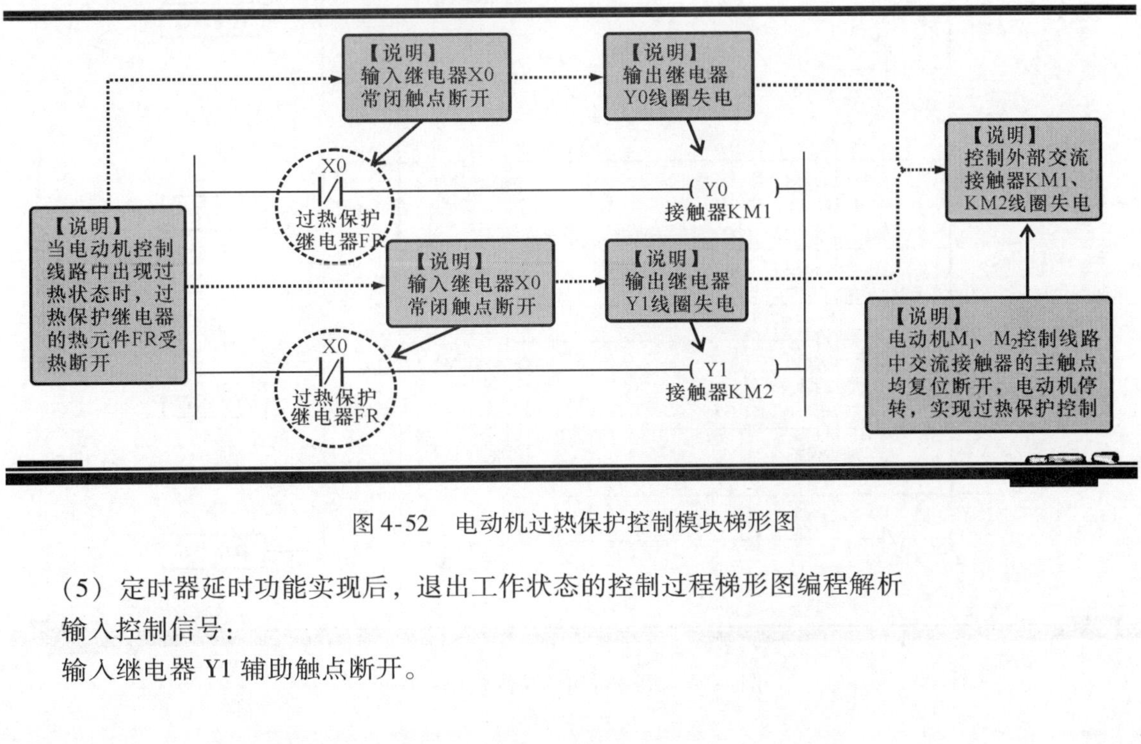


图 4-52 电动机过热保护控制模块梯形图

（5）定时器延时功能实现后，退出工作状态的控制过程梯形图编程解析

输入控制信号：

输入继电器 Y1 辅助触点断开。

输出结果：

定时器 T51 失电→定时器 T51 常开触点复位断开，进入下次定时准备工作状态。

根据上述分析过程，绘制梯形图时，将控制电路中的电气部件按 I/O 分配表对应梯形图的触点符号：使用输出继电器 Y1 的常闭触点串入定时器控制线路中，当 Y1 线圈得电后，其常闭触点断开，使定时器失电。

定时器退出工作状态的控制模块梯形图如图 4-53 所示。

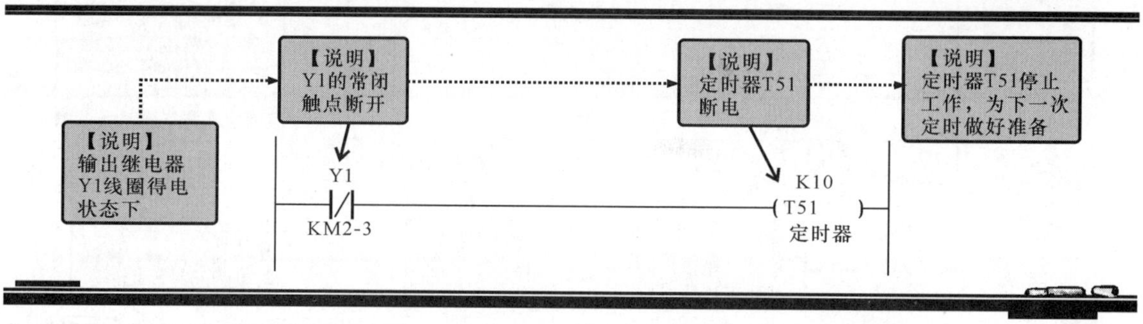


图 4-53　定时器延时功能实现后，退出工作状态的控制模块梯形图

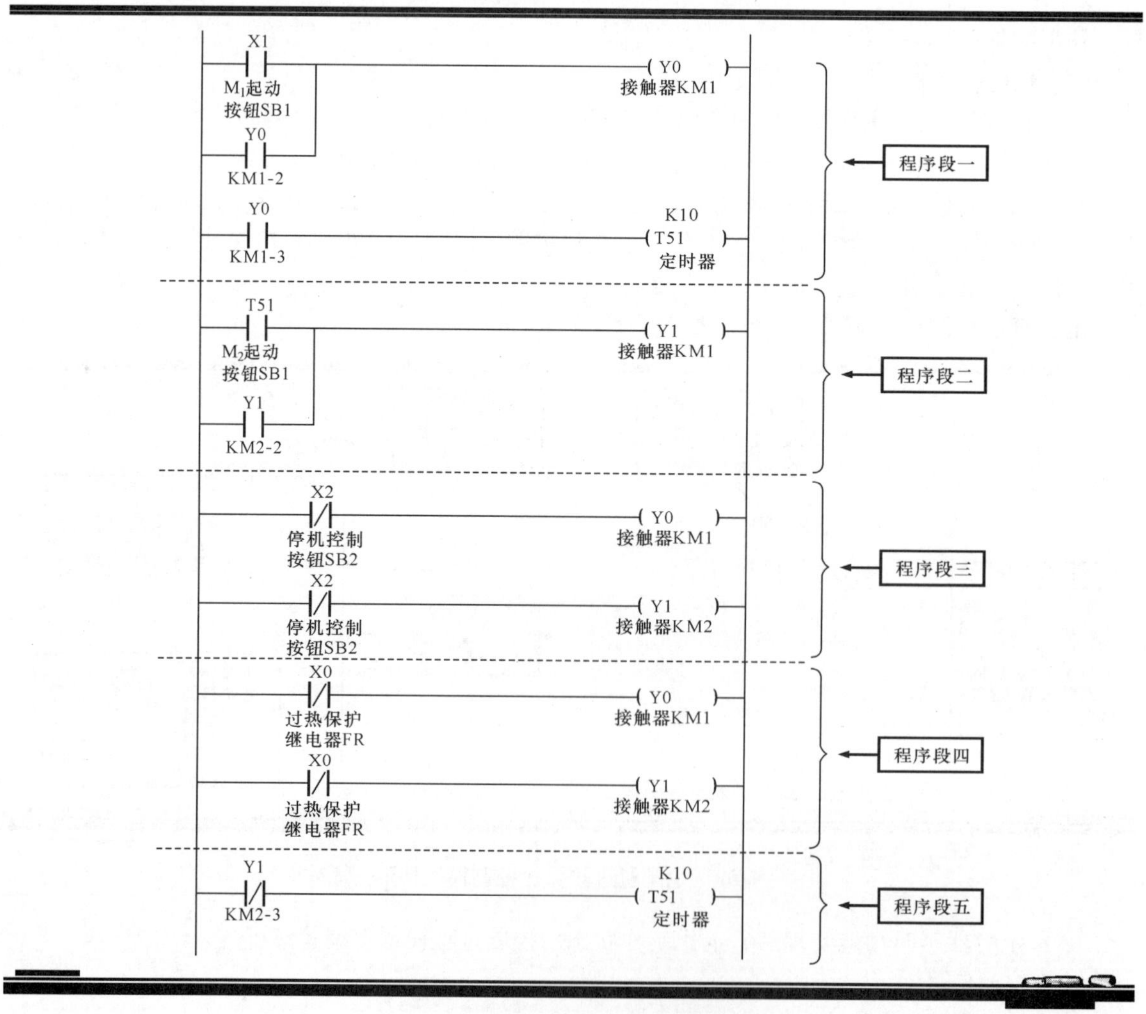


图 4-54　组合得出的总梯形图程序

（6）程序的合并和调整

根据各模块的先后顺序，将上述5个模块（控制过程）所得5段程序进行组合，得出总的梯形图程序，如图4-54所示。

直接根据先后顺序简单组合的总梯形图程序并不是最终程序，需要明确各个模块之间的关联，进行合并调整。因此，首先需将图中相同线圈的控制线路进行合并。

注意合并时，应根据实际控制要求，确定触点之间的串并联关系。最后，补充结束指令，最终获得的PLC梯形图程序，如图4-55所示。

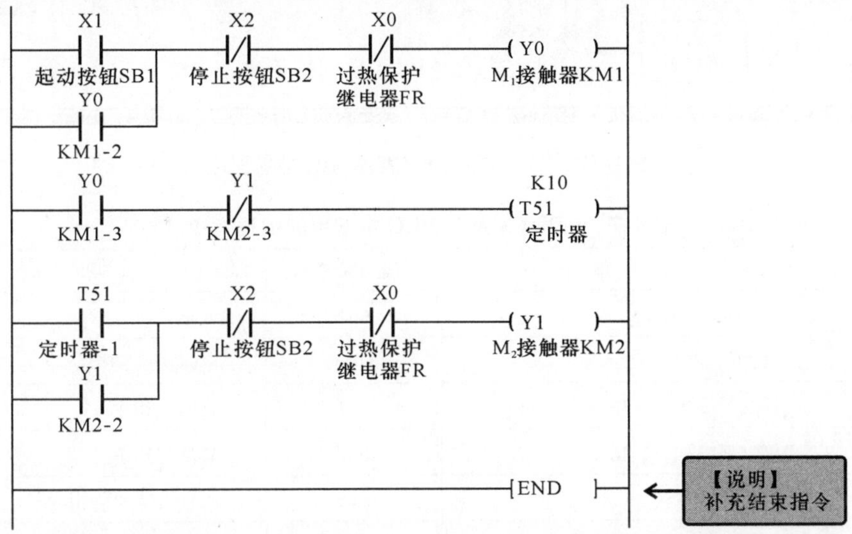


图4-55　分析、完善、优化后的两台电动机自动顺序起动控制梯形图程序

## 4.2　三菱PLC语句表的编程

三菱PLC语句表也是电气技术人员普遍采用的编程方式，这种编程方式适用于需要使用编程器进行工业现场调试和编程的场合。

与三菱PLC梯形图编程方式相比，这种编程方式不是非常直观，对于控制过程全部依托指令语句表来表达。因此，若想掌握三菱PLC语句表的编程方法，首先要了解三菱PLC语句表的编程规则，明白三菱PLC语句表中常用编程指令的含义和用法，然后，通过实际的案例编程训练，领会三菱PLC语句表编程的要领，相信学会三菱PLC语句表的编程方法并不困难。

### 4.2.1　三菱PLC语句表的编程基础知识

三菱PLC语句表是由操作码和操作数构成的，通过指令语句表来表达控制过程的。图4-56所示为三菱PLC语句表编写的控制程序。

**1. 三菱PLC语句表的编写规则**

对于三菱PLC语句表的程序编写，要求指令语句顺次排列，每一条语句都要将操作码书写在左侧，将操作数书写在操作码的右侧，而且要确保操作码和操作数之间要有间隔，不能连在一起。

三菱 PLC 语句表中的操作码使用助记符进行标识，也称为编程指令，用于完成 PLC 的控制功能，三菱 FX 系列 PLC 中常用的编程指令如表 4-7 所示。

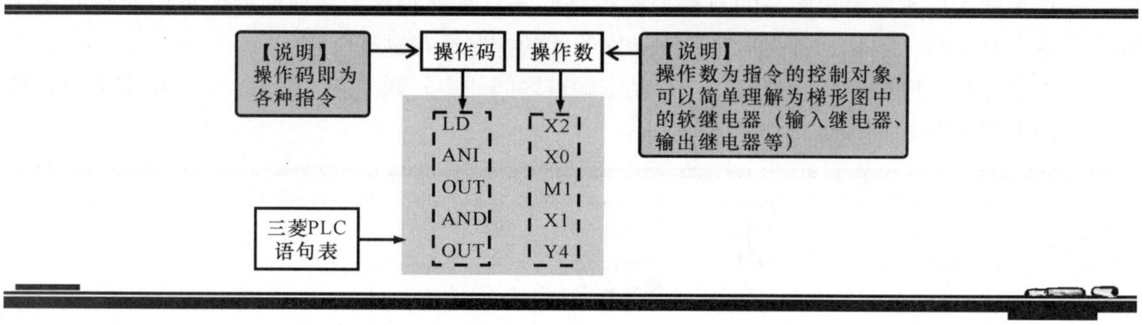


图 4-56 三菱 PLC 语句表编写的控制程序

**表 4-7 三菱 FX 系列 PLC 中常用的编程指令**

| 三菱 FX 系列 | 功 能 | 三菱 FX 系列 | 功 能 |
|---|---|---|---|
| LD | “读”指令 | ANB | “电路块与”指令 |
| LDI | “读反”指令 | ORB | “电路块或”指令 |
| LDP | “读上升沿脉冲”指令 | SET | “置位”指令 |
| LDF | “读下降沿脉冲”指令 | RST | “复位”指令 |
| OUT | “输出”指令 | PLS | “上升沿脉冲”指令 |
| AND | “与”指令 | PLF | “下降沿脉冲”指令 |
| ANI | “与非”指令 | MC | “主控”指令 |
| ANDP | “与脉冲”指令 | MCR | “主控复位”指令 |
| ANDF | “与脉冲（F）”指令 | MPS | “进栈”指令 |
| OR | “或”指令 | MRD | “读栈”指令 |
| ORI | “或非”指令 | MPP | “出栈”指令 |
| ORP | “或脉冲”指令 | INV | “取反”指令 |
| ORF | “或脉冲（F）”指令 | NOP | “空操作”指令 |
| | | END | “结束”指令 |

三菱 PLC 语句表中的操作数使用编程元件的地址编号进行标识，即用于指示执行该指令的数据地址，它通常是由被控元件的字母代号与数字组合而成。表 4-8 所示为三菱 FX 系列 PLC 中常用的被控元件的字母代号。

**表 4-8 三菱 FX 系列 PLC 中常用的被控元件的字母代号**

| 名 称 | 地址编号 | 名 称 | 地址编号 |
|---|---|---|---|
| 输入继电器 | X | 计数器 | C |
| 输出继电器 | Y | 辅助继电器 | M |
| 定时器 | T | 状态继电器 | S |

**2. 三菱 PLC 语句表中编程指令的用法规则**

下面，我们要进一步了解一下三菱 PLC 语句表中各常用编程指令的功能，看看这些编程指令的应用规则。

由于三菱 PLC 语句表中的编程指令非常抽象，我们会结合三菱 PLC 梯形图进行对比分析，在对应关系中体会三菱 PLC 语句表不同编程指令的特点和应用。

（1）逻辑读、读反及输出指令（LD、LDI、OUT）的用法规则

LD：读指令，表示一个与输入母线相连的常开触点指令，即常开触点逻辑运算起始。

LDI：读反指令，表示一个与输入母线相连的常闭触点指令，即常闭触点逻辑运算起始。

OUT：输出指令，表示驱动线圈的输出指令。

图 4-57 所示为逻辑读、读反及输出指令的应用及对应的梯形图表示方法。LD 读指令和 LDI 读反指令通常用于每条电路的第一个触点，用于将触点接到输入母线上，其中 LD 用于将常开触点接到母线上，LDI 用于将常闭触点接到母线上；而 OUT 输出指令则是用于对输出继电器、辅助继电器、定时器、计数器等线圈的驱动，但不能用于对输入继电器的驱动使用。

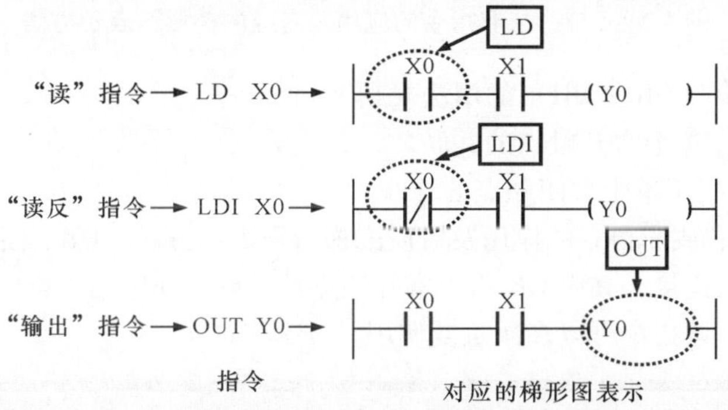


图 4-57 逻辑读、读反及输出指令的应用及对应的梯形图表示方法

**【资料】**

使用 OUT 输出指令驱动定时器 T、计数器 C 时，应在 PLC 语句表相应操作数的后面设置常数 K，常数 K 在三菱 PLC 语句表中的设置方法如图 4-58 所示。

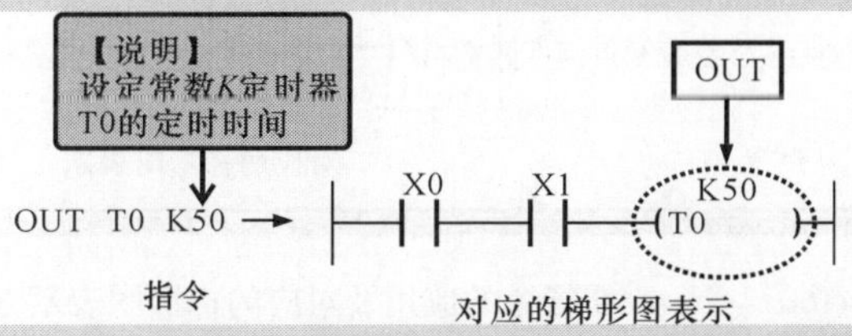


图 4-58 常数 *K* 在三菱 PLC 语句表中的设置方法

（2）与、与非指令（AND、ANI）的用法规则

AND：与指令，用于单个常开触点的串联。

ANI：与非指令，用于单个常闭触点的串联。

图4-59所示为与、与非指令的应用及对应的梯形图表示方法。AND与指令和ANI与非指令可控制触点进行简单的串联连接，其中AND用于常开触点的串联，ANI用于常闭触点的串联，其串联触点的个数没有限制，该指令可以多次重复使用。

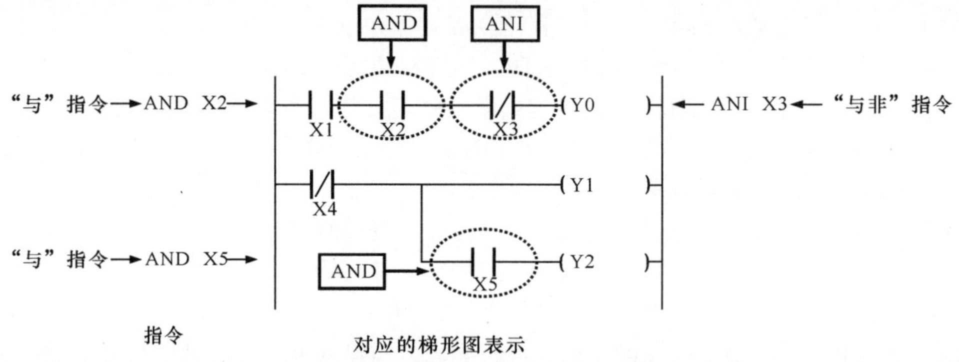


图4-59　与、与非指令的应用及对应的梯形图表示方法



(3) 或、或非指令（OR、ORI）的用法规则

OR：或指令，用于单个常开触点的并联。

ORI：或非指令，用于单个常闭触点的并联。

图4-60所示为或、或非指令的应用及对应的梯形图表示方法。OR或指令和ORI或非指令可控制触点进行简单并联连接，其中OR用于常开触点的并联，ORI用于常闭触点的并联，其并联触点的个数没有限制，该指令可以多次重复使用。

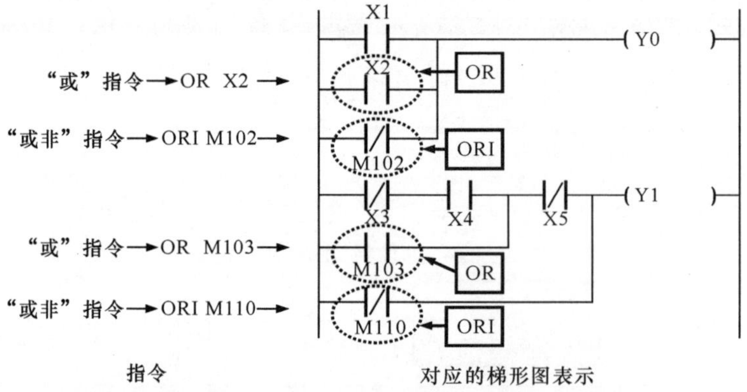


图4-60　或、或非指令的应用及对应的梯形图表示方法

(4) 电路块与、电路块或指令（ANB、ORB）的用法规则

ANB：电路块与指令，用于并联电路块的串联连接。其中，并联电路块是指两个或两个以上的触点并联连接的电路模块。

ORB：电路块或指令，用于串联电路块再进行并联连接的指令。其中，串联电路块是指两个或两个以上的触点串联连接的电路模块。

图4-61所示为电路块与、电路块或指令的应用及对应的梯形图表示方法。ANB电路块与指

令是一种无操作数的指令，当这种电路块之间进行串联连接时，分支的开始用 LD、LDI 指令，并联结束后分支的结果用 ANB 指令，该指令编程方法对串联电路块的个数没有限制；ORB 电路块或指令也是一种无操作数的指令，当这种电路块之间进行并联连接时，分支的开始用 LD、LDI 指令，串联结束后分支的结果用 ORB 指令，该指令编程方法对并联电路块的个数没有限制。

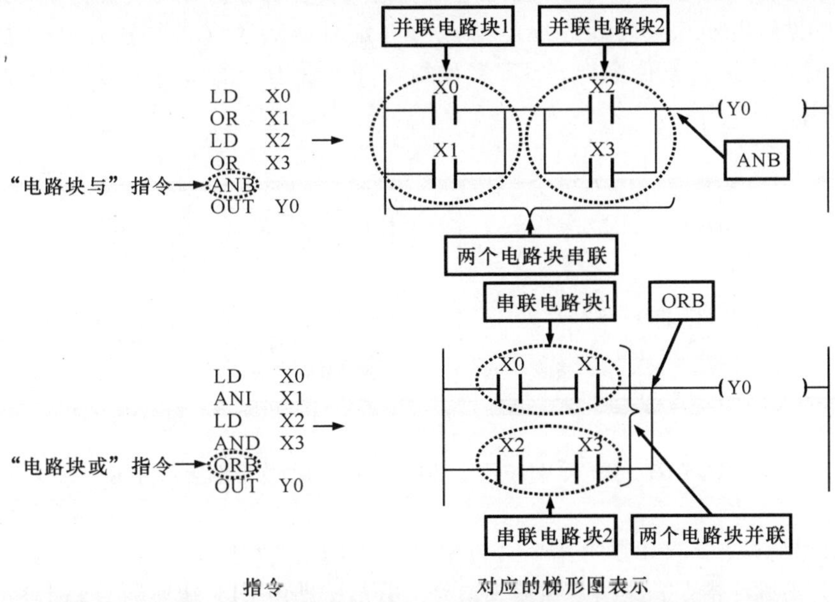


图 4-61　电路块与、电路块或指令的应用及对应的梯形图表示方法

**【资料】**

图 4-62 所示为电路块与、电路块或指令的混合应用。混合应用时无论是并联电路块还是串联电路块，分支的开始都是用 LD 或 LDI 指令，且当串联或并联结束后分支的结果使用 ORB 或 ANB 指令。

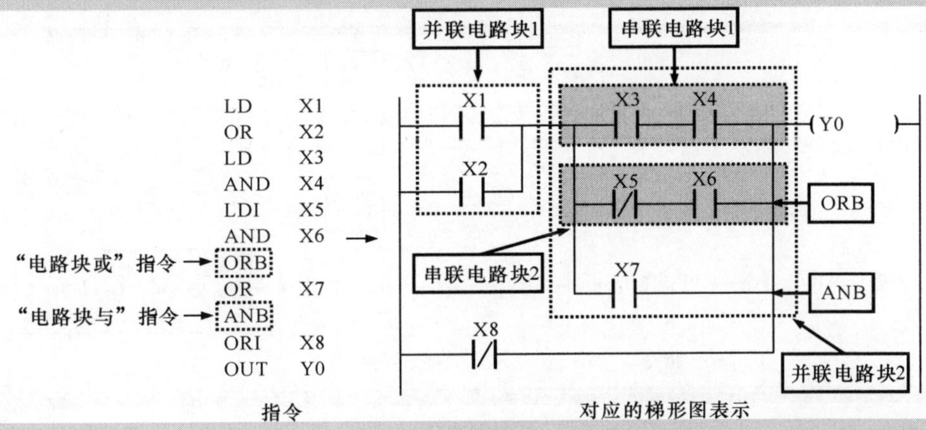


图 4-62　电路块与、电路块或指令的混合应用

(5) 置位、复位指令 (SET、RST) 的用法规则

SET：置位指令，用于将操作对象置位并保持为“1 (ON)”。

RST：复位指令，用于将操作对象复位并保持为“0 (OFF)”。

图4-63所示为置位、复位指令的应用及对应的梯形图表示方法。SET置位指令可对Y (输出继电器)、M (辅助继电器)、S (状态继电器) 进行置位操作。RST复位指令可对Y (输出继电器)、M (辅助继电器)、S (状态继电器)、T (定时器)、C (计数器)、D (数据寄存器)、V/Z (变址寄存器) 进行复位操作。SET置位指令和RST复位指令在三菱PLC中可不限次数，不限顺序的使用。

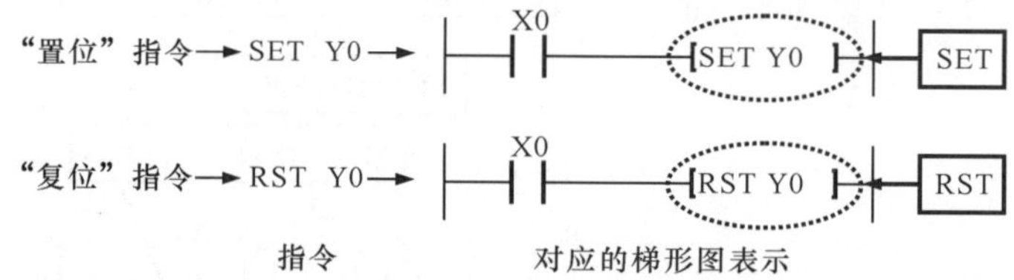


图4-63　置位、复位指令的应用及对应的梯形图表示方法



(6) 上升沿脉冲、下降沿脉冲指令 (PLS、PLF) 的用法规则

PLS：上升沿脉冲指令，该指令在输入信号上升沿，即由OFF转换为ON时产生一个扫描脉冲输出。

PLF：下降沿脉冲指令，该指令在输入信号下降沿，即由ON转换为OFF时产生一个扫描脉冲输出。

图4-64所示为上升沿脉冲、下降沿脉冲指令的应用及对应的梯形图表示方法。使用PLS上升沿脉冲指令，线圈Y或M (特殊辅助继电器M除外) 仅在驱动输入闭合后 (上升沿) 的一个扫描周期内动作，执行脉冲输出。使用PLF下降沿命令，线圈Y或M特殊辅助继电器M除外) 仅在驱动输入断开后 (下降沿) 的一个扫描周期动作，执行脉冲输出。

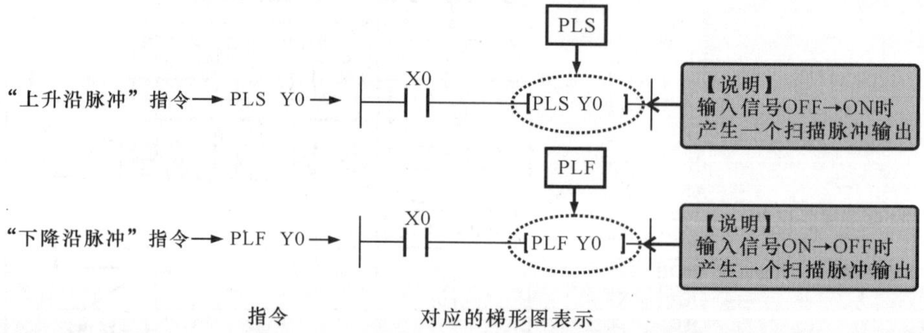


图4-64　上升沿脉冲、下降沿脉冲指令的应用及对应的梯形图表示方法

**【资料】**

由图4-64可知，在X0闭合（上升沿）时，Y0执行脉冲输出，在X0断开（下降沿）时，Y0执行脉冲输出，其上升沿脉冲、下降沿脉冲指令时序图及执行过程如图4-65所示。

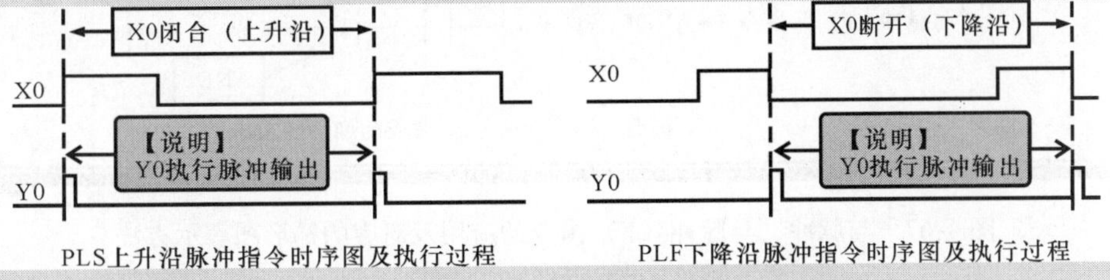


图4-65　上升沿脉冲、下降沿脉冲指令时序图及执行过程

（7）读上升沿脉冲、读下降沿脉冲指令（LDP、LDF）的用法规则

LDP：读上升沿脉冲指令，表示一个与输入母线相连的上升沿检测触点，即上升沿检测运算起始。

LDF：读下降沿脉冲指令，表示一个与输入母线相连的下降沿检测触点，即下降沿检测运算起始。

图4-66所示为读上升沿脉冲、读下降沿脉冲指令的应用及对应的梯形图表示方法。LDP读上升沿脉冲指令用于将上升沿检测触点接到输入母线上，当指定的软元件由OFF转换为ON上升沿变化时，才驱动线圈接通一个扫描周期；LDF用于将下降沿检测触点接到输入母线上，当指定的软元件由ON转换为OFF下降沿变化时，才驱动线圈接通一个扫描周期。

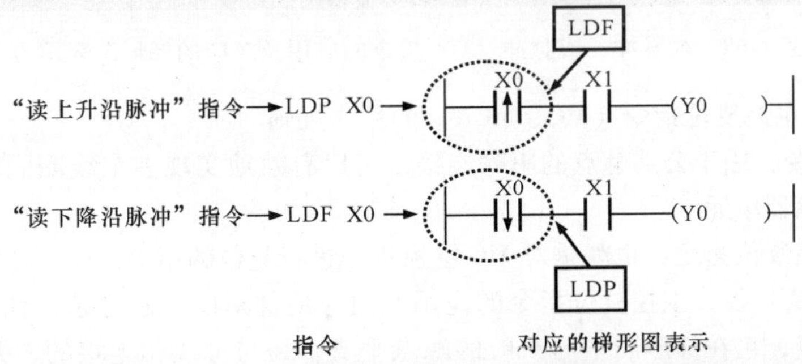


图4-66　读上升沿脉冲、读下降沿脉冲指令的应用及对应的梯形图表示方法

（8）与脉冲、与脉冲（F）指令（ANDP、ANDF）的用法规则

ANDP：与脉冲指令，用于单个上升沿检测触点的串联。

ANDF：与脉冲（F）指令，用于单个下降沿检测触点的串联。

图4-67所示为与脉冲、与脉冲（F）指令的应用及对应的梯形图表示方法。ANDP与脉冲指令用于上升沿检测触点的串联，ANDF与脉冲（F）指令用于下降沿检测触点的串联。

（9）或脉冲、或脉冲（F）指令（ORP、ORF）的用法规则

ORP：或脉冲指令，用于单个上升沿检测触点的并联。

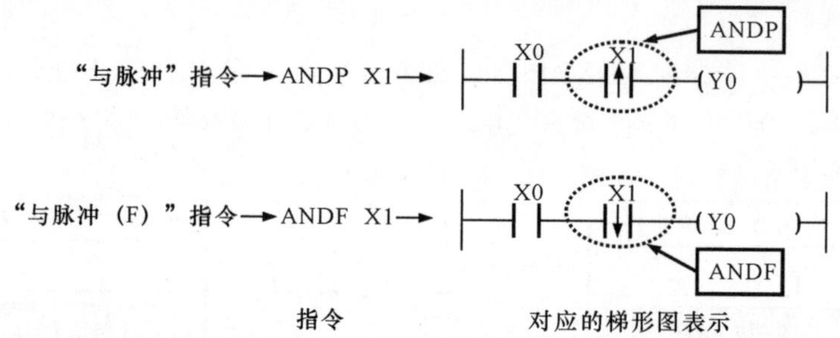


图4-67 与脉冲、与脉冲（F）指令的应用及对应的梯形图表示方法

ORF：或脉冲（F）指令，用于单个下降沿检测触点的并联。

图4-68所示为或脉冲、或脉冲（F）指令的应用及对应的梯形图表示方法。ORP或脉冲指令用于上升沿检测触点的并联，ORF指令用于下降沿检测触点的并联。

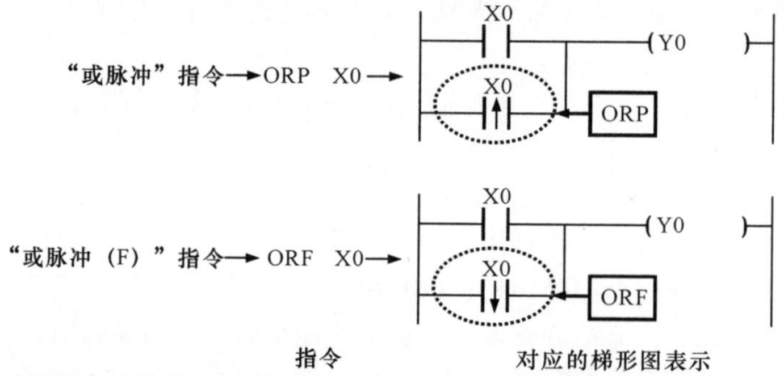


图4-68 或脉冲、或脉冲（F）指令的应用及对应的梯形图表示方法

（10）主控、主控复位指令（MC、MCR）的用法规则

MC：主控指令，用于公共触点的串联连接，可以有效地实现多个线圈同时受一个或一组触点控制，节省存储器单元。

MCR：为主控复位指令，也就是对MC主控指令进行复位的指令。

图4-69所示为主控、主控复位指令的应用及对应的梯形图表示方法。使用MC主控指令的触点称为主控触点，它在梯形图中与一般的触点垂直，是与母线相连接的常开触点；使用MCR主控复位指令时应与MC主控指令成对使用。

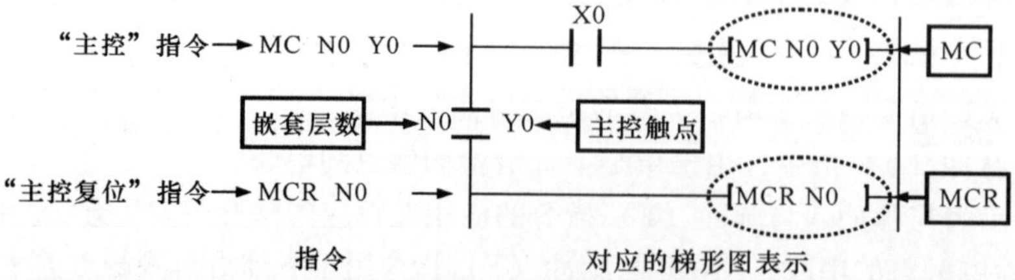


图4-69 主控、主控复位指令的应用及对应的梯形图表示方法

**【资料】**

操作数 *N* 为嵌套层数（0~7 层），它是指在 MC 主控指令区内嵌套 MC 主控指令，根据嵌套层数的不同，嵌套层数 *N* 的编号逐渐增大，使用 MCR 主控复位指令进行复位时，嵌套层数 *N* 的编号逐渐减小，如图 4-70 所示。

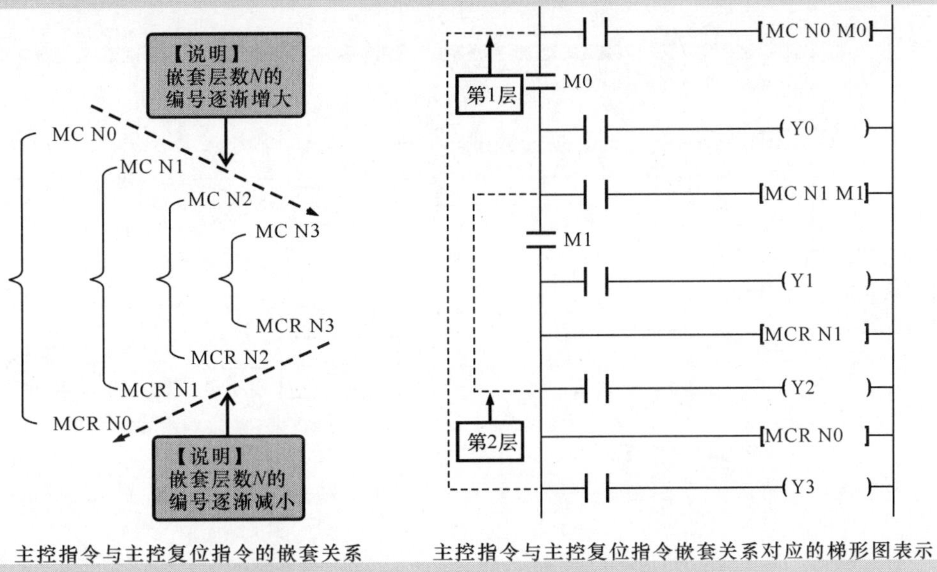


图 4-70　主控指令与主控复位指令的嵌套

图 4-71 所示为主控和主控复位指令的应用。在主控指令和主控复位指令之间的所有触点都用 LD 或 LDI 连接，通常在手绘梯形图时，在主控指令后新加一条子母线，与主控触点进行连接，当主控指令执行结束后，应用主控复位指令 MCR 结束子母线，后面的触点仍与主母线进行连接。从图中可看出当 X1 闭合后，执行 MC 与 MCR 之间的指令，当 X1 断开后，将跳过 MC 主控指令控制的梯形图语句模块，直接执行下面的语句。

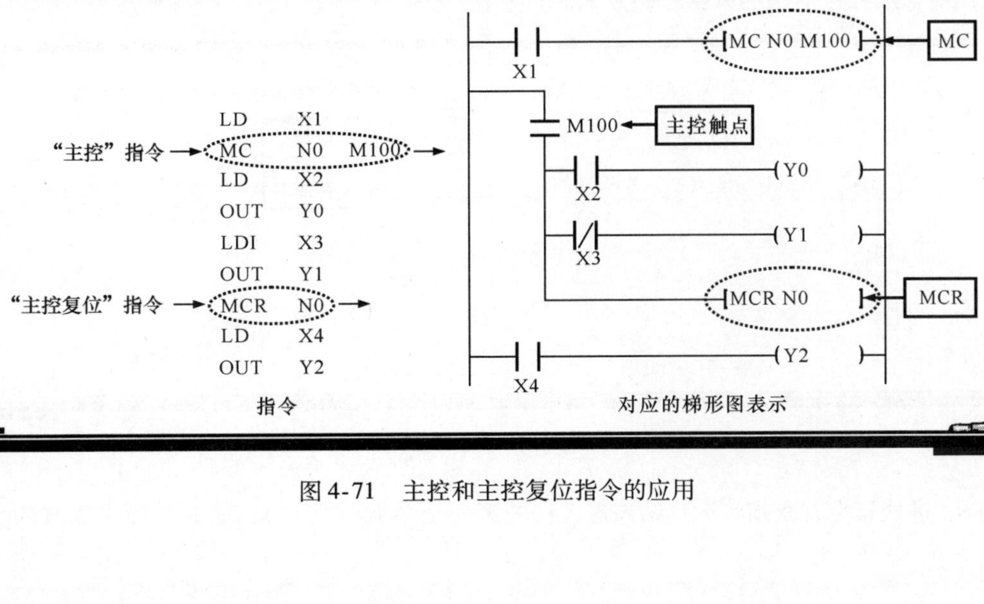


图 4-71　主控和主控复位指令的应用

【资料】

在梯形图中新加一条子母线和主指令触点是为了更加直观的识别出主指令触点及逻辑执行语句的层次关系，在实际的PLC编程软件中输入上述梯形图时，不需要输入主指令触点M100和子母线，只需要将子母线上连接的触点直接与主母线相连即可，如图4-72所示。

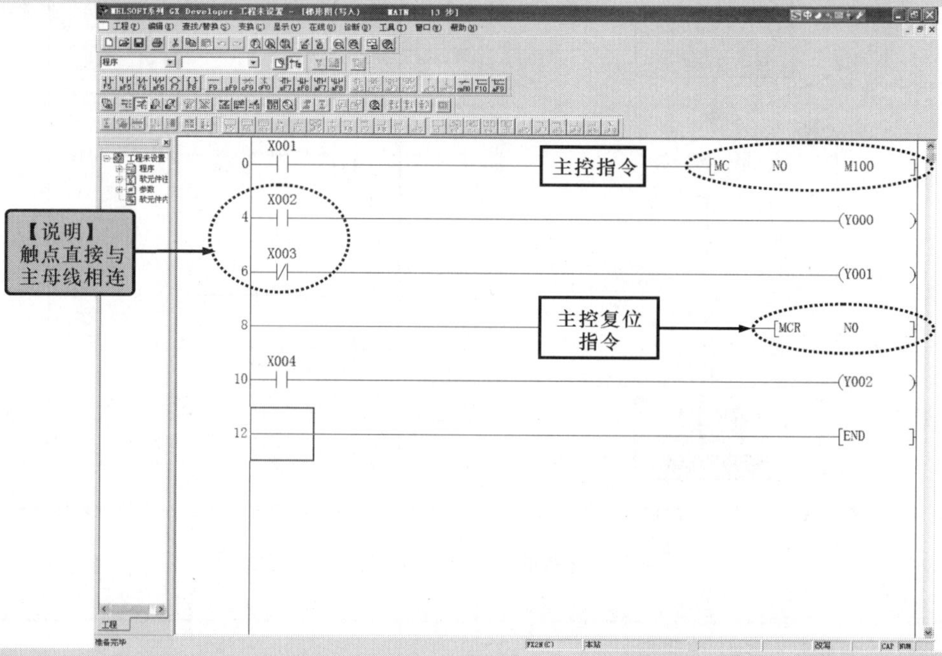


图4-72　在PLC编程软件中主控和主控复位指令在梯形图中的输入方法

(11) 进栈、读栈、出栈指令（MPS、MRD、MPP）的用法规则

在三菱FX系列PLC中有11个存储运算中间结果的存储器，称为栈存储器，如图4-73所示。这种存储器采用先进后出的数据存储方式。

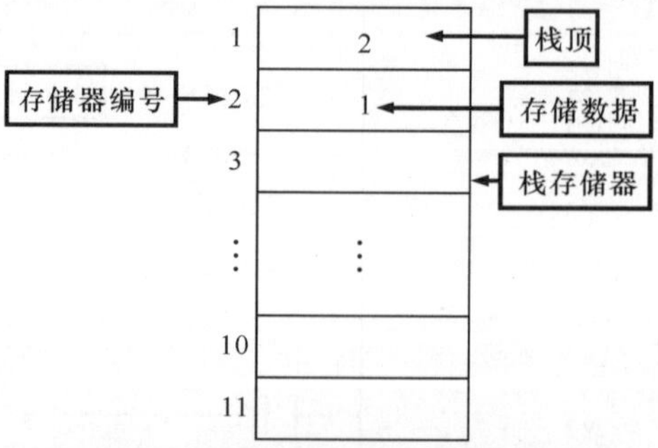


图4-73　栈存储器

MPS：进栈指令，是指将运算结果送入栈的第一个单元（栈顶），同时让栈中原有的数据顺

序下移一个栈单元。

MRD：读栈指令，是指将栈中栈顶的数据读出，读出时，栈中数据不发生移动。

MPP：出栈指令，是指将栈中栈顶的数据取出，原栈中的数据依次上移一个栈单元。

图4-74所示为MPS进栈指令和MPP出栈指令工作过程。

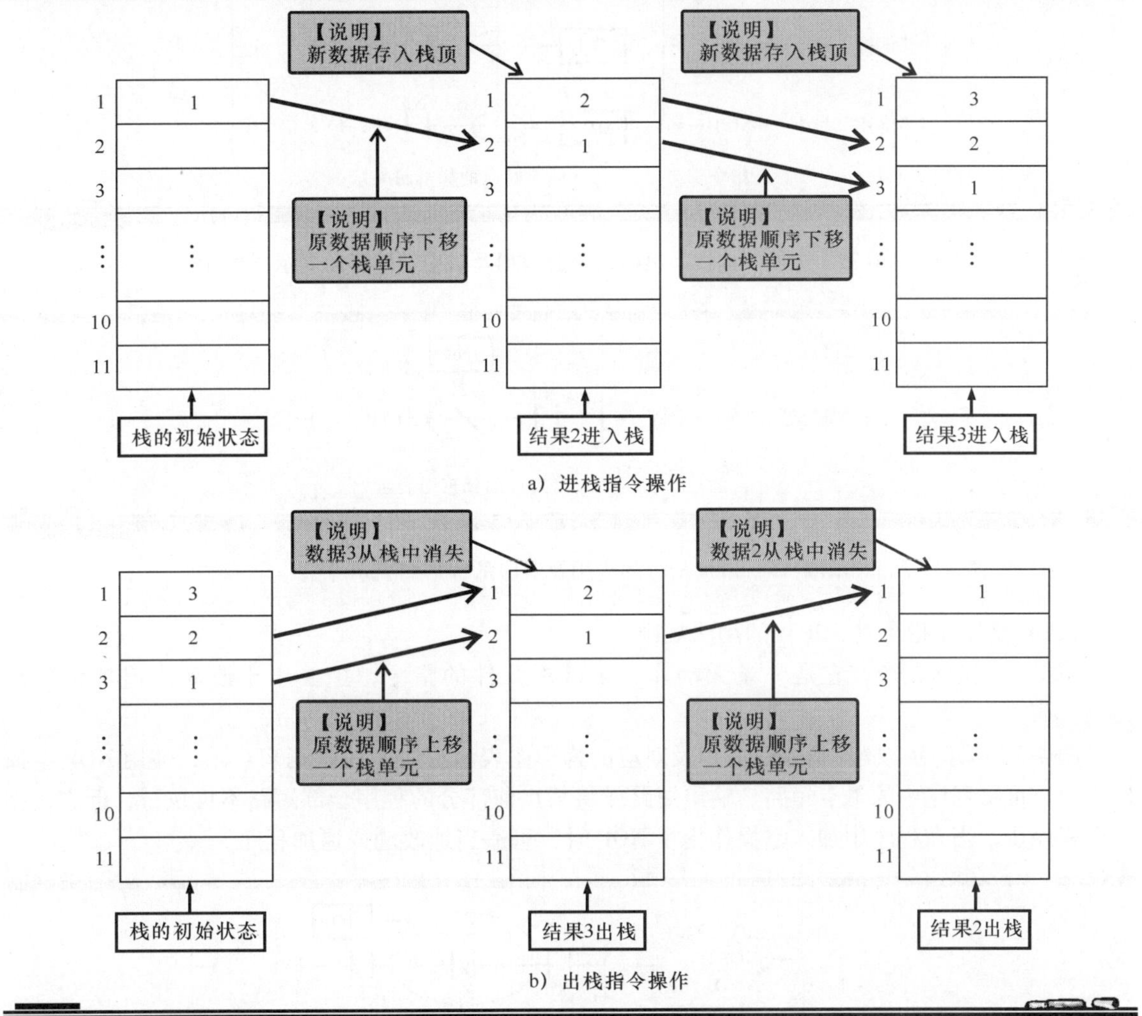


图4-74　MPS进栈指令和MPP出栈指令工作过程

图4-75所示为进栈、读栈、出栈指令的应用及对应的梯形图表示方法。进栈、读栈、出栈指令是一种无操作数的指令，其中MPS进栈指令和MPP出栈指令必须成对使用，而且连续使用次数应少于11。程序读取时MPS进栈指令将多重输出电路中的连接点处的数据先存储在栈中，然后再使用读栈指令MRD将连接点处的数据从栈中读出，最后使用出栈指令MPP将连接点处的数据读出。

（12）取反指令（INV）的用法规则

INV：取反指令，是指将执行指令之前的运算结果取反。

图4-76所示为取反指令的应用及对应的梯形图表示方法。当运算结果为0（OFF）时，取反后结果变为1（ON），当运算结果为1（ON）时，取反后结果变为0（OFF），取反指令在梯形图

中使用一条45°的斜线表示。

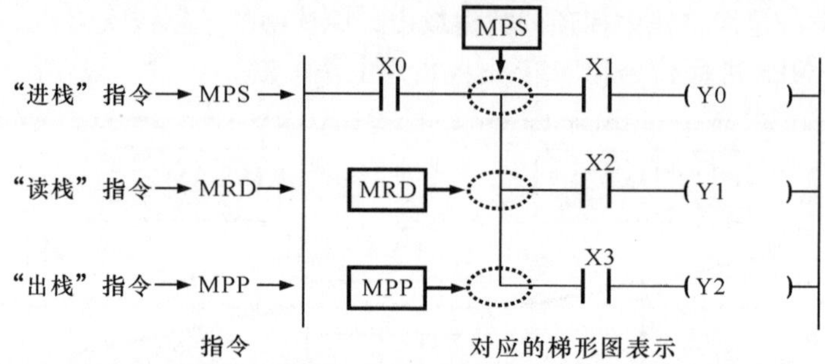


图4-75　进栈、读栈、出栈指令的应用及对应的梯形图表示方法

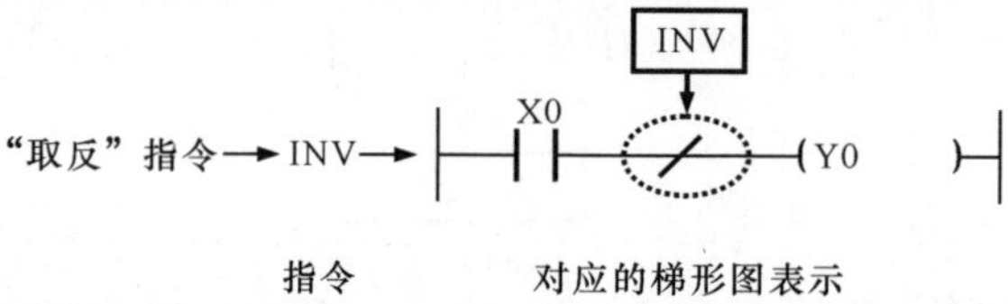




图4-76　取反指令的应用及对应的梯形图表示方法

（13）空操作指令（NOP）的用法规则

NOP：空操作指令，它是一条无动作、无目标元件的指令，主要用于改动或追加程序时使用。

图4-77所示为空操作指令的应用及对应的梯形图表示方法。在三菱PLC中，使用NOP空操作指令，可将程序中的触点短路、输出短路或将某点前部分的程序全部短路不再执行，但它占据一个程序步，当在程序中加入空操作指令NOP时，可适当地改动或追加程序。

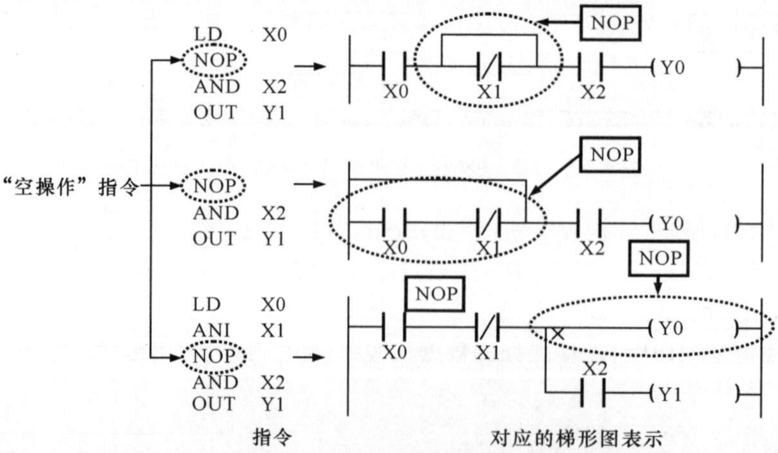


图4-77　空操作指令的应用及对应的梯形图表示方法

(14) 结束指令 (END) 的用法规则

END：结束指令，也是一条无动作、无目标元件的指令，对于复杂的 PLC 程序若在一段程序后写入 END 指令，则 END 以后的程序不再执行，可将 END 前面的程序结果进行输出。

图 4-78 所示为结束指令的应用及对应的梯形图表示方法。结束指令多应用于复杂程序的调试中，我们将复杂程序划分为若干段，每段后写入 END 指令后，可分别检验每段程序执行是否正常，当所有程序段执行无误后再依次删除 END 指令即可。当程序结束时，应在最后一条程序的下一条线路上加上结束指令。

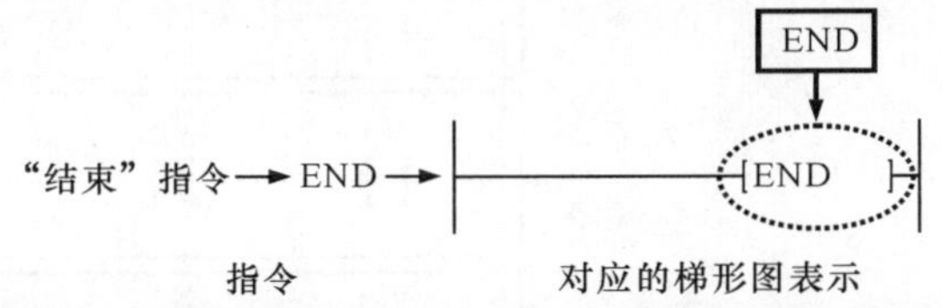


图 4-78　结束指令的应用及对应的梯形图表示方法

## 4.2.2　三菱 PLC 语句表的编程方法

三菱 PLC 语句表的编程思路同梯形图的编程思路基本类似，也应先根据系统完成的功能进行模块的划分，然后对其 PLC 各个 I/O 点进行分配，并根据分配的 I/O 点对其各功能模块进行程序的编写，再对其各功能模块的语句表进行组合，最后分析编写好的语句表并做调整，最终完成整个系统的编写工作。

其中，三菱 PLC 语句表编程的重点是正确判断出控制功能的实现使用什么编程指令，或不同的指令应用于哪些场合等。一般情况下，编程指令如何使用的关键是判断编程元件的状态（读还是驱动）和关系（串联还是并联），其他各种指令的使用也是建立在了解状态和关系的基础上编写的，因此，这里重点介绍编程元件状态和关系指令的判断和处理。

**1. 根据控制与输出的关系编写 PLC 语句表**

语句表是由多条指令组成的，每条指令表示一个控制条件或输出结果，在三菱 PLC 语句表中，事件发生的条件表示在语句表的上面，事件发生的结果表示在语句表的下面，如图 4-79 所示。

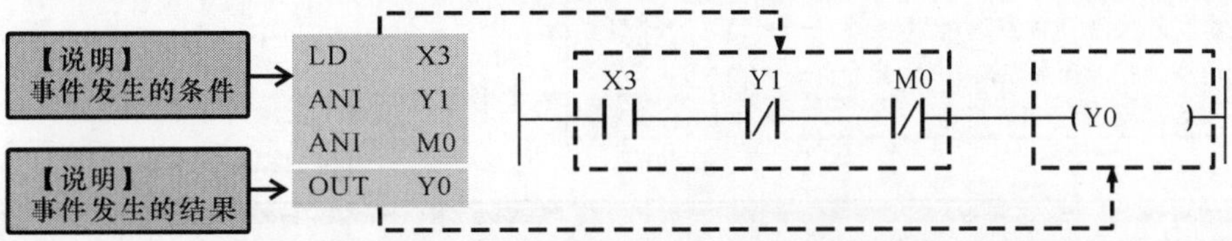


图 4-79　根据控制顺序编写 PLC 语句表

**2. 根据控制顺序编写 PLC 语句表**

语句表是由多组指令组成的，在三菱 PLC 中，进行语句表编程时，通常会根据系统的控制顺序由上到下逐条进行编写。图 4-80 所示为电动机Y- △减压起动的 PLC 语句表的编写顺序。

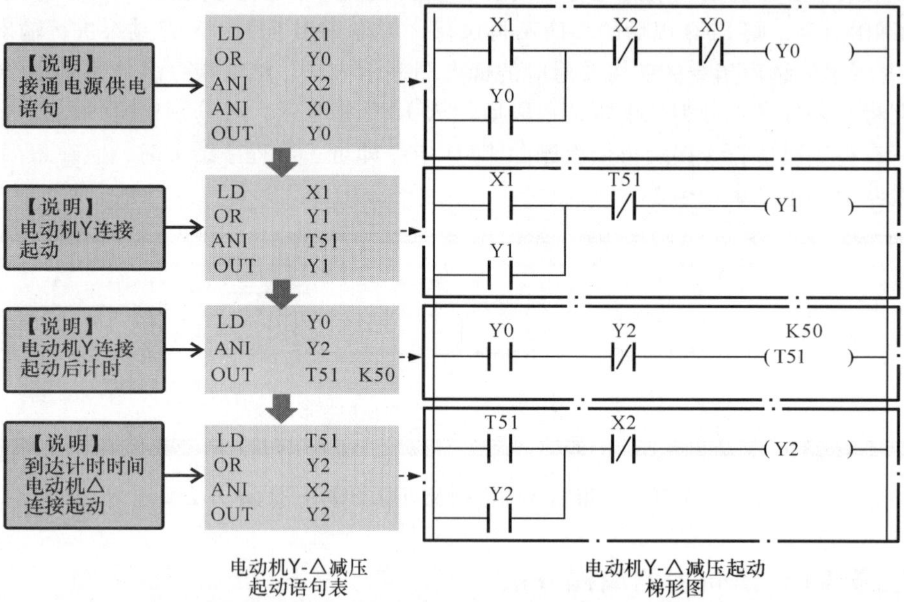




图 4-80 电动机Y-△减压起动的 PLC 语句表的编写顺序

### 3. 根据控制条件编写 PLC 语句表

在语句表中使用哪种编程指令可根据该指令的控制条件进行选用，如图 4-81 所示。如运算开始常闭触点则选用 LDI 指令、串联连接常闭触点则选用 ANI 指令、并联连接常开触点则选用 OR 指令、线圈驱动则选用 OUT 指令。

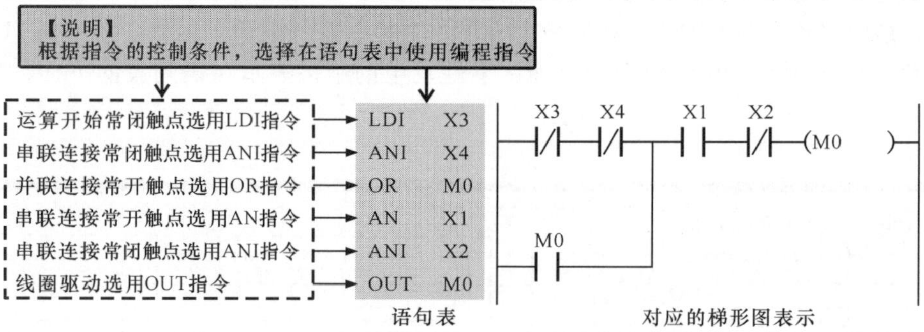


图 4-81 根据控制条件编写 PLC 语句表

### 4. 编写 PLC 语句表的结束指令

三菱 PLC 语句表程序编写完成后，应在最后一条程序的下一条加上 END 编程指令，代表程序结束，如图 4-82 所示。

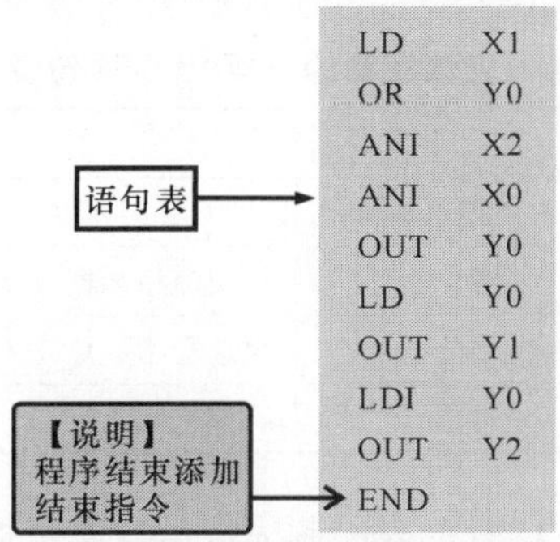


图 4-82　结束指令的编写

## 4.2.3　多一些三菱 PLC 语句表的编程案例

了解了三菱 PLC 语句表的编程方法后，为了使大家对三菱 PLC 编程的技能有更深刻的理解，同时也能够有更多的锻炼机会，我们特别准备了一些三菱 PLC 语句表的编程案例，供大家学习、实践。希望大家通过这些案例的学习能够对三菱 PLC 语句表的编程风格有更深的体会，对三菱 PLC 语句表的编程规则更加熟悉。

**1. 电动机连续控制的三菱 PLC 语句表编程案例**

案例描述：

- 按下起动按钮 SB1，控制交流接触器 KM 得电，电动机 M 起动运转，即使松开按钮 SB1，电动机仍连续运转。
- 按下停机按钮 SB2，控制交流接触器 KM 失电，电动机 M 停止运转。
- 若线路中出现过载、过热故障由过热保护继电器 FR 自动切断控制线路。
- 电动机 M 起动运转时，运行指示灯 RL 点亮，停机指示灯 GL 熄灭。
- 电动机 M 停机时，停机指示灯 GL 点亮，运行指示灯 RL 熄灭。

根据电动机连续控制的要求，可以将功能模块划分为电动机 M 的起停控制模块、运行指示灯 RL 控制模块、停机指示灯 GL 控制模块 3 部分，如图 4-83 所示。

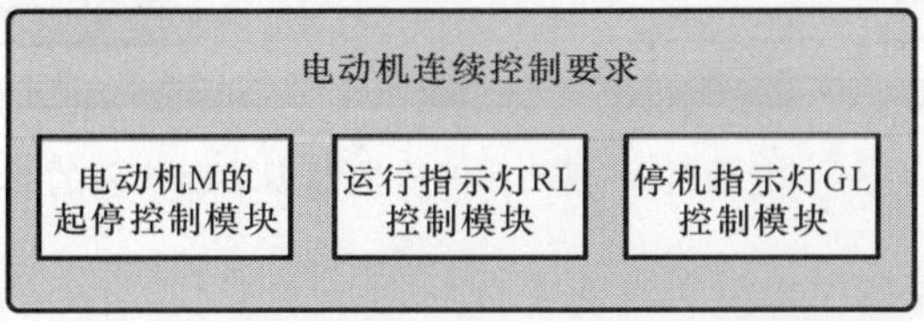


图 4-83　电动机的连续控制模块的划分

根据上述控制要求可知，输入设备主要包括 3 个控制信号的输入，即起动按钮 SB1、停止按钮 SB2、过热保护继电器热元件 FR1，因此，应有 3 个输入信号。

输出设备主要包括 1 个交流接触器，即控制电动机 $M_1$ 交流接触器 KM，两个指示灯 RL、GL，因此，应有 3 个输出信号。

将输入设备和输出设备的元件编号与三菱 PLC 语句表中的操作数（编程元件的地址编号）

进行对应，填写三菱 PLC 的 I/O 分配表，如表 4-9 所示。

**表 4-9　电动机连续控制的三菱 PLC 语句表 I/O 分配表**

| 输入信号及地址编号 | | | 输出信号及地址编号 | | |
|---|---|---|---|---|---|
| 名　称 | 代　号 | 输入点地址编号 | 名　称 | 代　号 | 输出点地址编号 |
| 过热保护继电器 | FR1 | X0 | 交流接触器 | KM | Y0 |
| 起动按钮 | SB1 | X1 | 运行指示灯 | RL | Y1 |
| 停机按钮 | SB2 | X2 | 停机指示灯 | GL | Y2 |

电动机连续控制模块划分和 I/O 分配表绘制完成后，便可根据各模块的控制要求进行语句表的编写，最后将各模块语句表进行组合。

(1) 电动机 M 起停控制模块语句表的编写

控制要求：按下起动按钮 SB1，控制交流接触器 KM 得电，电动机 M 起动连续运转；按下停止按钮 SB2，控制交流接触器 KM 失电，电动机 M 停止连续运转。

图 4-84 所示为电动机 M 起动和停机控制模块语句表的编程。

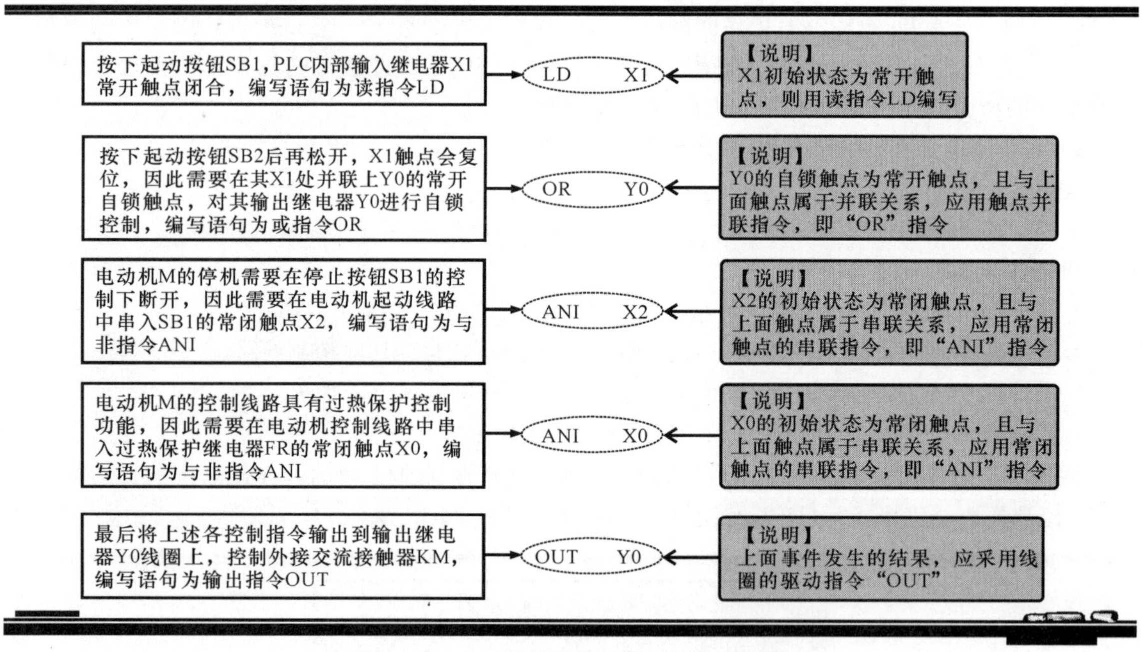


图 4-84　电动机 M 起动和停机控制模块语句表的编程

(2) 运行指示灯 RL 控制模块语句表的编写

控制要求：当电动机 M 起动运转时，运行指示灯 RL 点亮；当电动机 M 停转时，RL 熄灭。

图 4-85 所示为运行指示灯 RL 控制模块语句表的编程。

(3) 停机指示灯 GL 控制模块语句表的编写

控制要求：当电动机 M 停转时，停机指示灯 RL 点亮；当电动机 M 起动后，GL 熄灭。

图 4-86 所示为停机指示灯 GL 控制模块语句表的编程。

(4) 3 个控制模块语句表的组合

根据各模块的先后顺序，将上述 3 个控制模块所得语句表进行组合，得出总的语句表程序。

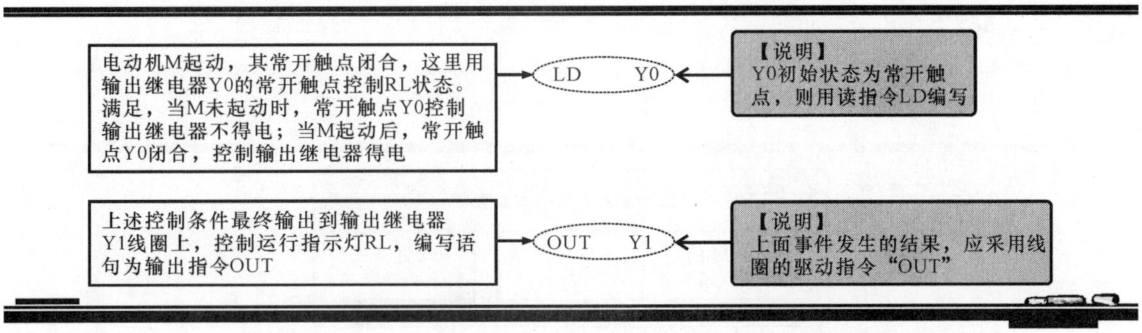


图 4-85 运行指示灯 RL 控制模块语句表的编程

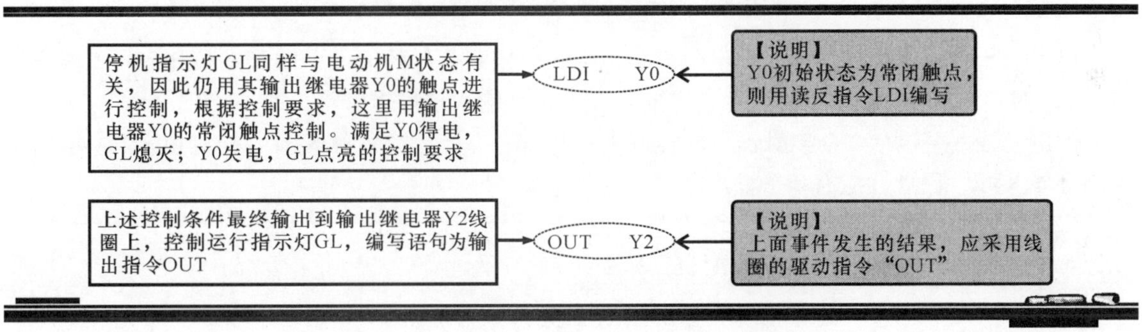


图 4-86 停机指示灯 GL 控制模块语句表的编程

图 4-87 所示为组合完成的电动机连续控制语句表程序。将上述 3 个控制模块组合完成后，添加 PLC 语句表的结束指令。最后分析编写完成的语句表并做调整，最终完成整个系统的编程工作。

```
LD      X1      //如果按下起动按钮SB1
OR      Y0      //起动运行自锁
ANI     X2      //并且停止按钮SB2未动作
ANI     X0      //并且过热保护继电器未动作
OUT     Y0      //电动机M交流接触器KM1得电，电动机M起动运转
LD      Y0      //如果交流接触器KM1得电
OUT     Y1      //运转指示灯RL得电，RL点亮
LDI     Y0      //如果交流接触器KM1得电
OUT     Y2      //运转指示灯GL失电，GL熄灭
END             //程序结束
```

图 4-87 组合完成的电动机连续控制语句表程序

**2. 电动机顺序起动控制的三菱 PLC 语句表编程案例**

案例描述：

- 按下正转起动按钮 SB1，控制交流接触器 KM1 得电，电动机 $M_1$ 起动连续运转。
- 电动机 $M_1$ 起动运转一段时间后，电动机 $M_2$ 起动连续运转。
- 按下停机按钮 SB2，控制线路中所有接触器失电，电动机 $M_1$、$M_2$ 均停止运转。

• 若线路中出现过载、过热故障由过热保护继电器 FR 自动切断控制线路。

根据电动机顺序起动控制的要求，可以将功能模块划分为电动机 $M_1$ 的起停控制模块、时间控制模块、电动机 $M_2$ 的起停控制模块 3 部分，如图 4-88 所示。

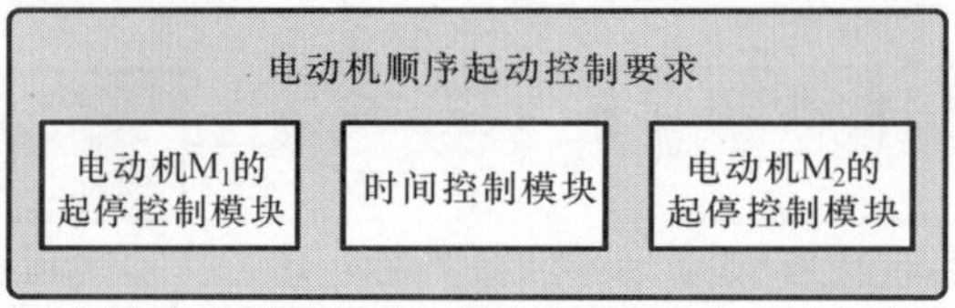


图 4-88　电动机顺序起动控制模块的划分

根据上述控制要求可知，输入设备主要包括 3 个控制信号的输入，即起动按钮 SB1、停止按钮 SB2、过热保护继电器 FR 热元件，因此，应有 3 个输入信号。

输出设备主要包括 2 个接触器，即控制电动机 $M_1$ 的交流接触器 KM1、控制电动机 $M_2$ 的交流接触器 KM2，因此，应有 2 个输出信号。

将输入设备和输出设备的元件编号与三菱 PLC 语句表中的操作数（编程元件的地址编号）进行对应，填写三菱 PLC 的 I/O 分配表，如表 4-10 所示。



**表 4-10　电动机顺序起动控制的三菱 PLC 语句表的 I/O 地址分配表**

| 输入信号及地址编号 | | | 输出信号及地址编号 | | |
|---|---|---|---|---|---|
| 名　称 | 代　号 | 输入点地址编号 | 名　称 | 代　号 | 输出点地址编号 |
| 过热保护继电器 | RF | X0 | 控制电动机 $M_1$ 的接触器 | KM1 | Y0 |
| 起动按钮 | SB1 | X1 | 控制电动机 $M_2$ 的接触器 | KM2 | Y1 |
| 停止按钮 | SB2 | X2 | | | |

电动机顺序起动控制模块划分和 I/O 分配表绘制完成后，便可根据各模块的控制要求进行语句表的编写，最后将各模块语句表进行组合。

（1）电动机 $M_1$ 起停控制模块语句表的编写

控制要求：按下起动按钮 SB1，控制交流接触器 KM1 得电，电动机 $M_1$ 起动连续运转；按下停止按钮 SB2，控制交流接触器 KM1 失电，电动机 $M_1$ 停止连续运转。

图 4-89 所示为电动机 $M_1$ 起动和停机控制模块语句表的编程。

（2）时间控制模块语句表的编写

控制要求：电动机 $M_1$ 起动运转后，开始 5s 计时。

图 4-90 所示为时间控制模块语句表的编程。

（3）电动机 $M_2$ 起停控制模块语句表的编写

控制要求：定时时间到，控制交流接触器 KM2 得电，电动机 $M_2$ 起动连续运转；按下停止按钮 SB2，控制交流接触器 KM2 失电，电动机 $M_2$ 停止连续运转。

图 4-91 所示为电动机 $M_2$ 起动和停机控制模块语句表的编程。

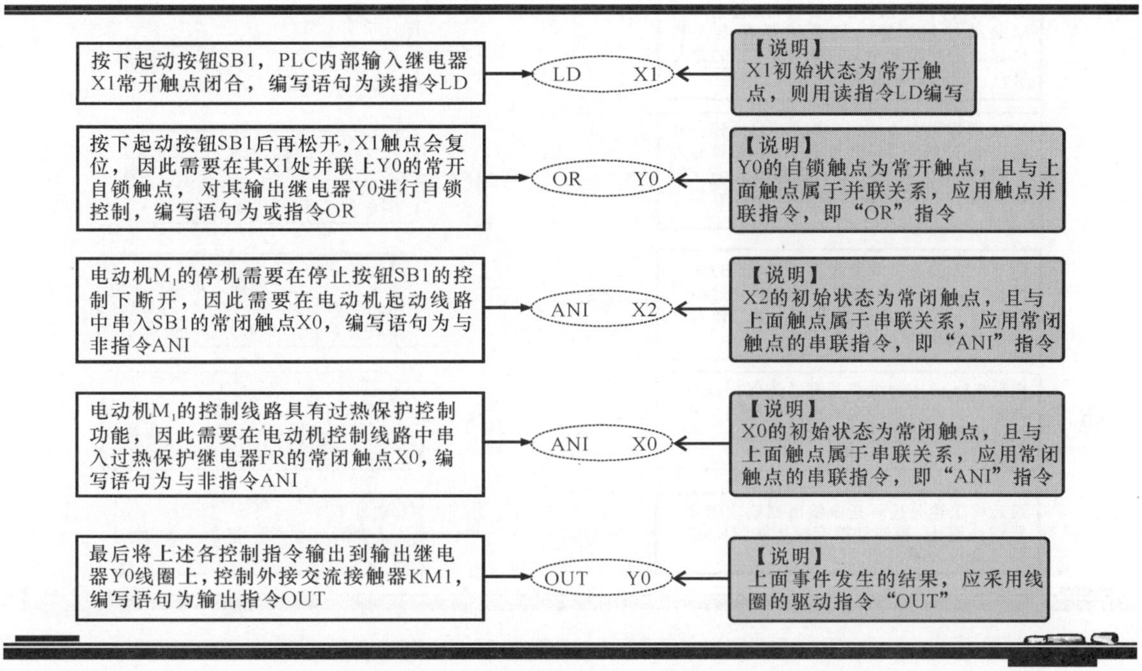


图4-89 电动机 $M_1$ 起动和停机控制模块语句表的编程



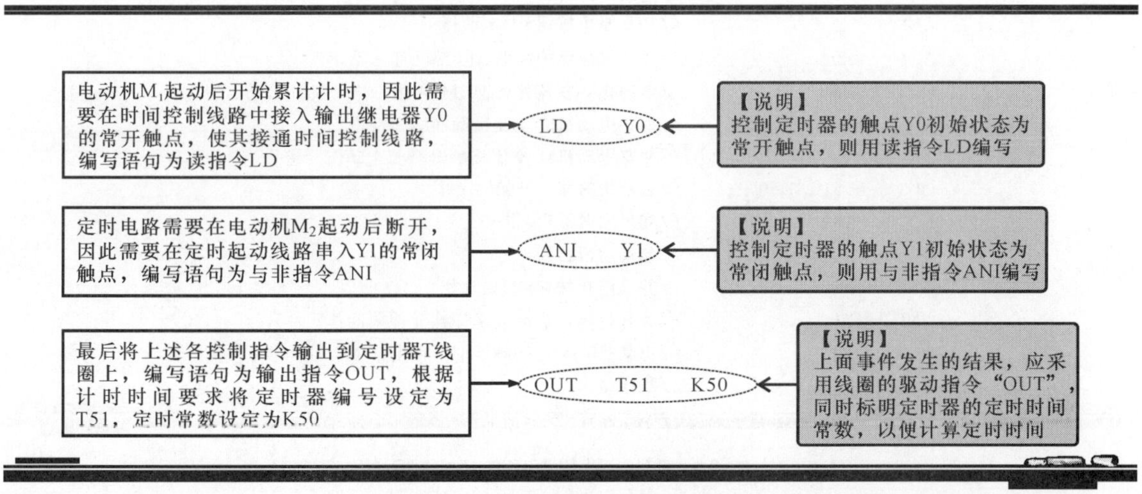


图4-90 时间控制模块语句表的编程

（4）3个控制模块语句表的组合

根据各模块的先后顺序，将上述3个控制模块所得语句表进行组合，得出总的语句表程序。

图4-92所示为组合完成的电动机顺序起动控制语句表程序。将上述3个控制模块组合完成后，添加PLC语句表的结束指令。最后分析编写完成的语句表并做调整，最终完成整个系统的编程工作。

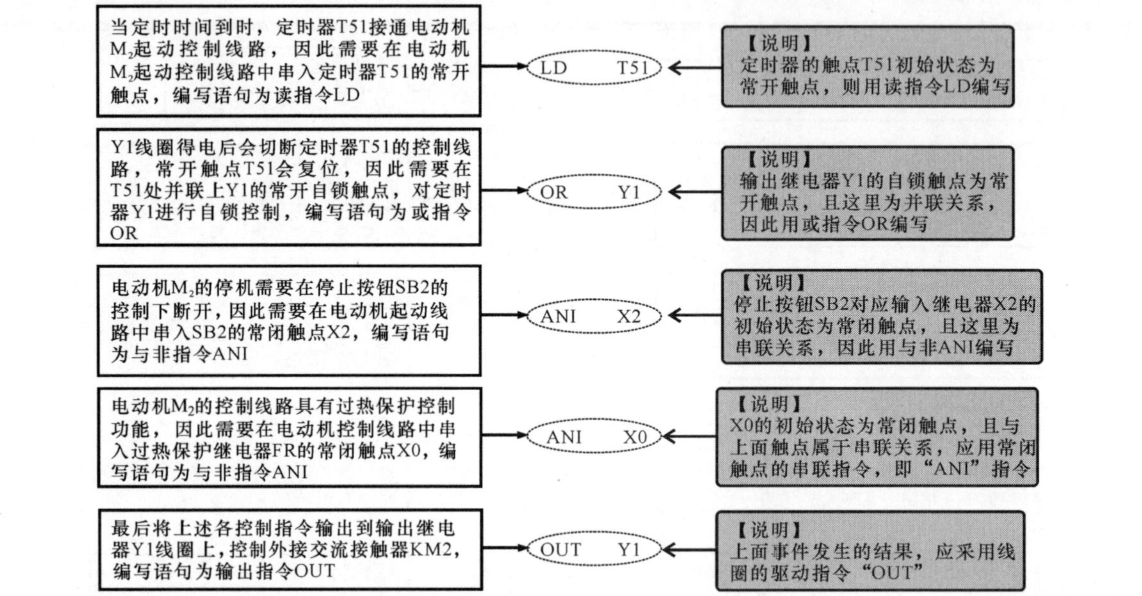


图 4-91　电动机 $M_2$ 起动和停机控制模块语句表的编程



```
LD      X1             //如果按下起动按钮SB2
OR      Y0             //起动运行自锁
ANI     X2             //并且停止按钮SB1未动作
ANI     X0             //并且过热保护继电器FR热元件未动作
OUT     Y0             //电动机M1交流接触器KM1得电，电动机M1起动运转
LD      Y0             //如果电动机M1交流接触器KM1得电
ANI     Y1             //并且电动机M2交流接触器KM2未动作
OUT     T51    K50     //起动定时器，开始5s计时
LD      T51            //如果定时器T51得电
OR      Y1             //起动运行自锁
ANI     X2             //并且停止按钮SB1未动作
ANI     X0             //并且过热保护继电器FR热元件未动作
OUT     Y1             //电动机M2交流接触器KM2得电，电动机M2起动运转
END                    //程序结束
```

图 4-92　组合完成的电动机顺序起动控制语句表程序

**【注意】**

由于直接使用指令进行语句表编程比较抽象，对于初学者比较困难，因此与之前介绍的西门子 PLC 语句表编程一样，大多数情况下编写三菱 PLC 语句表时，也通常与梯形图语言配合使用，先编写梯形图程序，然后按照编程指令的应用规则进行逐条转换，例如，在上述电动机顺序起动的 PLC 控制中，根据控制要求很容易编写出十分直观的梯形图（图 4-55），然后按照指令规则进行语句表的转换，如图 4-93 所示。

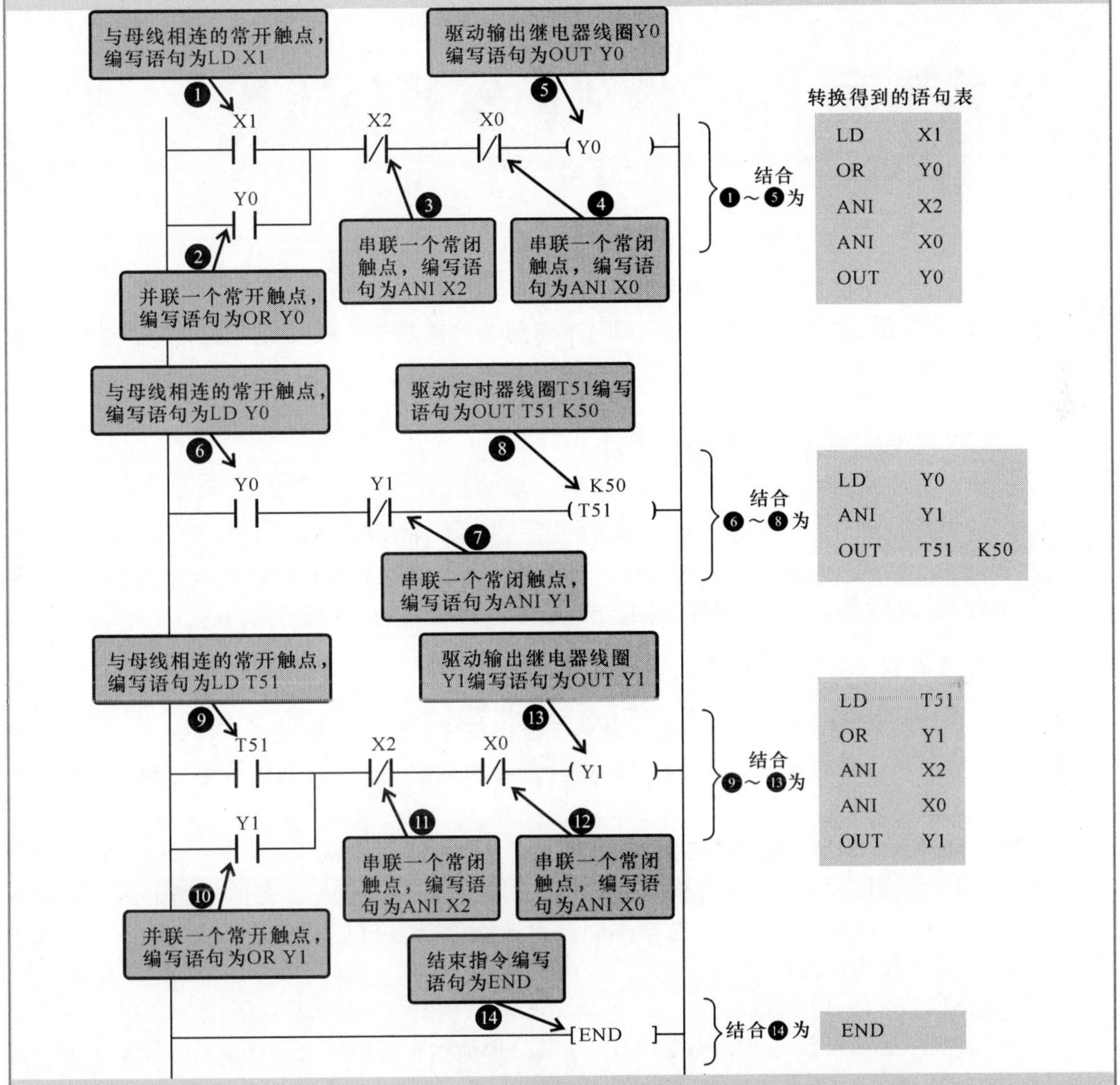


图4-93 电动机顺序起动PLC控制的梯形图程序与语句表程序的转换

# 第 5 章

# 轻松搞定 PLC 系统的安装与维护

现在，开始进入第 5 章的学习：这一章我们主要来学习一下 PLC 系统的设计、安装与维护等方面的知识。希望大家通过本章的学习基本了解 PLC 系统设计、安装及维护的要求和操作方法等，并能够在练习中加强理解。好了，现在就让我们开始吧！

## 5.1 轻松搞定 PLC 系统的设计

设计是建造一个成功的 PLC 系统的第一步，科学合理的设计 PLC 系统，可以满足系统的生产要求，并长期稳定的工作。通常情况下，PLC 系统的设计可以分为硬件系统和软件系统两个方面，下面我们就来分别进行两个方面的设计练习。

### 5.1.1 练习设计 PLC 的硬件系统

PLC 硬件系统的设计是指在对硬件系统进行安装前，根据系统的控制需求合理选配硬件设备，并对所有硬件设备的关系进行设计和调整，为下一步实际安装操作中做好指导性工作。



**1. PLC 硬件系统设计中硬件设备的选配**

PLC 硬件系统设计过程中，硬件设备的选配主要是指 PLC 的选配。目前市场上的 PLC 多种多样，用户可根据系统的控制要求，选择不同技术性能指标的 PLC 来满足系统的需求，从而保证系统运行可靠、使用维护方便。

（1）根据安装环境选择 PLC

不同厂家生产的不同系列和型号的 PLC，在其外形结构和适用环境条件上有很大的差异，在选用 PLC 类型时，可首先根据 PLC 实际工作环境的特点，进行合理地选择。

例如，在一些使用环境比较固定和维修量较少、控制规模不大的场合，可以选择整体式的 PLC；而在一些使用环境比较恶劣、维修较多、控制规模较大的场合，可以选择适应性更强的模块组合式 PLC，如图 5-1 所示。

（2）根据机型统一的原则选择 PLC

由于机型统一的 PLC，其功能和编程方法也相同，因此使用统一机型组成的 PLC 系统，不仅仅便于设备的采购与管理，也有助于技术人员的培训以及对技术水平进行提高和开发。另外，由于统一机型 PLC 设备的通用性，其资源可以共享，使用一台计算机，就可以将多台 PLC 设备连接成一个控制系统，进行集中的管理。因此在进行 PLC 机型的选择时，应尽量选择同一机型的 PLC，如图 5-2 所示。

（3）根据控制复杂程度选择 PLC

不同类型的 PLC 其功能上也有很大的差异，选择 PLC 时应根据系统控制的复杂程度进行选择，对于控制较为简单、控制要求不高的系统中可选用低档 PLC，而对于控制较为复杂、控制要

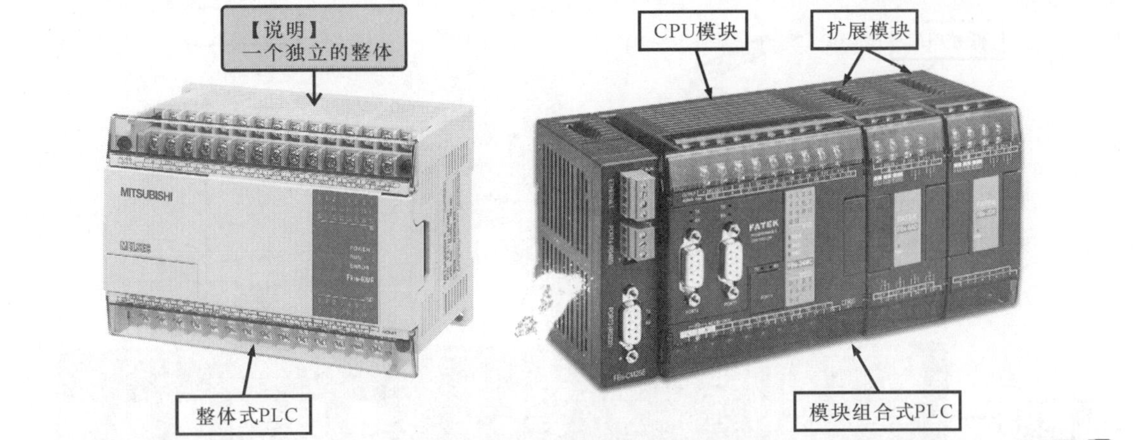


图 5-1　根据安装环境选择 PLC

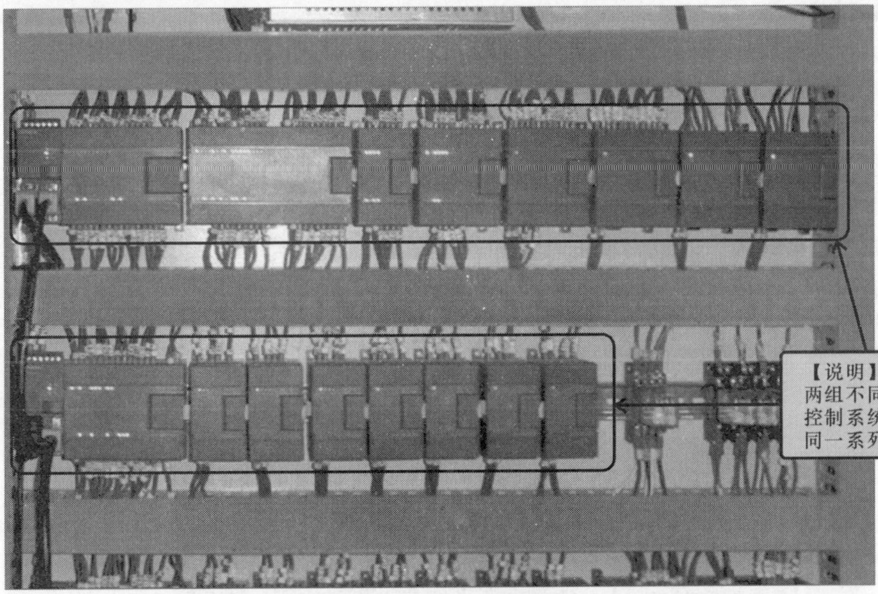


图 5-2　根据机型统一的原则选择 PLC

求较高的系统中可选用中高档 PLC。

例如，对于控制要求不高，只需进行简单的逻辑运算、定时、数据传送、通信等基本控制和运算功能的系统中，选用低档的 PLC 即可满足控制要求；对于控制较为复杂、控制要求较高的系统，需要进行复杂的函数、PID、矩阵、远程 I/O、通信联网等较强的控制和运算功能的系统中，则应视其规模及复杂程度，选择指令功能强大、具有较高运算速度的中档机或高档机进行控制，如图 5-3 所示。

（4）根据扫描速度选择 PLC

PLC 的扫描速度是 PLC 选用的重要指标之一，PLC 的扫描速度直接影响到系统控制的误差时间，因此在一些实时性要求较高的场合可选用高速 PLC。

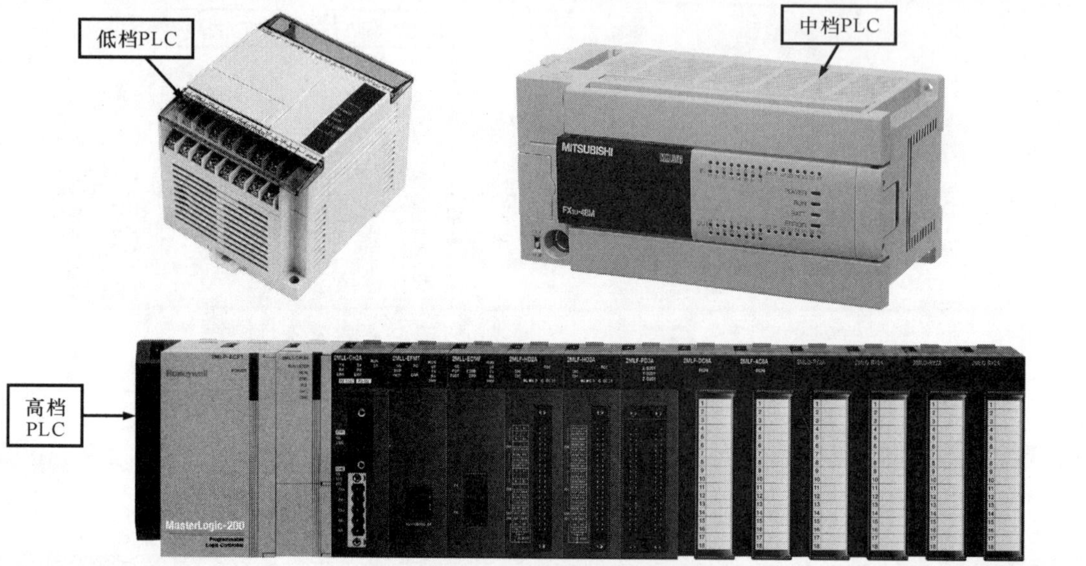


图 5-3　根据控制的复杂程度选择 PLC 类型

PLC 在执行扫描程序时，是从第一条指令开始按顺序逐条地执行用户程序，直到程序结束，再返回第一条指令开始新的一轮扫描，PLC 完成一次扫描过程所需的时间称为扫描时间，该扫描时间会随着程序的复杂程度而加长，会造成 PLC 输入和输出的延时，该延时时间越长对系统控制时间所造成的误差就越大，因此对于一些实时性要求较高的场合，不允许有较大的误差时间，此时应选择扫描速度较快的 PLC，如图 5-4 所示。



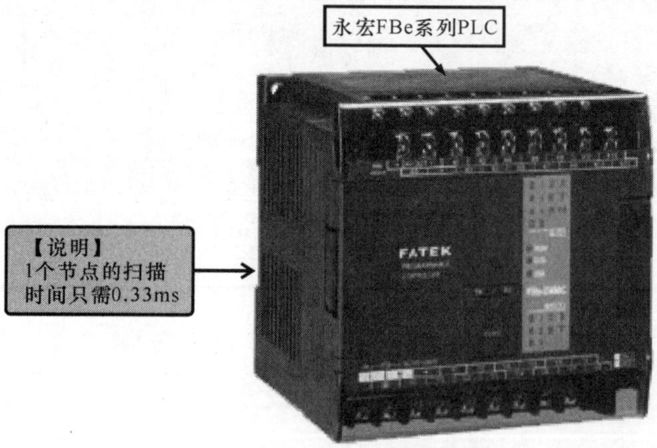


图 5-4　根据控制速度选择 PLC

（5）根据编程方式选择 PLC

PLC 的编程方式主要可以分为离线编程和在线编程两种，PLC 的最大特点就是可以根据被控系统工艺的要求，只需对程序进行修改，便可以满足新的控制要求，给生产带来了极大的便利。因此可以根据被控制系统的要求，选用不同编程方式的 PLC。

离线编程是指 PLC 的主机和编程器共用一个微处理器（CPU），通过编程器上设置有“编程/运行”的开关或按钮，就可以对两种状态进行切换，如图 5-5 所示。

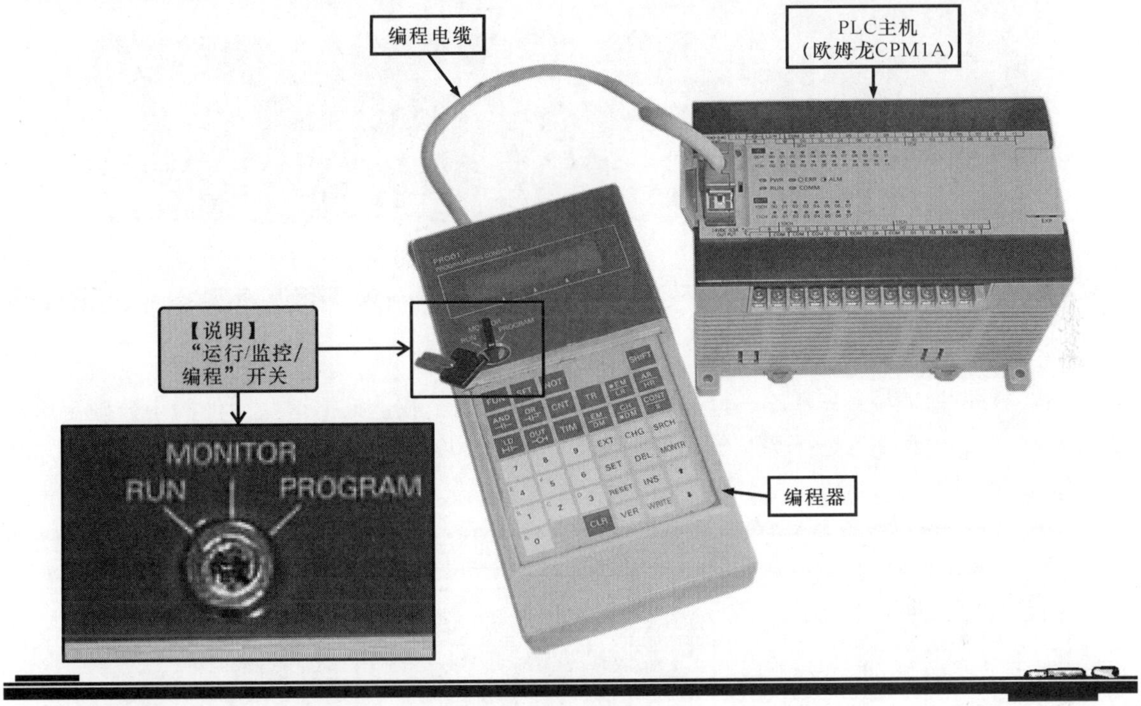


图 5-5　离线编程方式



**【资料】**

当切换到编程状态时，编程器对 CPU 进行控制，可以对 PLC 进行编程，此时 PLC 无法对系统进行控制。在程序编写完毕后，再选择运行状态，此时 CPU 按照所设定的程序，对需控制的对象进行控制。由于该类 PLC 中的编程器和主机共用一个 CPU，节省了硬件和软件设备，价格也比较便宜，因此适用于一些中、小型 PLC 控制系统。

在线编程是指 PLC 的主机拥有一个 CPU，用来对系统进行控制。编程器拥有一个 CPU 可以随时对程序进行编写，输入各种指令信号。当主机 CPU 执行完成一个扫描周期后会与编程器进行通信，将编程器编写好的程序送入 PLC 的 CPU 中，再下一个扫描周期中便按照新的程序对其系统进行控制。该类 PLC 操作简便、应用领域广但价格较高，适用于一些大型的 PLC 控制系统，如图 5-6 所示。

(6) 根据 I/O 点数选择 PLC

I/O 点数是 PLC 选用的重要指标，它是衡量 PLC 规模大小的标志，若不加以统计，一个小的控制系统，却选用中规模或大规模的 PLC 不仅会造成 I/O 点数的闲置，也会造成投入成本的浪费，因此在选用 PLC 时，应对其使用的 I/O 点数进行估算，合理的选用 PLC。

如图 5-7 所示，在明确控制对象的控制要求基础上，分析和统计所需的控制部件（输入元件，如按钮、转换开关、行程开关、继电器的触点、传感器等）的个数和执行元件（输出元件，

图 5-6　支持在线编程的 PLC

如指示灯、继电器或接触器线圈、电磁铁、变频器等）的个数，根据这些元件的个数确定所需 PLC 的 I/O 点数，且一般选择 PLC 的 I/O 数应有 15% ~20% 的预留，以满足生产规模的扩大和生产工艺的改进。

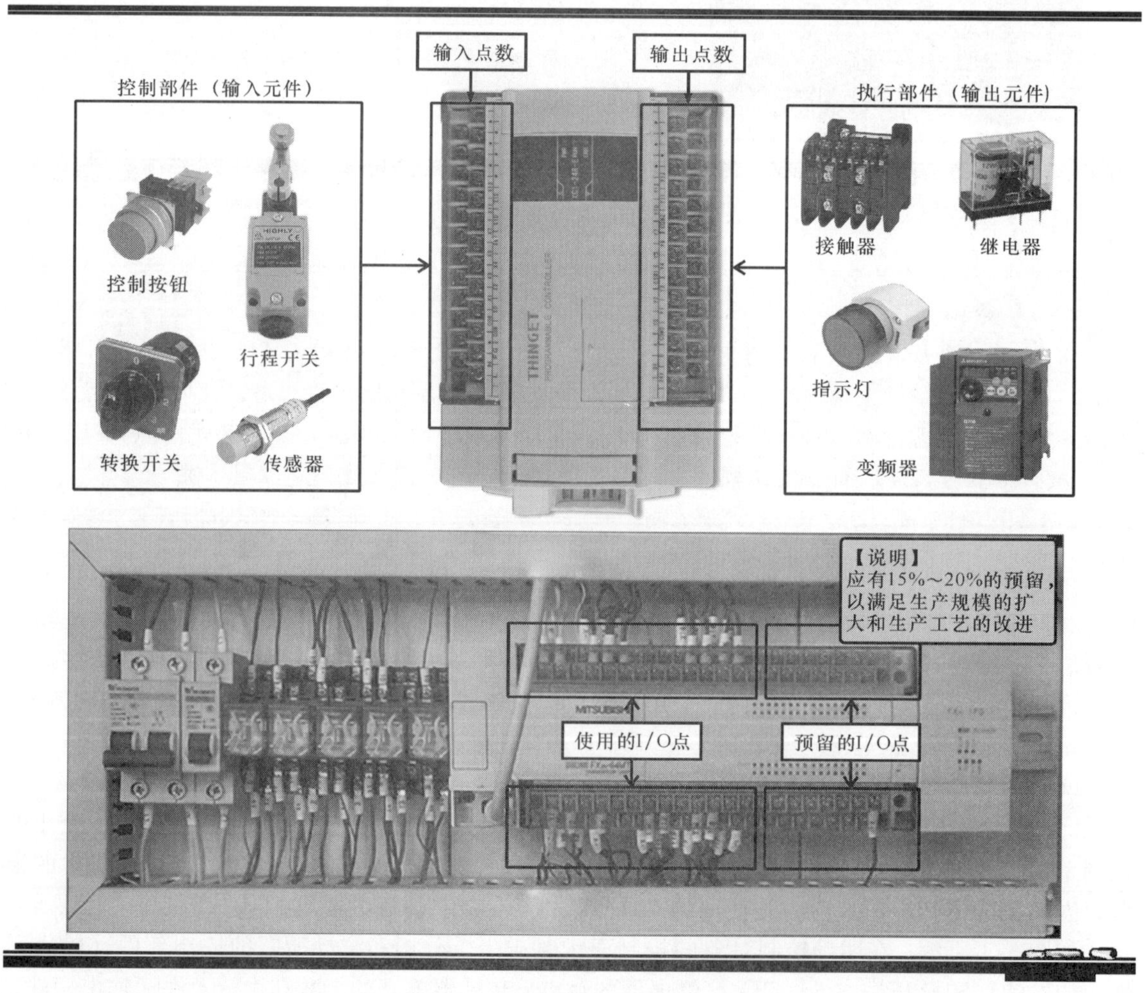


图 5-7　根据 I/O 点数选择 PLC

（7）根据用户存储器容量选择 PLC

用户存储器用于存储开关量输入/输出、模拟量的输入/输出以及用户编写的程序等，在选用 PLC 时，应使选用的 PLC 的存储器容量满足用户存储需求。

选择 PLC 用户存储器容量时，应参考开关量 I/O 的点数以及模拟量 I/O 点数对其存储器容量进行估算，在估算的基础上留有 25% 的余量即为应选择的 PLC 用户存储器容量。用户存储器容量用字数体现，其估算公式为

存储器字数 =（开关量 I/O 点数 ×10）+（模拟量 I/O 点数 ×150）

**【注意】**

用户存储器的容量除了和开关量 I/O 的点数、模拟量 I/O 点数有关外，还和用户编写的程序有关，不同的编程人员所编写程序的复杂程度会有所不同，使其占用的存储容量也不相同。

（8）PLC 扩展模块的选择

当单独的 PLC 主机不能满足系统要求时，可根据系统的需要选则一些扩展类模块，以增大系统规模和功能。

如图 5-8 所示，为了满足需求将典型 PLC 主机与扩展类模块连接起来构成整个硬件系统。可以看到，硬件的扩展系统中，PLC 主机（CPU 模块）放在最左侧，扩展模块用扁平电缆与左侧的主机或扩展模块相连。

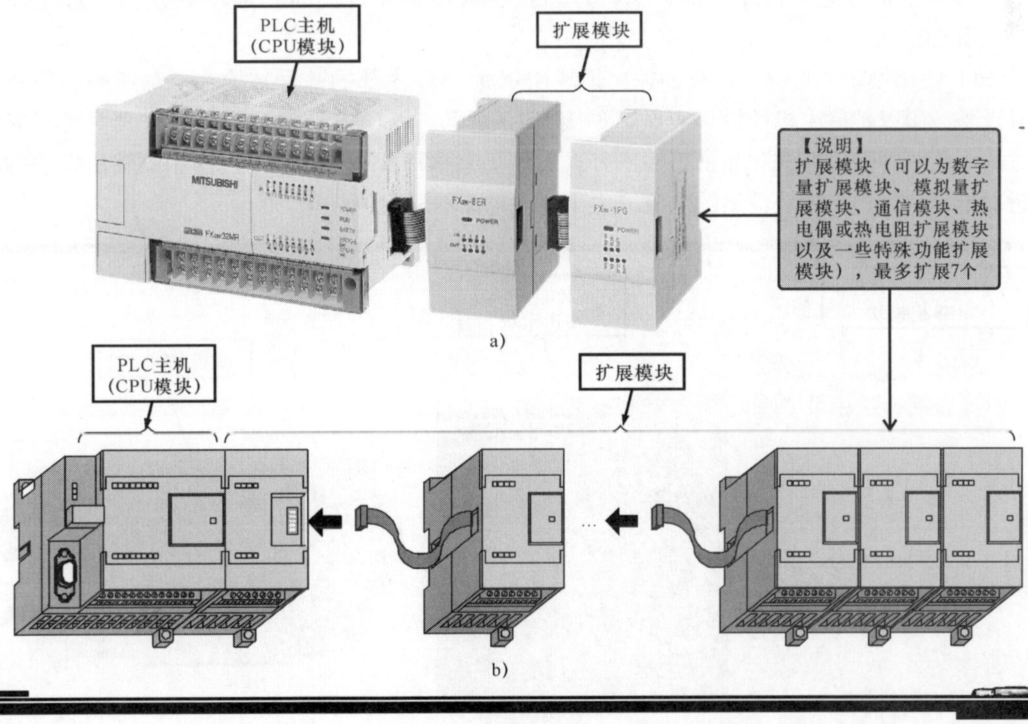


图 5-8　PLC 硬件系统的扩展

目前，在 PLC 硬件的扩展系统中，常用的扩展模块主要有输入模块、输出模块和特殊功能

模块等。

① PLC 输入模块的选择。PLC 的输入模块用于将输入元件输入的信号转换为 PLC 内部所需的电信号，用以扩展主机的输入点数，如图 5-9 所示。

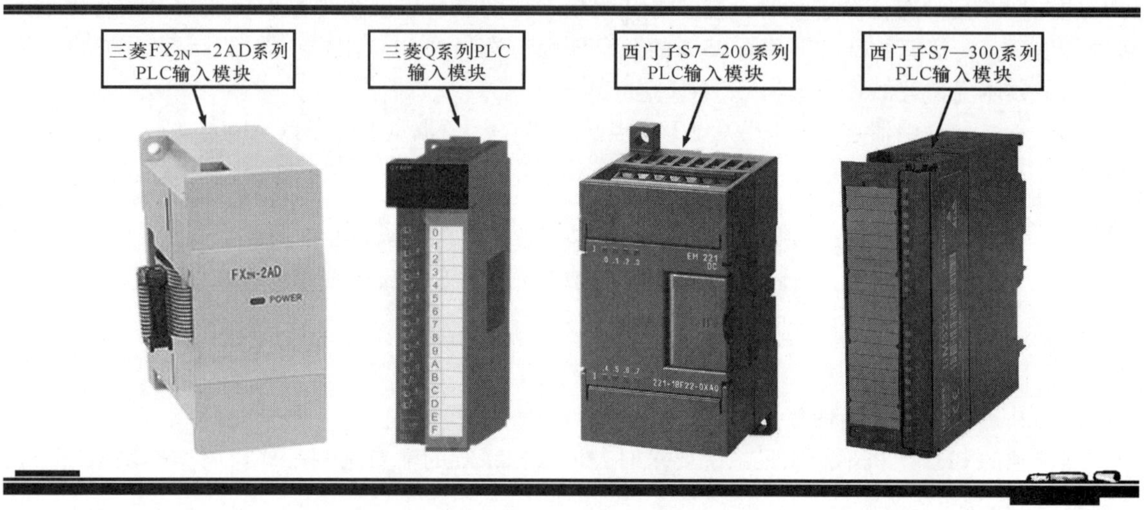


图 5-9　PLC 输入模块的选择

选择 PLC 的输入模块时应根据系统输入信号与 PLC 输入模块的距离进行选择，通常距离较近的设备选择低电压的 PLC 输入模块，距离较远的设备选择高电压的 PLC 输入模块。

另外，除了要考虑距离外，还应注意其 PLC 输入模块允许同时接通的点数，通常允许同时接通的点数和输入电压、环境温度有关。



② PLC 输出模块的选择。PLC 的输出模块用于将 PLC 内部的信号转换为外部所需的信号来驱动负载设备，用以扩展主机的输出点数，如图 5-10 所示。PLC 输出模块的输出方式主要有继电器输出方式、晶体管输出方式和晶闸管输出方式 3 种。选择 PLC 的输出模块时应根据输出模块的输出方式进行选择，且输出模块输出的电流应大于负载电流的额定值。

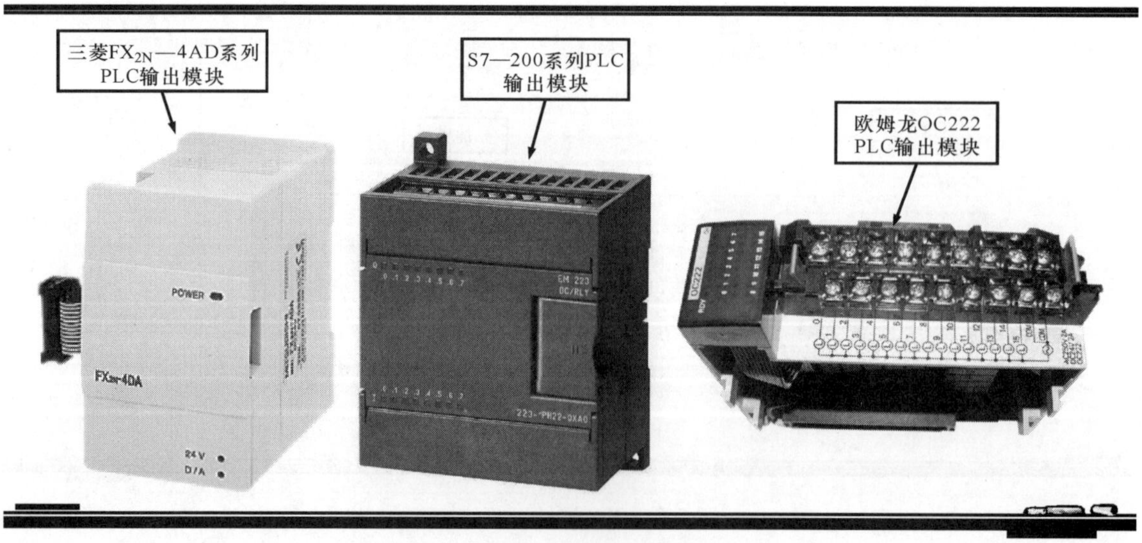


图 5-10　PLC 输出模块的选择

选择 PLC 输出模块时也应注意模块允许同时接通的点数，通常输出模块同时接通的点数的累计电流不得大于公共端所允许通过的电流。

③ PLC 特殊模块的选择。PLC 的特殊模块用于将温度、压力等过程变量转换为 PLC 所接收的数字信号，同时也可将其内部的数字信号转换成模拟信号输出，如图 5-11 所示。在选用 PLC 的特殊模块时，可根据系统的实际需要选择不同的 PLC 特殊模块。

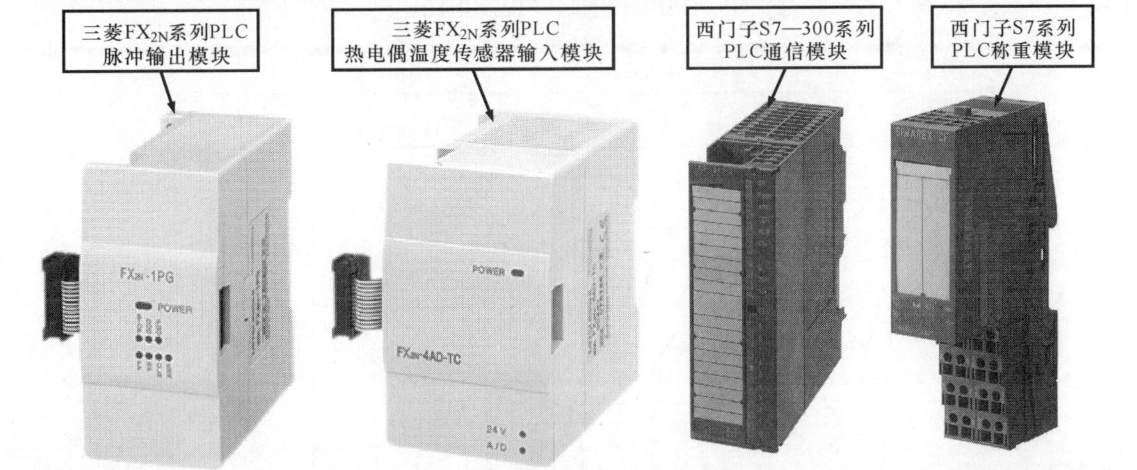


图 5-11　PLC 特殊模块的选择

**【注意】**

除了 PLC 外，在 PLC 系统中还包括控制部件和执行部件等硬件设备，如按钮、接触器、继电器等，用于与 PLC 连接配合实现 PLC 控制功能，因此在进行硬件系统设计之初，选配好性能良好、规格适中、数量足够的控制部件和执行部件也是重要的环节。

图 5-12 所示为常见控制部件和执行部件的实物外形。

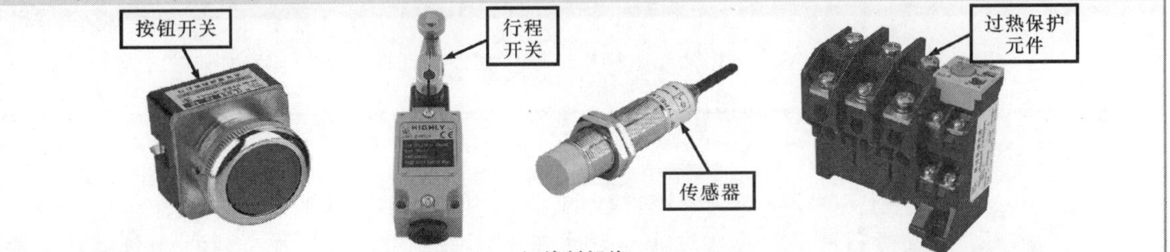


a）控制部件

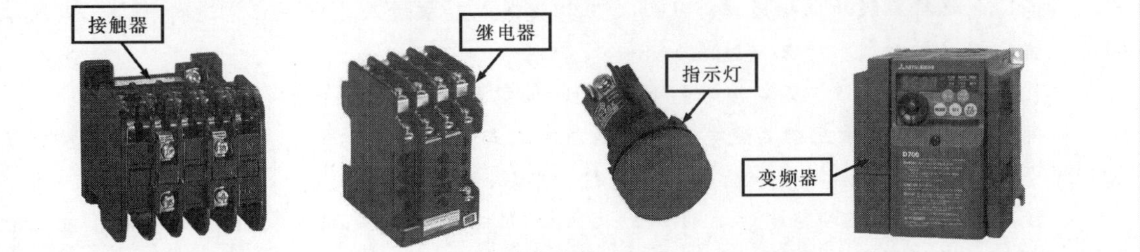


b）执行部件

图 5-12　常见控制部件和执行部件的实物外形

**2. 硬件设备连接关系的设计和调整**

在进行 PLC 硬件系统设计之前，应首先了解硬件系统的组成部件，以及需要控制的设备的控制方式。在了解了这些资料后，才能对硬件系统进行设计。下面以三相异步电动机的顺序控制电路为例，介绍其硬件系统的设计方法。

为了更好地分析和理解控制关系，初学者可首先依据三相异步电动机的电气控制电路图进行分析。图 5-13 所示为三相交流电动机的顺序起停控制电路。

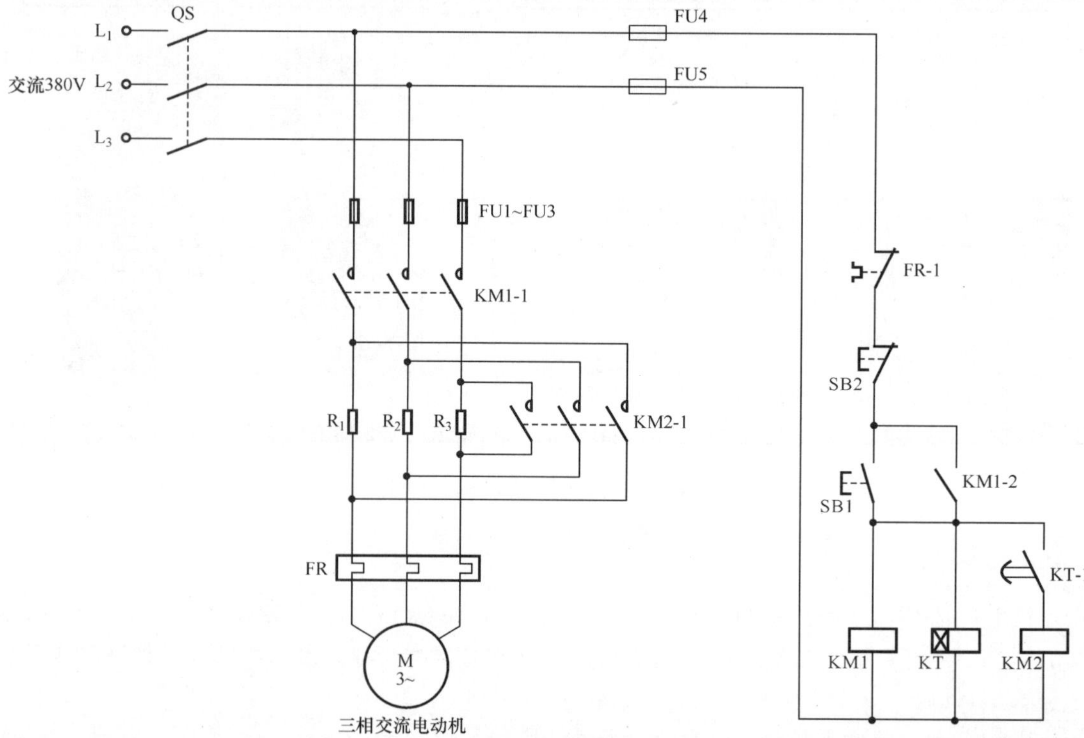


图 5-13　三相交流电动机的顺序起停电气控制电路

**【资料】**

图 5-13 中，电阻器减压起动控制电路是指在三相交流电动机定子电路中串入电阻器，起动时利用串入的电阻器起到减压限流的作用，当三相交流电动机起动完毕后，再通过电路将串联的电阻短接，从而使三相交流电动机进入全电压正常运行状态。电动机串电阻减压起动控制电路的工作过程如下：

当按下起动按钮 SB1，交流接触器 KM1 和时间继电器 KT 线圈同时得电。

时间继电器 KT 用于三相交流电动机的减压起动与全电压起动的时间间隔控制，即控制三相交流电动机减压起动后延时一断时间后进行全电压起动。

交流接触器 KM1 线圈得电，常开辅助触点 KM1-2 闭合实现自锁功能；同时常开主触点 KM1-1 闭合，电源经电阻器 $R_1$、$R_2$、$R_3$ 为三相交流电动机供电，三相交流电动机减压起动运转。

当时间继电器 KT 达到预定的延时时间后，其常开触点 KT-1 延时闭合。交流接触器 KM2 线圈得电，常开主触点 KM2-1 闭合，短接电阻器 $R_1$、$R_2$、$R_3$，三相交流电动机在全压状态下开始运行。

当需要三相交流电动机停机时，按下停止按钮 SB2，交流接触器 KM1、KM2 和时间继电器 KT 线圈均失电，触点全部复位。常开主触点 KM-1、KM2-1 复位断开，切断三相交流电动机供电电源，三相交流电动机停止运转。

在采用 PLC 进行控制的系统中，主要用 PLC 控制方式取代了电气部件之间复杂的连接关系。电动机控制系统中各主要控制部件和功能部件都直接连接到 PLC 相应的接口上，各部件之间没有复杂的连接关系。

图 5-14 所示为由 PLC 控制的电动机顺序起停控制系统。

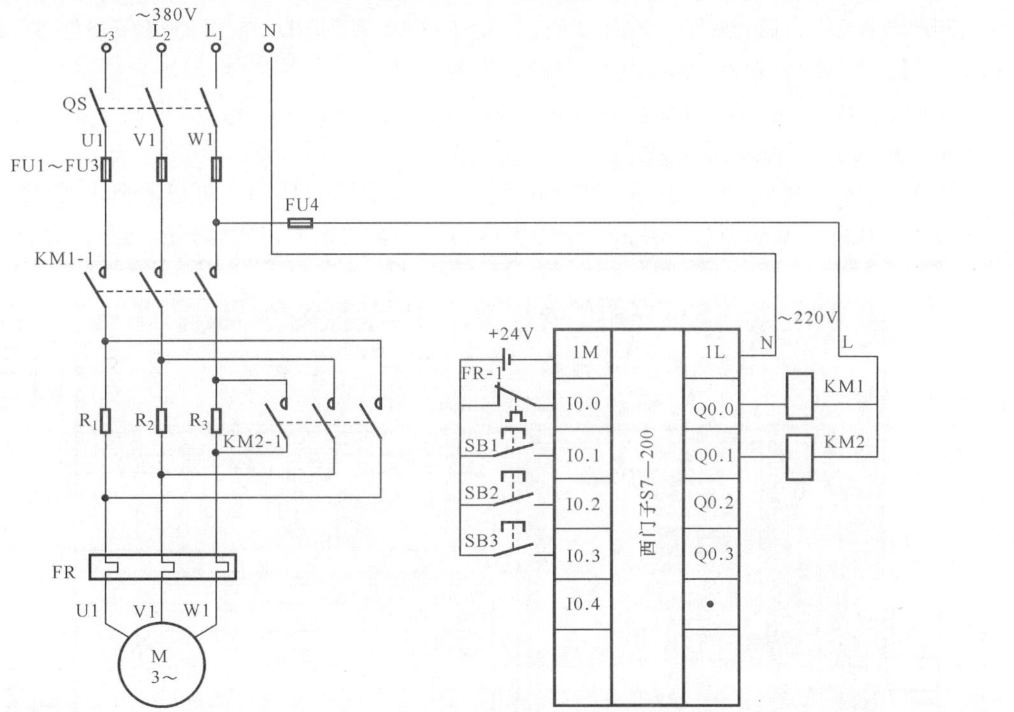


图 5-14　由 PLC 控制的电动机顺序起停控制系统

该电路的 PLC 硬件系统主要是由 PLC，指令输入按钮 SB1、SB2、FR-1 以及命令执行部件 KM1、KM2 等组成的。其中电动机 M 的起动按钮 SB1 与 PLC 的 I0.1 端连接，电动机 M 的停止按钮 SB2 与 I0.2 端连接，热继电器 FR 的触点部分与 I0.0 端进行连接，另外一端与直流 24V 电源连接。接触器 KM1 和 KM2 分别与 PLC 的 Q0.0 和 Q0.1 端进行连接。

## 5.1.2　练习设计 PLC 的软件系统

PLC 软件系统的设计是指设计 PLC 内的程序，该程序要求能够准确、合理地实现当前 PLC 系统所要求的所有控制功能。这一设计过程包括控制需求的分析及程序的编写

（即编程）、借助编程软件编辑程序、将程序写入 PLC 并进行调试三个环节。

**1. PLC 程序的编写**（即编程）

根据 PLC 系统功能特点，对控制需求进行分析和编写程序是 PLC 软件系统设计中的关键环节。

【注意】

不同 PLC 的编程方法有所不同，具体的需求分析、编程原则和方式方法以相应 PLC 产品的编程规则为准。

由于不同类型 PLC 所使用的编程软件也不相同，甚至有些相同品牌不同系列的 PLC 可用的编程软件也会存在区别。下面，我们分别以西门子 PLC 和三菱 PLC 的编程软件为例，具体介绍一下如何借助 PLC 编程软件完成 PLC 程序的编写。

（1）使用西门子 PLC 编程软件编写程序

西门子 PLC 所实现的各项控制功能是根据用户程序实现的，各种用户程序需要编程人员根据控制的具体要求进行编写。下面以西门子 S7—200 系列 PLC 专用的编程软件 STEP 7- Micor/WIN 为例，练习编程软件的编辑方法和操作步骤。

使用 STEP 7- Micor/WIN 编程软件进行编程前，首先需要了解该软件的一些基本编程工具，并初步熟悉其工作界面分布情况。

图 5-15 所示为 STEP 7- Micor/WIN 编程软件的基本操作界面，可以看到其主要分为几个区域，各区域显示不同的信息内容，其中编辑区为程序编写区域，所有程序均在该部分显示。

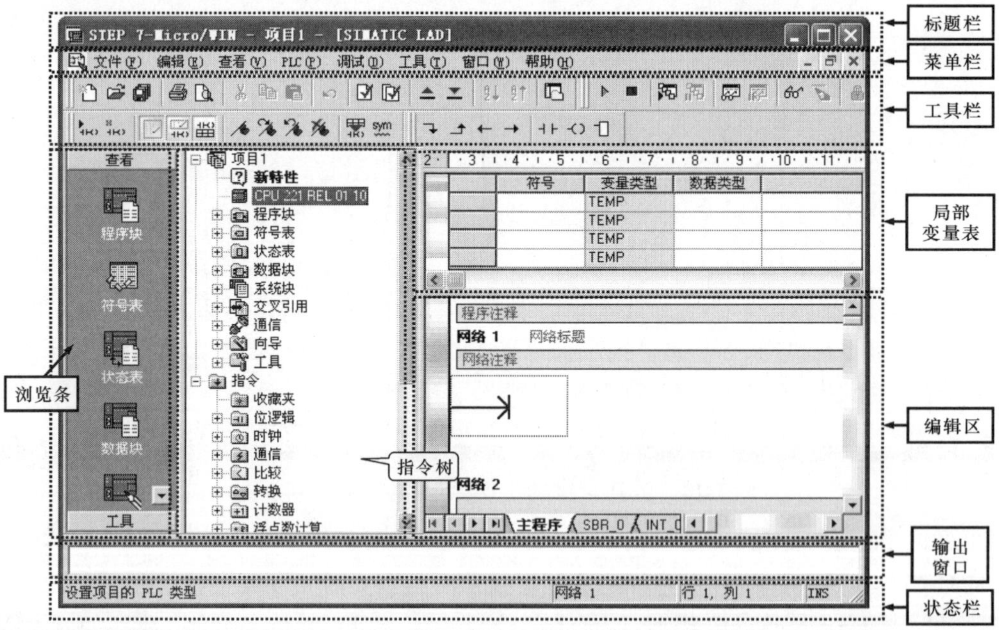


图 5-15　STEP 7- Micor/WIN 编程软件的基本操作界面

① 编程软件 STEP 7- Micor/WIN 编程前的操作。编程软件 STEP 7- Micor/WIN 编程前需要对相关参数进行设置和系统配置。

单击浏览条中的系统块图标，即可弹出系统块（参数设置和系统配）对话框，如图 5-16 所示。

在该对话框中一般可对断电数据保持、密码、输出表、输入滤波器和脉冲捕捉位等进行设置。

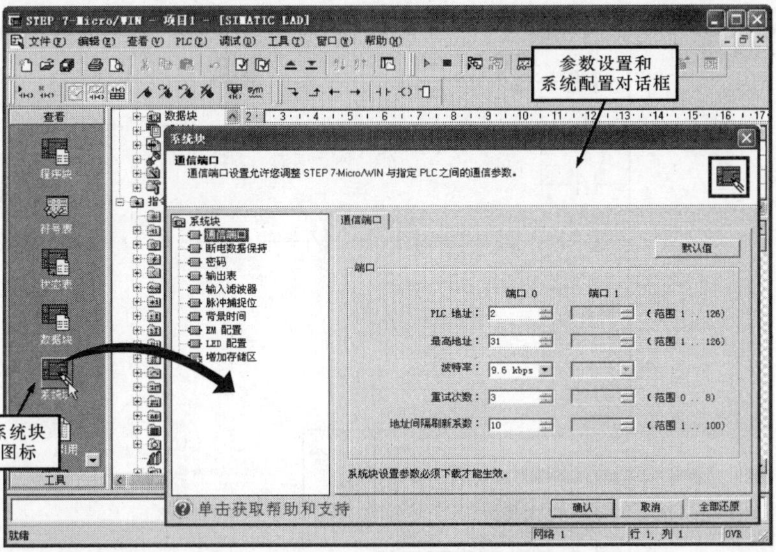


图 5-16　参数设置和系统配置对话框

② 编程软件 STEP 7-Micor/WIN 的使用。通过上述内容对 STEP 7-Micor/WIN 软件进行相关了解后，下面介绍使用该软件编辑程序的具体方法和步骤。

编写程序，首先需要新建一个程序文件。打开软件后，选择【文件】/【新建】命令或工具栏中的新建按钮🗋来新建一个程序文件，如图 5-17 所示，新建项目的程序文件名默认为“项目 1”，PLC 型号默认为 CPU221。

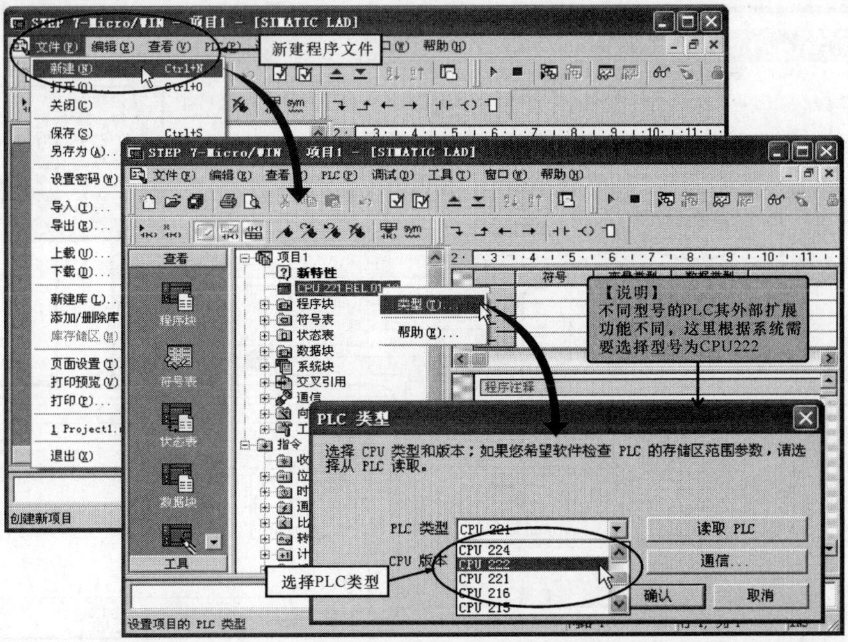


图 5-17　新建项目操作

编制和修改程序是 STEP 7-Micor/WIN 软件最基本的功能，也是使用该软件编程时的关键步骤，下面以图 5-18 所示梯形图的编写为例，介绍编辑程序的基本方法。

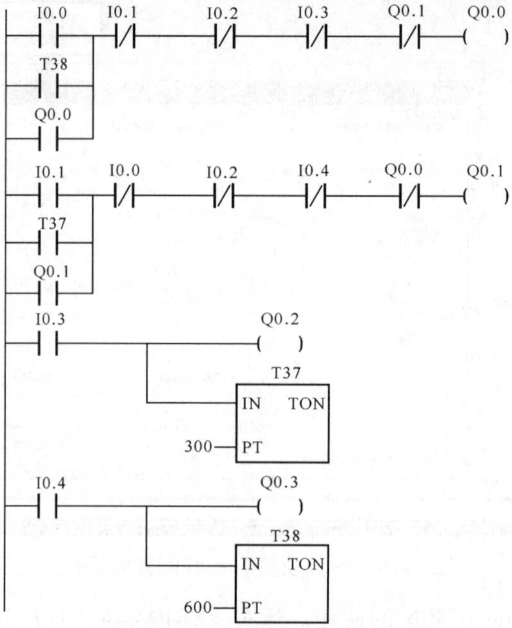


图 5-18　典型控制系统梯形图

• 放置编程元件符号，输入编程元件地址。在软件的编辑区域中添加编程元件，根据图 5-18 所示梯形图，首先绘制表示常开触点的编程元件“I0.0”，如图 5-19 所示。

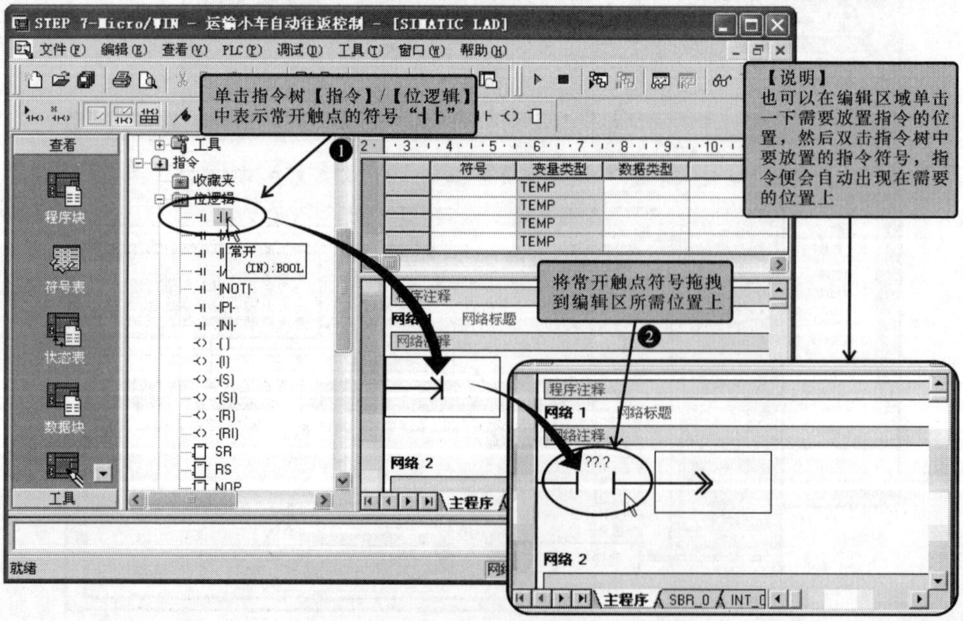


图 5-19　放置表示常开触点的编程元件 I0.0 符号

在图5-19中，单击鼠标左键，选中编程元件符号上方的“??.?”，将光标定位在输入框内，即可以输入该常开触点的地址“I0.0”，如图5-20所示，然后按键盘上的<Enter>键即可完成输入。

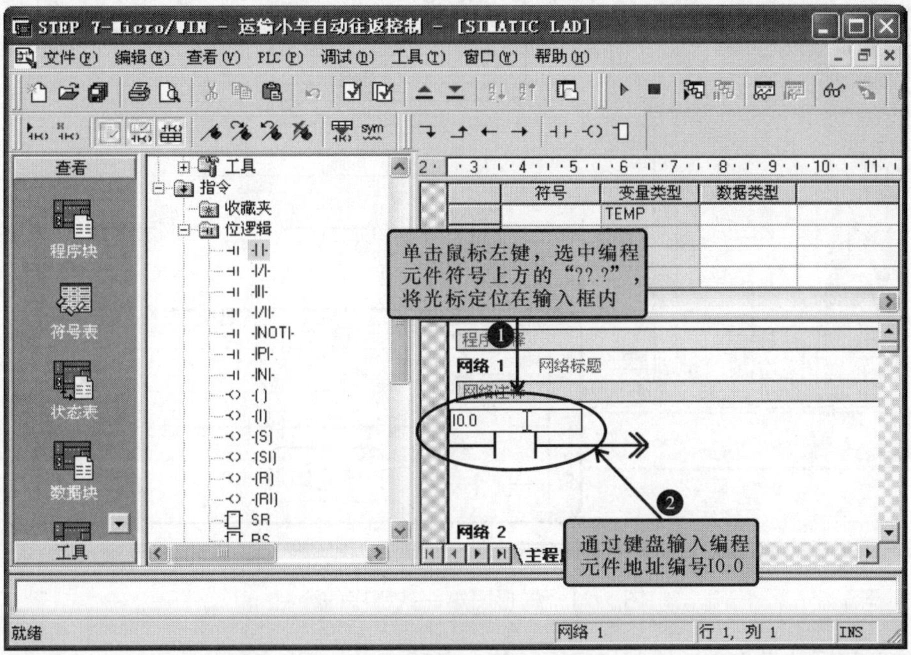


图5-20 编程元件地址的输入



【注意】

接着，可按照同样的操作步骤，分别输入第一条程序的其他元件，其过程如下：

单击指令树中的“-|/|-”指令，拖拽到编辑图相应位置上，在“??.?”中输入“I0.1”，然后按键盘上的<Enter>键；

单击指令树中的“-|/|-”指令，拖拽到编辑图相应位置上，在“??.?”中输入“I0.2”，然后按键盘上的<Enter>键；

单击指令树中的“-|/|-”指令，拖拽到编辑图相应位置上，在“??.?”中输入“I0.3”，然后按键盘上的<Enter>键；

单击指令树中的“-|/|-”指令，拖拽到编辑图相应位置上，在“??.?”中输入“Q0.1”，然后按键盘上的<Enter>键；

单击指令树中的“-( )”指令，拖拽到编辑图相应位置上，在“??.?”中输入“Q0.0”，然后按键盘上的<Enter>键。

- 绘制垂直和水平线。根据图5-18所示梯形图，接下来需要输入常开触点“I0.0”的并联元件“T38”和“Q0.0”，该步骤中需要了解垂直和水平线的绘制方法。

单击工具栏中的“向上连线”按钮，将“T38”和“Q0.0”并联在“I0.0”上，其绘制过程如图5-21所示。

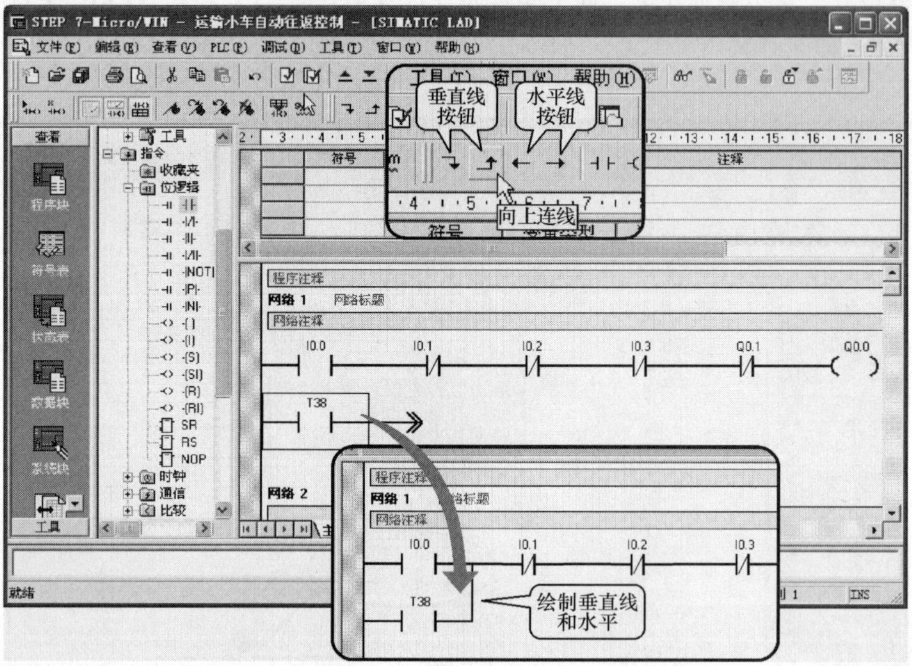


图 5-21　梯形图第一条程序的绘制

然后按照相同的操作方法绘制梯形图的第二条程序，如图 5-22 所示。

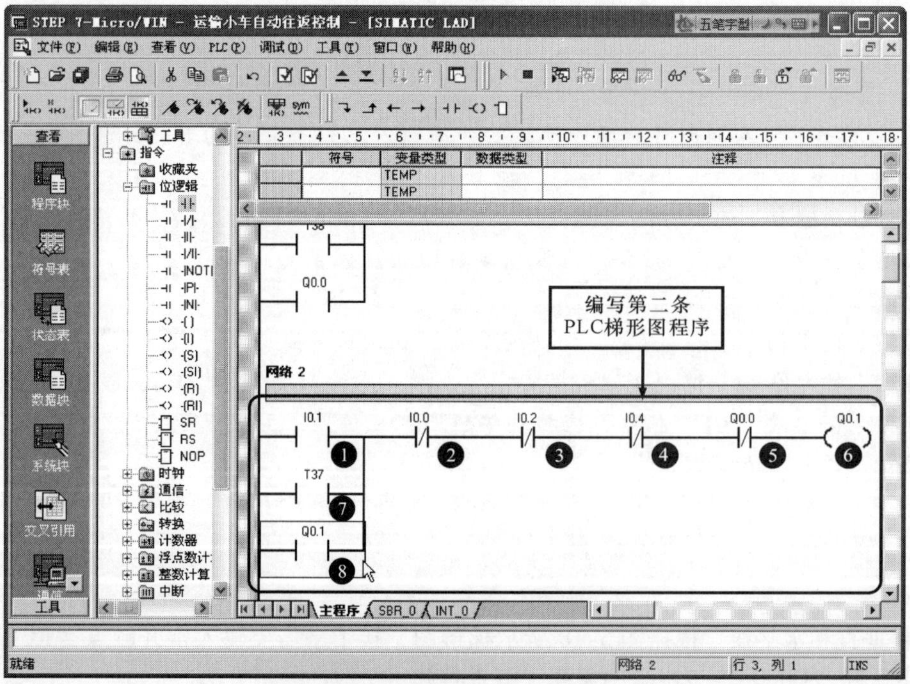


图 5-22　梯形图第二条程序的编辑

其编辑过程如下：

单击指令树中的“-||-”指令，拖拽到编辑图相应位置上，在“?? . ?”中输入“I0. 1”，然后按键盘上的<Enter>键。

单击指令树中的“-|/|-”指令，拖拽到编辑图相应位置上，在“?? . ?”中输入“I0. 0”，然后按键盘上的<Enter>键。

单击指令树中的“-|/|-”指令，拖拽到编辑图相应位置上，在“?? . ?”中输入“I0. 2”，然后按键盘上的<Enter>键。

单击指令树中的“-|/|-”指令，拖拽到编辑图相应位置上，在“?? . ?”中输入“I0. 4”，然后按键盘上的<Enter>键。

单击指令树中的“-|/|-”指令，拖拽到编辑图相应位置上，在“?? . ?”中输入“Q0. 0”，然后按键盘上的<Enter>键。

单击指令树中的“-( )”指令，拖拽到编辑图相应位置上，在“?? . ?”中输入“Q0. 1”，然后按键盘上的<Enter>键。

接着，输入常开触点“I0. 1”的并联元件“T37”和“Q0. 1”，注意该步骤中需要使用到“向上连线”，将“T37”和“Q0. 1”并联在“I0. 1”上，其绘制过程如图5-22所示。

• 放置指令框符号。在编辑软件中放置指令框的操作与前述放置表示常开触点的编程元件方法基本相同，例如，在编写前述梯形图第三条和第四条程序时，需要将定时器指令框放置到编辑区域中。

首先根据控制要求，定时器应选择具有接通延时功能的定时器（TON），即需要在指令树中选择“定时器”/“TON”，拖拽到编辑区中，如图5-23所示。

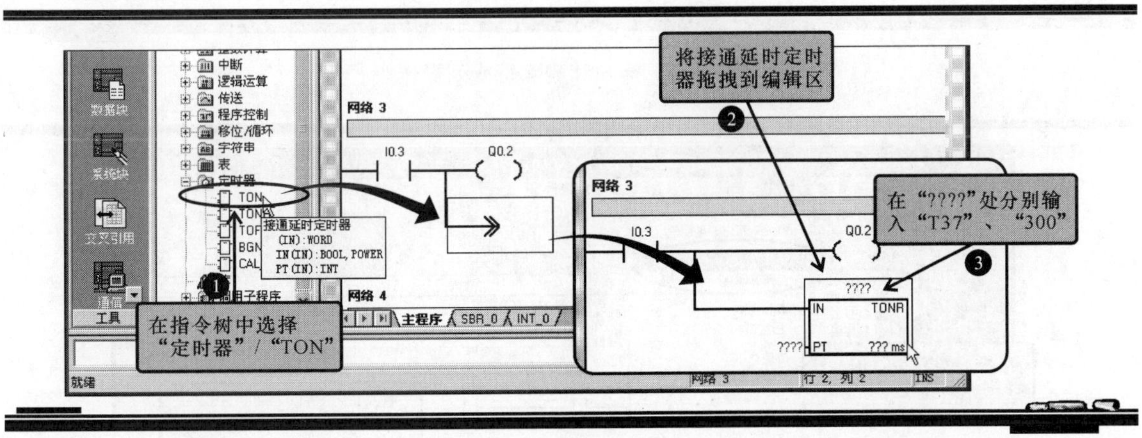


图5-23　放置指令框符号

• 插入和删除行、列操作。在编写程序过程中如需要对梯形图进行删除、插入等操作，选择【编辑】/【插入】/【列】或【行】，或在需要进行操作的位置单击鼠标右键，即可显示删除行、删除列等操作选项，选择相应的操作即可，如图5-24所示。

• 插入和删除网络。一般新建一个项目时，默认在编辑区域内为25个网络，当所编辑程序较复杂时，控制系统编辑网络超过25个网络时，需要增加网络数目；若某个网络程序不再需要时，还需要进行删除网络操作，操作方法与插入和删除行或列操作相同。

• 保存和编译。完成梯形图程序的绘制后需要保存工程，单击菜单栏【文件】/【保存】命令或单击按钮图标即可。程序编制和保存完成后，一般还需要进行离线编译操作，用以检查程序大小、有无错误编码和位置等。

离线编译操作如图 5-25 所示，选择菜单栏中【PLC】/【编译】命令或按下☑按钮图标（工具栏中），在程序的输出窗口即可显示出编译结果。

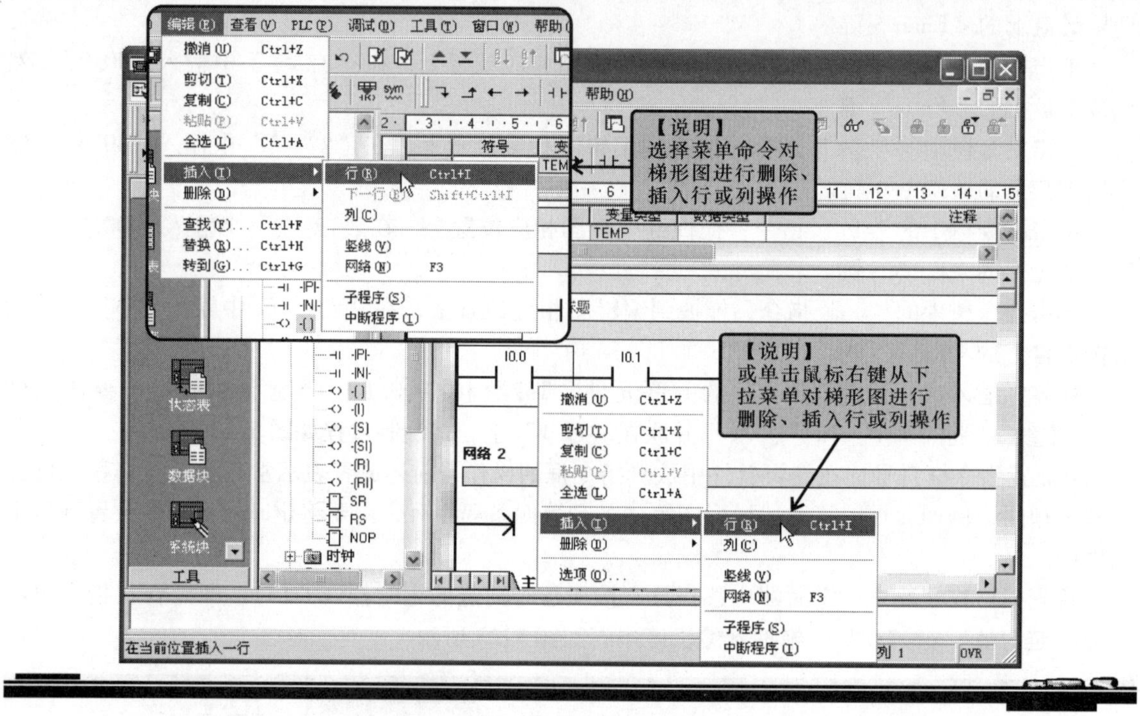


图 5-24　插入和删除行或列操作



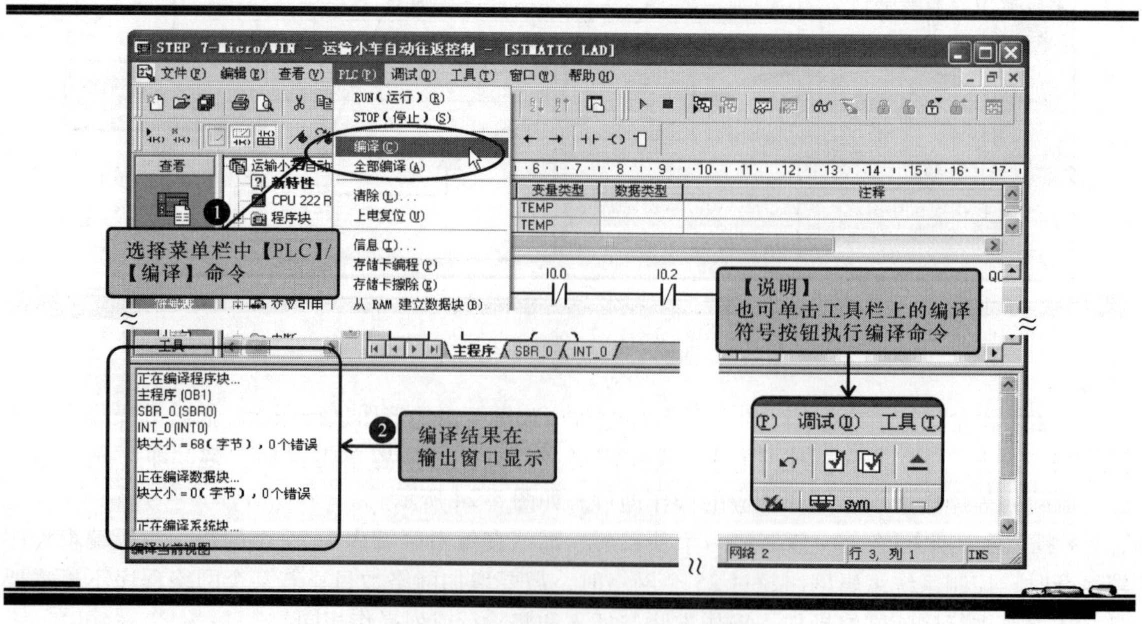


图 5-25　梯形图程序的编译及编译结果

对程序检查过程中发现错误，则需要及时调整和修改，然后再次执行“变换”→“保存”操作，将最终修改的结果保存到工程中。

(2) 使用三菱 PLC 编程软件编写程序

三菱 PLC 常用的编程软件主要有 GX Developer，该软件适用于三菱 Q 系列、QnA 系列、A 系列、FX 系列的所有 PLC 进行编程，可在 Windows 95/98/2000/XP 操作系统中运行，其编程功能十分强大，下面将以此为例介绍三菱 PLC 的软件编辑方法。

使用 GX Developer 编程软件进行编程前，首先需要了解该软件的一些基本编程工具，并初步熟悉其工作界面分布情况。

图 5-26 所示为 GX Developer 编程软件的基本操作界面，可以看到其主要分为几个区域，各区域显示不同的信息内容，其中编辑区为程序编写区域，所有程序均在该部分显示。

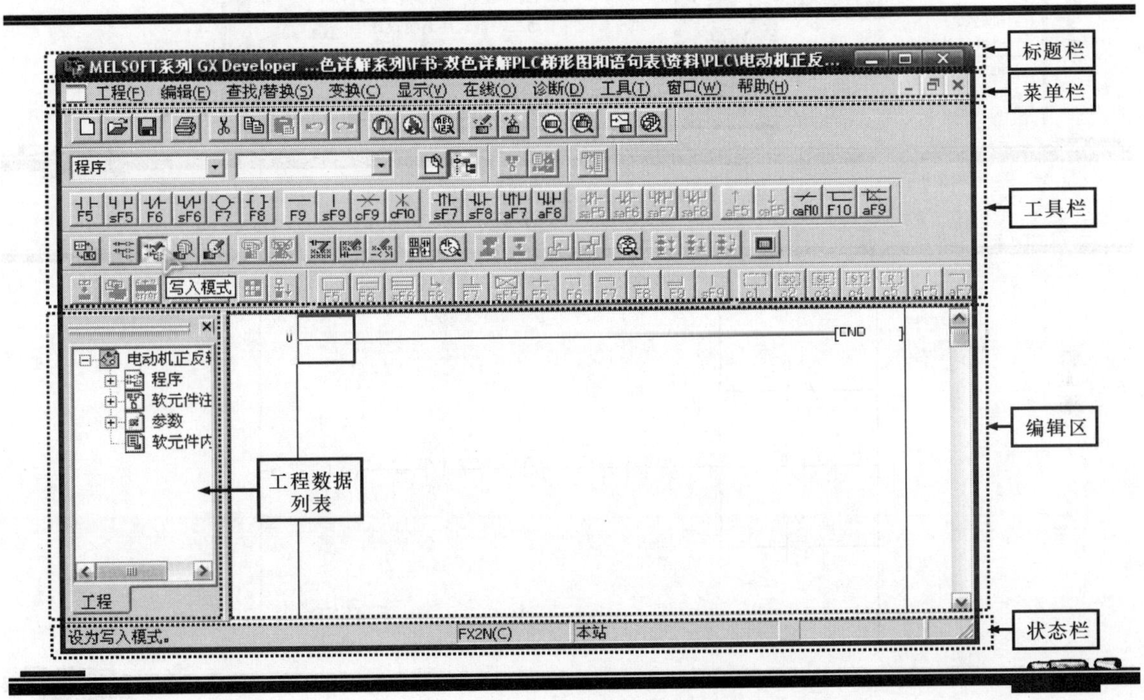


图 5-26　GX Developer 编程软件的基本操作界面

① 新建工程。编写一个程序，首先需要新建一个工程文件，并根据编程前期分析来确定选用 PLC 的系列及类型，具体操作如图 5-27 所示。

② 编辑程序。编制和修改程序是 GX Developer 软件最基本的功能，也是使用该软件编程时的关键步骤。下面以图 5-28 所示梯形图的编写为例，介绍编辑程序的基本方法。

首先单击编辑窗口工具栏上的按钮或按 <F2> 键，使 GX Developer 编程软件的编辑区进入梯形图写入模式，然后单击按钮（梯形图/语句表显示切换），选择为梯形图显示，为绘制梯形图做好准备，如图 5-29 所示。

• 放置编程元件符号，输入编程元件地址。在软件的编辑区域中的蓝色方框中添加编程元件，根据图 5-28 所示梯形图，首先绘制表示常开触点的编程元件“X2”，如图 5-30 所示。

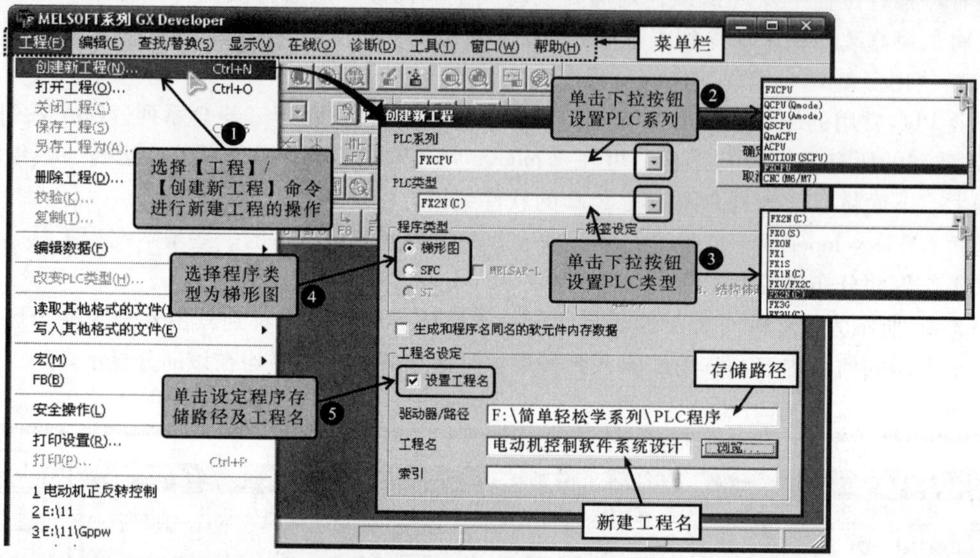


图 5-27　新建工程操作

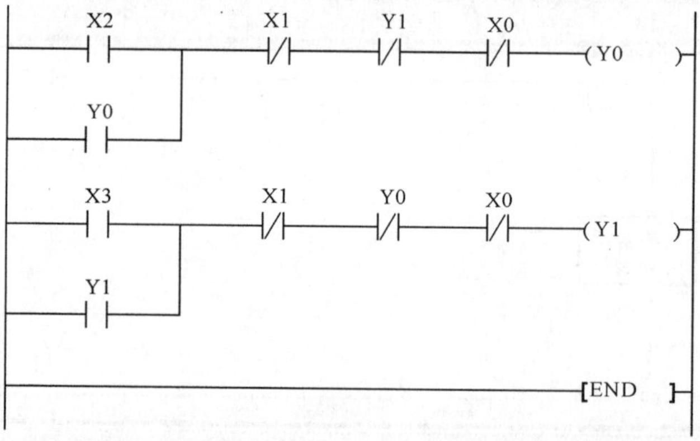


图 5-28　典型控制系统梯形图

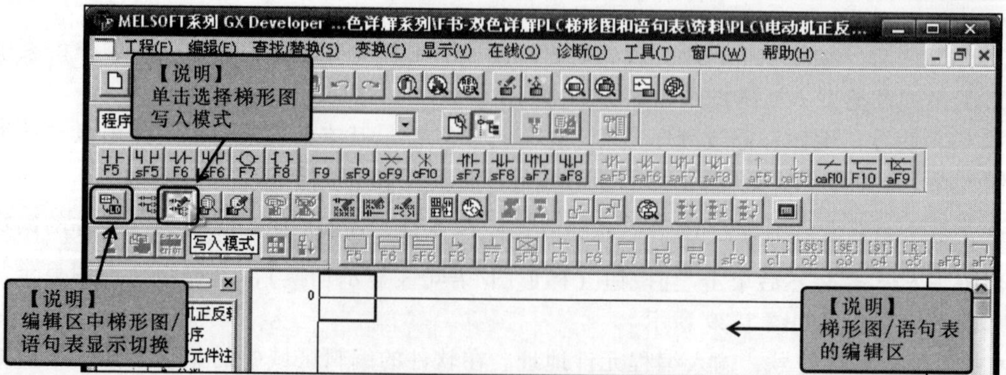


图 5-29　进入三菱 PLC 编程软件的梯形图编写模式

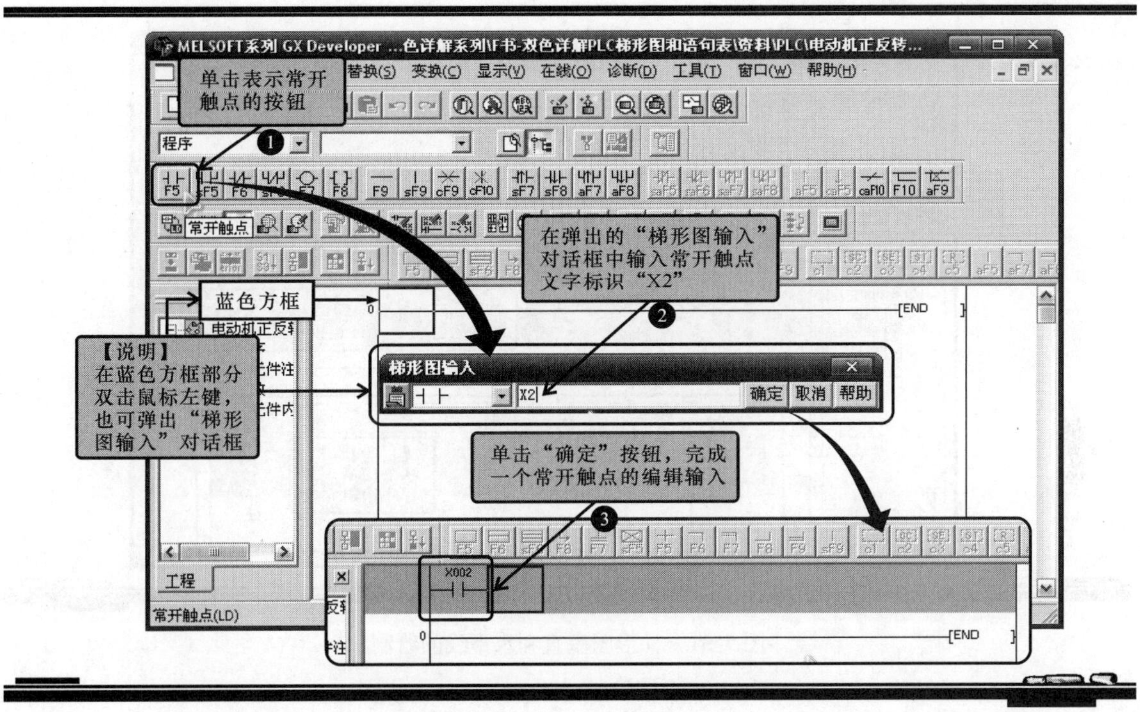


图5-30　输入第一个程序元件X2

**【注意】**

接着，可按照同样的操作步骤，分别输入第一条程序的其他元件，其过程如下：

单击，在“梯形图输入”对话框光标位置键入“X1”，然后单击“确定”按钮；

单击，在“梯形图输入”对话框光标位置键入“Y1”，然后单击“确定”按钮；

单击，在“梯形图输入”对话框光标位置键入“X0”，然后单击“确定”按钮；

单击，在“梯形图输入”对话框光标位置键入“Y0”，然后单击“确定”按钮。

**【注意】**

在三菱PLC编程软件中，编程元件符号对应的字母标识中数字编号采用三位有效数字表示，即手绘梯形图中的标识字母“X0”在编程软件中默认为“X000”，“X2”在编程软件中默认为“X002”，“Y0”在编程软件中默认为“Y000”等。

- 绘制垂直和水平线。根据图5-28所示梯形图，接下来需要输入常开触点“X2”的并联元件“Y0”，其编辑方法如图5-31所示。

接下来，按照相同的操作方法绘制梯形图的第二条程序，如图5-32所示。

具体编辑过程如下：

单击，在“梯形图输入”对话框光标位置键入“X3”，然后单击“确定”；

单击，在“梯形图输入”对话框光标位置键入“X1”，然后单击“确定”；

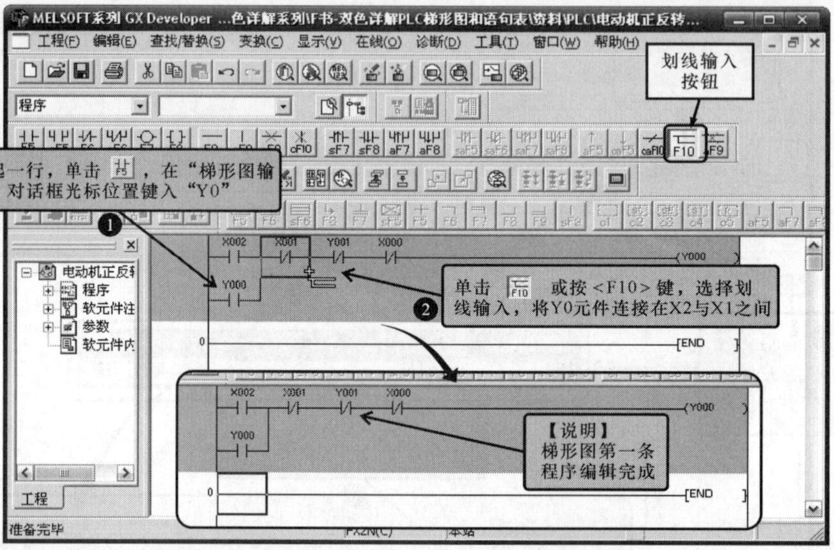


图 5-31　梯形图垂直和水平线的绘制

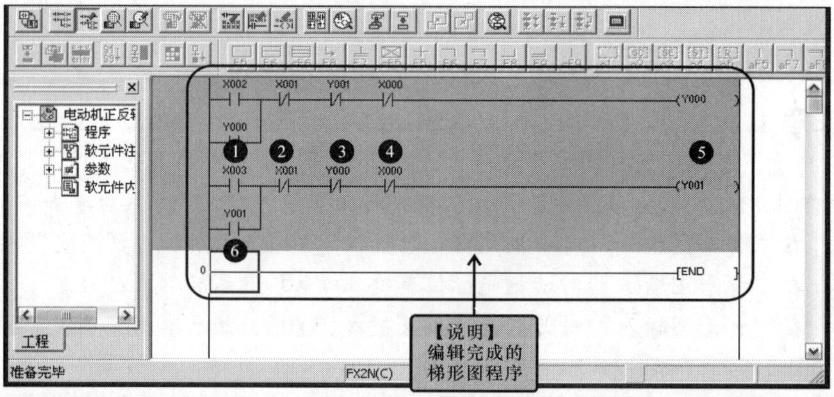


图 5-32　梯形图第二条程序的绘制

单击，在“梯形图输入”对话框光标位置键入“Y0”，然后单击“确定”；

单击，在“梯形图输入”对话框光标位置键入“X0”，然后单击“确定”；

单击，在“梯形图输入”对话框光标位置键入“Y1”，然后单击“确定”。

另起一行，单击，在“梯形图输入”对话框光标位置键入“Y1”，然后单击“确定”按钮。单击或按＜F10＞键，选择划线输入，将 Y1 元件连接在 X3 与 X1 之间。

至此，第二条程序也编辑完成。

• 插入和删除行、列操作。在编写程序过程中如需要对梯形图进行删除、修改或插入等操作，可在需要进行操作的位置单击鼠标左键，即可在该位置显示蓝色方框，在蓝色方框处单击鼠标右键，即可显示各种操作选项，选择相应的操作即可，如图 5-33 所示。

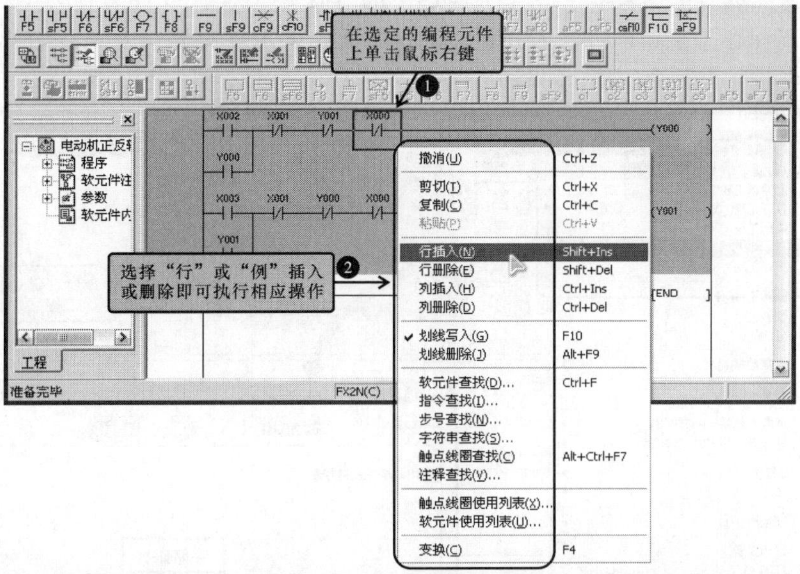


图 5-33　插入和删除行或列操作

• 保存工程。完成梯形图程序的绘制后需要保存工程，在保存工程之前必须先执行"变换"操作，即执行菜单栏【变换】中的【变换】命令，或直接按 < F4 > 键完成变换，此时编辑区不再是灰色状态，如图 5-34 所示。

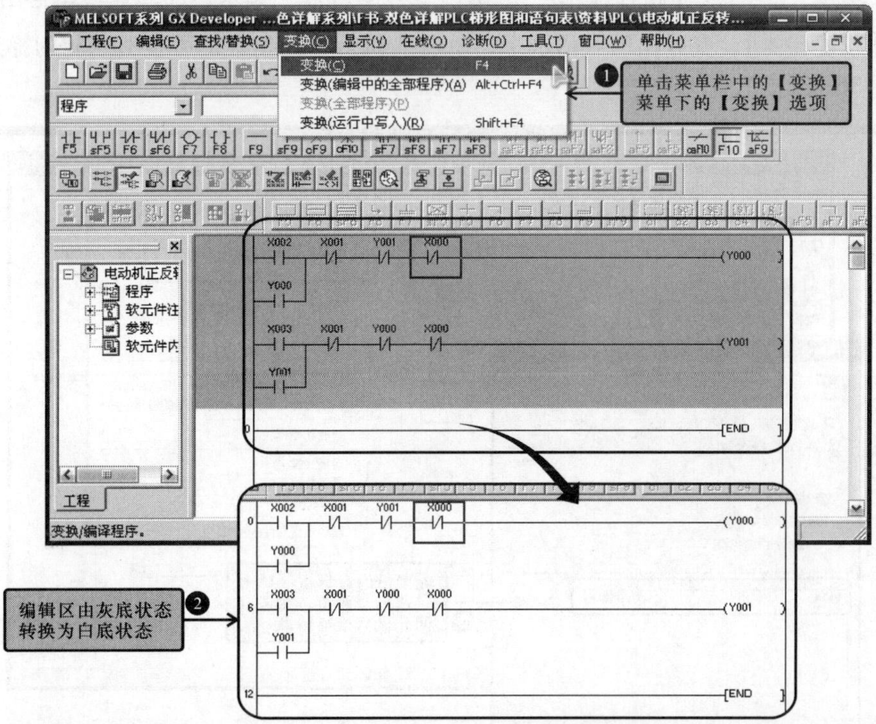


图 5-34　梯形图程序的变换操作

梯形图变换完成后选择菜单栏中【工程】中的【保存工程】或【另存为工程】，并在弹出对话框中单击“保存”按钮即可（若在新建工程操作中未对保存路径及工程名称进行设置，则可在该对话框中进行设置），如图5-35所示。

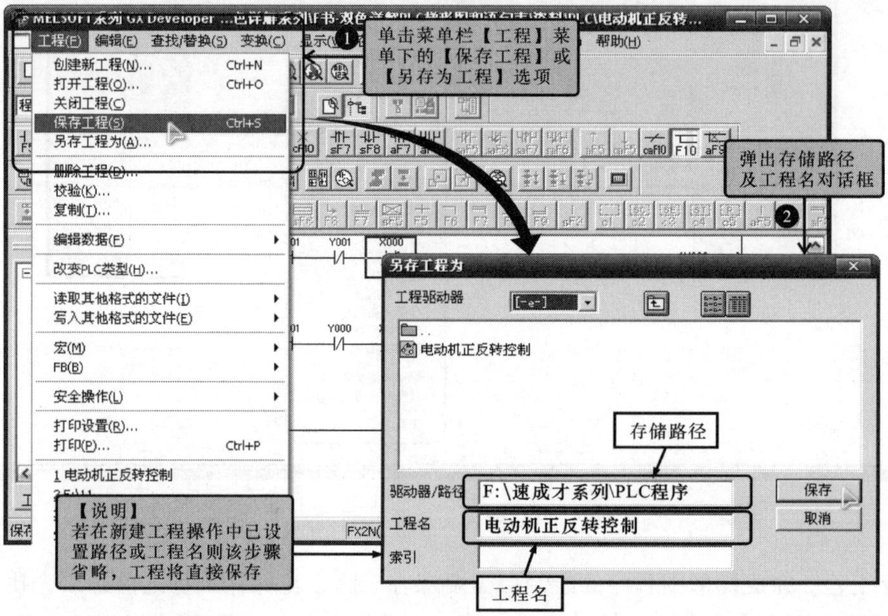


图5-35 保存工程

• 程序检查。对完成绘制的梯形图，应执行“程序检查”指令，即选择菜单栏中的【工具】菜单下的【程序检查】，在弹出的对话框中，单击“执行”按钮，即可检查绘制的梯形图是否正确，如图5-36所示。

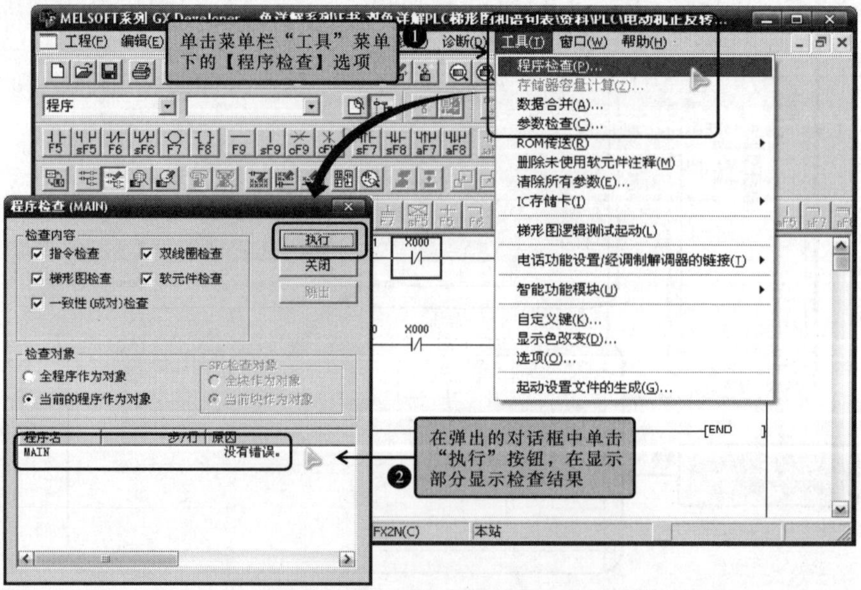


图5-36 梯形图程序的检查

【注意】

对程序检查过程中发现错误，则需要及时调整和修改，然后再次执行【变换】/【保存】操作，将最终修改的结果保存到工程中。

另外，还可通过PLC仿真软件（GX Simulator）对绘制好的PLC程序通过计算机虚拟的PLC现场运行，对程序进行查错和调试操作。

**2. PLC程序的写入与调试**

编程软件编写完成的梯形图程序可作为一个工程进行保存，然后将计算机与PLC通信接口通过编程电缆进行连接，将编写好的程序写入PLC主机中，如图5-37所示。

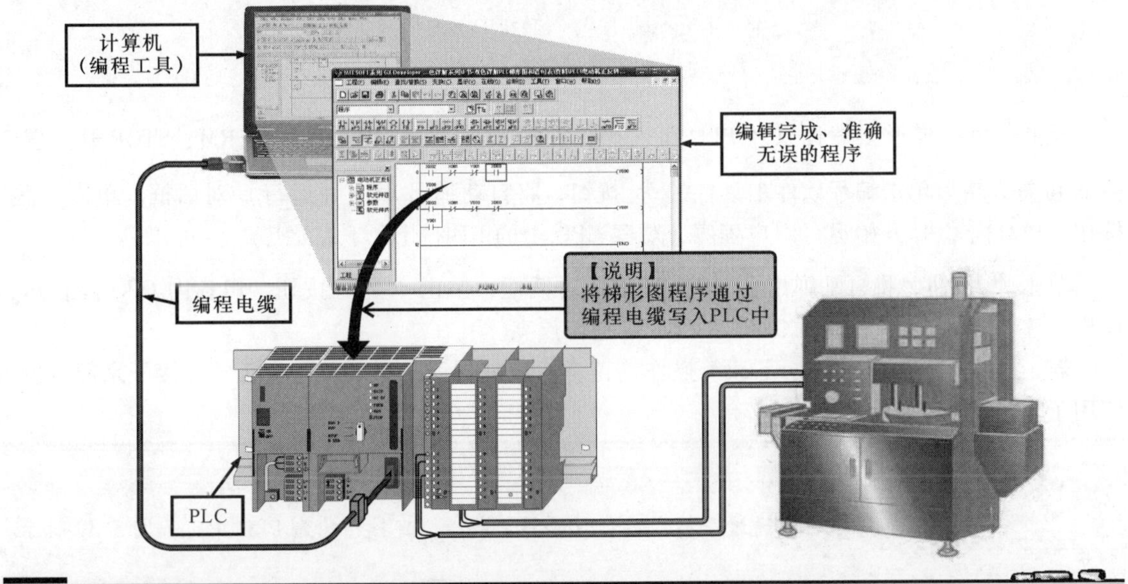


图5-37　梯形图程序写入PLC主机操作

需要注意的是，在将PLC梯形图程序写入PLC主机之前，通过会进行仿真实验操作，可利用与编程软件兼容的仿真软件，对绘制号的PLC程序通过计算机虚拟的PLC现场进行运行实验，用于对程序进行查错和调试操作。

【注意】

在写入PLC过程中，若通信异常或编程电缆连接错误等，便会显示通信错误对话框，如图5-38所示。需要注意检查通信电缆是否与计算机及PLC匹配，通信接口设置是否正常等，排除连接及设置故障，完成PLC写入。

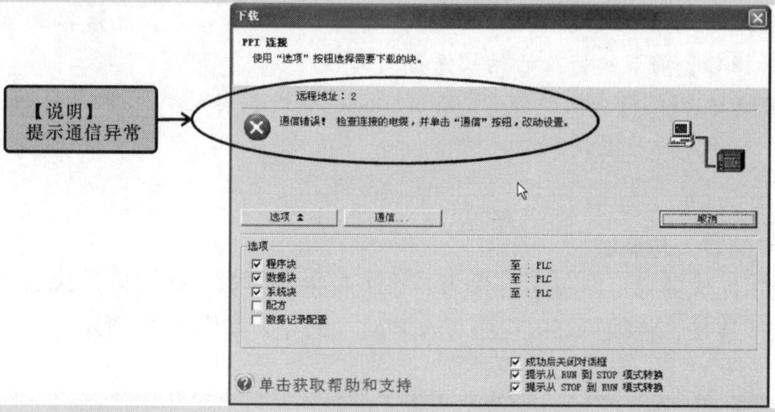


图 5-38　梯形图程序写入操作中的通信异常情况

至此，PLC 梯形图编程以及 PLC 写入操作完成，将 PLC 上的 RUN/TERM、STOP 开关置于 RUN 位置，然后单击编程软件工具栏的按钮，将自动弹出 RUN（运行）对话框，单击“是”按钮，PLC 内 CPU 开始运行用户程序，观察 CPU 上的 RUN 指示灯是否点亮。

单击按钮，将自动弹出 STOP（停止）对话框，单击“是”按钮，PLC 内 CPU 停止运行用户程序，观察 CPU 上的 STOPRUN 指示灯是否点亮。

若上述程序编写及编译、下载等操作均正常后，表明程序写入及运行正常，接下来便可投入使用了。



**【资料】**

PLC 程序也可以通过手持式编程器编写完成后，直接传输到 PLC 中，如图 5-39 所示。

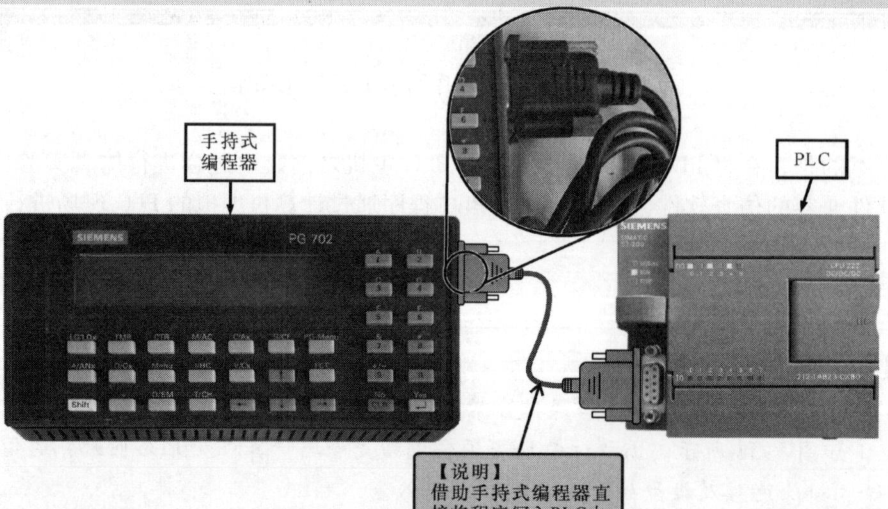


图 5-39　借助手持式编程器将程序写入 PLC 中

# 5.2 轻松搞定 PLC 系统的安装

PLC 的安装是指根据之前设计完成的 PLC 系统方案，将 PLC 的硬件设备进行安装和接线的操作。在具体操作之前，我们需要首先了解一下安装 PLC 系统的基本要求以及接线的原则等，以免造成硬件连接错误，引起不必要的麻烦。

## 5.2.1 安装 PLC 系统有什么要求

PLC 属于新型自动化控制装置的一种，是由基本的元器件等组成的，为了保证 PLC 系统的稳定性，在 PLC 安装和接线也有一定的要求。

**1. PLC 系统安装环境的要求**

在对 PLC 的硬件系统进行安装时，从安装环境角度出发，应注意以下几点：

① 安装 PLC 时应充分考虑 PLC 的环境温度，使其不得超过 PLC 允许的温度范围，通常 PLC 环境温度范围在 0～55℃之间，当温度过高或过低时，均会导致内部的元器件工作失常。

② PLC 对环境湿度也有一定的要求，通常 PLC 的环境湿度范围应在 35%～85% 之间，当湿度太大会使 PLC 内部元器件的导电性增强，可能导致元器件击穿损坏的故障。

③ PLC 应尽量安装在避免阳光直射、无腐蚀性气体、无易燃易爆气体、无尘埃、无滴水、无冲击等环境中，以免腐蚀 PLC 内部的元器件或部件。

④ PLC 不能安装在振动比较频繁的环境中（振动频率为 10～55 Hz、幅度为 0.5mm），若振动过大则可能会导致 PLC 内部的固定螺钉或元器件脱落、焊点虚焊。

⑤ PLC 硬件系统一般应安装在专门的 PLC 控制柜内，用以防止灰尘、油污、水滴等进入 PLC 内部，造成电路短路，从而造成 PLC 损坏。

⑥ 为了保证 PLC 工作时其温度保持在规定环境温度范围内，安装 PLC 的控制柜应有足够的通风空间，如果周围环境超过 55℃，要安装通风扇，强迫通风，如图 5-40 所示。

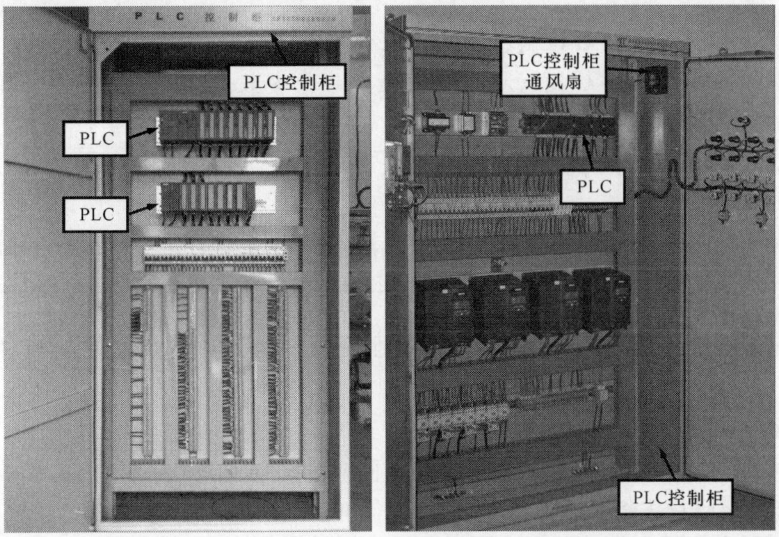


图 5-40 PLC 控制柜

【资料】

通常PLC控制柜的通风方式有自然冷却方式、强制冷却方式、强制循环方式和封闭整体式冷却方式4种，如图5-41所示。

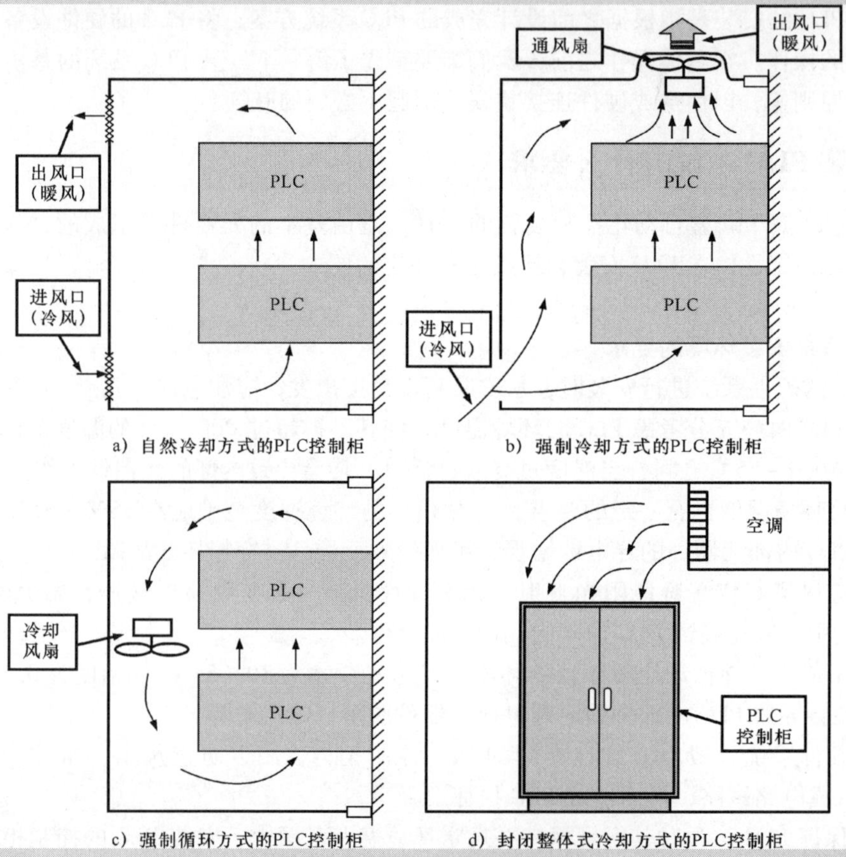


图5-41　PLC控制柜的通风方式

- 采用自然冷却方式的PLC控制柜通过进风口和出风口实现自然换气；
- 采用强制冷却方式的PLC控制柜是指在控制柜中安装通风扇进行通风，将PLC内部产生的热量通过通风扇排出实现换气；
- 采用强制循环方式的PLC控制柜是指在控制柜中安装冷却风扇，将PLC产生的热量进行循环冷却；
- 采用封闭整体式冷却方式的PLC控制柜采用全封闭结构，通过外部进行整体冷却。

⑦ 为了保证PLC工作的安全稳定以及日常维护的安全，安装PLC控制柜时，应尽量远离600V以上的高压设备或动力设备，分开设置。

**2. PLC系统的安装原则**

① 安装PLC时，应在断电情况下进行操作，同时为了防止静电对PLC的影响，应借助防静电设备或用手接触金属物体将人体的静电释放后，再对PLC进行安装。

② PLC的安装方式通常有底板安装和DIN导轨安装两种方式，用户在安装时可根据安装条

件进行选择。

其中，底板安装方式是指利用 PLC 底部外壳上的 4 个安装孔进行安装，如图 5-42 所示，根据安装孔的不同选择大小规格合适的螺钉进行固定。

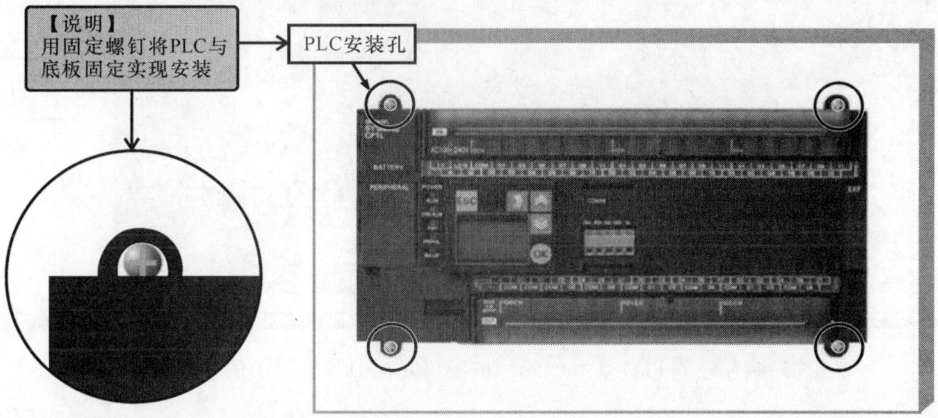


图 5-42　底板安装

DIN 导轨安装方式是指利用 PLC 底部外壳上的导轨安装槽及卡扣将 PLC 安装在 DIN 导轨上，如图 5-43 所示。

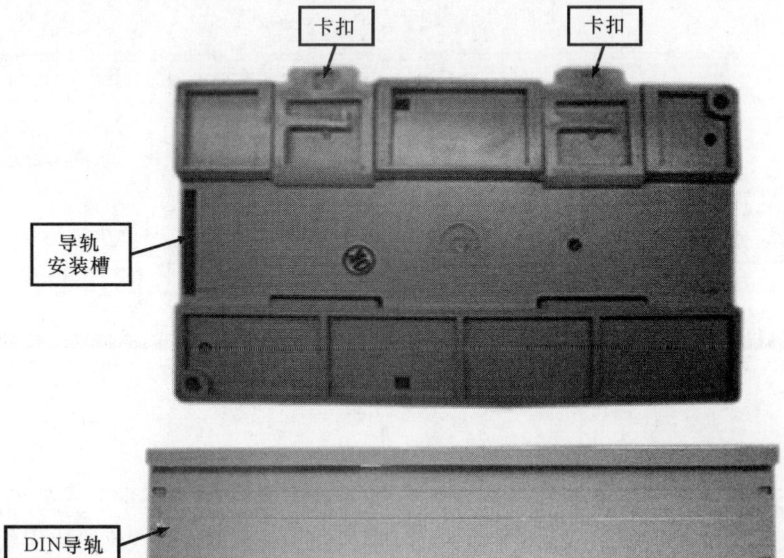


图 5-43　DIN 导轨安装

图 5-44 所示为三菱 PLC 基本单元与扩展单元在 DIN 导轨上的安装实例。

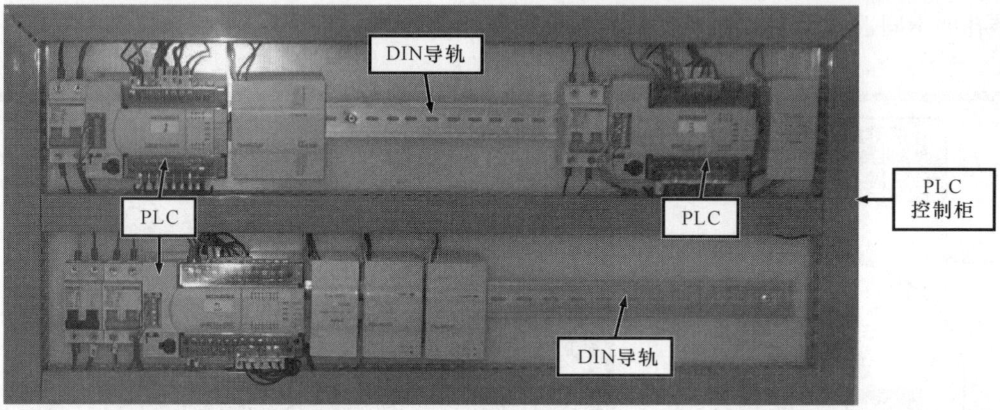


图 5-44　三菱 PLC 基本单元与扩展单元在 DIN 导轨上的安装实例

③ 安装 PLC 时，应防止杂物从 PLC 的通风窗掉入 PLC 的内部。

PLC 采用垂直安装时，应防止导线头、铁屑等从 PLC 的通风窗掉入 PLC 中，造成内部电路元件短路，如图 5-45 所示。

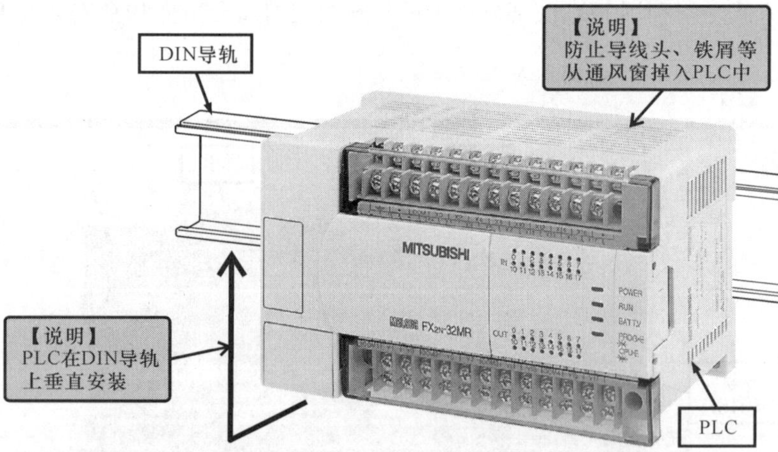


图 5-45　PLC 的垂直安装

**3. PLC 供电电源的安装原则**

PLC 若要正常的工作，最重要的一点就是要保证其供电线路的正常。一般情况下 PLC 供电电源的要求为交流 220V/50Hz，三菱 FX 系列的 PLC 还有一路 24V 的直流输出引线，用来连接一些光电开关、接近开关等传感器件。

在电源突然断电的情况下，PLC 的工作应在小于 10ms 时不受影响，以免电源电压突然的波动影响 PLC 工作。在电源断开时间大于 10ms 时，PLC 应停止工作。

PLC 设备本身带有抗干扰能力，可以避免交流供电电源中的轻微的干扰波形，若供电电源中的干扰比较严重时，则需要安装一个 1∶1 的隔离变压器，以减少干扰。

**4. PLC 接地原则**

有效的接地可以避免脉冲信号的冲击干扰，因此在对 PLC 设备或 PLC 扩展模块进行安装时，应保证其良好的接地，如图 5-46 所示，以免脉冲信号损坏 PLC 设备。

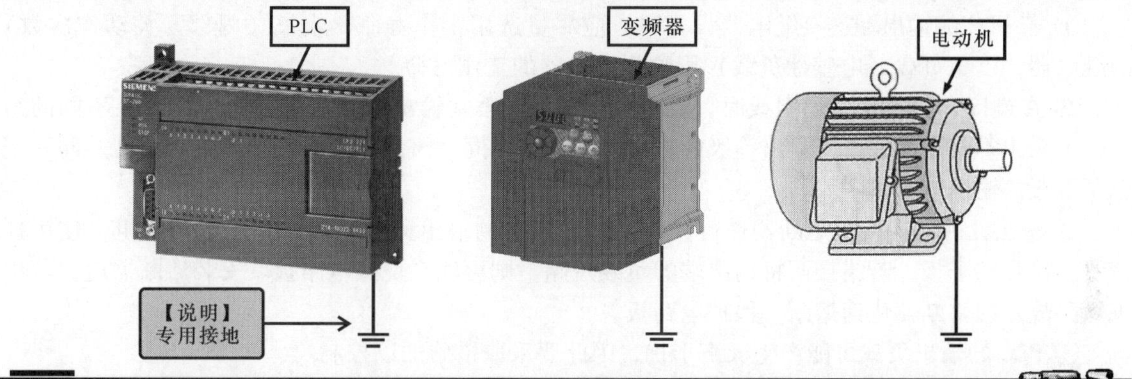


图 5-46　专用接地

【注意】

PLC 的接地线应使用直径在 2mm 以上的专用接地线，且应尽量采用专用接地，接地极应尽量靠近 PLC，以缩短接地线。在连接 PLC 设备的接地端时，应尽量避免与电动机、变频器或其他设备的接地端相连，应分别进行接地。若无法采用专用接地时，可将 PLC 的接地极与其他设备的接地极相连接，构成共用接地，但不可共用接地线，如图 5-47 所示。

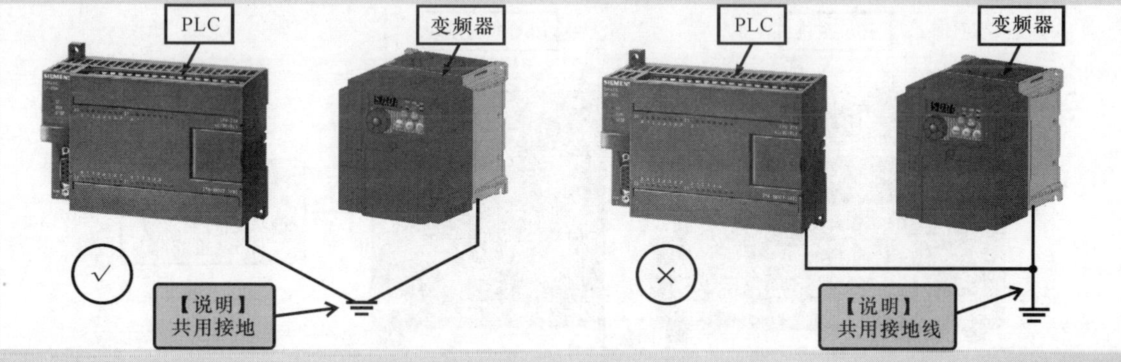


图 5-47　PLC 与其他设备共用接地

**5. PLC 输入端的接线原则**

PLC 一般使用限位开关、按钮开关等进行控制，且输入端还常一般与外部传感器进行连接，因此在对 PLC 输入端的接口进行接线时，应注意以下两点。

① 输入端的连接线不能太长，应限制在 30m 以内，若连接线过长，则会使输入设备对 PLC 的控制能力下降，影响控制信号输入的精度。

② PLC 的输入端引线和输出端的引线不能使用同一根电缆，以免造成干扰，或引线绝缘层

损坏时造成短路故障。

**6. PLC 输出端的接线原则**

PLC 设备的输出端一般用来连接控制设备，如继电器、接触器、电磁阀、变频器、指示灯等，在对输出端的引线或设备进行连接时，需要注意以下几点。

① 若 PLC 的输出端连接继电器设备时，应尽量选用工作寿命比较长（内部开关动作次数）的继电器，以免负载（电感性负载）影响到继电器的工作寿命。

② 在连接 PLC 输出端的引线时，应将独立输出和公共输出分别进行分组连接。在不同的组中，可采用不同类型和电压输出等级的输出电压；而在同一组中，只能选择同一种类型、同一个电压等级的输出电源。

③ 输出元件端应安装熔断器进行保护，由于 PLC 的输出元件安装在印制电路板上，使用连接线连接到端子板，若错接而将输出端的负载短路，则可能会烧毁电路板。安装熔断器后，若出现短路故障则熔断器快速熔断，保护电路板。

④ PLC 的输出负载可能产生噪声干扰，因此要采取措施加以控制。

⑤ 除了使用 PLC 中设置控制程序防止对用户造成伤害，还应设计外部紧急停止工作电路，在 PLC 出现故障后，能够手动或自动切断电源，防止危险发生。

⑥ 直流输出引线和交流输出引线不应使用同一个电缆，且输出端的引线要尽量远离高压线和动力线，避免并行或干扰。

**7. PLC 扩展模块的连接要求**

当一个整体式 PLC 不能满足系统要求时，多会采用连接扩展模块的方式。在将 PLC 主机与扩展模块连接时也有一定的要求，例如：

① 为了更好地散热，PLC 主机和扩展模块之间要有 30mm 以上间隔，如图 5-48 所示。



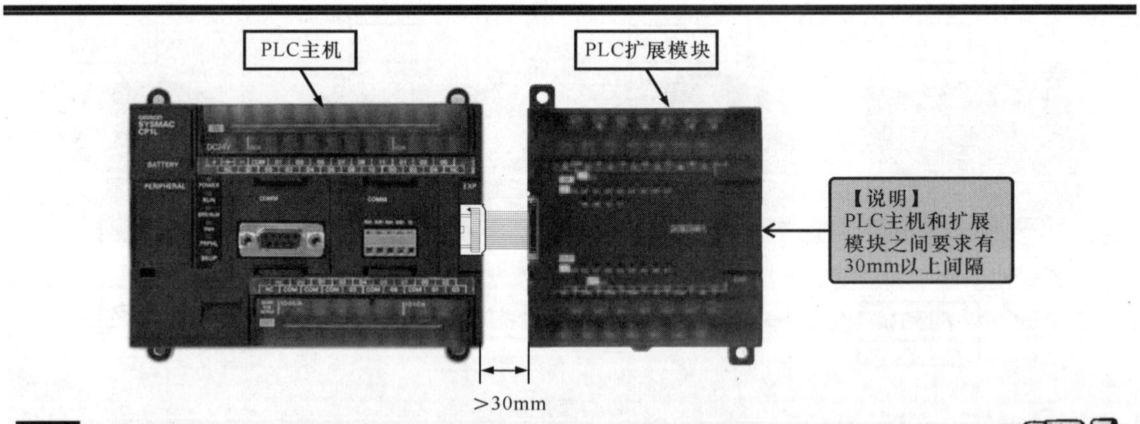


图 5-48　PLC 的基本单元和扩展单元之间的安装距离

② 可扩展模块的个数不能超过 PLC 主机所要求可扩展的对大个数。例如，当将三菱 $FX_{2N}$ 系列 PLC 基本单元（PLC 主机）的右侧与 $FX_{2N}$ 的扩展单元、扩展模块、特殊功能模块或 $FX_{0N}$ 的扩展模块、特殊功能模块连接时可直接将这些模块通过扁平电缆与基本单元进行连接，且基本单元右侧连接 $FX_{2N}$、$FX_{0N}$ 的扩展设备的个数最多不能超过 8 个，如图 5-49 所示。

③ PLC 主机与扩展模块的连接顺序需符合要求，不可反顺序连接。例如，当将三菱 $FX_{2N}$ 系列 PLC 基本单元（PLC 主机）与 $FX_{2N}$、$FX_{0N}$、$FX_1$、$FX_2$ 扩展设备混合连接时，需将 $FX_{2N}$、$FX_{0N}$

的扩展设备直接与 $FX_{2N}$ 基本单元进行连接，然后在其 $FX_{2N}$、$FX_{0N}$ 的扩展设备之后使用 $FX_{2N}$-CNV-IF 型转换电缆连接 $FX_1$、$FX_2$ 扩展设备，且使用的 $FX_{2N}$、$FX_{0N}$ 的扩展设备的个数最多不超过 8 个，使用 $FX_{2N}$-CNV-IF 型转换电缆连接的 $FX_1$、$FX_2$ 的扩展设备的个数最多不超过 16 个，如图 5-50 所示。

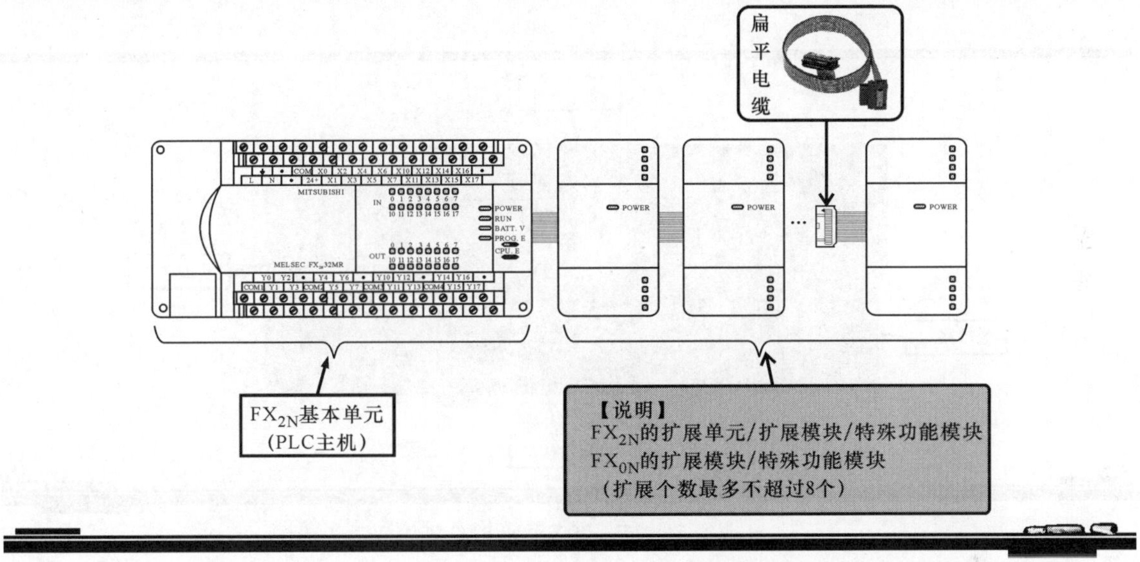


图 5-49　$FX_{2N}$ 基本单元与 $FX_{2N}$、$FX_{0N}$ 扩展设备的连接

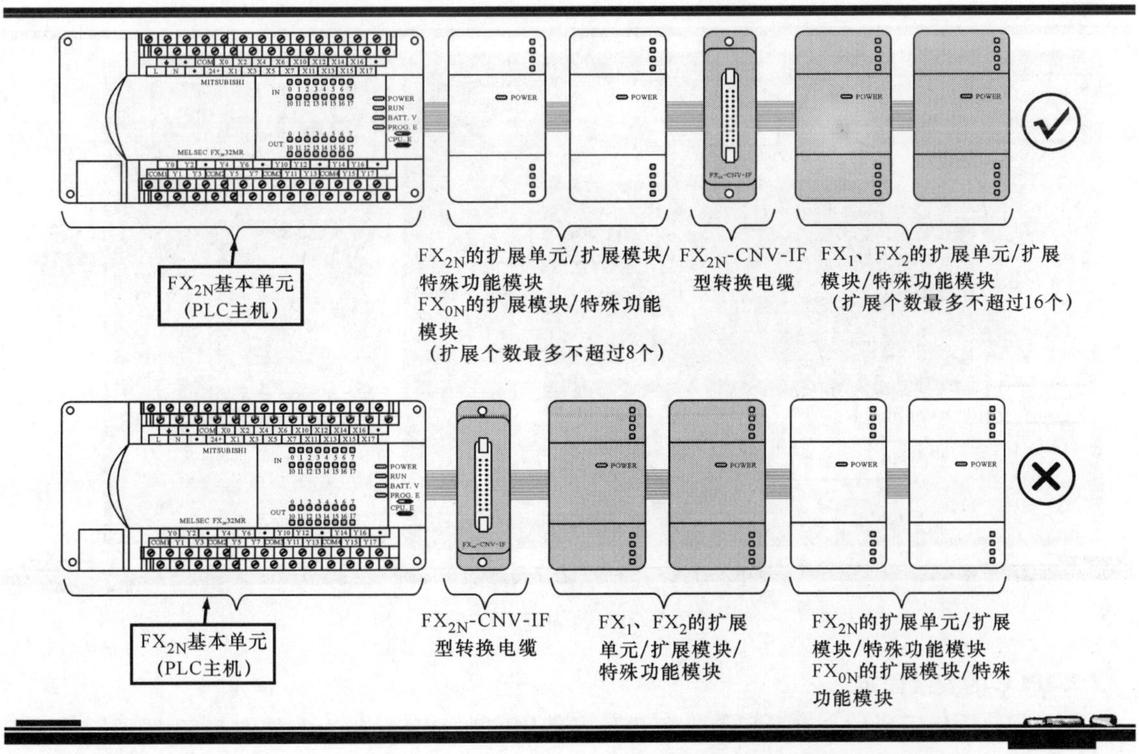


图 5-50　$FX_{2N}$ 基本单元与 $FX_{2N}$、$FX_{0N}$、$FX_1$、$FX_2$ 扩展设备的混合连接

## 5.2.2 练习安装PLC系统

PLC系统通常安装在PLC控制柜内，避免灰尘、污物等的侵入，为了增强PLC系统的工作性能，提高其使用寿命，安装时应严格按照PLC的安装要求进行安装。下面以西门子S7—200系列PLC为例对其安装接线方法进行介绍，如图5-51所示。

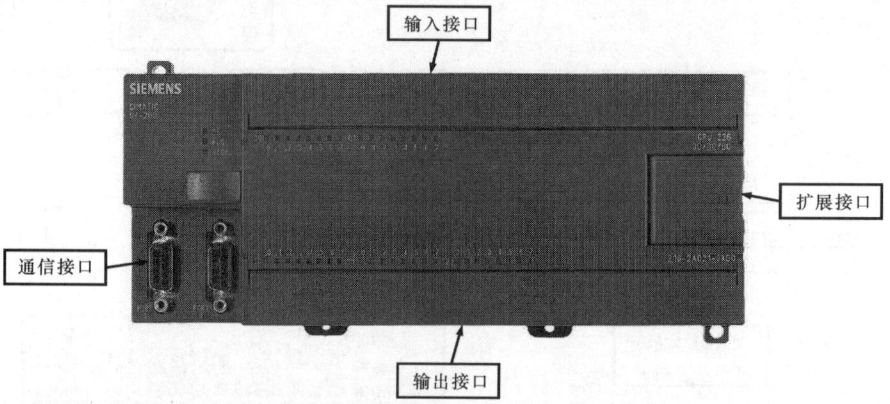


图5-51 S7—200系列PLC实物

**1. DIN导轨的安装固定**

图5-52所示为安装固定DIN导轨

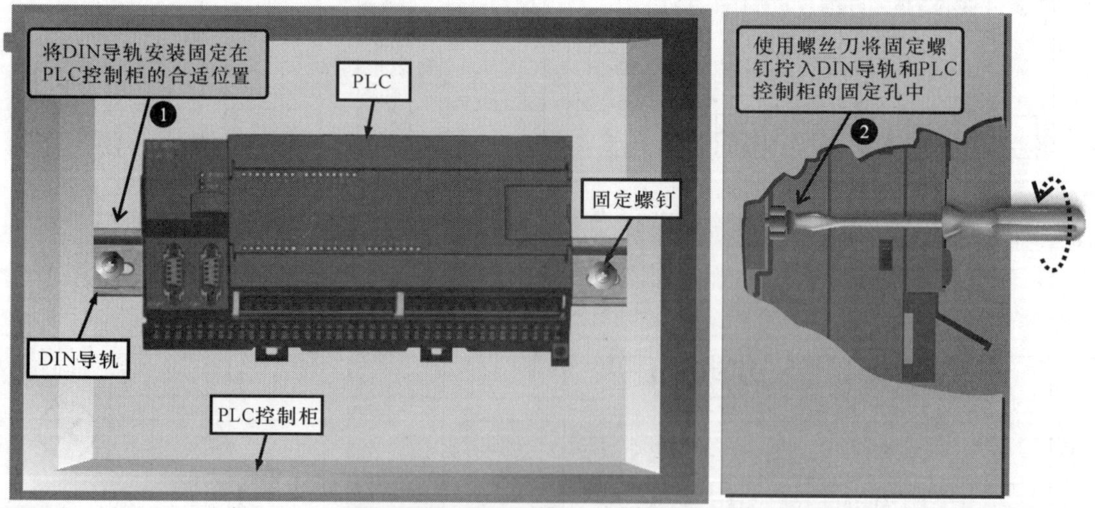


图5-52 安装固定DIN导轨

**2. PLC的安装固定**

DIN导轨固定完成后，接下来需要将PLC安装固定在DIN导轨上，如图5-53所示。将PLC底部的两个卡扣向下推使其DIN导轨能够安装在PLC安装槽内，然后将PLC安装槽对准固定好的DIN导轨，使其PLC背部上端的卡扣卡住DIN导轨，最后再将PLC背部的两个卡扣向上推使其卡住 DIN 导轨，至此便完成了 PLC 的安装固定。

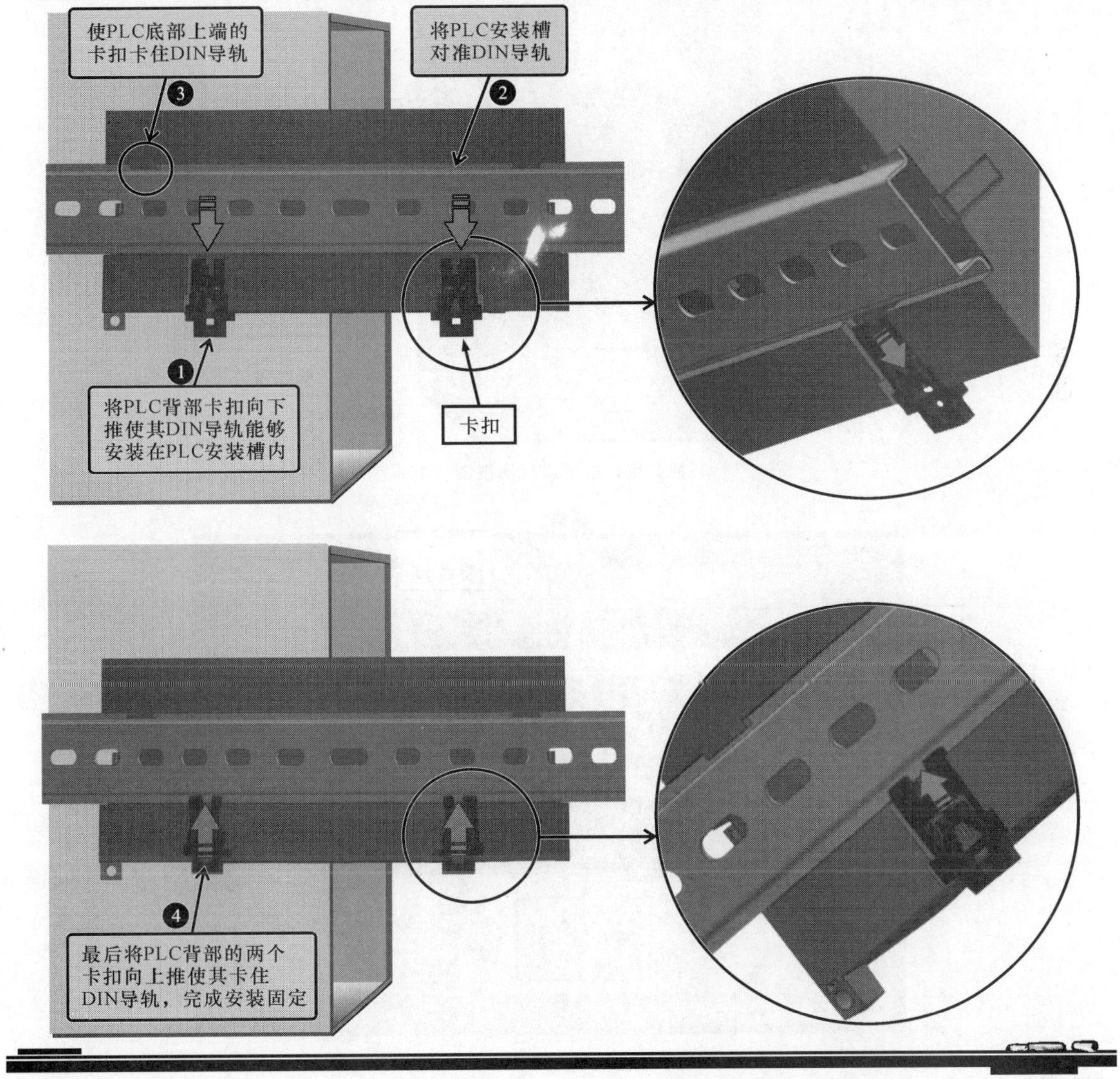


图 5-53 PLC 的安装固定

**3. 撬开接口端子排**

PLC 与输入、输出设备之间通过输入、输出接口端子排进行连接，因此在安装前，首先应将输入、输出接口端子排撬开，如图 5-54 所示。

**4. PLC 输入、输出接口的接线**

PLC 的输入接口常与输入设备（如控制按钮、过热保护继电器等）进行连接，用于控制 PLC 的工作状态；PLC 的输出接口常与输出设备（接触器、继电器、晶体管、变频器等）进行连接，用来控制其工作。

在进行 PLC 输入、输出接口的连接时，应严格按照预先设计的 I/O 分配图或分配表进行连接。

图 5-55 所示为西门子 S7—200（CPU222）在某 PLC 控制系统应用中的 I/O 分配图。

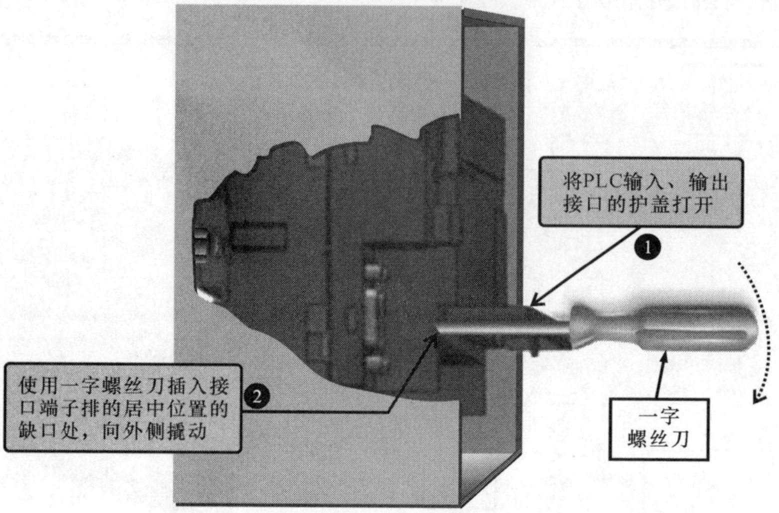


a）撬开接口端子排（侧视图）

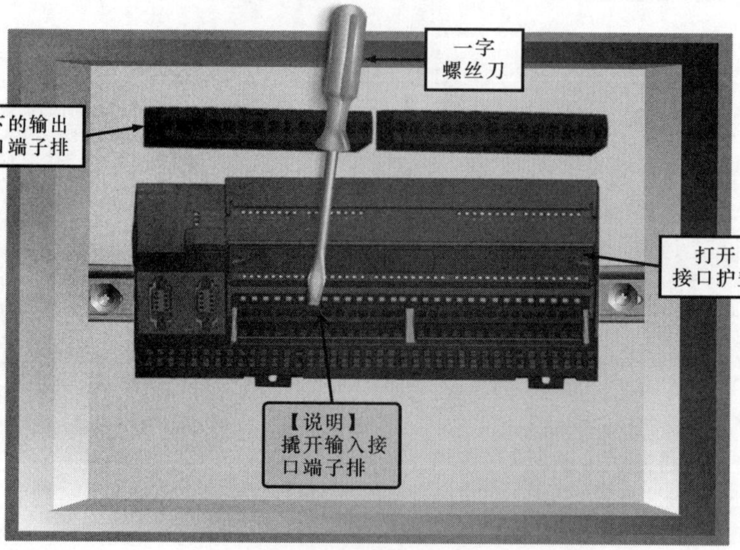


b）撬开接口端子排（正视图）

图 5-54　撬开输入接口端子排

根据预先设计的 I/O 分配图，便可以进行 PLC 与外部输入的硬件设备连接，连接时应保证其接线牢固，如图 5-56 所示。连接输入设备时，将按钮开关或限位开关的一个触点与输入端的接口进行连接，另一个触点与供电端 L+（+24 V）进行连接；连接输出设备时，将接触器的一端与输出端接口进行连接。另一端与相线端进行连接，使其线圈接入交流 220V 电压中。

在将 PLC 与输入、输出设备进行连接时，通常先将输入、输出设备连接在相应的端子排上，然后再将其端子排插接在相应的端子上，接线及插接时应保证其牢固，如图 5-57 所示。

**5. PLC 扩展接口的连接**

当 PLC 需连接扩展模块时，应先将其扩展模块安装在 PLC 控制柜内，然后再将其扩展模块的数据线连接端插接在 PLC 扩展接口上，如图 5-58 所示。

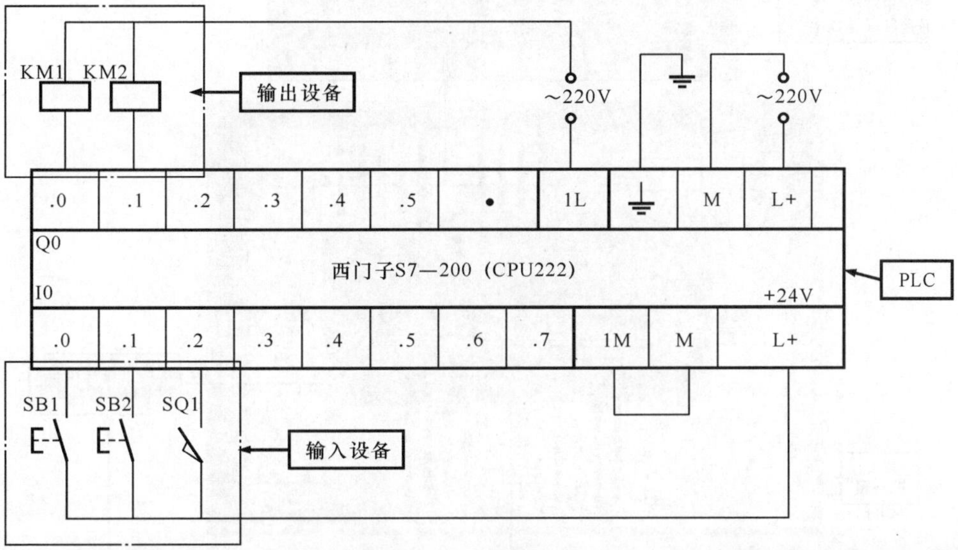


图 5-55　西门子 S7—200（CPU222）在某 PLC 控制系统应用中的 I/O 分配图

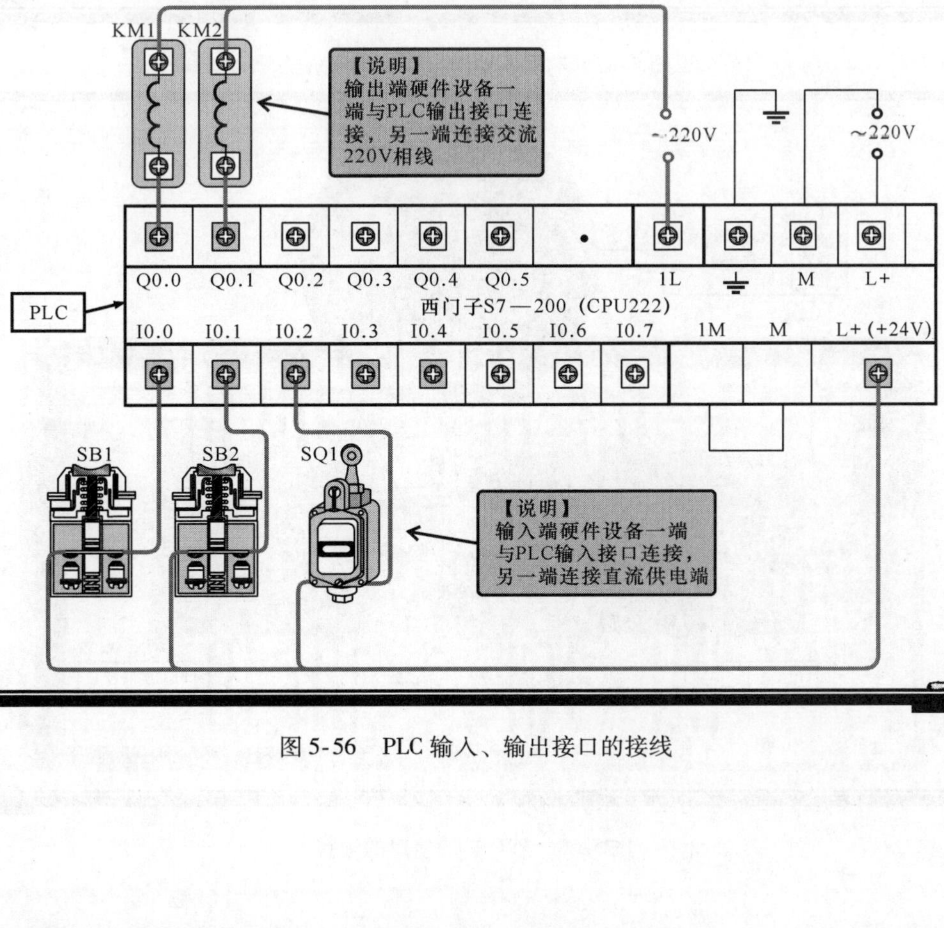


图 5-56　PLC 输入、输出接口的接线

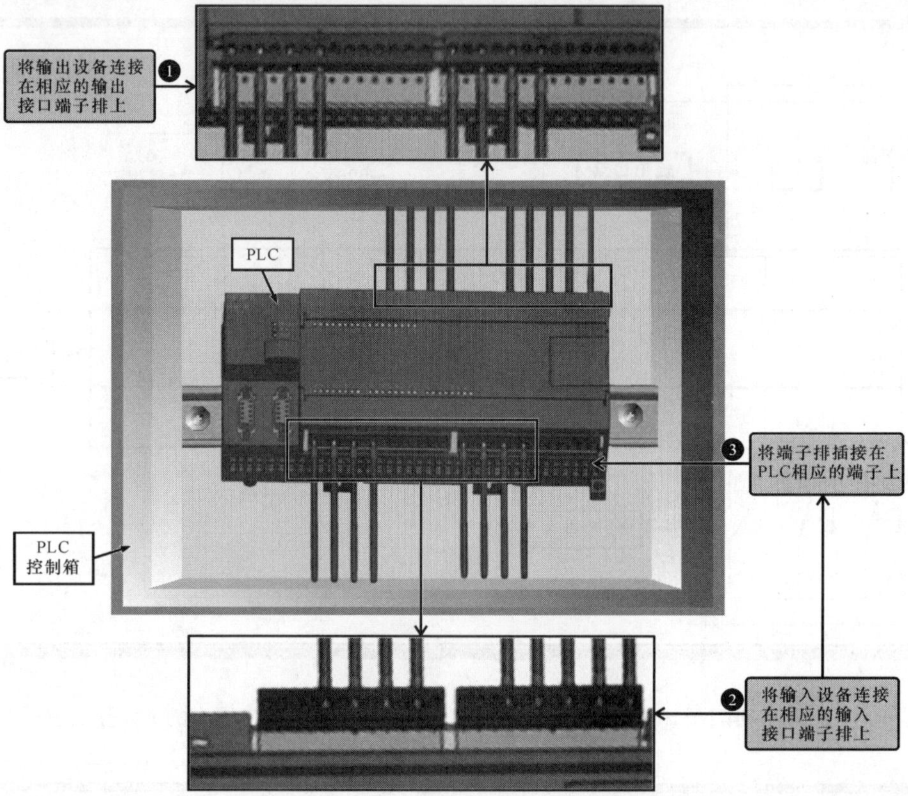


图 5-57 输入、输出接口的接线方法



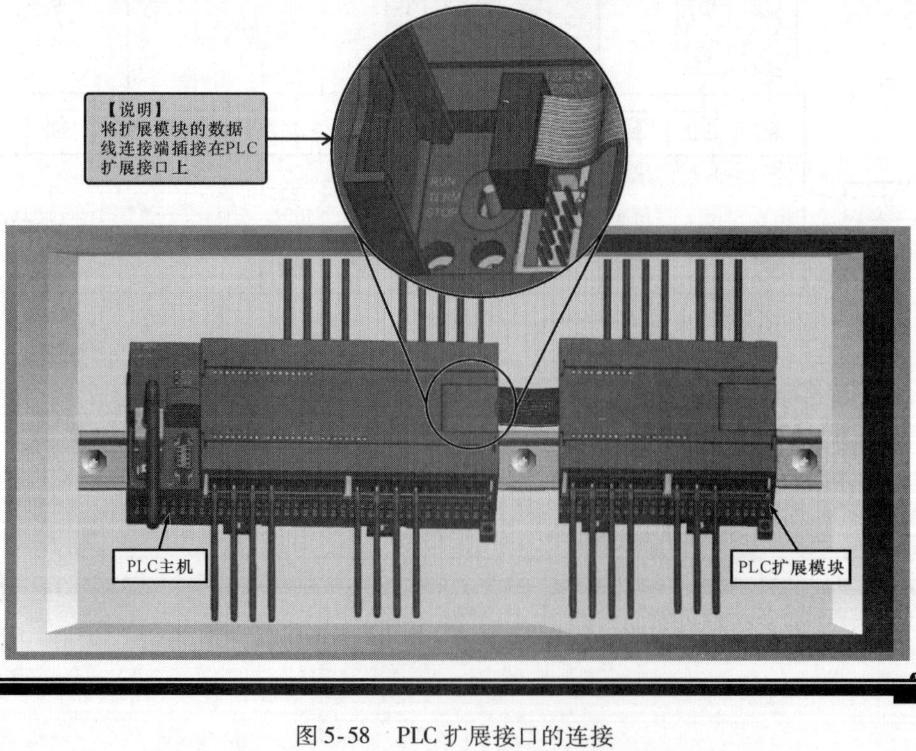


图 5-58 PLC 扩展接口的连接

# 5.3　轻松搞定 PLC 系统的调试和维护

为了保障 PLC 的系统能够正常运行，在 PLC 系统安装接线完毕后，并不能立即投入使用，还要对安装后的 PLC 系统进行调试与检测，以免在安装过程中出现线路连接不良、连接错误、设备损坏等情况的发生，从而造成 PLC 系统短路、断路或损坏元件等。

另外，在 PLC 系统投入使用后，在运行过程中，还应定期对 PLC 系统进行检查和维护，及时对出现的故障或隐患进行排除。

## 5.3.1　PLC 系统的调试项目有哪些

对 PLC 系统进行调试，是 PLC 系统投入使用前的关键环节，主要检查线路连接情况，看连接是否准确，有无漏装或多装的连接线；检查电源电压；检查程序设计以及空载、负载和联机调试等。

**1. 检查线路连接**

根据 I/O 原理图逐段确认 PLC 系统的接线有无漏接、错接之处，检查连接线的接点的连接是否符合工艺标准，如图 5-59 所示。若通过逐段检查无异常，则可使用万用表检查连接的 PLC 系统线路有无短路、断路以及接地不良等现象，若出现连接故障应及时对其进行连接或调整。

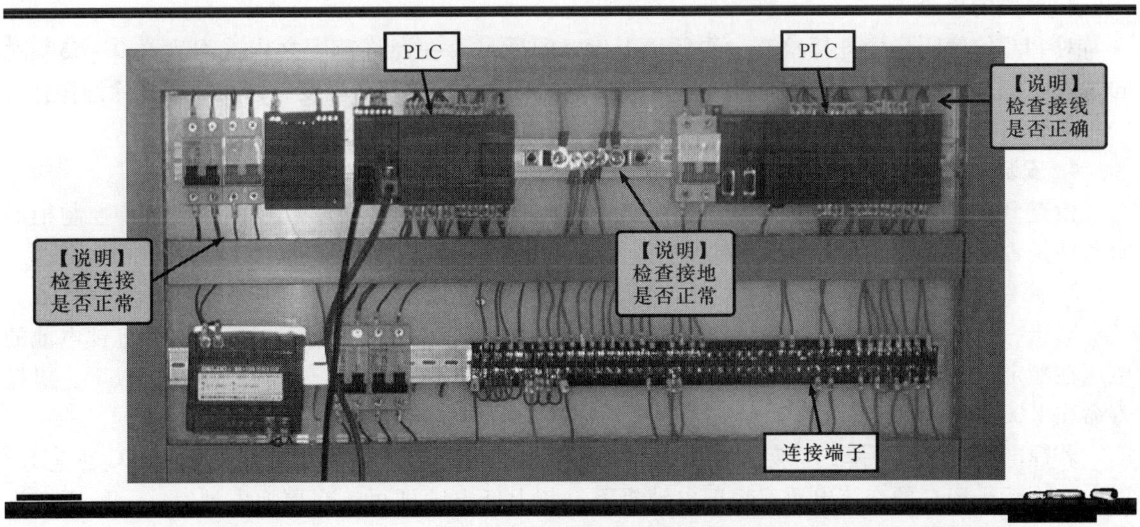


图 5-59　线路连接的检查

**2. 检查电源电压**

在 PLC 系统通电前，检查系统供电电源与预先设计的 PLC 系统图中的电源是否一致，检查时，可合上电源总开关进行检测。

**3. 检查 PLC 程序**

将 PLC 程序、触摸屏程序、显示文本程序等输入到相应的系统内，若系统出现报警情况，应对其系统的接线、设定参数、外部条件以及 PLC 程序等进行检查，并对其产生报警的部位进行重新连接或调整。

**4. 空载和负载调试**

了解设备的工艺流程后，进行手动空载调试，检查手动控制的输出点是否有相应的输出，若有问题，应立即进行解决，若手动空载正常再进行手动带负载调试，手动带负载调试中对其调试电流、电压等参数进行记录。

**5. 联机调试**

完成空载和负载调试后，再将设备连接进行联机调试，调试无误后可对其进行上电运行一段时间，观察其系统工作是否稳定，若均正常，则该系统可投入使用。

## 5.3.2 PLC系统日常维护的项目有哪些

PLC是一种工业中使用的控制设备，在出厂时尽管在可靠性方面采取了许多的防护措施，但由于其工作环境的影响，可能会造成PLC寿命的缩短或出现故障，所以需要定期对PLC做检查及维护操作，确保PLC系统安全、可靠的运行。

**1. 电源的检查**

首先对PLC电源上的电压进行检测，看是否为额定值或有无频繁波动的现象，电源电压必须工作在额定范围之内，且波动不能大于10％，若有异常则应检查供电线路。

**2. 检查输入、输出电源的检查**

检查输入、输出端子处的电压变化是否在规定的标准范围内，若有异常则应对其异常处进行检查。

**3. 环境的检查**

对PLC的使用环境进行检查，看环境温度、湿度是否在允许范围之内（温度在0～55℃之间，湿度在35%～85％之间），若超过允许范围，则应降低或升高温度，以及加湿或除湿操作。

安装环境不能有大量的灰尘、污物等现象，若有则应进行及时清理。



**4. 安装的检查**

检查PLC设备各单元的连接是否良好，连接线有无松动、断裂以及破损等现象，控制柜的密封性是否良好等。若有安装不良的部件，则应重新进行连接，更换断裂或破损的连接线。

**5. 元件使用寿命的检查**

对于一些有使用寿命的元件，如锂电池、输出继电器等，则应定期的检查。以保证锂电池的电压在额定范围之内，输出继电器的使用寿命在允许范围之内（电气寿命在30万次以下，机械寿命在1 000万次以下）。

若锂电池的电压下降到一定程度时，应对锂电池进行更换，更换时，应首先让PLC通电15s以上，再断开PLC的交流电源，将旧电池拆下，装上新电池即可。在更换电池时，一般不允许超过3min，若等待时间过长，则存储器中存储器的程序将消失，还需重新进行写入。

# 第 6 章 通过案例搞清楚电动机控制系统中的 PLC 控制电路

现在，开始进入第 6 章的学习，这一章，我们要搞清电动机控制系统中的 PLC 控制电路，作为 PLC 重要的应用领域，我们会依托大量的电动机控制系统中 PLC 应用案例。首先，为大家建立电动机控制系统控制与相应 PLC 电路之间的关联，然后通过对各电动机控制系统中 PLC 控制电路的详细解析，理顺其中的控制过程，理清其间的控制关系，最终让大家明白电动机控制系统中不同 PLC 控制电路的工作特点，加深对 PLC 控制电路的理解，拓展 PLC 实际应用的思路。为工业生产领域的 PLC 设计开始与应用积累经验。好了，不多说了，让我们在案例中搞清电动机控制系统中的 PLC 控制电路!

## 6.1 电动机控制系统中的 PLC 控制电路有什么特点

本节主要是对电动机控制系统中的 PLC 控制电路的特点进行了解，首先需要建立起电动机控制系统与 PLC 控制电路的关联，将电动机控制系统与 PLC 控制电路进行关联后再搞清楚电动机控制系统中 PLC 的控制过程。

### 6.1.1 想办法建立电动机控制系统与 PLC 控制电路的联系

电动机控制系统主要是通过电气控制部件来实现对电动机的起动、运转、变速、制动和停机等；PLC 控制电路则是由大规模集成电路与可靠元件相结合，通过计算机控制方式实现了对电动机的控制。

图 6-1 所示为典型电动机控制系统，由图可知，典型电动机控制系统主要是由控制箱中的控制部件和电动机构成的。其中，各种控制部件是主要的操作和执行部件；电动机是将系统电能转换为机械能的输出部件，其执行的各种动作是控制系统实现的最终目的。

传统电动机控制系统主要是指由继电器、接触器、控制按钮、各种开关等电气部件构成的电动机控制线路，其各项控制功能或执行动作都是由相应的实际存在的电气物理部件来实现的，各部件缺一不可，如图 6-2 所示。

在 PLC 电动机控制系统中，则主要用 PLC 控制方式取代了电气部件之间复杂的连接关系。电动机控制系统中各主要控制部件和功能部件都直接连接到 PLC 相应的接口上，然后根据 PLC 内部程序的设定，即可实现相应的电路功能，如图 6-3 所示。

由图 6-3 可以看到，整个电路主要由 PLC、与 PLC 输入接口连接的控制部件（FR、SB1 ~ SB4）、与 PLC 输出接口连接的执行部件（KM1、KM2）等构成。

在该电路中，PLC 采用的是三菱 $FX_{2N}$—32MR，外部的控制部件和执行部件都是通过 PLC 预留的 I/O 接口连接到 PLC 上的，各部件之间没有复杂的连接关系。

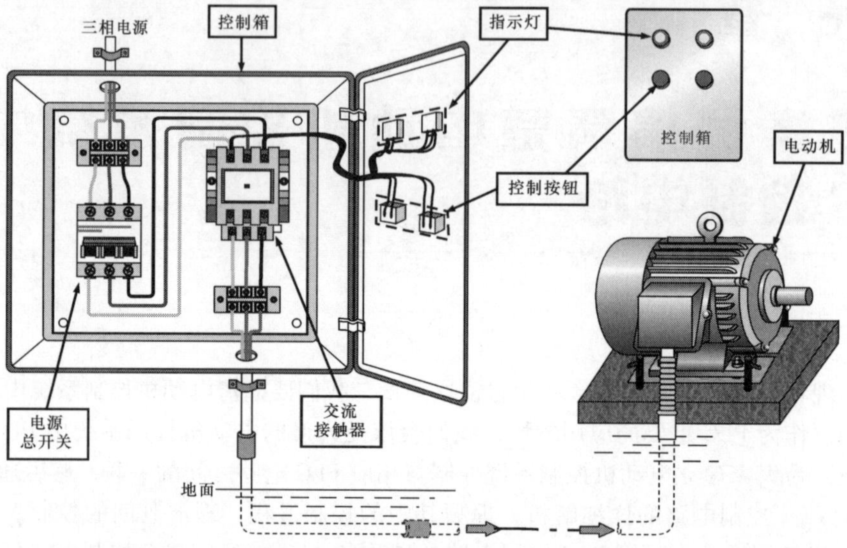


图 6-1 典型电动机控制系统

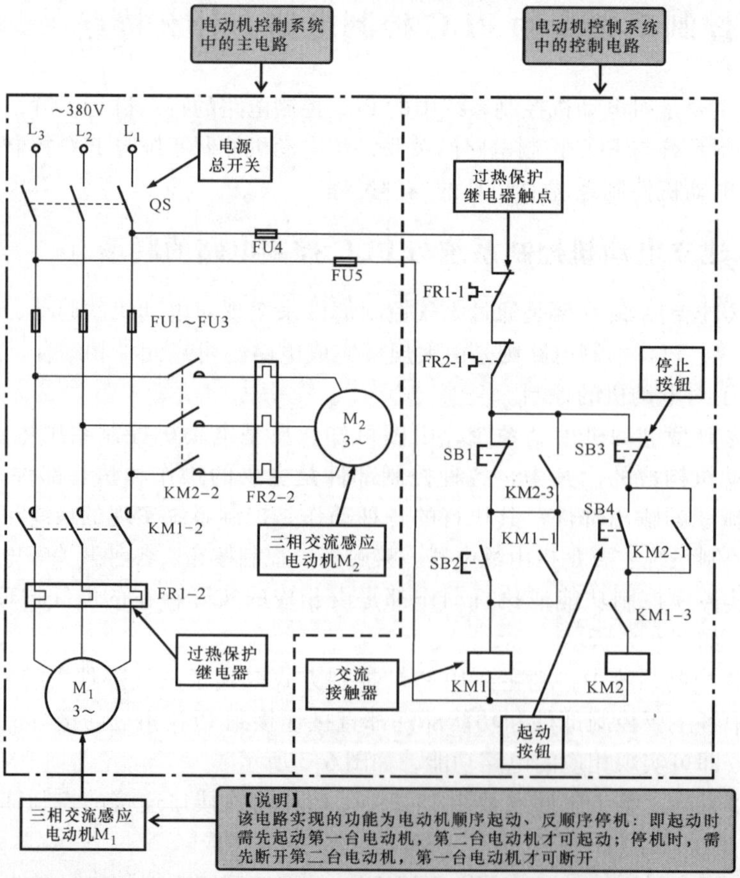


图 6-2 传统电动机顺序起/停控制系统

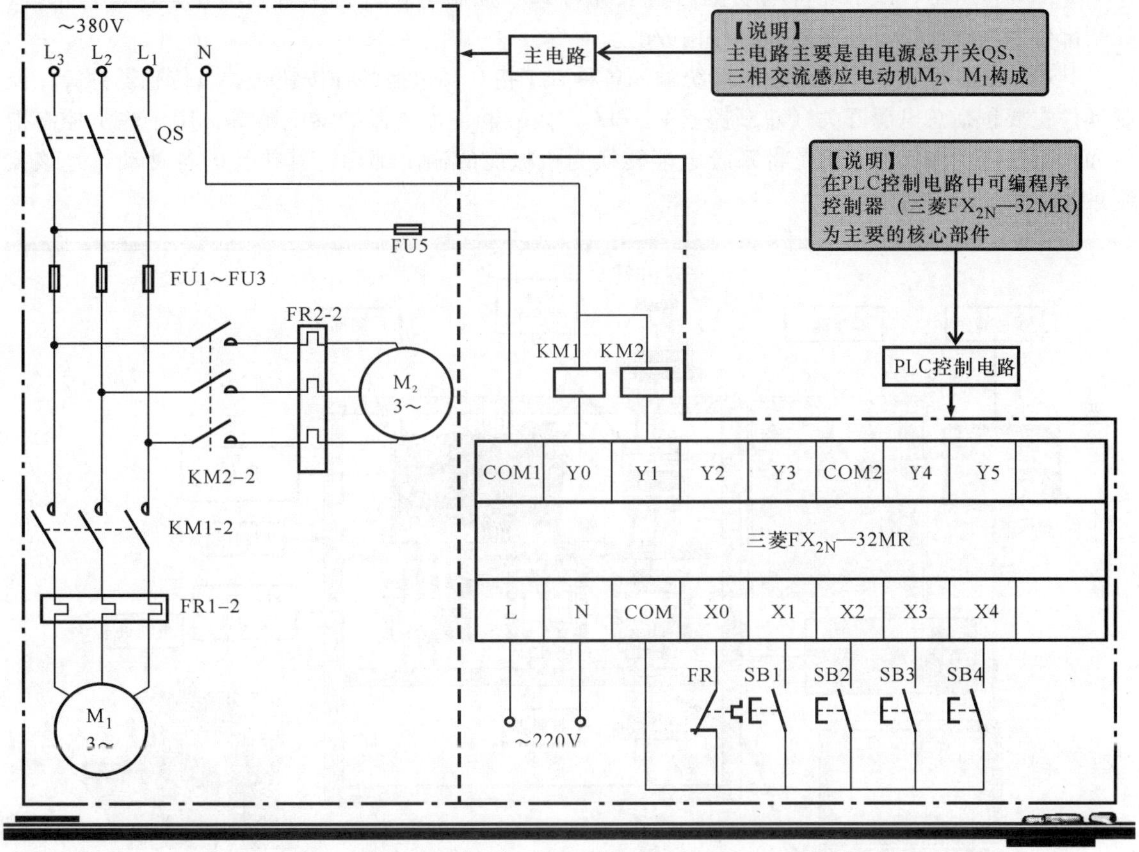


图 6-3 由 PLC 控制的电动机顺序起/停控制系统

控制部件和执行部件分别连接到 PLC 输入接口相应的 I/O 接口上，它是根据 PLC 控制系统设计之初建立的 I/O 分配表进行连接分配的，其所连接接口名称也将对应于 PLC 内部程序的编程地址编号。由 PLC 控制的电动机顺序起/停控制系统的 I/O 分配表如表 6-1 所示。

**表 6-1 由三菱 $FX_{2N—32MR}$ PLC 控制的电动机顺序起/停控制系统的 I/O 分配表**

| 输入信号及地址编号 | | | 输出信号及地址编号 | | |
|---|---|---|---|---|---|
| 名 称 | 代 号 | 输入点地址编号 | 名 称 | 代 号 | 输出点地址编号 |
| 过热保护继电器 | FR | X0 | 电动机 $M_1$ 交流接触器 | KM1 | Y0 |
| $M_1$ 停止按钮 | SB1 | X1 | 电动机 $M_2$ 交流接触器 | KM2 | Y1 |
| $M_1$ 起动按钮 | SB2 | X2 | | | |
| $M_2$ 停止按钮 | SB3 | X3 | | | |
| $M_2$ 起动按钮 | SB4 | X4 | | | |

结合以上内容可知，电动机的 PLC 控制系统是指由 PLC 作为核心控制部件实现对电动机的起动、运转、变速、制动和停机等各种控制功能的控制线路。

如图6-4所示，该系统将电动机控制系统与PLC控制电路进行结合，主要是由操作部件、控制部件和电动机以及一些辅助部件构成的。

其中，各种操作部件用于为该系统输入各种人工指令，包括各种按钮开关、传感器件等；控制部件主要包括总电源开关（总断路器）、PLC、接触器、过热保护继电器等，用于输出控制指令和执行相应动作；电动机是将系统电能转换为机械能的输出部件，其执行的各种动作是该控制系统实现的最终目的。

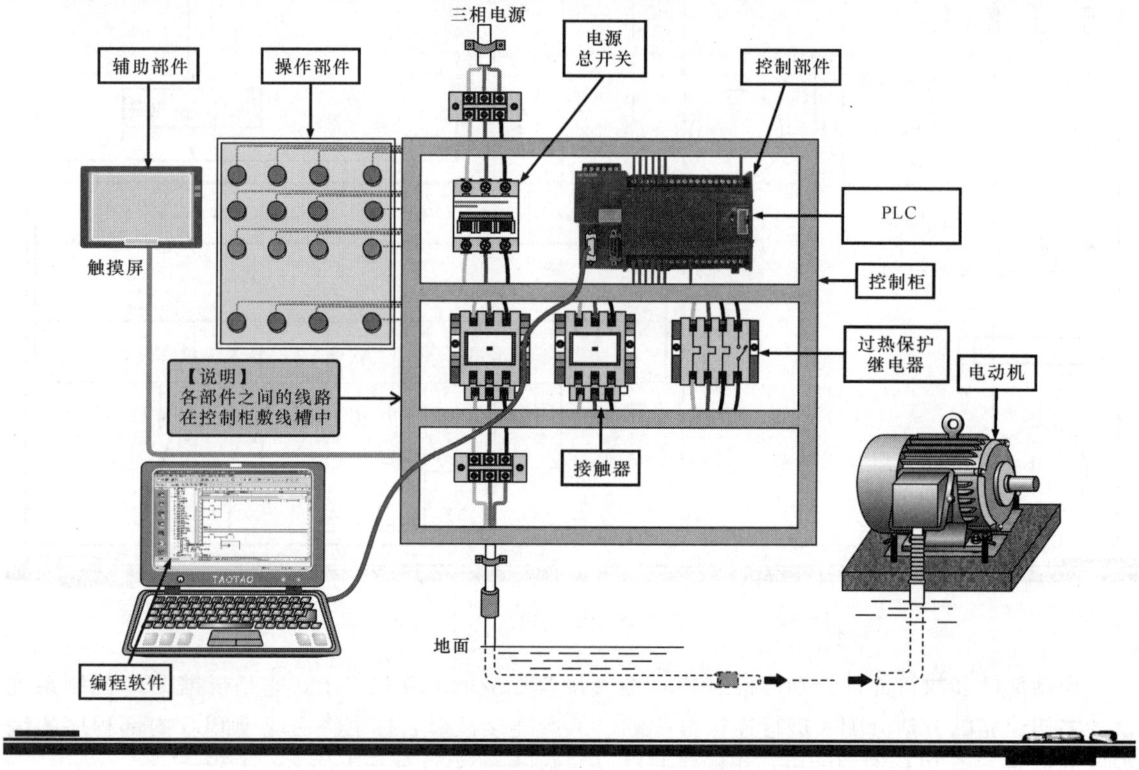


图6-4　典型电动机的PLC控制系统结构示意图



## 6.1.2　想办法搞清楚电动机控制系统中PLC的控制过程

PLC控制的加入使得电动机控制系统大大简化，作为核心的控制部件，电动机控制系统中的动作都是由PLC内部程序控制的，工作时，通过PLC内部程序即可实现对整个电动机控制系统的自动控制。

下面结合PLC内部梯形图程序具体分析由PLC控制的电动机顺序起/停控制系统的控制过程。

图6-5所示为PLC控制电动机顺序起/停控制系统中的内部梯形图，为了方便大家了解，我们在梯形图各编程元件下方标注了其对应在传统控制系统中相应的按钮、交流接触器的触点、线圈等字母标识。

**提问**　通过图6-5，我们只是看到了一些所谓的梯形图，这个图就是将电动机顺序起/停控制系统都体现出来了吗？

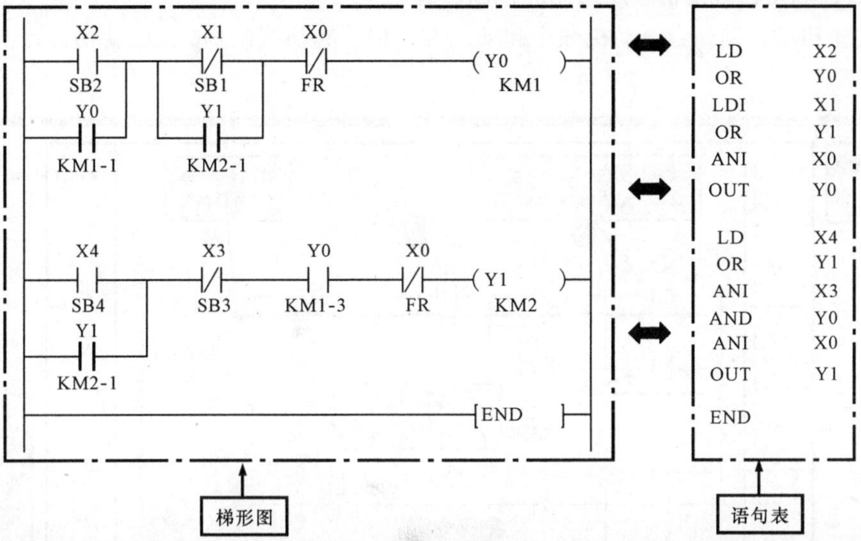


图 6-5　PLC 控制的电动机顺序起/停控制系统的梯形图

通过图 6-5 中的标识可以看出来，这部分梯形图只是将电动机顺序起/停控制系统的控制部件体现了出来，若将整个电路图体现的话如图 6-6 所示。

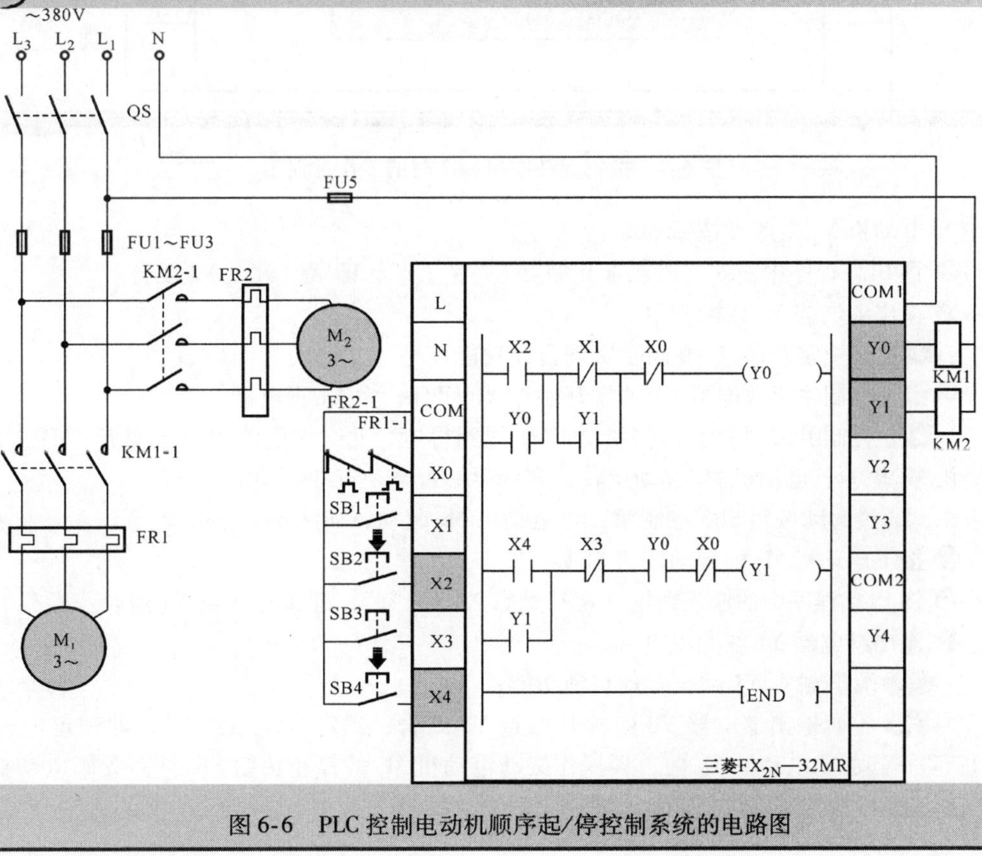


图 6-6　PLC 控制电动机顺序起/停控制系统的电路图

### 1. PLC 控制两台电动机顺序起动的控制过程

下面通过 PLC 控制两台电动机顺序起动。首先按下起动按钮 SB2，起动第一台电动机，如图 6-7 所示。

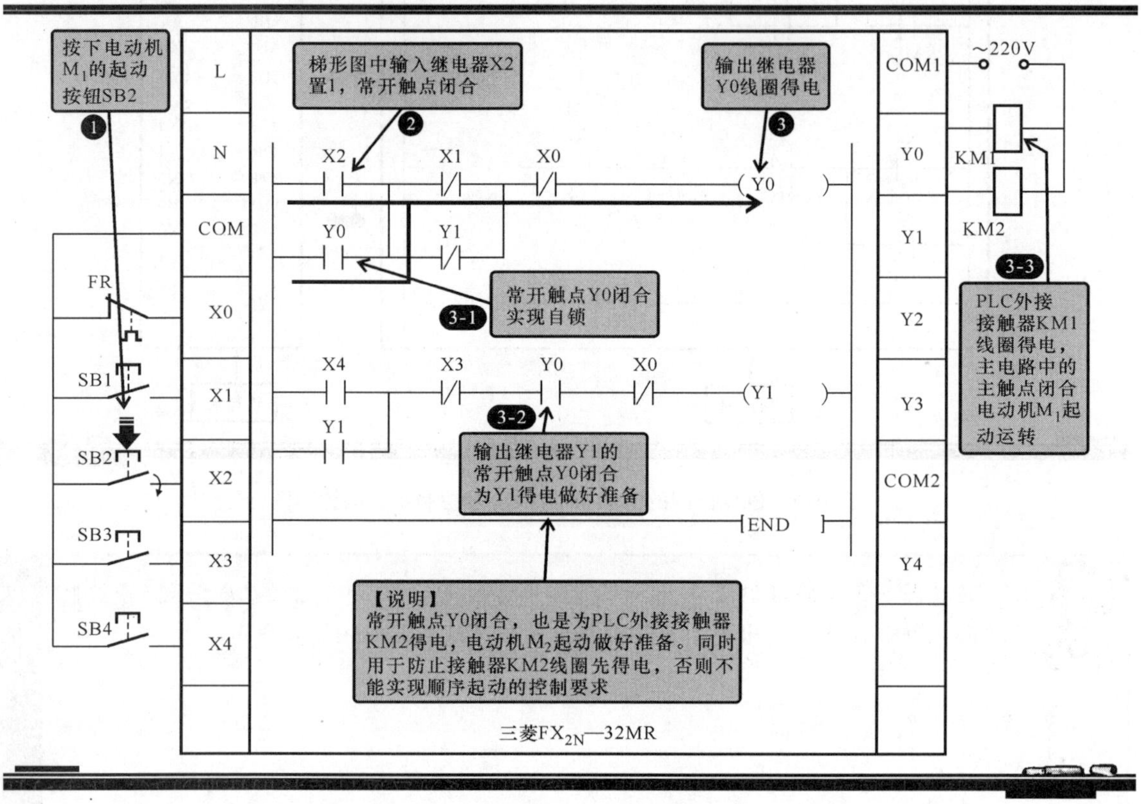


图 6-7 按下起动按钮 SB2 时的工作过程

❶ 按下电动机 $M_1$ 的起动按钮 SB2。

❶→❷ 将 PLC 程序中输入继电器常开触点 X2 置“1”，即常开触点 X2 闭合。

❷→❸ 输出继电器 Y0 线圈得电。

→3-1 自锁常开触点 Y0 闭合实现自锁功能；

→3-2 控制输出继电器 Y1 的常开触点 Y0 闭合，为 Y1 得电做好准备；

→3-3 控制 PLC 外接交流接触器 KM1 线圈得电，此时主电路中的主触点 KM1-1 闭合，接通电动机 $M_1$ 电源，电动机 $M_1$ 起动运转，完成第一台电动机的起动。

接下来，通过起动按钮 SB3 控制第二台电动机 $M_2$ 起动，如图 6-8 所示。

❺ 按下电动机 $M_2$ 的起动按钮 SB4。

❺→❻ 将 PLC 程序中的输入继电器常开触点 X4 置“1”，即常开触点 X4 闭合。

❻→❼ 输出继电器 Y1 线圈得电。

→7-1 常开触点 Y1 闭合实现自锁功能；

→7-2 控制输出继电器 Y0 的常开触点 Y1 闭合，锁定常闭触点 X1，即锁定停机按钮 SB1，用于防止当起动电动机 $M_2$ 时，误操作按动电动机 $M_1$ 的停止按钮 SB1，而关断电动机 $M_1$，不符合反顺序停机的控制要求；

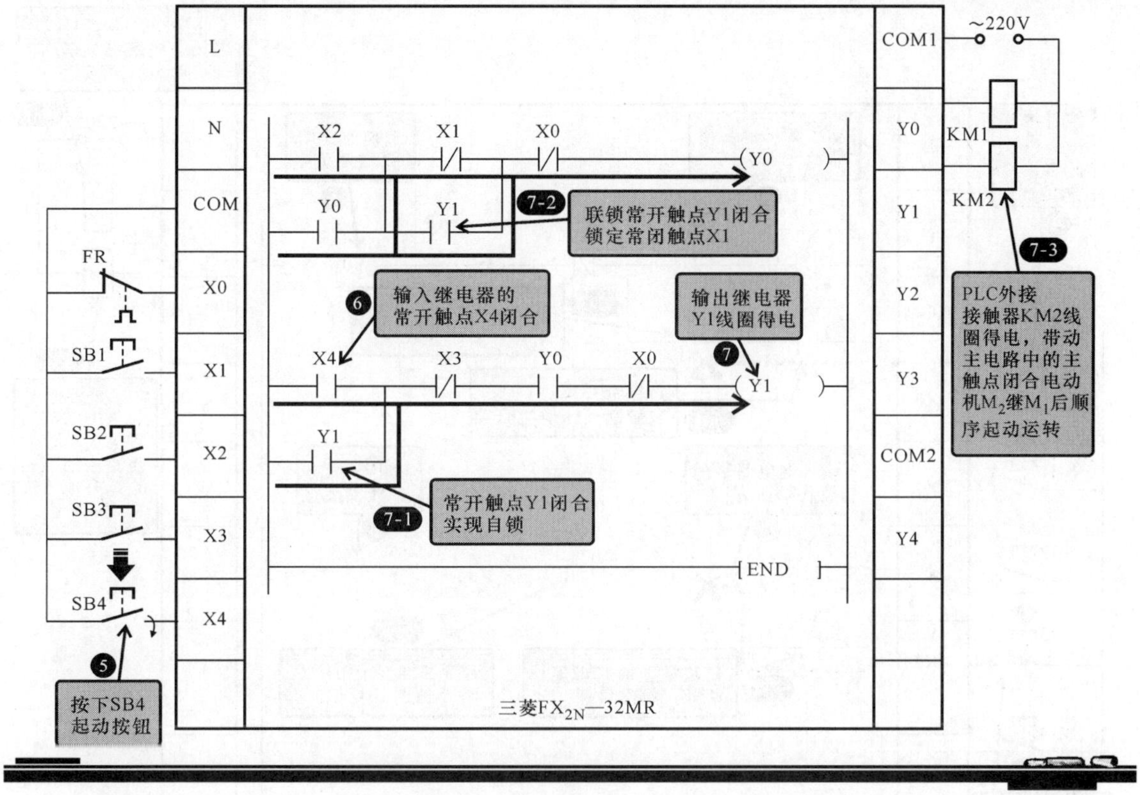


图6-8　控制第二台电动机顺序起动的工作过程

→7-3 控制 PLC 外接交流接触器 KM2 线圈得电，主电路中的主触点 KM2-2 闭合，接通电动机 $M_2$ 电源，电动机 $M_2$ 继 $M_1$ 之后起动运转。

**【资料】**

通过图 6-8 可知，常开触点 Y1 并联在 X1 触点上，主要是用来防止 Y1 得电状态下 X1 断开使继电器 Y0 线圈首先断电，不符合顺序起动，反顺序停机的控制要求。



**2. PLC 控制下两台电动机反顺序停机的控制过程**

若需要操作两台电动机反顺序停机操作时，应通过停止按钮 SB1 和 SB3 进行操作，如图 6-9 所示。

❶ 按下停止按钮 SB3。

❶→❷ 将 PLC 程序中的输入继电器常闭触点 X3 置“1”，即常闭触点 X3 断开。

❷→❸ 输出继电器 Y1 线圈失电。

→3-1 自锁常开触点 Y1 复位断开，解除自锁功能；

→3-2 联锁常开触点 Y1 复位断开，解除对常闭触点 X1 的锁定，即解除停机按钮 SB1 的锁定，为可操作停机按钮 SB1 断开接触器 KM1 做好准备，实现反顺序停机的控制要求；

→3-3 控制 PLC 外接交流接触器 KM2 线圈失电，主电路中的主触点 KM2-2 复位断开，断开电动机 $M_2$ 电源，电动机 $M_2$ 停转。

❹ 接着，按照反顺序停机的控制要求，按下停止按钮 SB1。

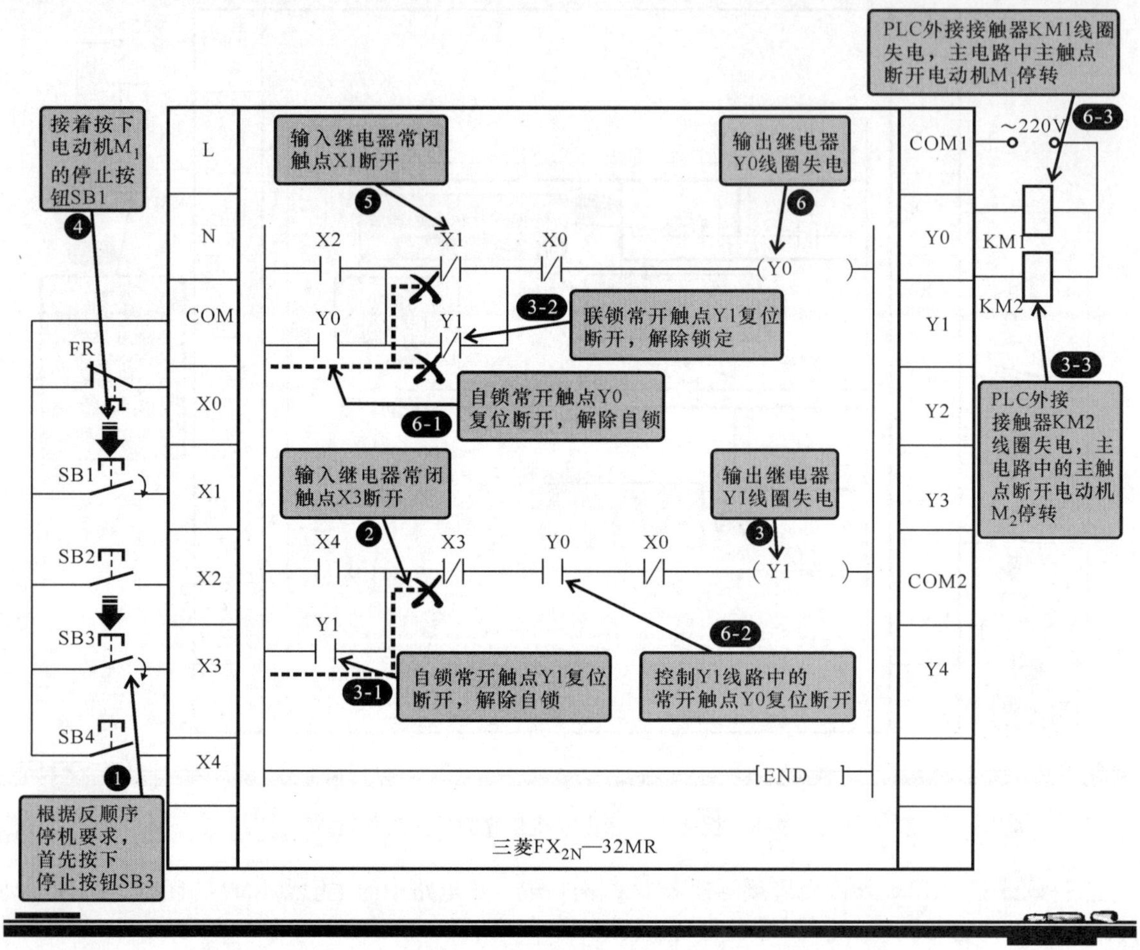


图6-9　两台电动机反顺序停机的工作过程

❹→❺将 PLC 程序中输入继电器常闭触点 X1 置“1”，即常闭触点 X1 断开。

❺→❻ 输出继电器 Y0 线圈失电。

→6-1 自锁常开触点 Y0 复位断开，解除自锁功能；

→6-2 控制输出继电器 Y1 的常开触点 Y0 复位断开，以防止在 Y1 未得电的情况下，Y1 先得电，不符合顺序起动的控制要求；

→6-3 控制 PLC 外接交流接触器 KM1 线圈失电，主电路中的主触点 KM1-2 复位断开，断开电动机 $M_1$ 电源，电动机 $M_1$ 继 $M_2$ 后停转。

通过上述电路分析，大致可以归纳出电动机顺序起动控制系统的工作过程。

## 6.2　看懂电动机控制系统中 PLC 梯形图和语句表需要练习



通过前面的学习，我们知道了电动机控制系统与 PLC 控制电路之间的联系，以及使用 PLC 控制电路实现对电动机的控制过程，但由于不同的电动机控制方式的不同、系统中选用部件的不同、部件间的组合方式以及数量的选用不同，最终控制方式也有所不同。因此，为了进一步巩固所学知识，下面通过一些案例来看懂电动机控制系统中 PLC 的梯形图和语句表。

### 6.2.1 搞清楚三相交流感应电动机连续控制电路中的PLC梯形图和语句表

三相交流感应电动机连续控制线路基本上采用了交流继电器、接触器的控制方式，该种控制方式具有可靠性低、线路维护困难等缺点，将直接影响企业的生产效率。由此，很多生产型企业中采用PLC控制方式对其进行控制。

图6-10所示为三相交流感应电动机的PLC连续控制电路。该控制电路采用三菱$FX_{2N}$系列PLC，电路中PLC控制I/O分配如表6-2所示。

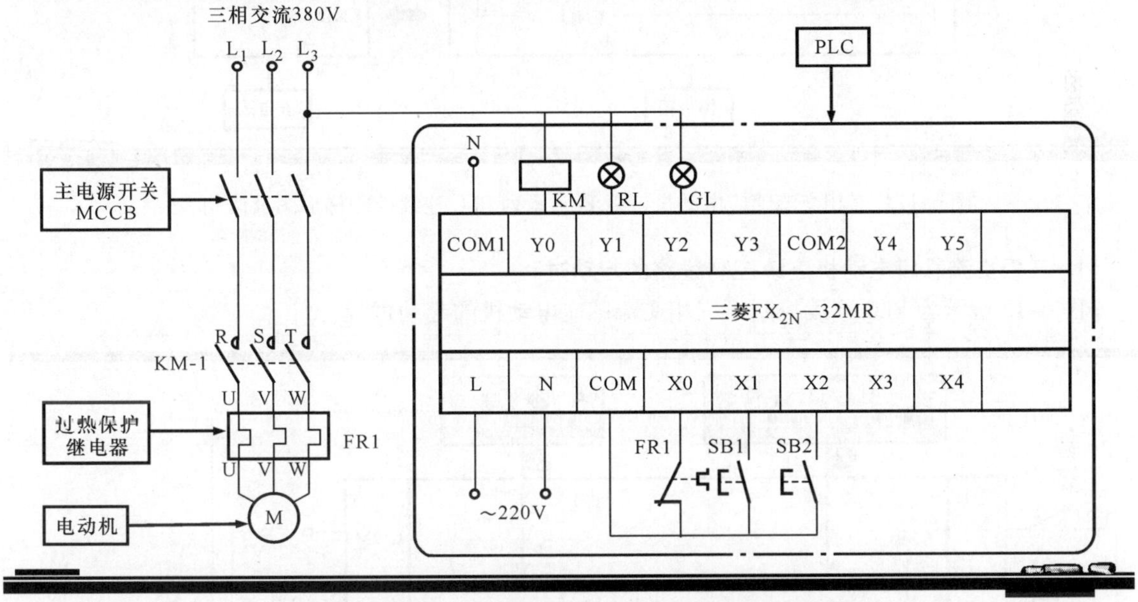


图6-10 三相交流感应电动机的PLC连续控制电路

**表6-2 三相交流感应电动机三菱$FX_{2N}$系列PLC控制I/O分配表**

| 输入信号及地址编号 | | | 输出信号及地址编号 | | |
|---|---|---|---|---|---|
| 名　称 | 代　号 | 输入点地址编号 | 名　称 | 代　号 | 输出点地址编号 |
| 过热保护继电器 | FR1 | X0 | 交流接触器 | KM | Y0 |
| 起动按钮 | SB1 | X1 | 运行指示灯 | RL | Y1 |
| 停机按钮 | SB2 | X2 | 停机指示灯 | GL | Y2 |

由图6-10可知，通过PLC的I/O接口与外部电气部件进行连接，提高了系统的可靠性，并能够有效地降低故障率，维护方便。当使用编程软件向PLC中写入的控制程序，便可以实现外接电器部件及负载电动机等设备的自动控制了。想要改动控制方式时，只需要修改PLC中的控制程序即可，大大提高调试和改装效率。

图6-11所示为三相交流感应电动机三菱$FX_{2N}$系列PLC连续控制梯形图及语句表。

根据梯形图识读该PLC的控制过程，首先可对照PLC控制电路和I/O分配表，在梯形图中进行适当文字注解，然后再根据操作动作具体分析起动和停止的控制原理。

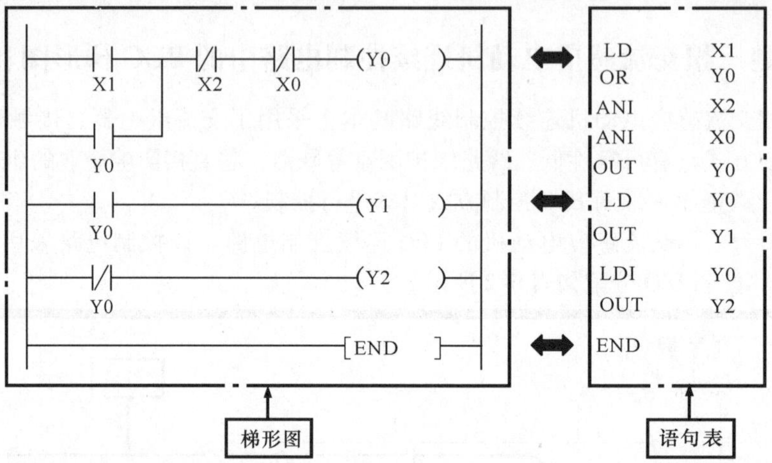


图 6-11 三相交流感应电动机三菱 $FX_{2N}$ 系列 PLC 连续控制梯形图及语句表

**1. 三相交流感应电动机连续控制线路的起动过程**

图 6-12 所示为 PLC 连续控制下三相交流感应电动机的起动过程。

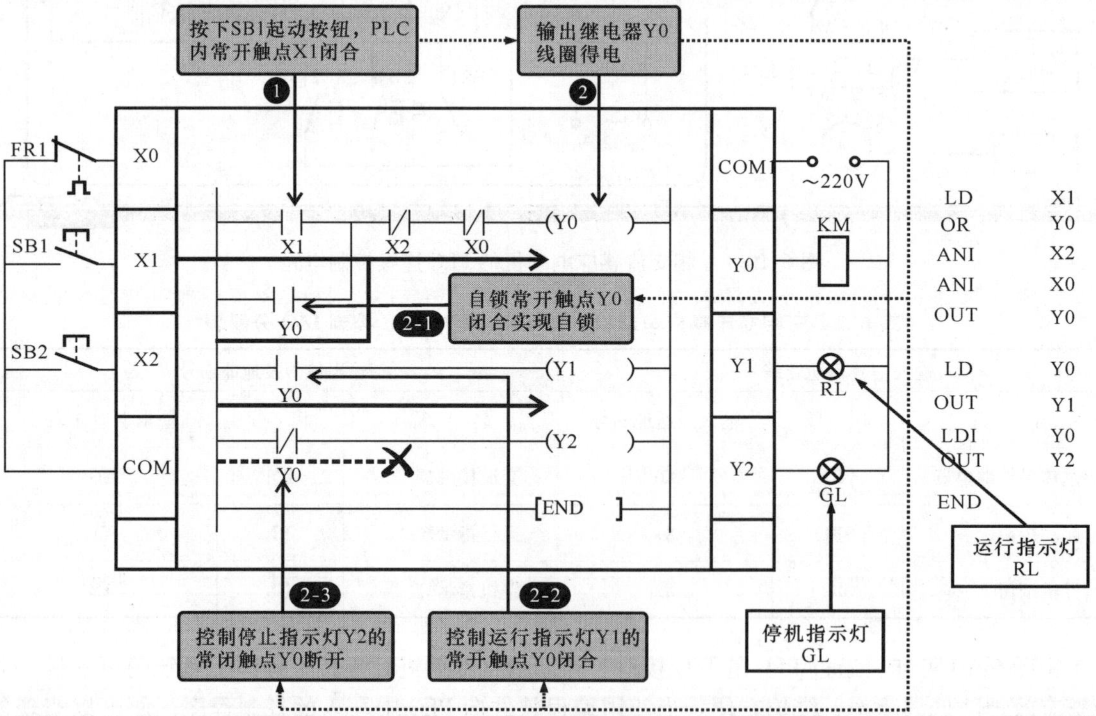


图 6-12 PLC 连续控制下三相交流感应电动机的起动过程

❶ 当按下起动按钮 SB1 时，其将 PLC 内的 X1 置“1”，即常开触点 X1 闭合。

❶→❷ 输出继电器 Y0 线圈得电，控制 PLC 外接交流接触器 KM 线圈得电。

→2-1 自锁常开触点 Y0 闭合，实现自锁功能；

→2-2 控制运行指示灯 Y1 的常开触点 Y0 闭合，Y1 得电，运行指示灯 RL 点亮。

→2-3 控制停止指示灯 Y2 的常闭触点 Y0 断开，Y2 失电，停机指示灯 GL 熄灭。

【注意】

常开触点 Y0 闭合自锁，主要是用来维持输出继电器 Y0 线圈一直处得电状态，即使起动按钮断开，电动机仍然会保持运行，因此起动按钮常采用点动式开关，按一下即可起动，手松开后电动机仍保持运行，有效降低起动部件电气损耗和安全性、可靠性。

**2. 三相交流感应电动机连续控制线路的停止过程**

当使用三菱 $FX_{2N}$ 系列 PLC 连续控制电路控制电动机停止时，可按以下操作进行。

按下停机按钮 SB2 时，其将 PLC 内的 X2 置“0”，即常闭触点 X2 断开，使得输出继电器 Y0 失电，该继电器失电则会引起以下动作：

- 输出继电器 Y0 失电后，相应的触点动作，即常开、常闭触点 Y0 复位，Y1 失电，Y2 得电，运行指示灯 RL 熄灭，停机指示灯 GL 点亮。
- PLC 外接交流接触器线圈 KM 失电。KM 失电，主电路中的常开触点 KM-1 断开，电动机停止运转。

## 6.2.2 搞清楚三相交流电动机Y-△减压起动控制电路中的 PLC 梯形图和语句表

三相交流电动机Y-△减压起动控制是指对较大容量的三相电动机起动时首先使其绕组Y连接进行起动，再通过控制线路将其绕组连接为△进行运转的控制方式，在学习控制之前，我们首先了解一下什么是电动机三相绕组的Y（星形）和△（三角形）接法，如图6-13所示。

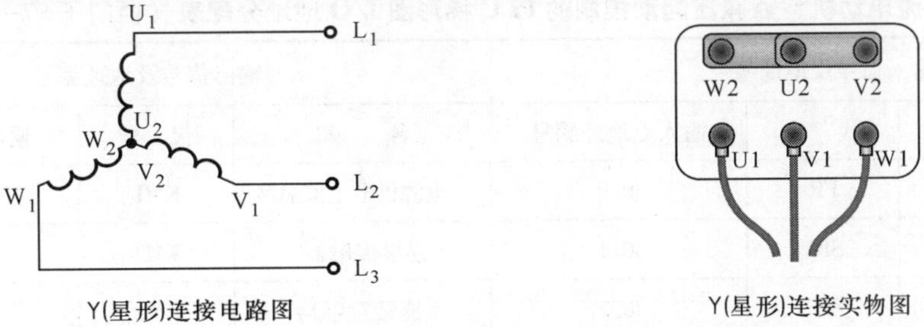


a）三相交流电动机绕组Y(星形)连接方法

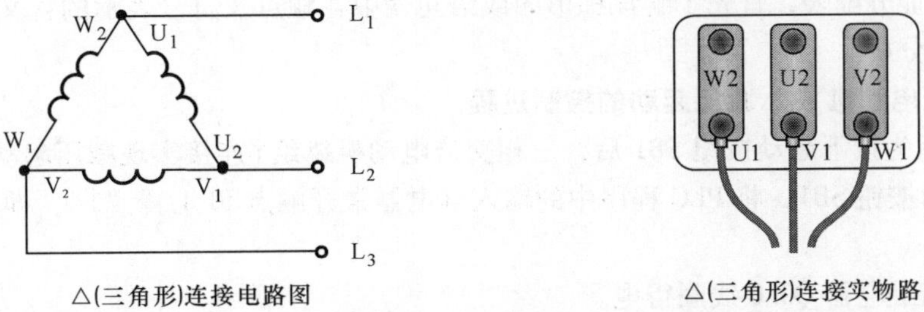


b）三相交流电动机绕组△(三角形)连接方法

图 6-13　电动机三相绕组的Y（星形）和△（三角形）接法

图6-14所示为三相交流电动机Y-△减压起动控制的PLC梯形图和语句表，表6-3所示为其I/O地址分配表。

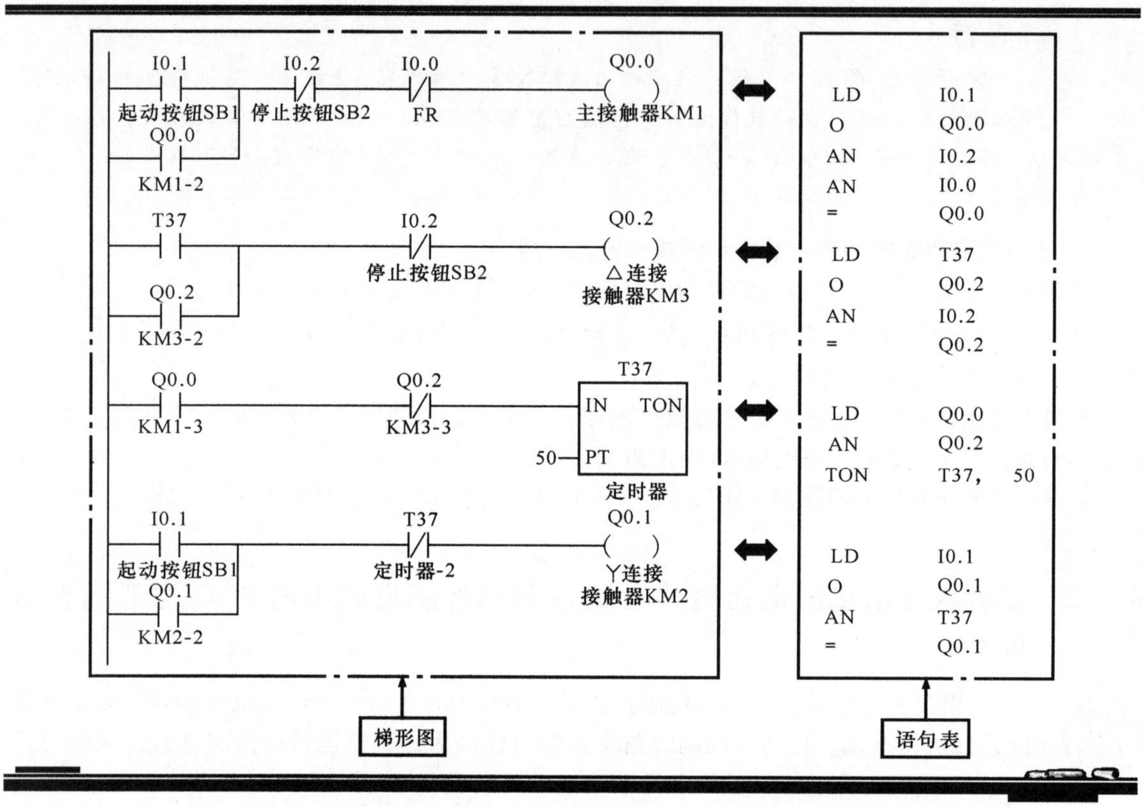


图6-14 三相交流电动机Y-△减压起动控制的PLC梯形图和语句表

**表6-3 三相交流电动机Y-△减压起动控制的PLC梯形图I/O地址分配表**（西门子S7—200型PLC）

| 输入信号及地址编号 | | | 输出信号及地址编号 | | |
|---|---|---|---|---|---|
| 名　称 | 代　号 | 输入点地址编号 | 名　称 | 代　号 | 输出点地址编号 |
| 过热保护继电器 | FR | I0.0 | 电源供电主接触器 | KM1 | Q0.0 |
| 起动按钮 | SB1 | I0.1 | Y连接接触器 | KM2 | Q0.1 |
| 停止按钮 | SB2 | I0.2 | △连接接触器 | KM3 | Q0.2 |

结合I/O地址分配表，首先了解该梯形图或语句表中各触点及符号表示的含义，并将梯形图与语句表相结合分析。

**1. 三相交流电动机Y-△减压起动的控制过程**

图6-15所示为按下起动按钮SB1后，三相交流电动机绕组Y连接实现减压起动的控制过程。

❶ 按下起动按钮SB1，将PLC程序中的输入继电器常开触点I0.1置“1”，即常开触点I0.1闭合。

❶→❷ 输出继电器Q0.0线圈得电。

→2-1 自锁常开触点Q0.0闭合实现自锁功能；

→2-2 控制定时器T37的常开触点Q0.0闭合，定时器T37线圈得电，开始计时；

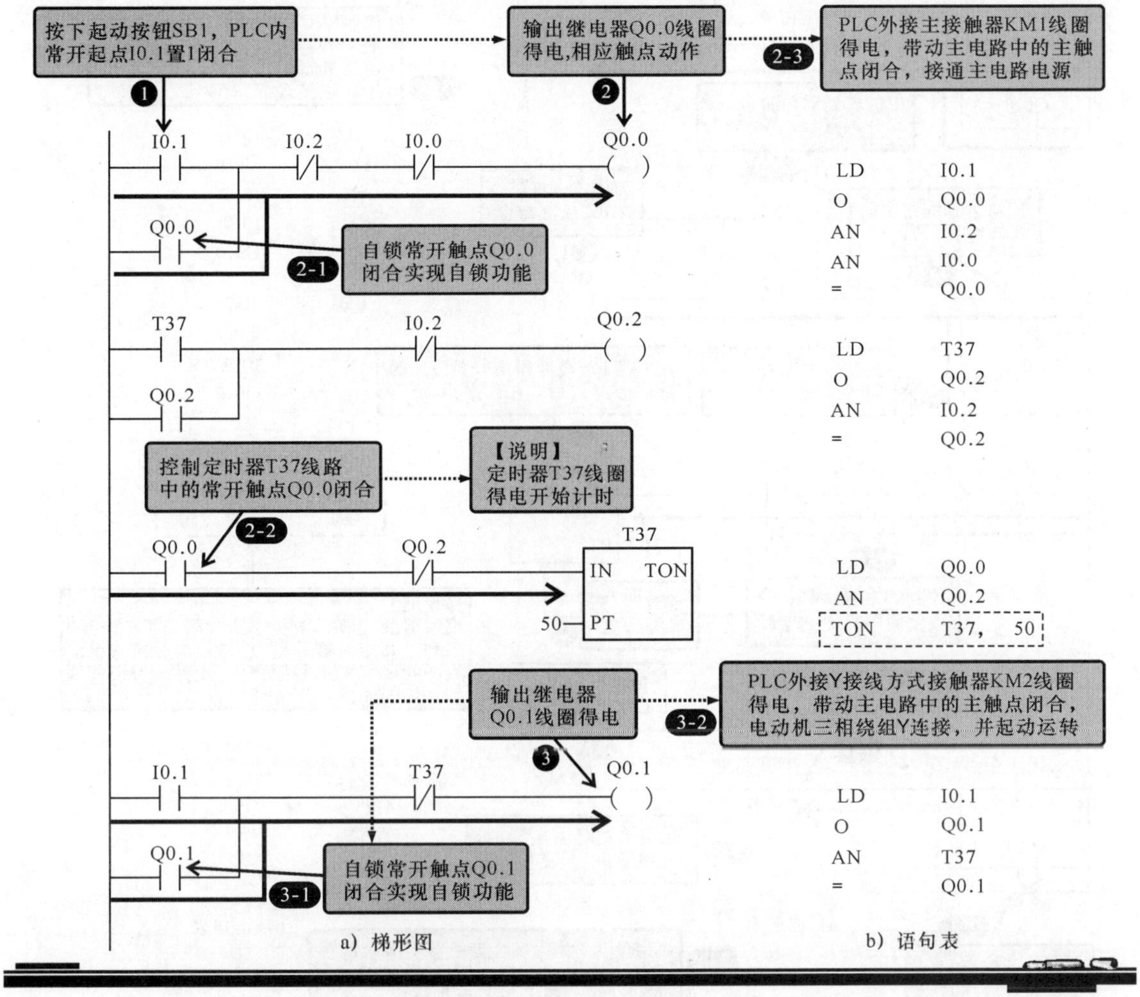


图 6-15 三相交流电动机绕组Y连接减压起动的控制过程

→2-3 控制 PLC 外接电源供电主接触器 KM1 线圈得电，带动 KM1 主触点闭合，接通主电路供电电源。

1→3 输出继电器 Q0. 1 线圈同时得电。

→3-1 自锁常开触点 Q0. 1 闭合实现自锁功能；

→3-2 控制 PLC 外接Y接线方式接触器 KM Y线圈得电，电动机三相绕组Y连接，并起动运转。

接下来，将三相交流电动机绕组自动切换为△连接运行，如图 6-16 所示。

1 当定时器 T37 的线圈得电开始 5s 的计时时间达到后，相关触点动作。

→1-1 控制输出继电器 Q0. 1 的延时断开的常闭触点 T37 断开，输出继电器 Q0. 1 线圈失电；

→1-2 控制输出继电器 Q0. 2 的延时闭合的常开触点 T37 闭合。

1-1→2 输出继电器 Q0. 1 线圈失电。

→2-1 自锁常开触点 Q0. 1 复位断开，解除自锁；

→2-2 控制 PLC 外接Y接线接触器 KM Y线圈失电，电动机三相绕组取消Y连接方式。

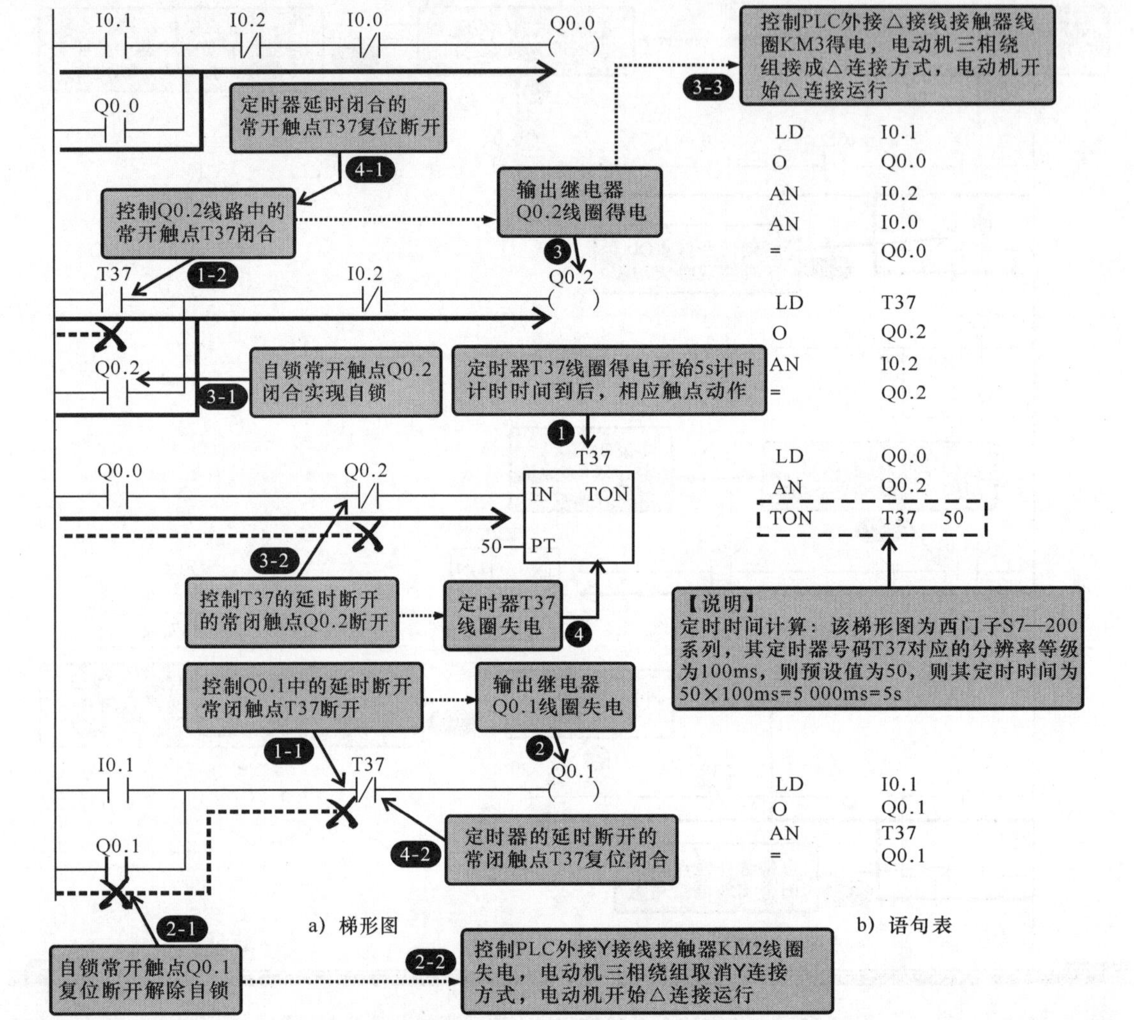


图 6-16　三相交流电动机绕组自动转换为△连接运行的控制过程



1-2 →3 输出继电器 Q0.2 线圈得电。

→3-1 自锁常开触点 Q0.2 闭合，实现自锁功能；

→3-2 控制定时器 T37 的延时断开的常闭触点 Q0.2 断开。

→3-3 控制 PLC 外接△接线接触器 KM△线圈得电，电动机三相绕组接成△。

3-2 →4 定时器 T37 线圈失电。

→4-1 控制输出继电器 Q0.2 的延时闭合的常开触点 T37 复位断开，但由于 Q0.2 自锁，仍保持得电状态；

→4-2 控制输出继电器 Q0.1 的延时断开的常闭触点 T37 复位闭合，为 Q0.1 下一次得电做好准备。

**2. 三相交流电动机停止的控制过程**

若要停止三相交流电动机时，可通过停止按钮 SB2 进行控制，如图 6-17 所示。

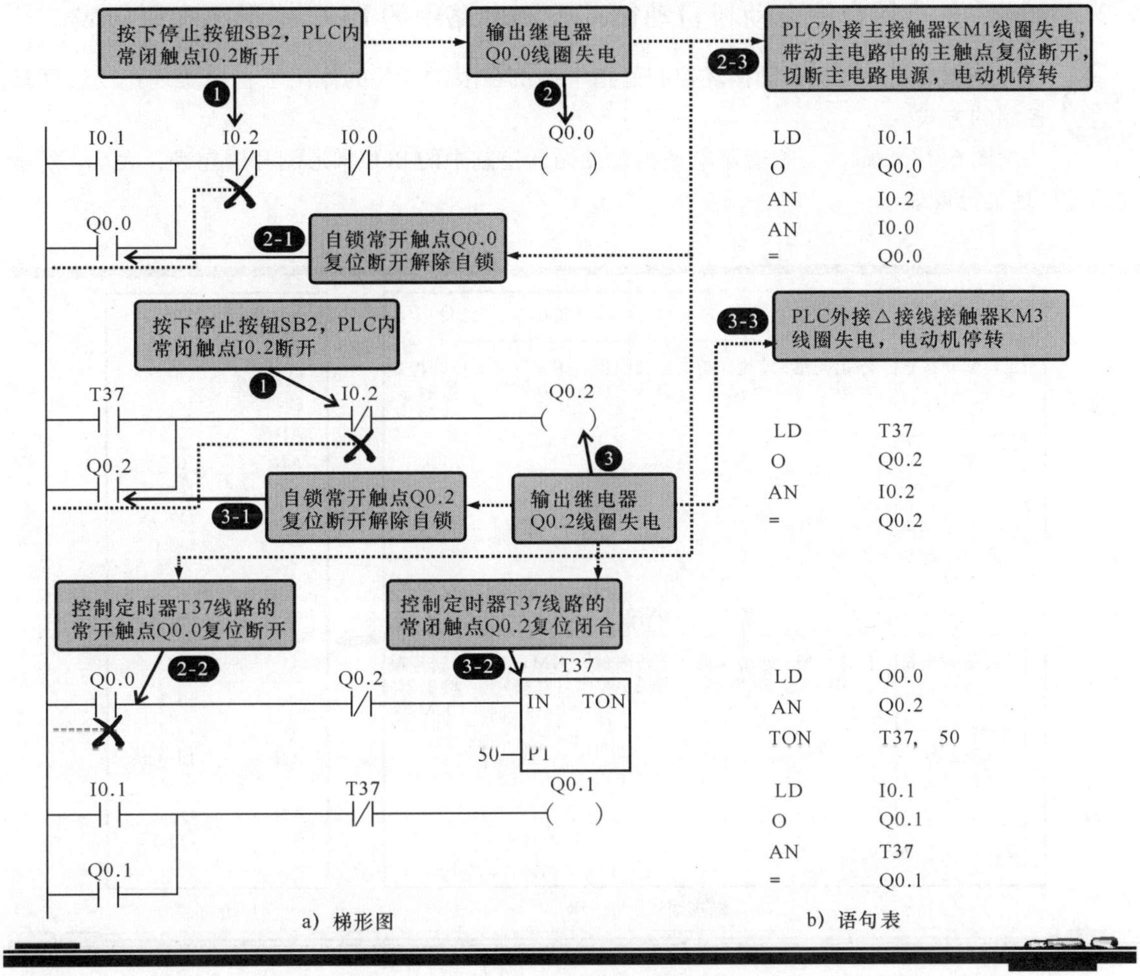


图6-17 三相交流电动机停转的控制过程

❶ 按下停止按钮 SB2，将 PLC 程序中的输入继电器常闭触点 I0.2 置“0”，即常闭触点 I0.2 断开。

❶→❷ 输出继电器 Q0.0 线圈失电。

→2-1 自锁常开触点 Q0.0 复位断开，解除自锁；

→2-2 控制定时器 T37 的常开触点 Q0.0 复位断开；

→2-3 控制 PLC 外接电源供电主接触器 KM1 线圈失电，切断主电路电源，电动机停转。

❶→❸ 输出继电器 Q0.2 线圈失电。

→3-1 自锁常开触点 Q0.2 复位断开，解除自锁；

→3-2 控制定时器 T37 的常闭触点 Q0.2 复位闭合，为定时器 T37 下一次得电做好准备；

→3-3 控制 PLC 外接△接线接触器 KM3 线圈失电，电动机停转。

综上分析可知，三相交流电动机Y-△减压起动控制的 PLC 梯形图和语句表的功能是实现电动机在开始起动时为Y连接方式，延时一段时间后，自动切换为△连接方式运行。

## 6.2.3 搞清楚三相交流电动机自动循环控制电路中的PLC梯形图和语句表

三相交流电动机自动循环控制是指电动机在限位开关的作用下自动实现正反转循环控制的方式。

图6-18所示为三相交流电动机自动循环控制中的PLC梯形图和语句表，表6-4所示为其I/O地址分配表。

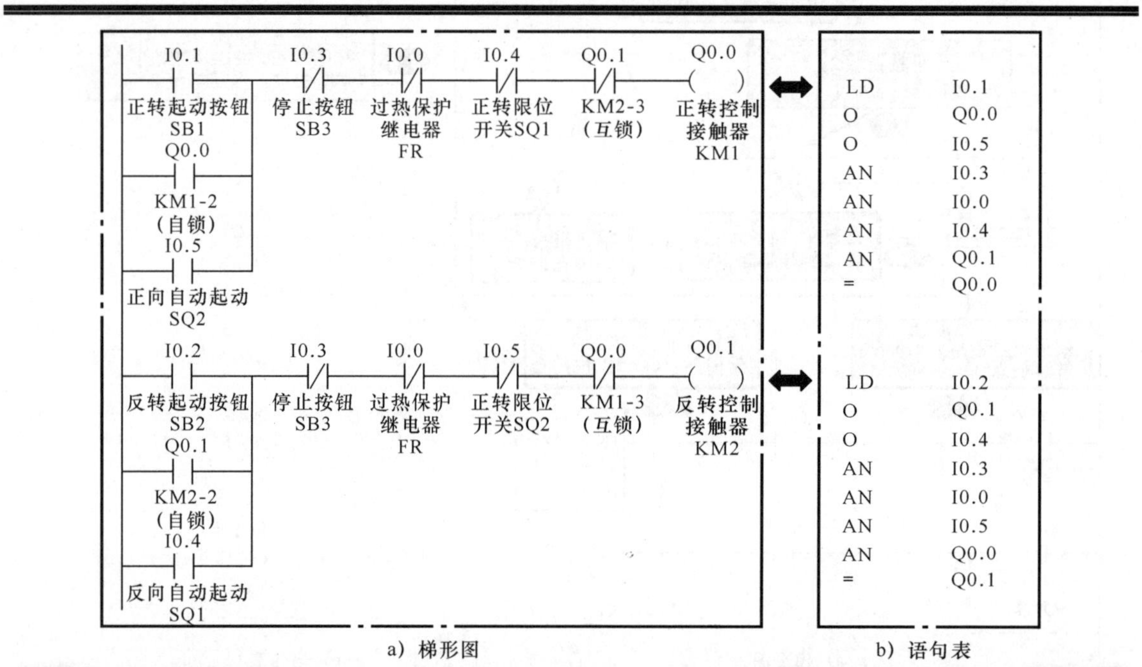


图6-18 三相交流电动机自动循环控制中的PLC梯形图和语句表

**表6-4 三相交流电动机自动循环控制的PLC梯形图I/O地址分配表**（西门子S7—200系列PLC）

| 输入信号及地址编号 | | | 输出信号及地址编号 | | |
|---|---|---|---|---|---|
| 名　称 | 代　号 | 输入点地址编号 | 名　称 | 代　号 | 输出点地址编号 |
| 过热保护继电器 | FR | I0.0 | 电动机 $M_1$ 正转控制接触器 | KM1 | Q0.0 |
| 正转起动按钮 | SB1 | I0.1 | 电动机 $M_1$ 反转控制接触器 | KM2 | Q0.1 |
| 反转起动按钮 | SB2 | I0.2 | | | |
| 停止按钮 | SB3 | I0.3 | | | |
| 正转限位开关 | SQ1 | I0.4 | | | |
| 反转限位开关 | SQ2 | I0.5 | | | |

结合I/O地址分配表，首先了解该梯形图或语句表中各触点及符号表示的含义，并将梯形图与语句表相结合分析。

**1. 按下正向起动按钮 SB1 电动机正转至自动反转的控制过程**

图 6-19 所示为按下起动按钮 SB1 时，电动机 $M_1$ 起动至自动反转的控制过程。

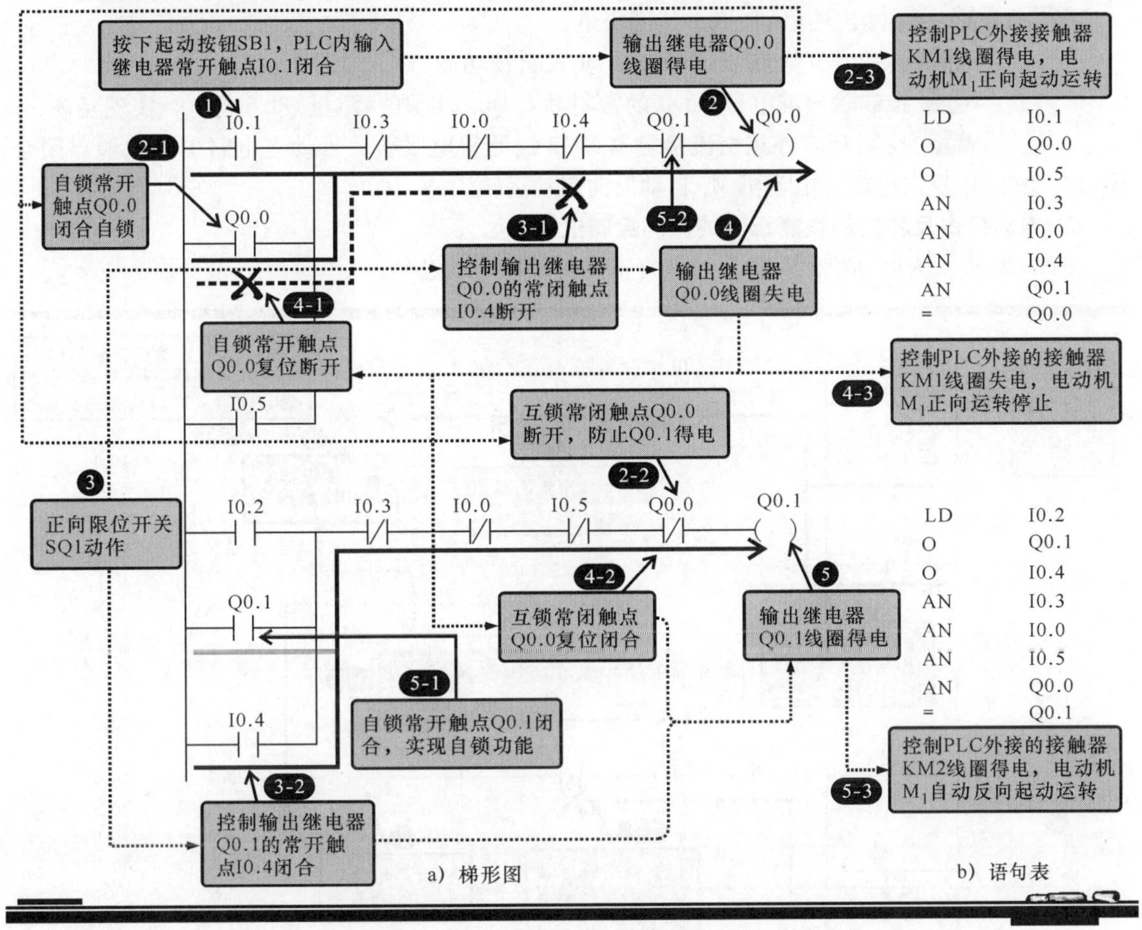


图 6-19 电动机 $M_1$ 起动至自动反转的控制过程

❶ 按下起动按钮 SB1，将 PLC 程序中的输入继电器常开触点 I0.1 置“1”，即常开触点 I0.1 闭合。

❶→❷ 输出继电器 Q0.0 线圈得电。

→2-1 自锁常开触点 Q0.0 闭合，实现自锁功能；

→2-2 控制输出继电器 Q0.1 的常闭触点 Q0.0 断开，防止 Q0.1 得电，实现互锁；

→2-3 控制 PLC 外接交流接触器 KM1 线圈得电吸合，带动主电路中的主触点闭合，接通电动机 $M_1$ 正向电源，电动机 $M_1$ 正向起动运转。

❸ 当电动机运行到正向限位开关 SQ1 位置时，SQ1 受压触发，PLC 程序中相应的输入继电器触点 I0.4 动作。

→3-1 控制输出继电器 Q0.0 的常闭触点 I0.4 断开；

→3-2 控制输出继电器 Q0.1 的常开触点 I0.4 闭合。

3-1→❹ 输出继电器 Q0.0 线圈失电。

→4-1 自锁常开触点 Q0.0 复位断开，解除自锁；

→4-2 控制输出继电器 Q0.1 的常闭触点 Q0.0 复位闭合，为 Q0.1 得电做好准备；

→4-3 控制 PLC 外接交流接触器 KM1 线圈失电释放，带动主电路中的主触点复位断开，切断电动机 $M_1$ 正向电源，电动机 $M_1$ 正向运行停止。

3-2和4-2→5 输出继电器 Q0.1 线圈得电。

→5-1 自锁常开触点 Q0.1 闭合，实现自锁功能；

→5-2 控制输出继电器 Q0.0 的常闭触点 Q0.1 断开，防止 Q0.0 得电，实现互锁；

→5-3 控制 PLC 外接交流接触器 KM2 线圈得电吸合，带动主电路中的主触点闭合，接通电动机 $M_1$ 反向电源，电动机 $M_1$ 自动反向起动运转。

**2. 电动机由反转自动恢复正转的循环控制过程**

图 6-20 所示为电动机由反转自动恢复正转的循环控制过程。

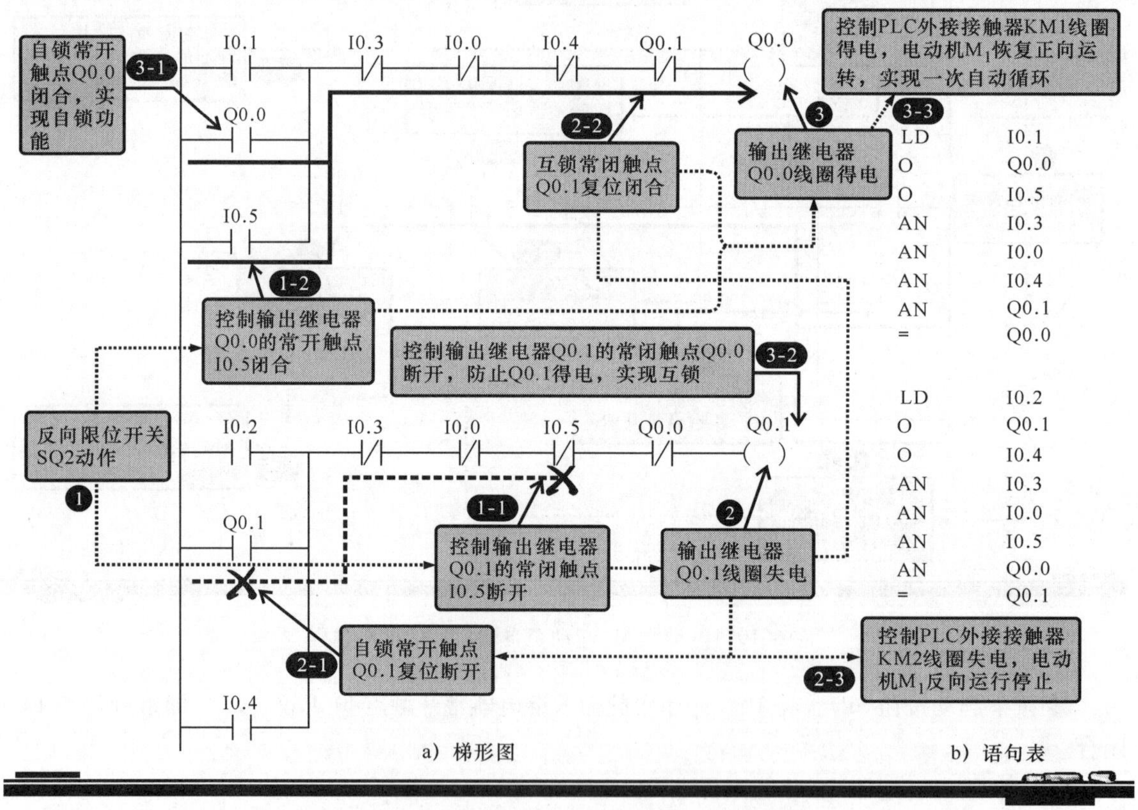


图 6-20 电动机由反转自动恢复正转的循环控制过程

1 当电动机运行到正向限位开关 SQ2 位置时，SQ2 受压触发，PLC 程序中相应的输入继电器触点 I0.5 动作。

→1-1 控制输出继电器 Q0.1 的常闭触点 I0.5 断开；

→1-2 控制输出继电器 Q0.0 的常开触点 I0.5 闭合。

1-1→2 输出继电器 Q0.1 线圈失电。

→2-1 自锁常开触点 Q0.1 复位断开，解除自锁；

→2-2 控制输出继电器 Q0.0 的常闭触点 Q0.1 复位闭合，为 Q0.0 得电做好准备；

→2-3 控制 PLC 外接交流接触器 KM2 线圈失电释放，带动主电路中的主触点复位断开，切断电动机 $M_1$ 反向电源，电动机 $M_1$ 反向运行停止。

1-2和2-2→3 输出继电器 Q0.0 线圈得电。

→3-1 自锁常开触点 Q0.0 闭合，实现自锁功能；

→3-2 控制输出继电器 Q0.1 的常闭触点 Q0.0 断开，防止 Q0.1 得电，实现互锁；

→3-3 控制 PLC 外接交流接触器 KM1 线圈得电吸合，带动主电路中的主触点闭合，接通电动机 $M_1$ 正向电源，电动机 $M_1$ 恢复正向起动运转，完成一次循环控制。

按下反向起动按钮 SB2，电动机反转起动运行，其运行中自动进行正转，然后又恢复反转的控制过程与正向运行控制的工作过程相似，可参照上述分析过程了解，这里不再重复。另外，不论电动机处于何种运行状态，按下停止按钮 SB3 后均可切断电动机当前供电电源，使电动机停转。若电动机出现过载，过热保护继电器动作，也可控制电动机停转，起到过热保护作用。

综上分析可知，电动机自动循环控制的 PLC 梯形图和语句表的功能是实现对电动机从正向到反向运转的自动切换、连续循环、停机和过热保护控制。

## 6.2.4 搞清楚两台电动机交替运行控制电路中的 PLC 梯形图和语句表

两台电动机交替运行是指电动机 $M_1$ 运转一定时间自动停止后，电动机 $M_2$ 开始工作，当电动机 $M_2$ 运转一定时间自动停止后，电动机 $M_1$ 再次起动运转，如此反复循环，实现两台电动机的自动交替运行。

图 6-21 所示为两台电动机交替运行控制中的 PLC 梯形图和语句表，表 6-5 所示为其 I/O 地址分配表。

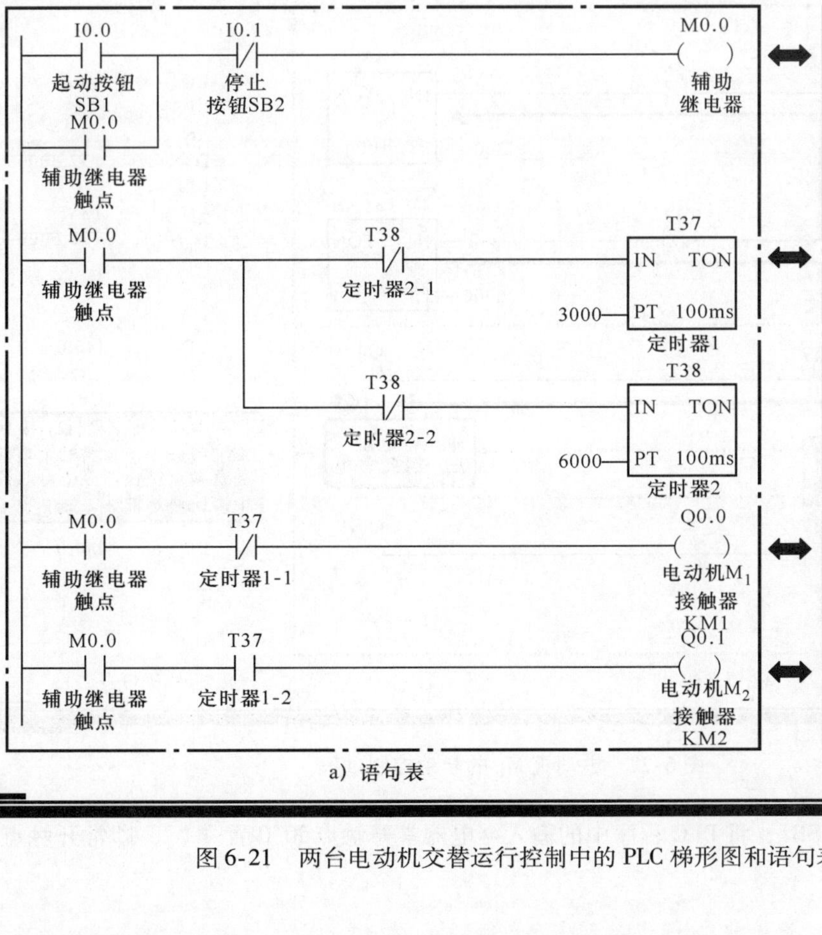


| | |
|---|---|
| LD | I0.0 |
| O | M0.0 |
| AN | I0.1 |
| = | M0.0 |
| LD | M0.0 |
| LPS | |
| AN | T38 |
| TON | T37,3000 |
| LPP | |
| AN | T38 |
| TON | T38,6000 |
| LD | M0.0 |
| AN | T37 |
| = | Q0.0 |
| LD | M0.0 |
| A | T37 |
| = | Q0.1 |

b）语句表

图 6-21 两台电动机交替运行控制中的 PLC 梯形图和语句表

表 6-5　两台电动机交替运行控制中 PLC 梯形图 I/O 地址分配表（西门子 S7—200 系列）

| 输入信号及地址编号 | | | 输出信号及地址编号 | | |
|---|---|---|---|---|---|
| 名　称 | 代　号 | 输入点地址编号 | 名　称 | 代　号 | 输出点地址编号 |
| 起动按钮 | SB1 | I0.0 | 控制电动机 $M_1$ 的接触器 | KM1 | Q0.0 |
| 停止按钮 | SB2 | I0.1 | 控制电动机 $M_2$ 的接触器 | KM2 | Q0.1 |

结合 I/O 地址分配表，首先了解该梯形图和语句表中各触点及符号标识的含义，并将梯形图和语句表相结合进行分析。

**1. 电动机 $M_1$ 的起动控制过程**

起动电动机 $M_1$ 时，可通过起动按钮 SB1 进行控制，如图 6-22 所示。

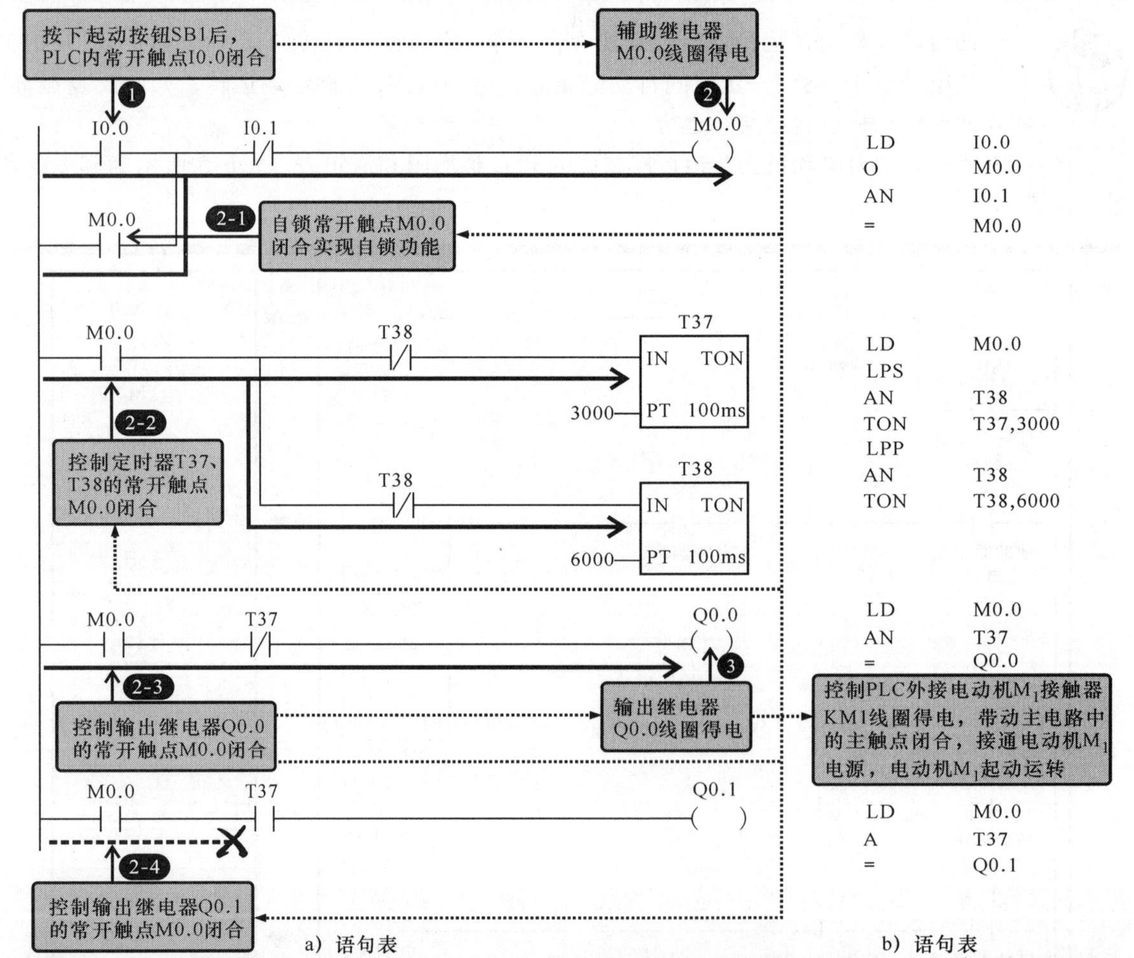


图 6-22　电动机 $M_1$ 的起动控制过程

❶ 按下起动按钮 SB1，将 PLC 程序中的输入继电器常开触点 I0.0 置“1”，即常开触点 I0.0

闭合。

❶→❷ 辅助继电器 M0.0 线圈得电。

→2-1 自锁常开触点 M0.0 闭合实现自锁功能；

→2-2 控制定时器 T37、T38 的常开触点 M0.0 闭合；

→2-3 控制输出继电器 Q0.0 的常开触点 M0.0 闭合；

→2-4 控制输出继电器 Q0.1 的常开触点 M0.0 闭合。

2-3→❸ 输出继电器 Q0.0 线圈得电，控制 PLC 外接电动机 $M_1$ 的接触器 KM1 线圈得电，带动主电路中的主触点闭合，接通电动机 $M_1$ 电源，电动机 $M_1$ 起动运转。

**2. 电动机 $M_1$ 的停止和电动机 $M_2$ 的起动控制过程**

当两台电动机进行交替运行时，即电动机 $M_1$ 的停止和电动机 $M_2$ 则可以通过以下的控制来完成，如图 6-23 所示。

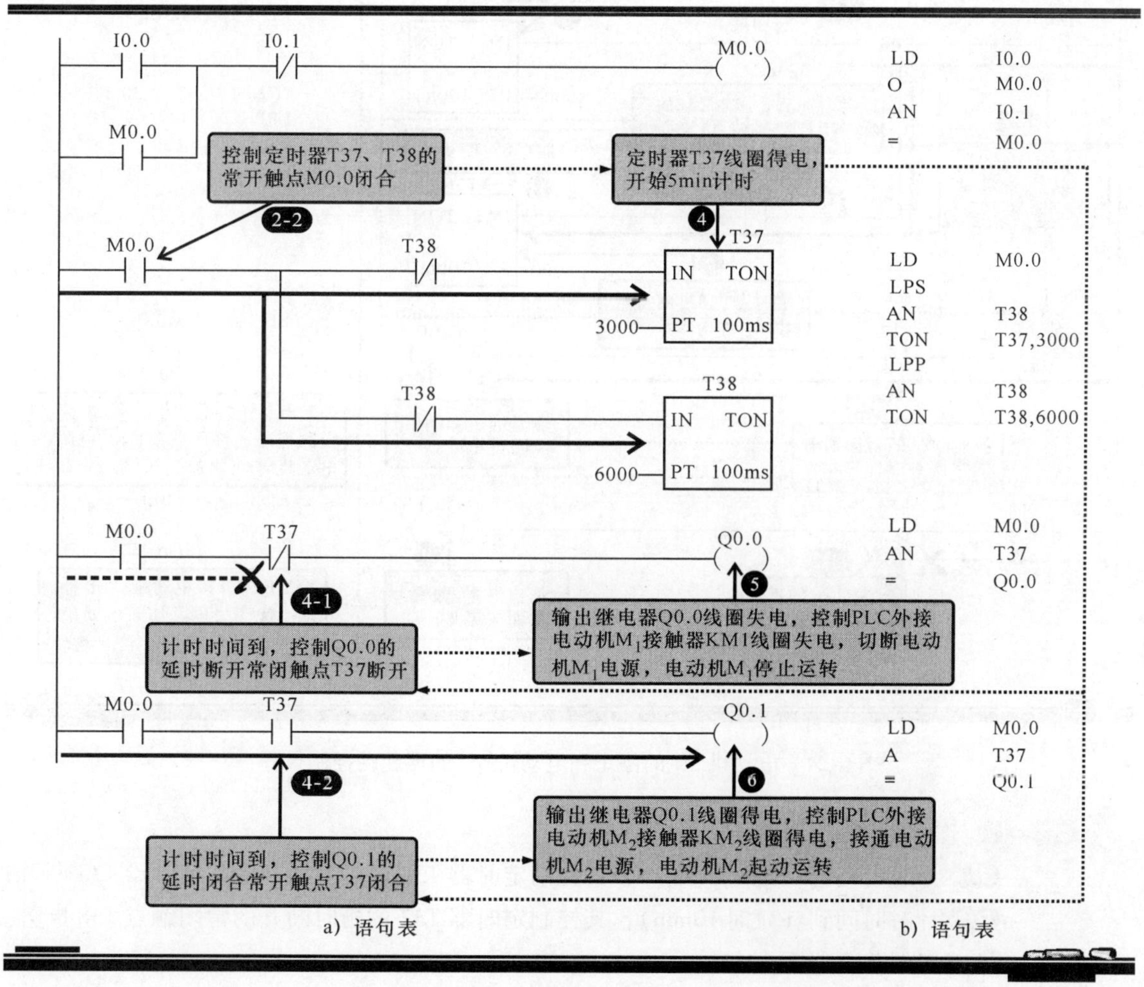


图 6-23　电动机 $M_1$ 的停止和电动机 $M_2$ 的起动控制过程

2-2→❹ 定时器 T37 线圈得电，开始计时。

→4-1 计时时间到（延时 5min），其控制输出继电器 Q0.0 的延时断开的常闭触点 T37 断开；

→4-2 计时时间到（延时5min），其控制输出继电器Q0.1的延时闭合的常开触点T37闭合。

4-1→5 输出继电器Q0.0线圈失电，控制PLC外接电动机$M_1$的接触器KM1线圈失电，带动主电路中的主触点复位断开，切断电动机$M_1$电源，电动机$M_1$停止运转。

4-2→6 输出继电器Q0.1线圈失电，控制PLC外接电动机$M_2$的接触器KM2线圈得电，带动主电路中的主触点闭合，接通电动机$M_2$电源，电动机$M_2$起动运转。

**3. 电动机$M_2$的停止和电动机$M_1$的再起动控制过程**

当需要电动机$M_2$停止和电动机$M_1$起动时，可以通过定时器的控制来实现，如图6-24所示。

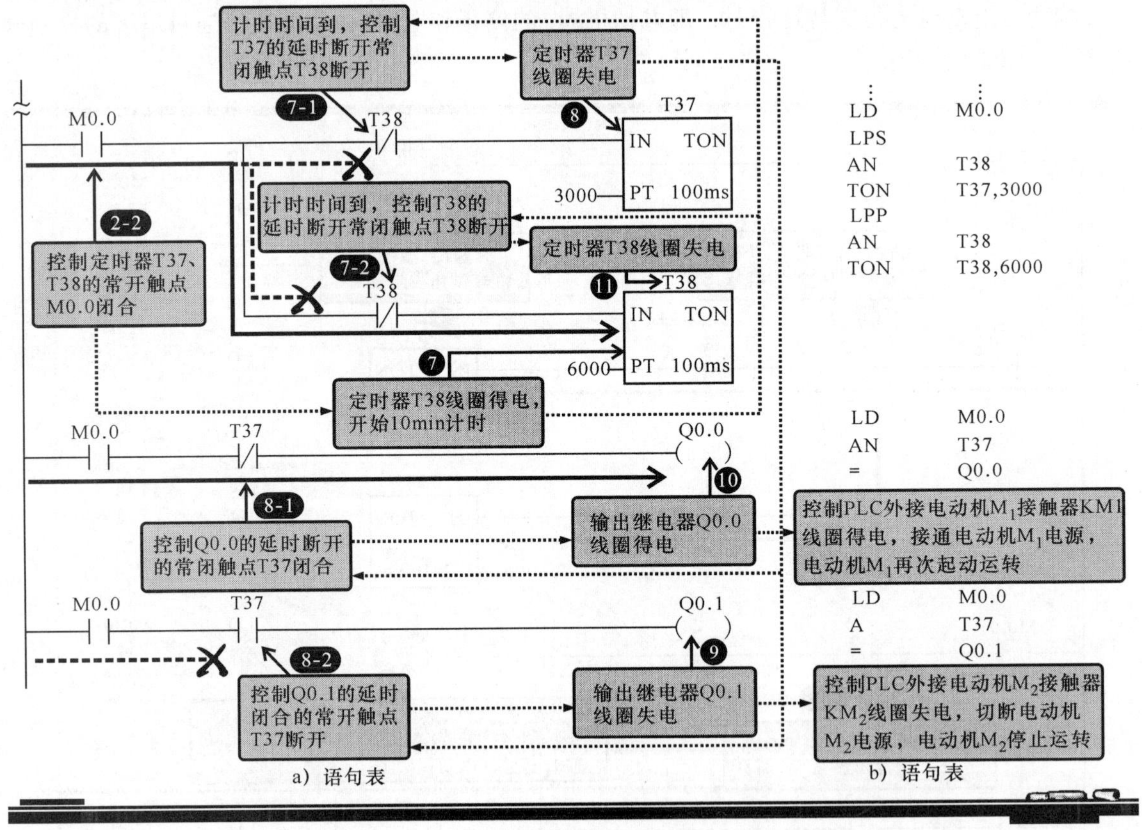


图6-24 电动机$M_2$的停止和电动机$M_1$的再起动控制过程

2-2→7 定时器T38线圈得电，开始计时。

→7-1 计时时间到（延时10min），其控制定时器T37的延时断开的常闭触点T38断开；

→7-2 计时时间到（延时10min），其控制定时器T37的延时断开的常闭触点T38断开。

7-3→8 定时器T37线圈失电。

→8-1 控制输出继电器Q0.0的延时断开的常闭触点T37复位闭合；

→8-2 控制输出继电器Q0.1的延时闭合的常开触点T37复位断开。

8-2→9 输出继电器Q0.1线圈失电。

→9-1 控制PLC外接电动机$M_2$的接触器KM2线圈失电，带动主电路中的主触点复位断开，切断电动机$M_2$电源，电动机$M_2$停止运转。

8-1→⑩ 输出继电器 Q0.0 线圈得电。

→10-1 控制 PLC 外接电动机 $M_1$ 的接触器 KM1 线圈再次得电，带动主电路中的主触点闭合，接通电动机 $M_1$ 电源，电动机 $M_1$ 再次起动运转。

7-2→⑪ 定时器 T38 线圈失电，将自身复位，进入下一次循环。

当需要两台电动机停止运转时，按下停止按钮 SB2，将 PLC 程序中的输入继电器常闭触点 I0.1 置“0”，即常闭触点 I0.1 断开，辅助继电器 M0.0 线圈失电，触点复位，定时器 T37、T38，输出继电器 Q0.0、Q0.1 线圈均失电，控制 PLC 外接电动机接触器线圈失电，带动主电路中的主触点复位断开，切断电动机电源，电动机停止循环运转。

# 第 7 章

# 通过案例搞清楚工控机床中的 PLC 控制电路

现在，开始进入第 7 章的学习：这一章，我们要搞清工控机床中的 PLC 控制电路。作为 PLC 重要的应用领域，我们会依托大量的工控机床中 PLC 应用案例，首先，为大家建立工控机床控制与相应 PLC 电路之间的关联，然后通过对各工控机床中 PLC 控制电路的详细解析，理顺其中的控制过程，理清其间的控制关系，最终让大家明白工控机床中不同 PLC 控制电路的工作特点，加深对 PLC 控制电路的理解，拓展 PLC 实际应用的思路。为工业生产领域的 PLC 设计开始与应用积累经验。好了，不多说了，让我们在案例中搞清工控机床中的 PLC 控制电路！

## 7.1　工控机床中的 PLC 控制电路有什么特点

本节主要是对工控机床中的 PLC 控制电路的特点进行了解，首先需要建立起工控机床与 PLC 控制电路的关联，将工控机床与 PLC 控制电路进行关联后再搞清楚工控机床中 PLC 的控制过程。

### 7.1.1　想办法建立工控机床与 PLC 控制电路的关联

工控机床的 PLC 控制系统是指由 PLC 作为核心控制部件来对各种机床传动设备（电动机）的不同运转过程进行控制，从而实现其相应的切削、磨削、钻孔、传送等功能的控制线路。无论是实现怎样的功能，均是通过相关控制部件、功能部件以及不同的连接方式构成的。图 7-1 所示为典型工控机床中的 PLC 控制系统，可以看到，该系统主要是由操作部件、控制部件和工控机床构成的。

**【资料】**

机床通常是指用刀具或磨具对金属工件进行切削加工的机器。在一些机械制造企业中，机床应用较为广泛，目前较常见的机床主要有车床、铣床、钻床、磨床、刨床等。

很多机床设备的结构和功能虽各不相同，但其控制系统的基本组成大体是相同的，主要由控制箱中的控制部件和机床设备上的电动机构成的。其中，各种控制部件是主要的操作和执行部件；电动机是机床设备上的核心部件，是带动机床其他机械部件执行相应指令动作的动力来源，是实现机床设备各项功能的关键条件。

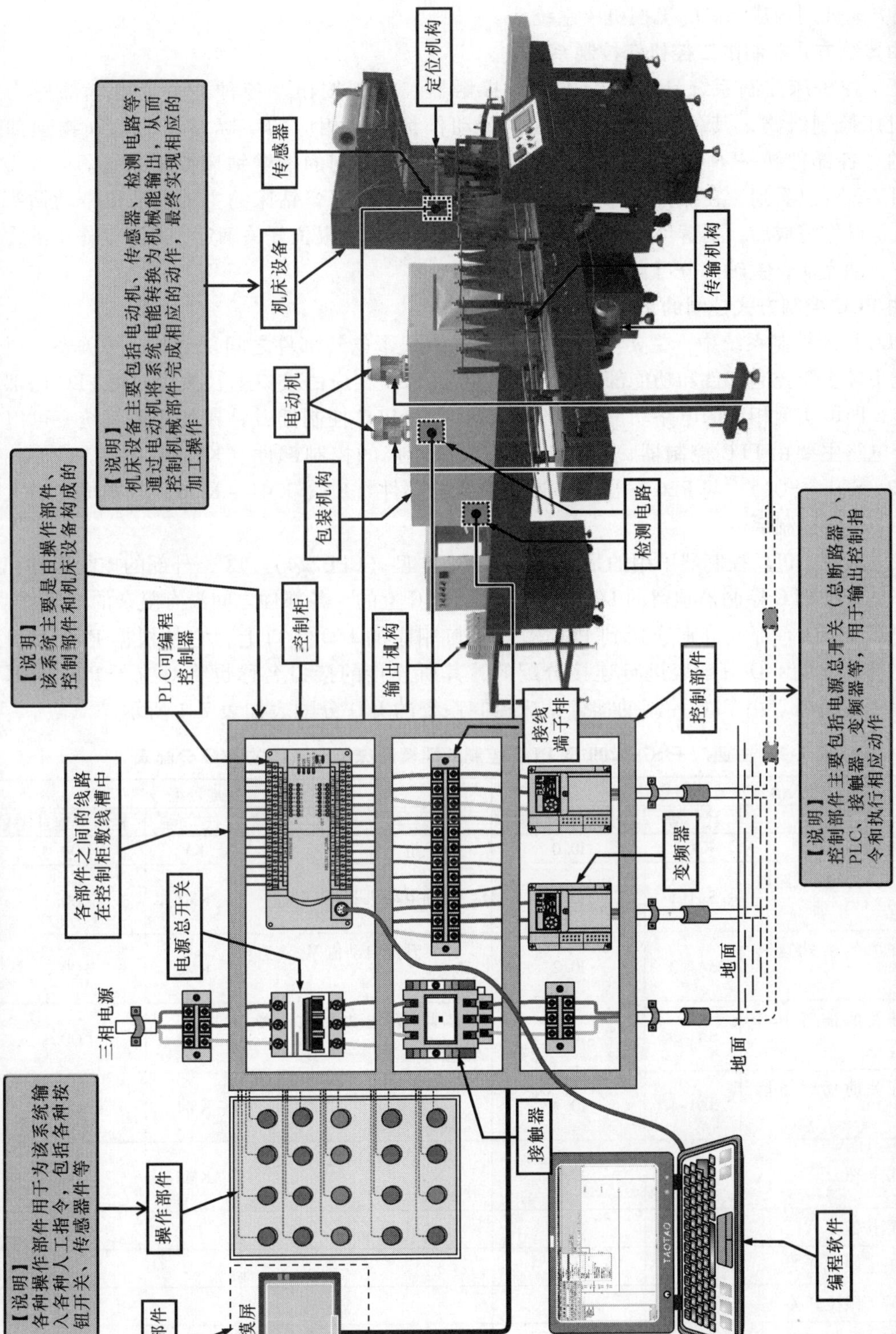


图 7-1 典型工控机床中的 PLC 控制系统

接下来，我们将构建典型工控机床的连接关系，为了便于理解我们会采用传统控制方式和PLC控制方式分别构建当前的工控机床系统。

**1. 由传统方式控制的工控机床控制系统**

传统工控机床控制系统是指由继电器、接触器、控制按钮、各种开关等电气部件构成的工控机床控制线路，其各项控制功能或执行动作都是由相应的实际存在的电气物理部件来实现的，各部件缺一不可。图7-2所示为由传统方式控制的摇臂钻床控制系统。

由图7-2可以看到，在操作部件和控制部件的作用下，摇臂钻床的主轴电动机带动钻头旋转，钻孔等操作完成后，摇臂可自动升降并夹紧，升降位置由限位开关确定，升降动作中的立柱松紧操作自动完成，主轴部分可自动进刀等。

**2. 由PLC控制方式控制的工控机床控制系统**

在PLC机床控制系统中，主要用PLC控制方式取代了电气部件之间复杂的连接关系。机床控制系统中各主要控制部件和功能部件都直接连接到PLC相应的接口上，然后根据PLC内部程序的设定，即可实现相应的电路功能。图7-3所示为由PLC控制摇臂钻床的控制系统。可以看到，整个电路主要由PLC控制器、与PLC输入接口连接的控制部件（KV-1、SA1-1～SA1-4、SB1～SB2、SQ1～SQ4）、与PLC输出接口连接的执行部件（KV、KM1～KM5）等构成，大大简化了图7-2中的控制部件。

在该电路中，PLC控制器采用的是西门子S7—200型（CPU224）PLC，外部的控制部件和执行部件都是通过PLC控制器预留的I/O接口连接到PLC上的，各部件之间没有复杂的连接关系。

控制部件和执行部件分别连接到PLC输入接口相应的I/O接口上，它是根据PLC控制系统设计之初建立的I/O分配表进行连接分配的，其所连接的接口名称也将对应于PLC内部程序的编程地址编号。由PLC控制的摇臂钻床控制系统的I/O分配表如表7-1所示。

**表7-1　由西门子S7—200型PLC控制的摇臂钻床控制系统的I/O分配表**

| 输入信号及地址编号 | | | 输出信号及地址编号 | | |
|---|---|---|---|---|---|
| 名　称 | 代　号 | 输入点地址编号 | 名　称 | 代　号 | 输出点地址编号 |
| 电压继电器触点 | KV-1 | I0.0 | 电压继电器 | KV | Q0.0 |
| 十字开关的控制电路电源接通触点 | SA1-1 | I0.1 | 主轴电动机$M_1$接触器 | KM1 | Q0.1 |
| 十字开关的主轴运转触点 | SA1-2 | I0.2 | 摇臂升降电动机$M_3$上升接触器 | KM2 | Q0.2 |
| 十字开关的摇臂上升触点 | SA1-3 | I0.3 | 摇臂升降电动机$M_3$下降接触器 | KM3 | Q0.3 |
| 十字开关的摇臂下降触点 | SA1-4 | I0.4 | 立柱松紧电动机$M_4$放松接触器 | KM4 | Q0.4 |
| 立柱放松按钮 | SB1 | I0.5 | 立柱松紧电动机$M_4$夹紧接触器 | KM5 | Q0.5 |
| 立柱夹紧按钮 | SB2 | I0.6 | | | |
| 摇臂上升上限位开关 | SQ1 | I1.0 | | | |
| 摇臂下降下限位开关 | SQ2 | I1.1 | | | |
| 摇臂下降夹紧行程开关 | SQ3 | I1.2 | | | |
| 摇臂上升夹紧行程开关 | SQ4 | I1.3 | | | |

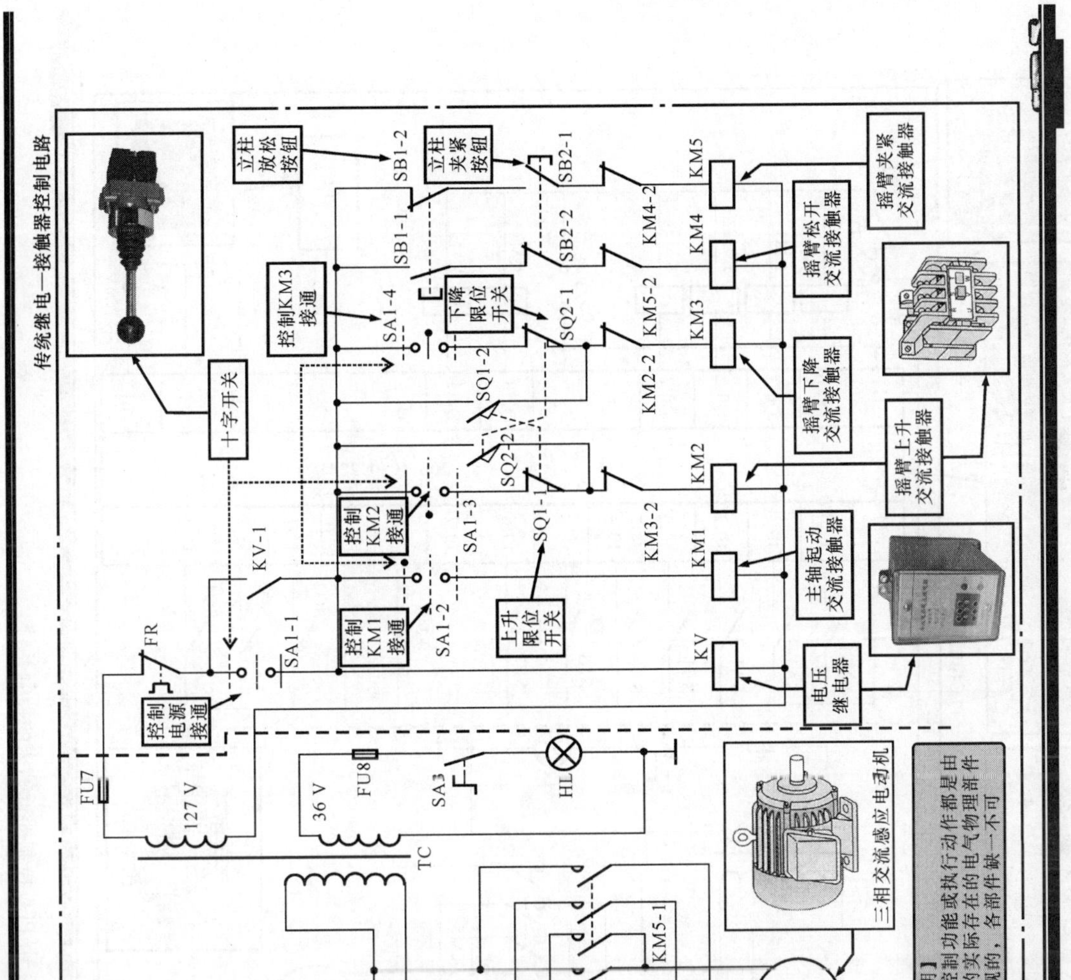


图7-2　由传统方式控制的摇臂钻床控制系统

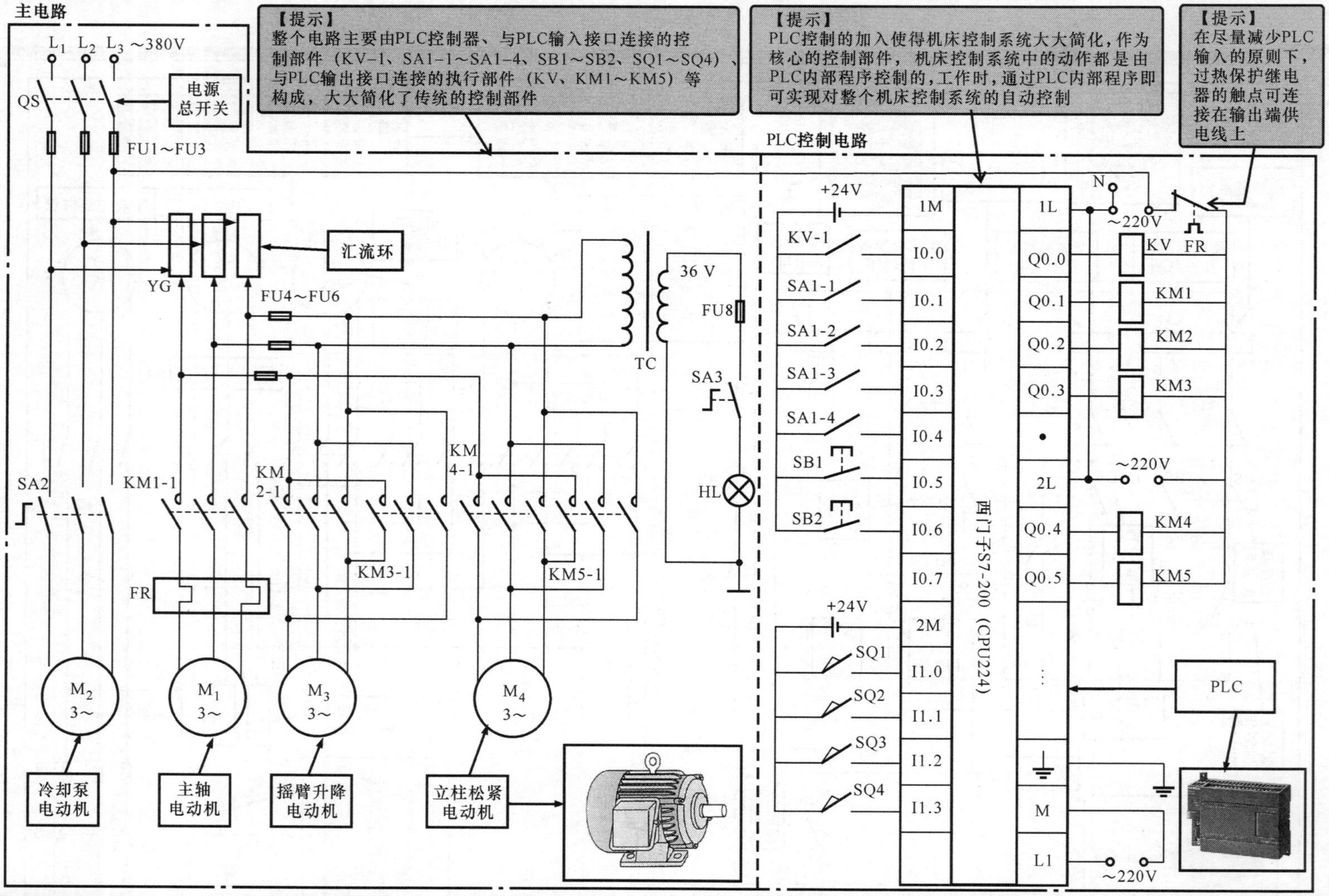


图 7-3　由 PLC 控制摇臂钻床的控制系统

上面我们大体了解机床控制系统与 PLC 控制电路的关联，接下来，我们结合这种关联想办法搞清楚工控机床中 PLC 的控制过程。

## 7.1.2 想办法搞清楚工控机床中 PLC 的控制过程

PLC 控制的加入使得机床控制系统大大简化，作为核心的控制部件，控制着机床控制系统中的所有动作。

工作时，当 PLC 输入接口外接控制部件输入控制信号时，由 PLC 内部微处理器识别该控制信号，然后通过调用其内部用户程序，控制其输出接口外接的执行部件动作，使控制系统主电路中实现相应动作，由此控制电动机运转，从而带动工控机床中的机械部件动作，进行加工操作，进而实现对整个工控机床的自动控制。

下面我们结合 PLC 内部梯形图程序具体分析上述由 PLC 控制的摇臂钻床控制系统的控制过程。

图 7-4 为由 PLC 控制的摇臂钻床控制系统的梯形图，为了方便读者了解，我们在梯形图各编程元件下方标注了其对应在传统控制系统中相应的按钮、交流接触器的触点、线圈等字母标识。

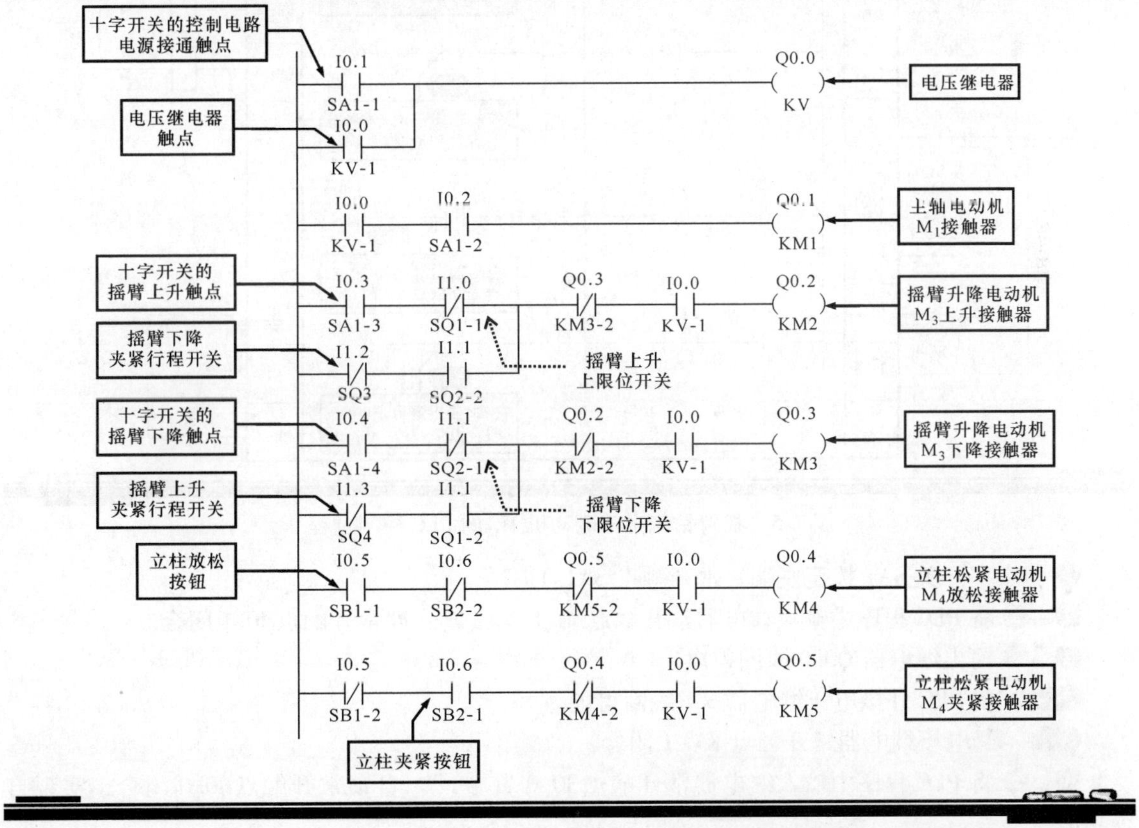


图 7-4 由 PLC 控制的摇臂钻床控制系统的梯形图

根据 PLC 控制的摇臂钻床控制电路的控制过程，将由 PLC 控制的摇臂钻床控制系统控制过程划分成 3 个阶段，即摇臂钻床主轴电动机 $M_1$ 的 PLC 控制过程、摇臂钻床摇臂升降电动机 $M_3$ 的 PLC 控制过程和摇臂钻床立柱松紧电动机 $M_4$ 的 PLC 控制过程。

**1. 摇臂钻床主轴电动机 $M_1$ 的 PLC 控制过程**

图 7-5 所示为摇臂钻床主轴电动机 $M_1$ 的 PLC 控制过程。

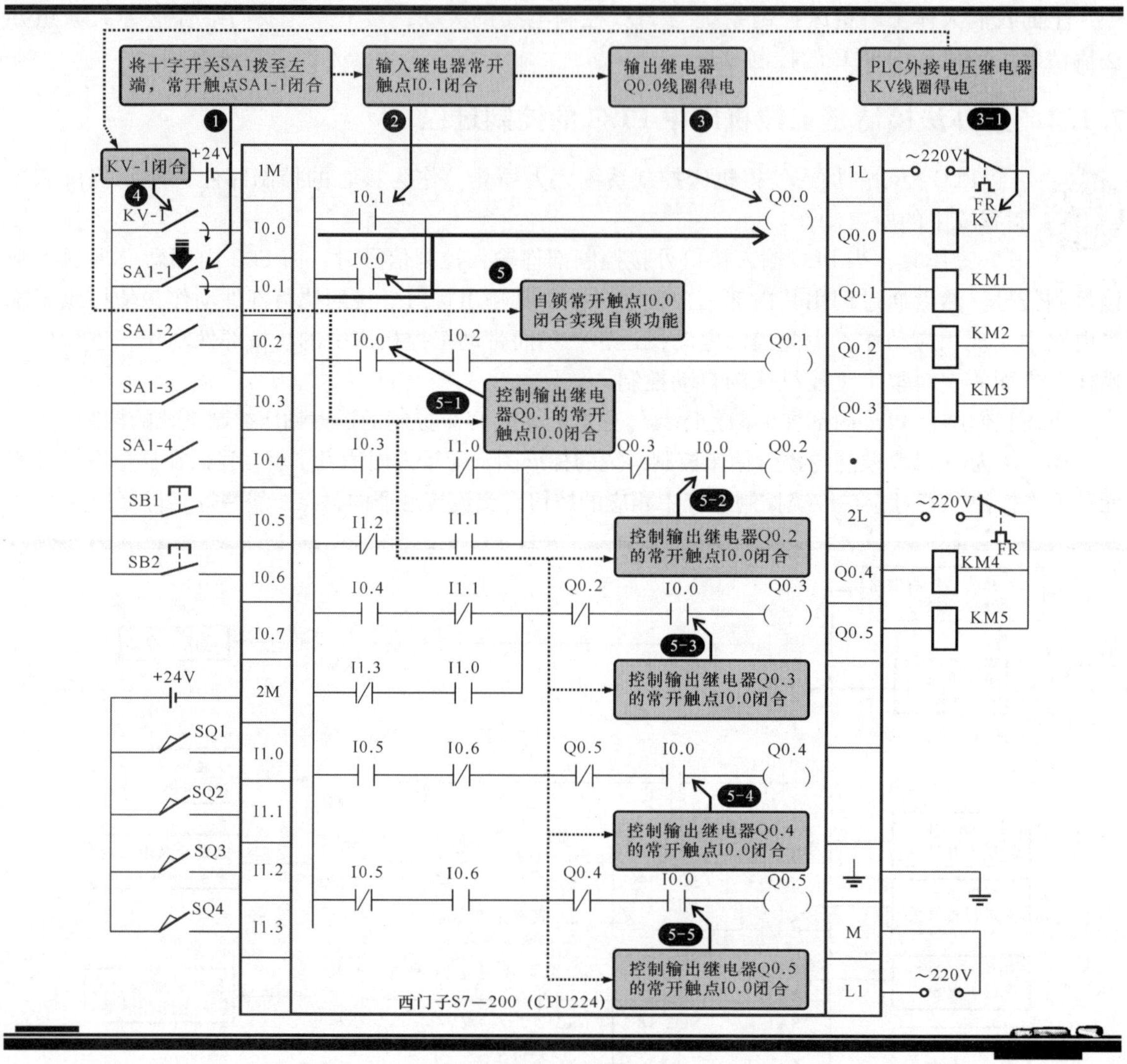


图 7-5　摇臂钻床主轴电动机 $M_1$ 的 PLC 控制过程

❶ 将十字开关 SA1 拨至左端，常开触点 SA1-1 闭合。

❶→❷ 将 PLC 程序中输入继电器常开触点 I0.1 置“1”，即常开触点 I0.1 闭合。

❷→❸ 输出继电器 Q0.0 线圈得电。

3-1 控制 PLC 外接电压继电器 KV 线圈得电。

3-1→❹ 电压继电器常开触点 KV-1 闭合。

❹→❺ 将 PLC 程序中输入继电器常开触点 I0.0 置“1”。自锁常开触点 I0.0 闭合，实现自锁功能；

5-1 控制输出继电器 Q0.1 的常开触点 I0.0 闭合，为其得电做好准备；

5-2 控制输出继电器 Q0.2 的常开触点 I0.0 闭合，为其得电做好准备；

5-3 控制输出继电器 Q0.3 的常开触点 I0.0 闭合，为其得电做好准备；

5-4 控制输出继电器 Q0.4 的常开触点 I0.0 闭合，为其得电做好准备；

5-5 控制输出继电器 Q0.5 的常开触点 I0.0 闭合，为其得电做好准备。

如图 7-6 所示，将十字开关 SA1 拨至右端，常开触点 SA1-2 闭合，主轴电动机的起动控制

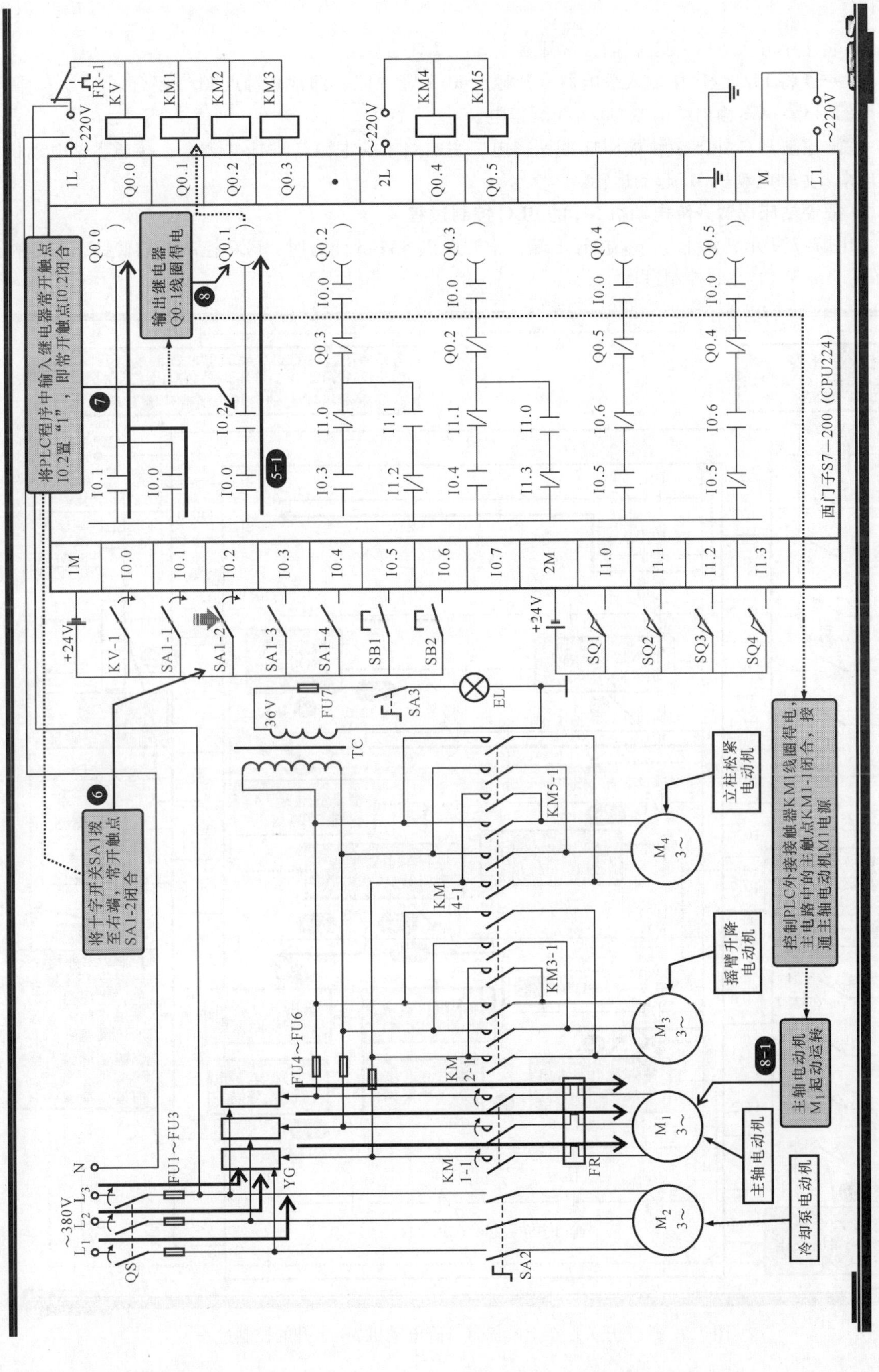


图 7-6　十字开关 SA1 拨至右端常开触点 SA1-2 闭合主轴电动机的起动控制过程

过程。

⑥ 将十字开关 SA1 拨至右端，常开触点 SA1-2 闭合。

⑥→⑦ 将 PLC 程序中输入继电器常开触点 I0.2 置“1”，即常开触点 I0.2 闭合。

5-1 + ⑦→⑧ 输出继电器 Q0.1 线圈得电。

8-1 控制 PLC 外接接触器 KM1 线圈得电，主电路中的主触点 KM1-1 闭合，接通主轴电动机 $M_1$ 电源，主轴电动机 $M_1$ 起动运转。

**2. 摇臂钻床摇臂升降电动机 $M_3$ 的 PLC 控制过程**

如图 7-7 所示，将十字开关拨至上端，常开触点 SA1-3 闭合时，PLC 控制下摇臂钻床的摇臂升降电动机 $M_3$ 上升的控制过程。

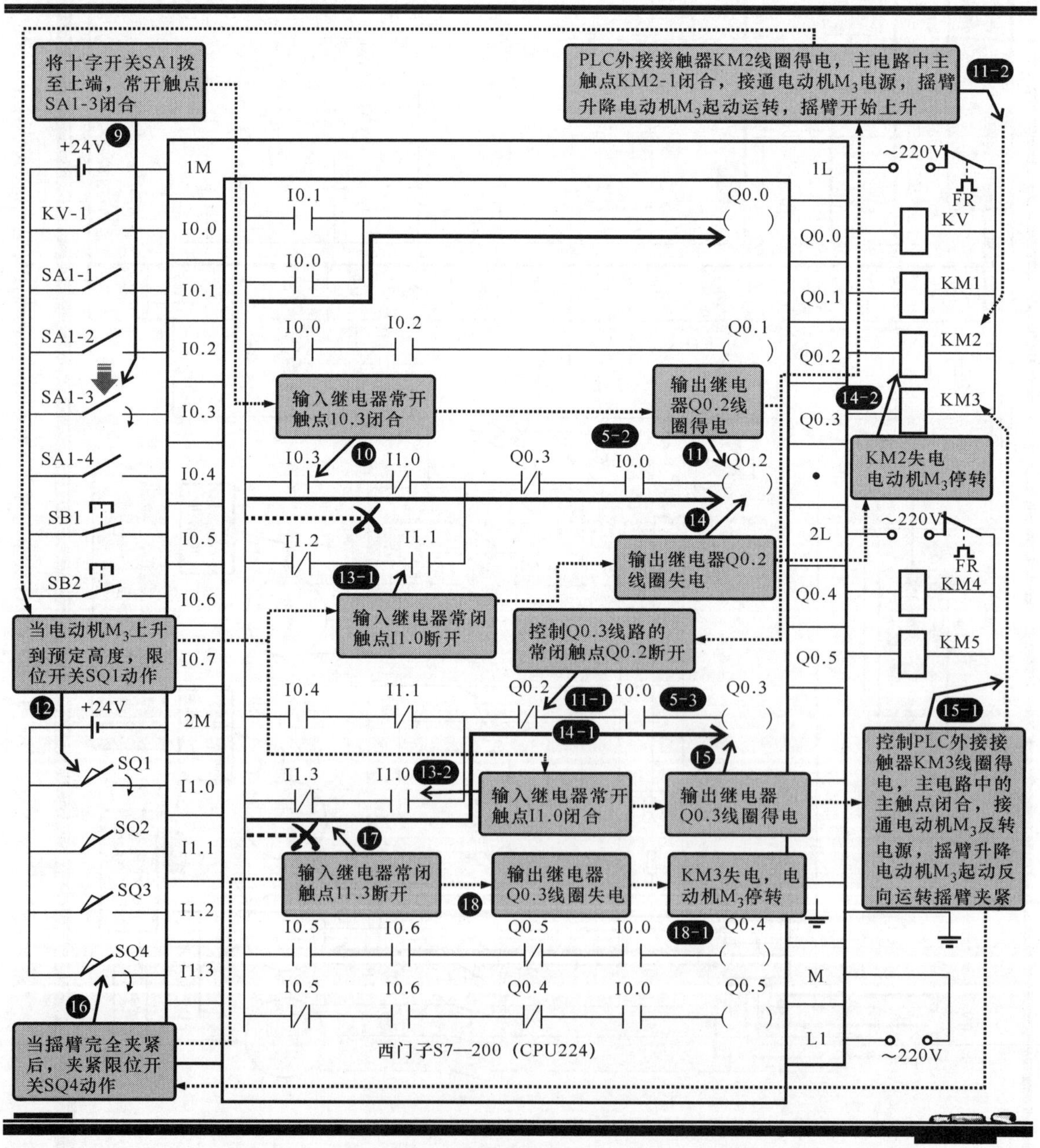


图 7-7　十字开关拨至上端摇臂升降电动机 $M_3$ 上升的控制过程

⑨ 将十字开关拨至上端，常开触点 SA1-3 闭合。

⑨→⑩ 将 PLC 程序中输入继电器常开触点 I0.3 置“1”，即常开触点 I0.3 闭合。

⑩ + 5-2 →⑪ 输出继电器 Q0.2 线圈得电。

11-1 控制输出继电器 Q0.3 的常闭触点 Q0.2 断开，实现互锁控制；

11-2 控制 PLC 外接接触器 KM2 线圈得电，主电路中的主触点 KM2-1 闭合，接通电动机 $M_3$ 电源，摇臂升降电动机 $M_3$ 起动运转，摇臂开始上升。

⑫ 当电动机 $M_3$ 上升到预定高度时，触动限位开关 SQ1 动作。

⑫→⑬ 将 PLC 程序中输入继电器 I1.0 相应动作。

13-1 常闭触点 I1.0 置“0”，即常闭触点 I1.0 断开；

13-2 常开触点 I1.0 置“1”，即常开触点 I1.0 闭合。

13-1 →⑭ 输出继电器 Q0.2 线圈失电。

14-1 控制输出继电器 Q0.3 的常闭触点 Q0.2 复位闭合；

14-2 控制 PLC 外接接触器 KM2 线圈失电，带动主电路中的主触点 KM2-1 复位断开，切断电动机 $M_3$ 电源，摇臂升降电动机 $M_3$ 停止运转，摇臂停止上升。

13-2 + 14-1 + 5-3 →⑮ 输出继电器 Q0.3 线圈得电。

15-1 控制 PLC 外接接触器 KM3 线圈得电，带动主电路中的主触点 KM3-1 闭合，接通电动机 $M_3$ 反转电源，摇臂升降电动机 $M_3$ 起动反向运转，将摇臂夹紧。

15-1 →⑯ 当摇臂完全夹紧后，夹紧限位开关 SQ4 动作。

⑯→⑰ 将 PLC 程序中输入继电器常闭触点 I1.3 置“0”，即常闭触点 I1.3 断开。

⑰→⑱ 输出继电器 Q0.3 线圈失电。

18-1 控制 PLC 外接接触器 KM3 线圈失电，主电路中的主触点 KM3-1 复位断开，电动机 $M_3$ 停转，摇臂升降电动机自动上升并夹紧的控制过程结束。

【注意】

十字开关拨至下端，常开触点 SA1-4 闭合，摇臂升降电动机 $M_3$ 下降并自动夹紧的工作过程与上述过程相似，可参照上述分析过程。

**3. 摇臂钻床立柱松紧电动机 $M_4$ 的 PLC 控制过程**

如图 7-8 所示，按下立柱放松按钮 SB1 时，摇臂钻床的立柱松紧电动机 $M_4$ 起动，立柱松开的控制过程。

⑲ 按下按钮 SB1。

⑲→⑳ PLC 程序中的输入继电器 I0.5 动作。

20-1 控制输出继电器 Q0.4 的常开触点 I0.5 闭合；

20-2 控制输出继电器 Q0.5 的常闭触点 I0.5 断开，防止输出继电器 Q0.5 线圈得电，实现互锁。

20-1 →㉑ 输出继电器 Q0.4 线圈得电。

21-1 控制 PLC 外接交流接触器 KM4 线圈得电，主电路中的主触点 KM4-1 闭合，接通电动机 $M_4$ 正向电源，立柱松紧电动机 $M_4$ 正向起动运转，立柱松开；

21-2 控制输出继电器 Q0.5 的常闭触点 Q0.4 断开，实现互锁。

㉒ 松开按钮 SB1。

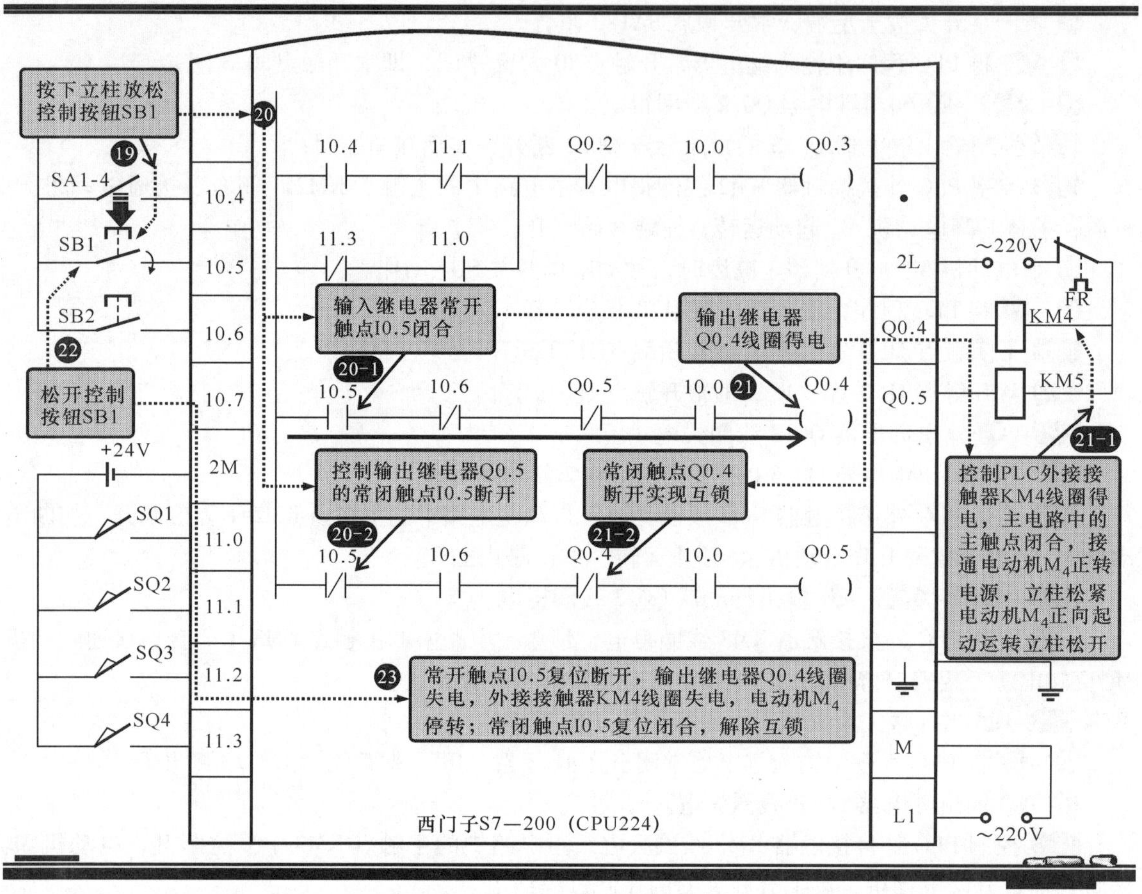


图 7-8　按下按钮 SB1 时，立柱松紧电动机 $M_4$ 起动的控制过程

㉒→㉓ PLC 程序中的输入继电器 I0.5 复位，其常开触点 I0.5 复位断开；常闭触点 I0.5 复位闭合。PLC 外接接触器 KM4 线圈失电，主电路中的主触点 KM4-1 复位断开，电动机 $M_4$ 停转。

**【注意】**

按下按钮 SB2 将控制立柱松紧电动机反转，立柱将夹紧，其控制过程与立柱松开的控制过程基本相同，可参照上述分析过程进行了解。

通过上述电路分析，大致可以归纳出 PLC 控制下摇臂钻床的各控制过程。



## 7.2　看懂工控机床中 PLC 梯形图和语句表需要练习

通过前面的学习，我们知道了工控机床中 PLC 控制电路的主要构成部件和基本的控制方法，但由于不同工控机床中的 PLC 控制电路选用的部件不同，部件间的组合方式以及选用部件数量也不相同，加之电路上的连接差异，从而产生多种电动机的控制方式。因此，为了进一步巩固所学知识，下面通过一些案例来搞清楚工控机床中的 PLC 控制电路的不同控制效果是如何实现的。

## 7.2.1 搞清楚双头钻床控制电路中的 PLC 梯形图和语句表

双头钻床是指用于对加工工件进行钻孔操作的工控机床，其控制系统完成对该设备双钻头的自动控制，实现自动钻孔功能。图 7-9 所示为双头钻床控制系统的 PLC 梯形图和语句表，表 7-2 所示为其 I/O 地址分配表。

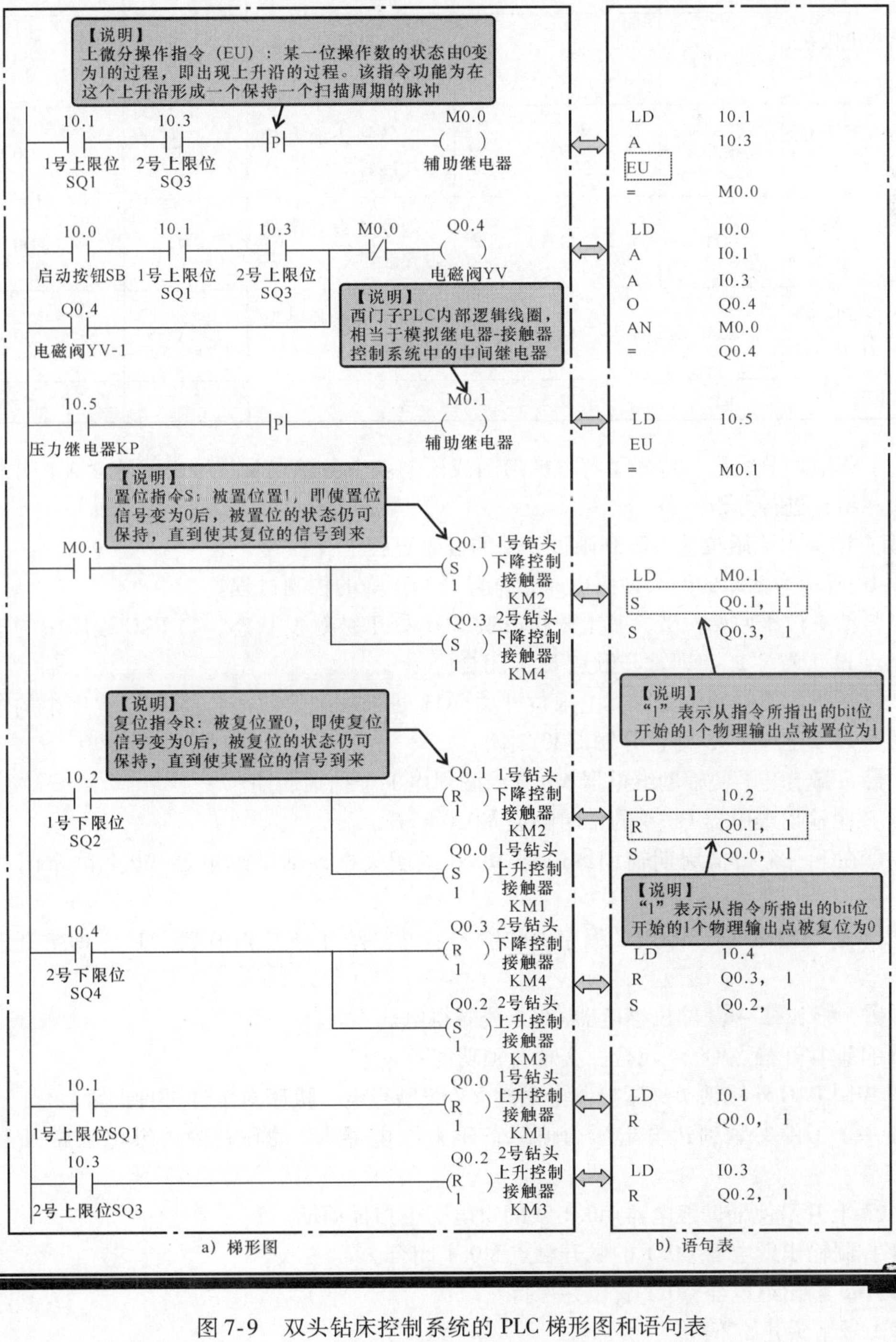


图 7-9 双头钻床控制系统的 PLC 梯形图和语句表

表 7-2　双头钻床控制系统的 PLC 梯形图 I/O 地址分配表（西门子 S7—200 型 PLC）

| 输入信号及地址编号 | | | 输出信号及地址编号 | | |
|---|---|---|---|---|---|
| 名　称 | 代　号 | 输入点地址编号 | 名　称 | 代　号 | 输出点地址编号 |
| 起动按钮 | SB | I0.0 | 1 号钻头上升控制接触器 | KM1 | Q0.0 |
| 1 号钻头上限位开关 | SQ1 | I0.1 | 1 号钻头下降控制接触器 | KM2 | Q0.1 |
| 1 号钻头下限位开关 | SQ2 | I0.2 | 2 号钻头上升控制接触器 | KM3 | Q0.2 |
| 2 号钻头上限位开关 | SQ3 | I0.3 | 2 号钻头下降控制接触器 | KM4 | Q0.3 |
| 2 号钻头下限位开关 | SQ4 | I0.4 | 钻头夹紧控制电磁阀 YV | YV | Q0.4 |
| 压力继电器 KP | KP | I0.5 | | | |

结合 I/O 地址分配表，首先了解该梯形图或语句表中各触点及符号表示的含义，并将梯形图与语句表相结合进行分析。

**1. 两个钻头由原始位置下降到限位开关的控制过程**

图 7-10 所示为钻床的两个钻头由原始位置开始下降的控制过程。

❶ 1 号钻头位于原始位置，其上限位开关 SQ1 处于被触发状态，将 PLC 程序中的输入继电器常开触点 I0.1 置“1”，即常开触点 I0.1 闭合。

❷ 2 号钻头位于原始位置，其上限位开关 SQ3 处于被触发状态，将 PLC 程序中的输入继电器常开触点 I0.3 置“1”，即常开触点 I0.3 闭合。

❶ + ❷→❸上升沿使辅助继电器 M0.0 线圈得电 1 个扫描周期。

3-1 控制输出继电器 Q0.4 的常闭触点 M0.0 断开。

❸→❹在下一个扫描周期辅助继电器 M0.0 线圈失电，辅助继电器 M0.0 的常闭触点复位闭合。

❺ 按下起动按钮 SB，将 PLC 程序中的输入继电器常开触点 I0.0 置“1”，即常开触点 I0.0 闭合。

❶和❷、❹和❺→❻ 输出继电器 Q0.4 线圈得电。

6-1 自锁常开触点 Q0.4 闭合，实现自锁功能；

6-2 控制 PLC 外接钻头夹紧控制电磁阀 YV 线圈得电，机床对工件进行夹紧。

6-2→❼ 工件夹紧到达设定压力值后，压力继电器 KP 动作，输入继电器常开触点 I0.5 闭合。

❼→❽ 上升沿使辅助继电器 M0.1 线圈得电 1 个扫描周期。

8-1 控制输出继电器 Q0.1 的常开触点 M0.1 闭合。

8-1→❾ 输出继电器 Q0.1 置位并保持。

9-1 1 号钻头开始下降。

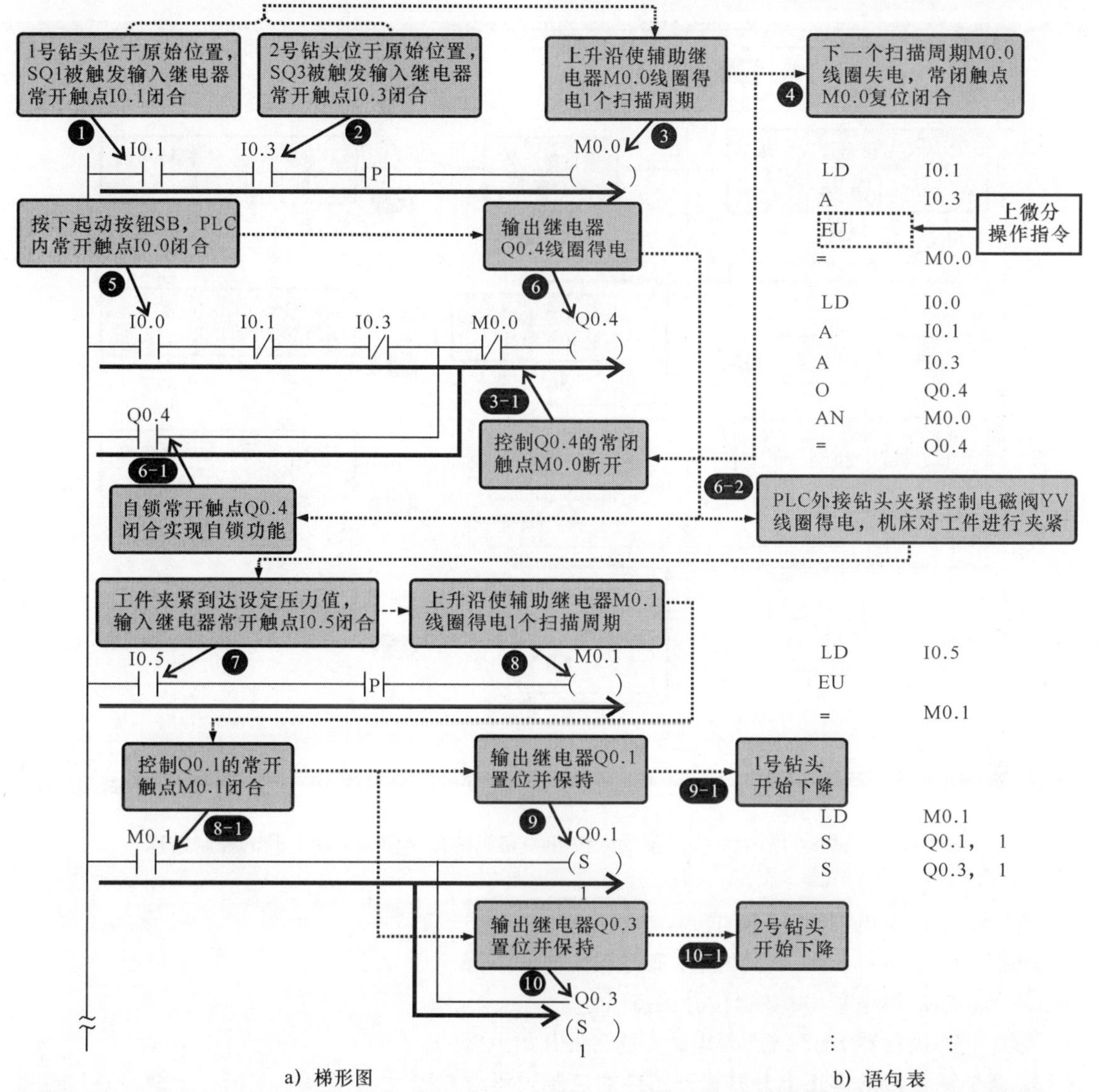


图 7-10　钻床的两个钻头由原始位置开始下降的控制过程

8-1→⑩ 输出继电器 Q0.3 置位并保持。

10-1 2 号钻头开始下降。

**2. 两个钻头下降到限位开关完成钻孔操作后自动上升的控制过程**

图 7-11 所示为钻床的两个钻头下降到限位开关完成钻孔操作后自动上升的控制过程。

9-1→⑪ 1 号钻头下降到位，下降限位开关 SQ2 动作，输入继电器常开触点 I0.2 闭合。

⑪→⑫ 输出继电器 Q0.1 复位。

12-1 下降接触器 KM2 线圈失电，1 号钻头停止下降。

⑪→⑬ 输出继电器 Q0.0 置位并保持。

13-1 上升接触器 KM1 线圈得电，1 号钻头开始上升。

10-1→⑭ 2 号钻头下降到位，下降限位开关 SQ4 动作，输入继电器常开触点 I0.4 闭合。

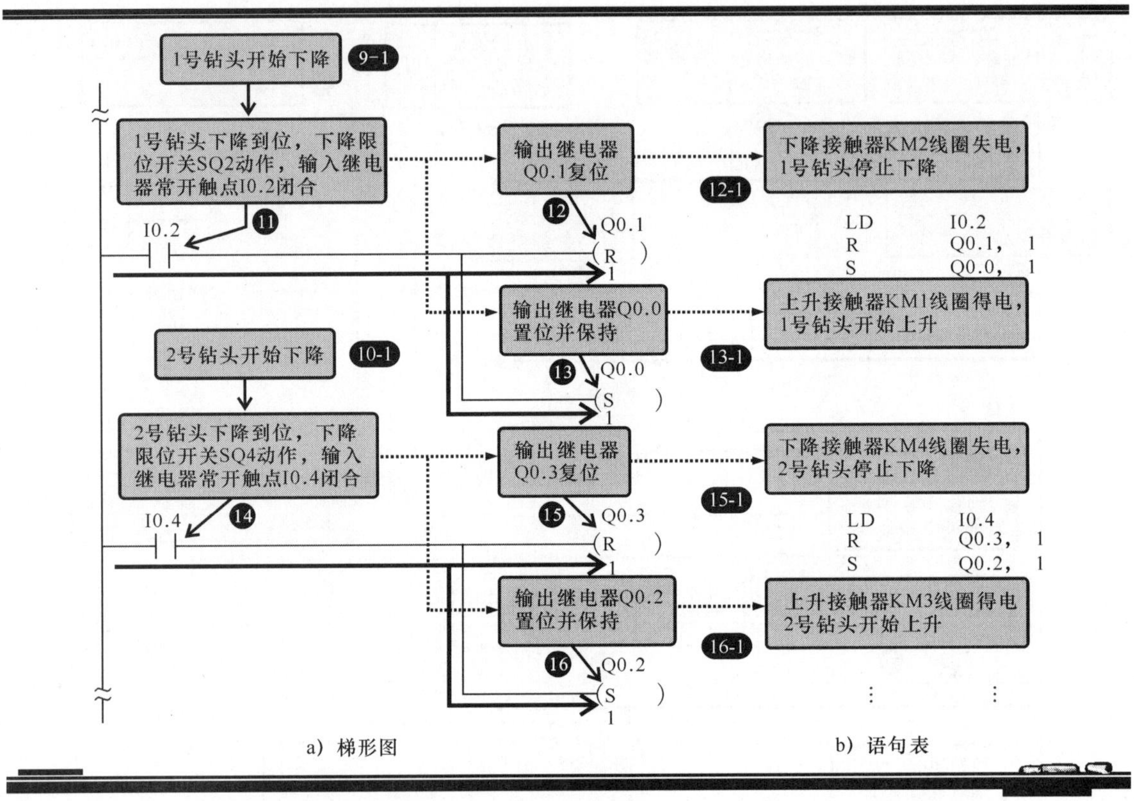


图 7-11　钻床的两个钻头下降到限位开关完成钻孔操作后自动上升的控制过程

⑭→⑮ 输出继电器 Q0.3 复位。

15-1 下降接触器 KM4 线圈失电，2 号钻头停止下降。

⑭→⑯ 输出继电器 Q0.2 置位并保持。

16-1 上升接触器 KM3 线圈得电，2 号钻头开始上升。

**3. 两个钻头自动停止上升并松开工件的控制过程**

图 7-12 所示为两个钻头自动停止上升并松开工件的控制过程。

13-1→⑰ 1 号钻头上升到位，上升限位开关 SQ1 动作，输入继电器常开触点 I0.1 闭合。

⑰→⑱ 输出继电器 Q0.0 线圈复位。

18-1 1 号钻头上升接触器 KM1 线圈失电，1 号钻头停止上升。

16-1→⑲ 2 号钻头上升到位，上升限位开关 SQ3 动作，输入继电器常开触点 I0.3 闭合。

⑲→⑳ 输出继电器 Q0.2 线圈复位。

20-1 2 号钻头上升接触器 KM3 线圈失电，2 号钻头停止上升。

⑰ 和⑲→㉑ I0.1 或 I0.3 的上升沿，使辅助继电器 M0.0 线圈得电 1 个扫描周期。

21-1 辅助继电器常闭触点 M0.0 断开。

21-1→㉒ 输出继电器 Q0.4 线圈失电。

22-1 自锁常开触点 Q0.4 复位断开，解除自锁；

22-2 控制 PLC 外接电磁阀 YV 线圈失电，工件放松，钻床完成一次循环作业。

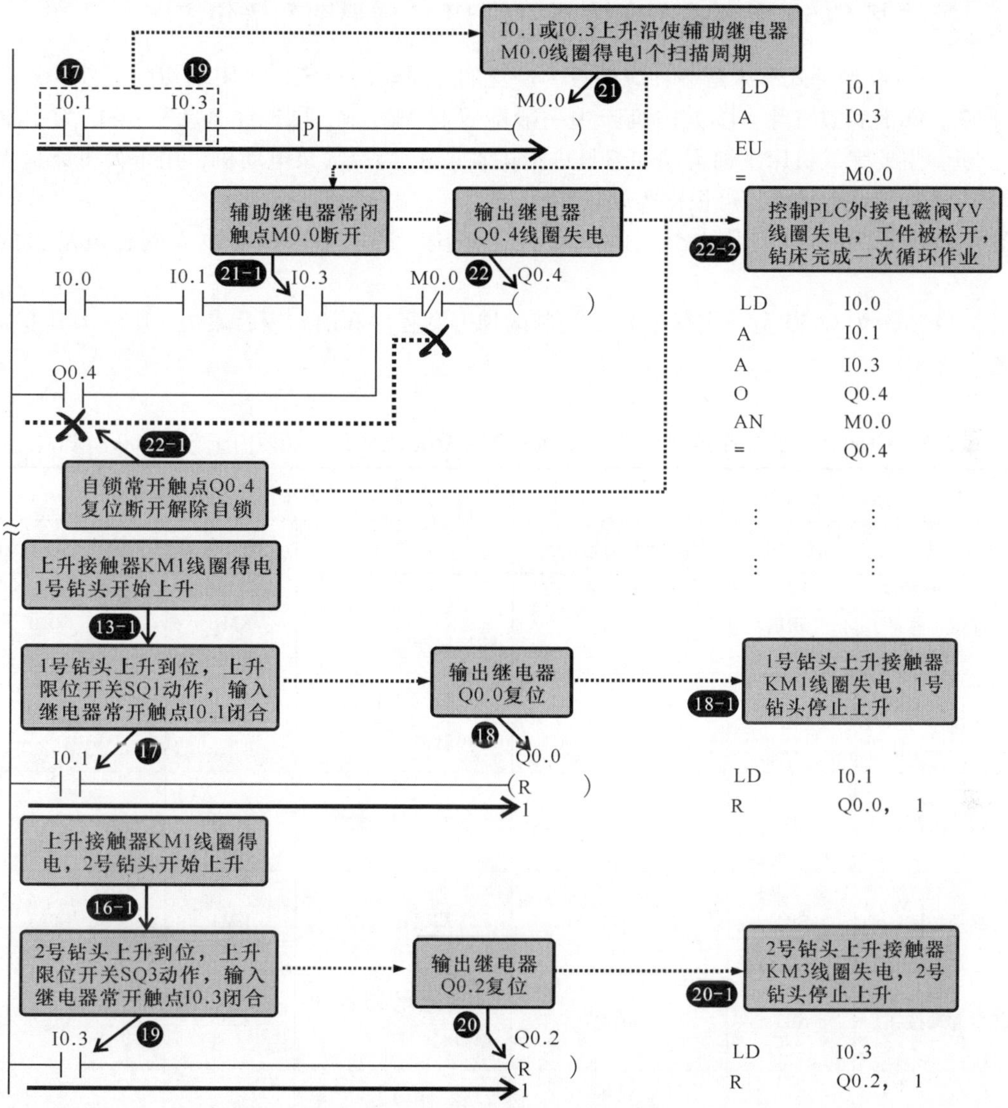


a）梯形图　　　　b）语句表

图 7-12　两个钻头自动停止上升并松开工件的控制过程

**【注意】**

综上分析可知，双头钻床的 PLC 梯形图和语句表的功能是实现对两个钻头同时开始工作、将工件夹紧（受夹紧压力继电器控制）、两个钻头同时向下运动，对工件进行钻孔加工，到达各自加工深度后（受下限位开关控制），自动返回至原始位置（受原始位置限位开关控制），释放工件完成一个加工过程的控制。

需要注意的是，两个钻头同时开始动作，但由于各自的加工深度不同，其停止和自动返回的时间也不同。

## 7.2.2 搞清楚C650型卧式车床控制中的PLC梯形图和语句表

C650型卧式车床是一种应用较为广泛的金属切削机床，多用于切削工件的外圆、内圆、端面和螺纹等。该工控机床中一般配置有 $M_1$ ~ $M_3$ 共3台电动机：$M_1$ 为主轴电动机，主要完成机床主轴运动和刀具进给运动；$M_2$ 为冷却泵电动机，用于为机床提供切削液；$M_3$ 为快速移动电动机，可根据需要使用。

图7-13所示为C650型卧式车床的PLC控制系统，通过主电路可以看到各电动机的控制情况。

图7-14所示为C650型卧式车床PLC控制的梯形图程序和语句表，表7-3所示为其I/O地址分配表。

**表7-3　C650型卧式车床控制系统PLC梯形图I/O地址分配表**（西门子S7—200型PLC）

| 输入信号及地址编号 | | | 输出信号及地址编号 | | |
|---|---|---|---|---|---|
| 名　　称 | 代　号 | 输入点地址编号 | 名　　称 | 代　号 | 输出点地址编号 |
| 停止按钮 | SB1 | I0.0 | 主轴电动机 $M_1$ 正转接触器 | KM1 | Q0.0 |
| 点动按钮 | SB2 | I0.1 | 主轴电动机 $M_1$ 反转接触器 | KM2 | Q0.1 |
| 正转起动按钮 | SB3 | I0.2 | 切断电阻接触器 | KM3 | Q0.2 |
| 反转起动按钮 | SB4 | I0.3 | 冷却泵接触器 | KM4 | Q0.3 |
| 冷却泵起动按钮 | SB5 | I0.4 | 快速电动机接触器 | KM5 | Q0.4 |
| 冷却泵停止按钮 | SB6 | I0.5 | 电流表接入接触器 | KM6 | Q0.5 |
| 速度继电器正转触点 | KS1 | I0.6 | | | |
| 速度继电器反转触点 | KS2 | I0.7 | | | |
| 刀架快速移动点动按钮 | SB7 | I1.0 | | | |

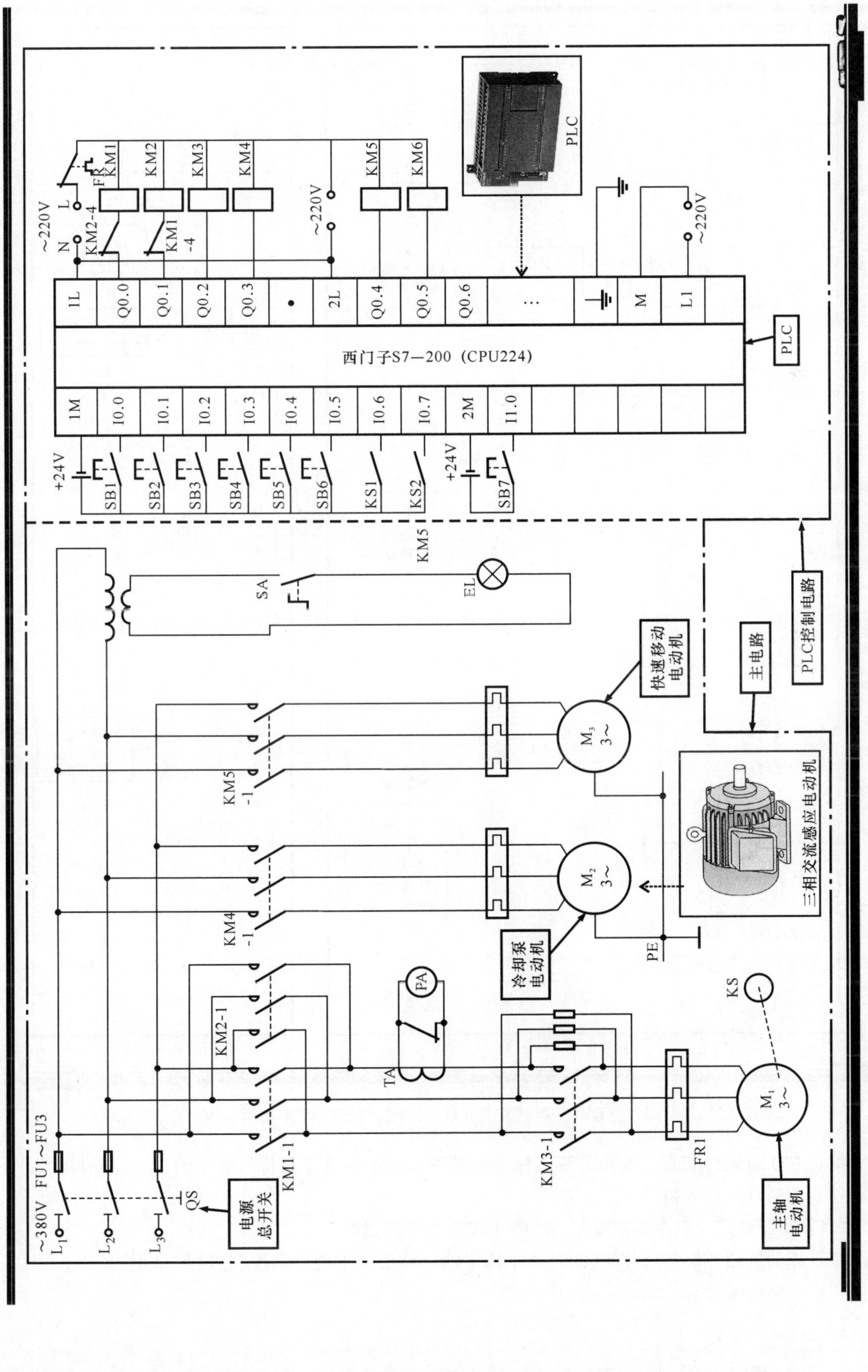

图 7-13　C650 型卧式车床的 PLC 控制系统

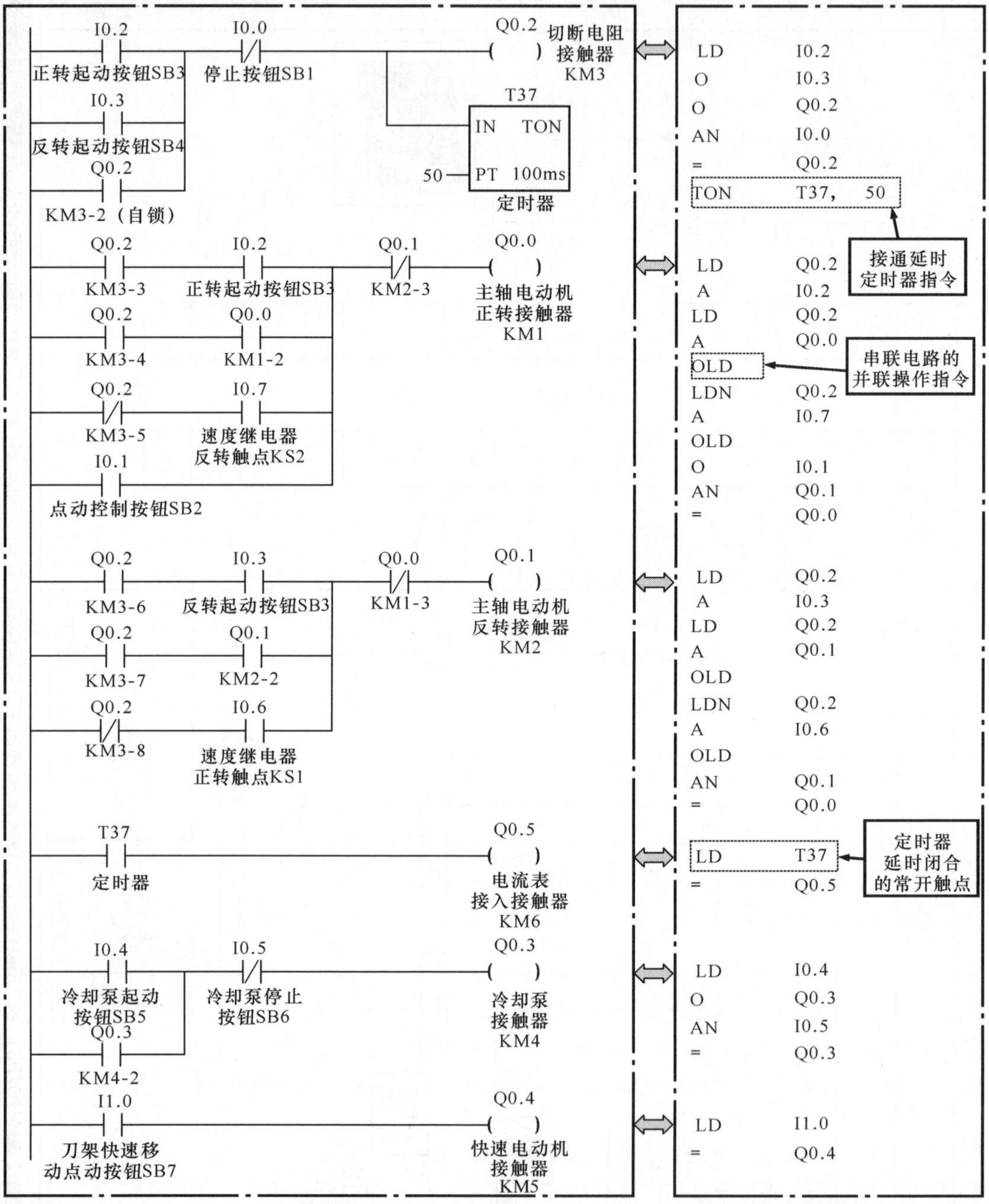


a）梯形图　　b）语句表

图 7-14　C650 型卧式车床 PLC 控制的梯形图程序和语句表

结合 I/O 地址分配表，首先了解该梯形图或语句表中各触点及符号表示的含义，并将梯形图与语句表相结合进行分析。

**1. C650 型卧式车床主轴电动机 $M_1$ 的正转点动控制过程**

按下点动按钮 SB2 后，C650 型卧式车床主轴电动机的正转点动控制过程，如图 7-15 所示。

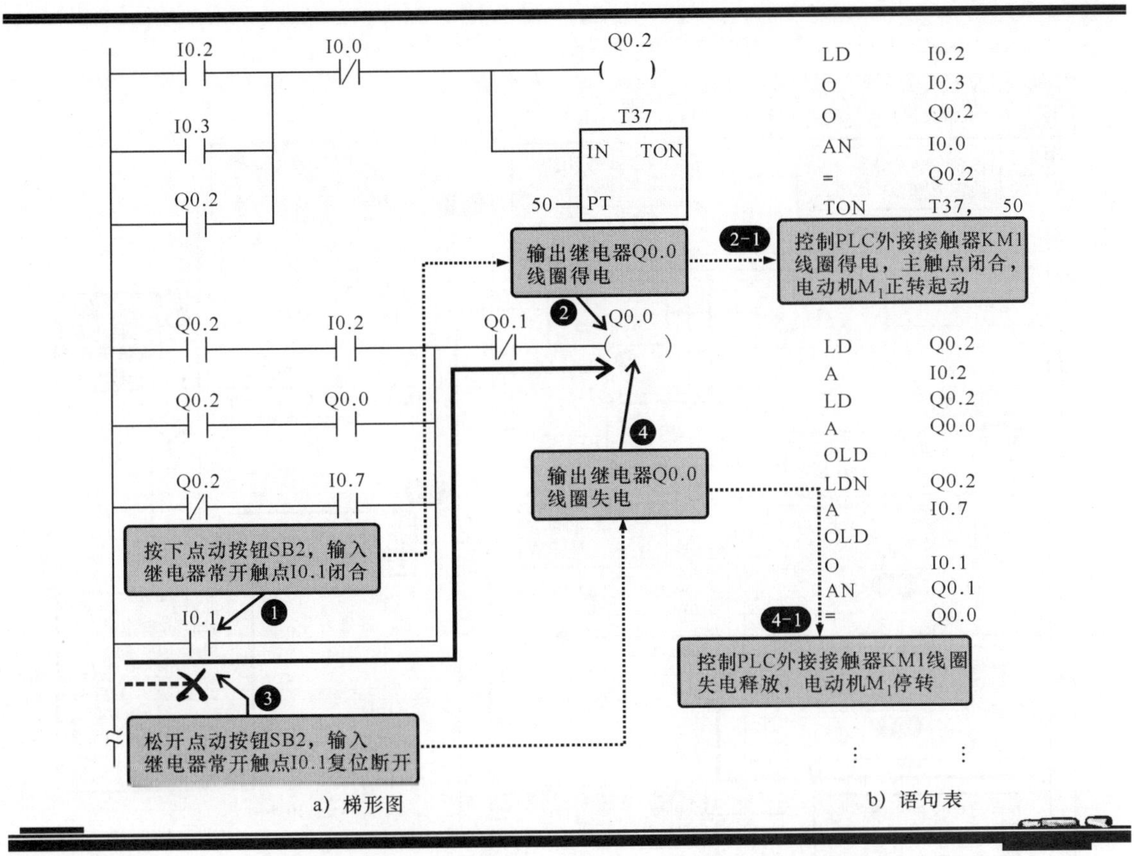


图 7-15　C650 型卧式车床主轴电动机的正转点动控制过程

❶ 按下点动按钮 SB2，PLC 程序中的输入继电器常开触点 I0.1 置“1”，即常开触点 I0.1 闭合。

❶→❷ 输出继电器 Q0.0 线圈得电。

2-1 控制 PLC 外接主轴电动机 $M_1$ 的正转接触器 KM1 线圈得电，带动主电路中的主触点闭合，接通电动机 $M_1$ 正转电源，电动机 $M_1$ 正转起动。

❸ 松开点动按钮 SB2，PLC 程序中的输入继电器常开触点 I0.1 复位置“0”，即常开触点 I0.1 断开。

❸→❹ 输出继电器 Q0.0 线圈失电。

4-1 控制 PLC 外接主轴电动机 $M_1$ 的正转接触器 KM1 线圈失电释放，电动机 $M_1$ 停转。

上述控制过程主轴电动机 $M_1$ 完成一次点动控制循环。

**2. C650 型卧式车床主轴电动机 $M_1$ 正转起动运行的控制过程**

按下正转起动按钮 SB3 后，C650 型卧式车床主轴电动机正转起动运行的控制过程，如图 7-16所示。

❺ 按下正转起动按钮 SB3，将 PLC 程序中的输入继电器常开触点 I0.2 置“1”。

5-1 控制输出继电器 Q0.2 的常开触点 I0.2 闭合；

5-2 控制输出继电器 Q0.0 的常开触点 I0.2 闭合。

5-1→❻ 输出继电器 Q0.2 线圈得电。

6-1 PLC 外接接触器 KM3 线圈得电，带动主触点闭合，短接电阻器 R；

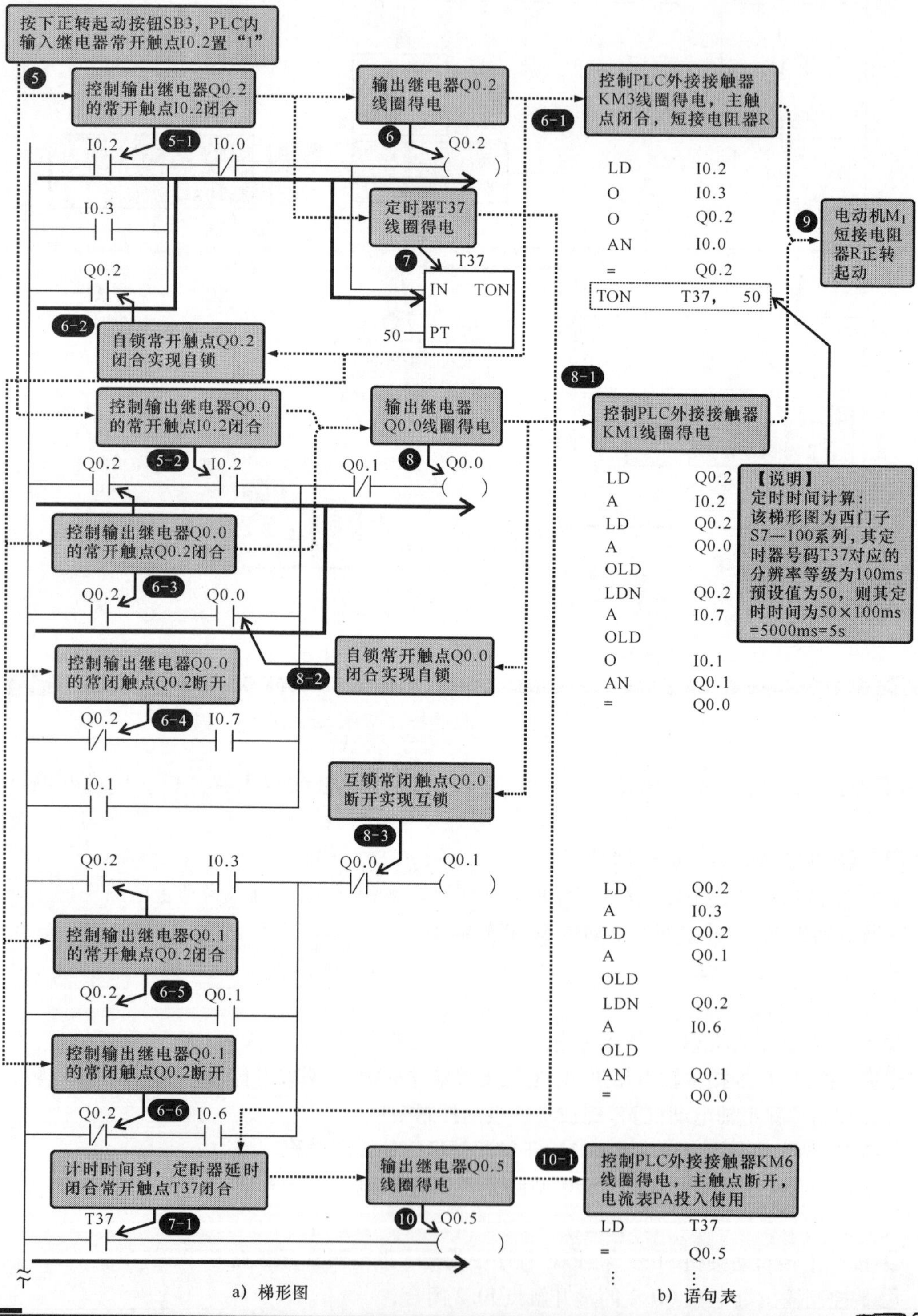


图7-16　C650型卧式车床主轴电动机正转起动运行的控制过程

6-2 自锁常开触点 Q0.2 闭合，实现自锁功能；

6-3 控制输出继电器 Q0.0 的常开触点 Q0.2 闭合；

6-4 控制输出继电器 Q0.0 的常闭触点 Q0.2 断开；

6-5 控制输出继电器 Q0.1 的常开触点 Q0.2 闭合；

6-6 控制输出继电器 Q0.1 制动线路中的常闭触点 Q0.2 断开。

5-1→⑦ 定时器 T37 线圈得电，开始 5s 计时。

7-1 计时时间到，定时器延时闭合常开触点 T37 闭合。

5-2 + 6-3→⑧ 输出继电器 Q0.0 线圈得电。

8-1 PLC 外接接触器 KM1 线圈得电吸合；

8-2 自锁常开触点 Q0.0 闭合，实现自锁功能；

8-3 控制输出继电器 Q0.1 的常闭触点 Q0.0 断开，实现互锁，防止 Q0.1 得电。

6-1 和 8-1→⑨ 电动机 $M_1$ 短接电阻器 R 正转起动。

7-1→⑩ 输出继电器 Q0.5 线圈得电。

10-1 PLC 外接接触器 KM6 线圈得电吸合，带动主电路中常闭触点断开，电流表 PA 投入使用（参照主电路图）。

主轴电动机 $M_1$ 反转起动运行的控制过程与上述过程大致相同，可参照上述分析进行了解，这里不再重复。

**3. C650 型卧式车床主轴电动机 $M_1$ 的反接制动控制过程**

按下停止按钮 SB1 后，主轴电动机的反接制动控制过程，如图 7-17 所示。

⑪ 主轴电动机正转起动，转速上升至 130r/min 以上后，速度继电器的正转触点 KS1 闭合，将 PLC 程序中的输入继电器常开触点 I0.6 置“1”，即常开触点 I0.6 闭合。

⑫ 按下停止按钮 SB1，将 PLC 程序中的输入继电器常闭触点 I0.0 置“0”，即常闭触点 I0.0 断开。

⑫→⑬ 输出继电器 Q0.2 线圈失电。

13-1 PLC 外接接触器 KM3 线圈失电释放；

13-2 自锁常开触点 Q0.2 复位断开，解除自锁；

13-3 控制输出继电器 Q0.0 中的常开触点 Q0.2 复位断开；

13-4 控制输出继电器 Q0.0 制动线路中的常闭触点 Q0.2 复位闭合；

13-5 控制输出继电器 Q0.1 中的常开触点 Q0.2 复位断开；

13-6 控制输出继电器 Q0.1 制动线路中的常闭触点 Q0.2 复位闭合。

⑫→⑭ 定时器线圈 T37 失电。

13-3→⑮ 输出继电器 Q0.0 线圈失电。

15-1 PLC 外接接触器 KM1 线圈失电释放，带动主电路中常开触点复位断开；

15-2 自锁常开触点 Q0.0 复位断开，解除自锁；

15-3 控制输出继电器 Q0.1 的互锁常闭触点 Q0.0 闭合。

⑪、13-6 和 15-3→⑯ 输出继电器 Q.1 线圈得电。

16-1 控制 PLC 外接接触器 KM2 线圈得电，电动机 $M_1$ 串电阻 R 进行反接起动；

16-2 控制输出继电器 Q0.0 的互锁常闭触点 Q0.1 断开，防止 Q0.0 得电。

16-1→⑰ 当电动机转速下降至 130r/min 以下时，速度继电器正转触点 KS1 断开，PLC 程序中的输入继电器常开触点 I0.6 复位置“0”，即常开触点 I0.6 断开。

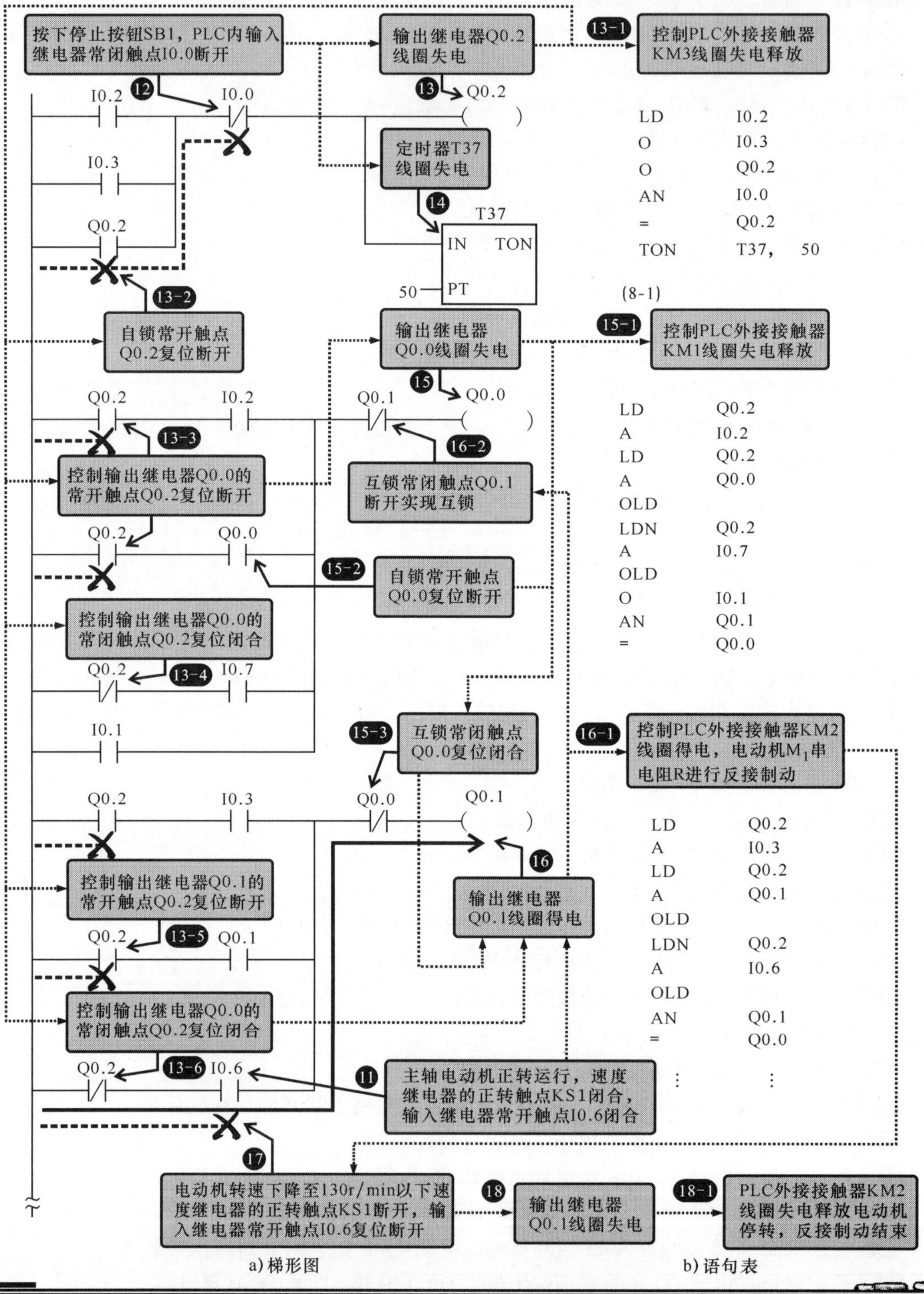


图 7-17 C650 型卧式车床主轴电动机的反接制动控制过程

⑰→⑱ 输出继电器 Q0.1 线圈失电。

18-1 PLC 外接接触器 KM2 线圈失电释放，电动机停转，反接制动结束。

**4. C650 型卧式车床冷却泵 $M_2$ 和快速电动机 $M_3$ 的起停控制过程**

图 7-18 所示为 C650 型卧式车床冷却泵 $M_2$ 和快速电动机 $M_3$ 的起动控制过程。

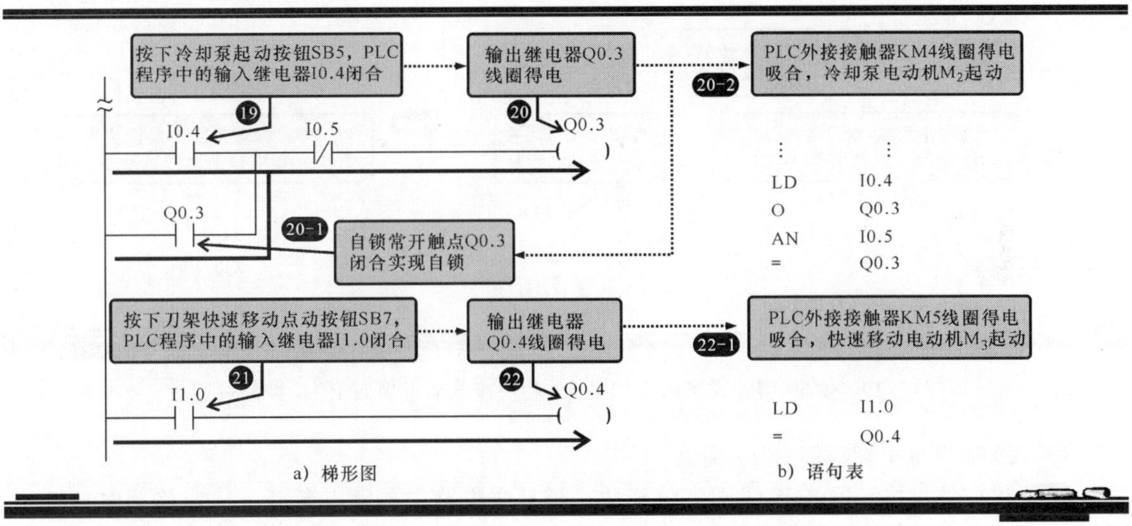


图 7-18　C650 型卧式车床冷却泵 $M_2$ 和快速电动机 $M_3$ 的起动控制过程

⑲ 按下冷却泵起动按钮 SB5，PLC 程序中的输入继电器常开触点 I0.4 置“1”，即常开触点 I0.4 闭合。

⑲→⑳ 输出继电器线圈 Q0.3 得电。

20-1 自锁常开触点 Q0.3 闭合，实现自锁功能；

20-2 PLC 外接接触器 KM4 线圈得电吸合，带动主电路中主触点闭合，冷却泵电动机 $M_2$ 起动，提供冷却液。

㉑ 按下刀架快速移动点动按钮 SB7，PLC 程序中的输入继电器常开触点 I1.0 置“1”，即常开触点 I1.0 闭合。

㉑→㉒ 输出继电器线圈 Q0.4 得电。

22-1 PLC 外接接触器 KM5 线圈得电吸合，带动主电路中主触点闭合，快速移动电动机 $M_3$ 起动，带动刀架快速移动。

图 7-19 所示为 C650 型卧式车床冷却泵 $M_2$ 和快速电动机 $M_3$ 的停止控制过程。

㉓ 按下冷却泵停止按钮 SB6，PLC 程序中的输入继电器常闭触点 I0.5 置“0”，即常闭触点 I0.5 断开。

㉓→㉔ 输出继电器线圈 Q0.3 失电。

24-1 自锁常开触点 Q0.3 复位断开，解除自锁；

24-2 PLC 外接接触器 KM4 线圈失电释放，带动主电路中主触点断开，冷却泵电动机 $M_2$ 停转。

㉕ 松开刀架快速移动点动按钮 SB7，PLC 程序中的输入继电器常闭触点 I1.0 置“0”，即常闭触点 I1.0 断开。

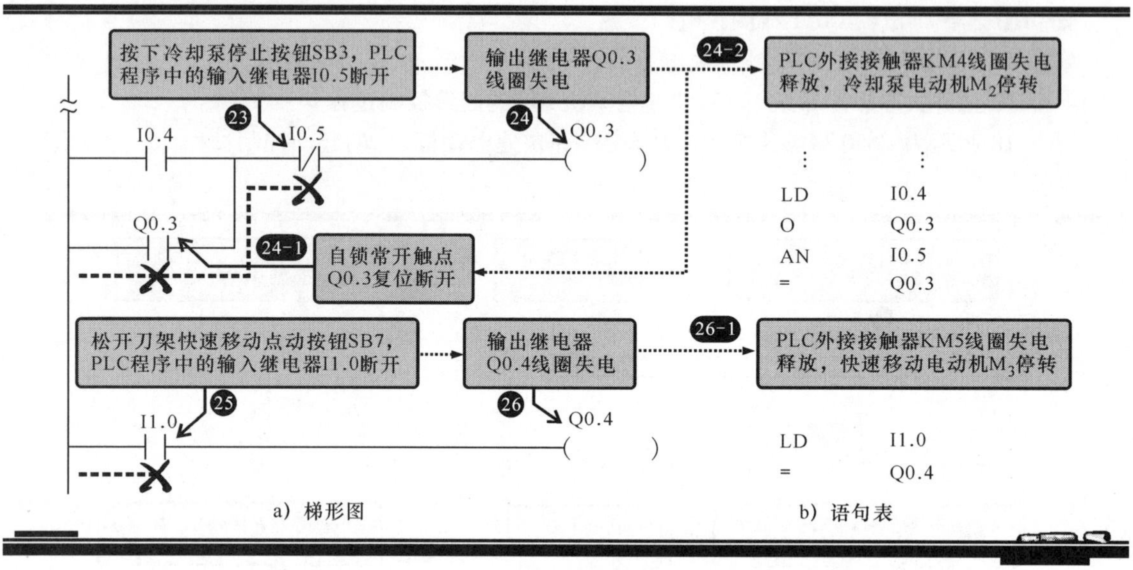


图 7-19　C650 型卧式车床冷却泵 $M_2$ 和快速电动机 $M_3$ 的停止控制过程

㉕→㉖ 输出继电器线圈 Q0.4 失电。

26-1 PLC 外接接触器 KM5 线圈失电释放，带动主电路中主触点断开，快速移动电动机 $M_3$ 停转。

**【资料】**

综上分析可知，C650 型卧式车床控制的 PLC 梯形图和语句表的功能是实现车床主轴电动机 $M_1$ 的点动、正转起动运行、反转起动运行和反接制动控制；冷却泵电动机 $M_2$ 简单的起停控制和快速移动电动机 $M_3$ 的点动控制。

### 7.2.3　搞清楚 M7120 型平面磨床控制中的 PLC 梯形图和语句表

M7120 型平面磨床是一种使用砂轮为刀具来精确而有效地进行工件表面加工的机床，砂轮相对于工件作高速旋转的磨削运动和低速的进给运动。该机床共由四台电动机拖动，分别为液压泵电动机 $M_1$、砂轮电动机 $M_2$、冷却泵电动机 $M_3$、砂轮升降电动机 $M_4$。

图 7-20 所示为 M7120 型平面磨床的 PLC 控制系统，通过主电路可以看到各电动机的控制情况。

图 7-21 所示为 M7120 型平面磨床 PLC 控制的梯形图程序和语句表，表 7-4 所示为其 I/O 地址分配表。

结合 I/O 地址分配表，首先了解该梯形图或语句表中各触点及符号表示的含义，并将梯形图与语句表相结合进行分析。

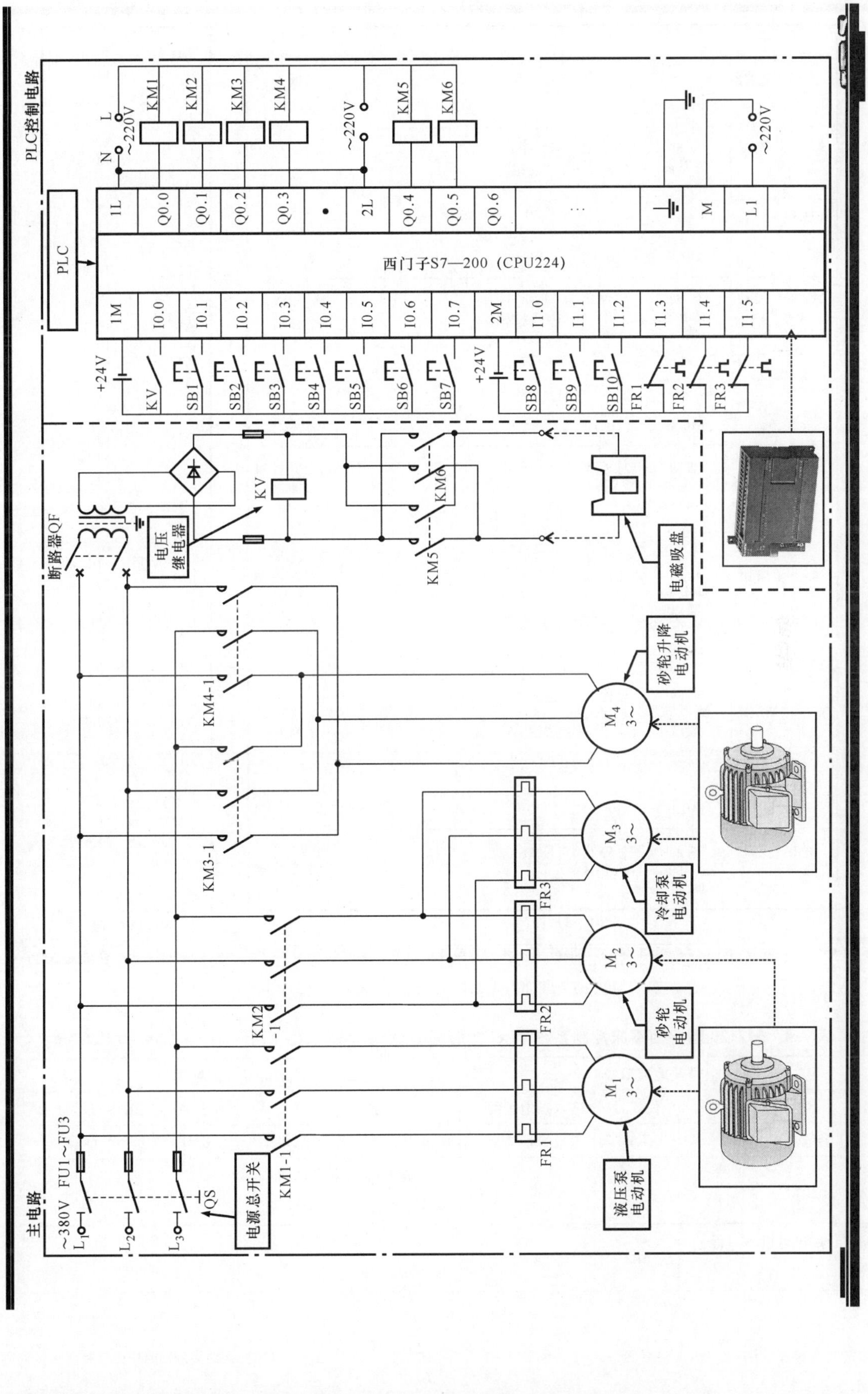


图 7-20　M7120 型平面磨床的 PLC 控制系统

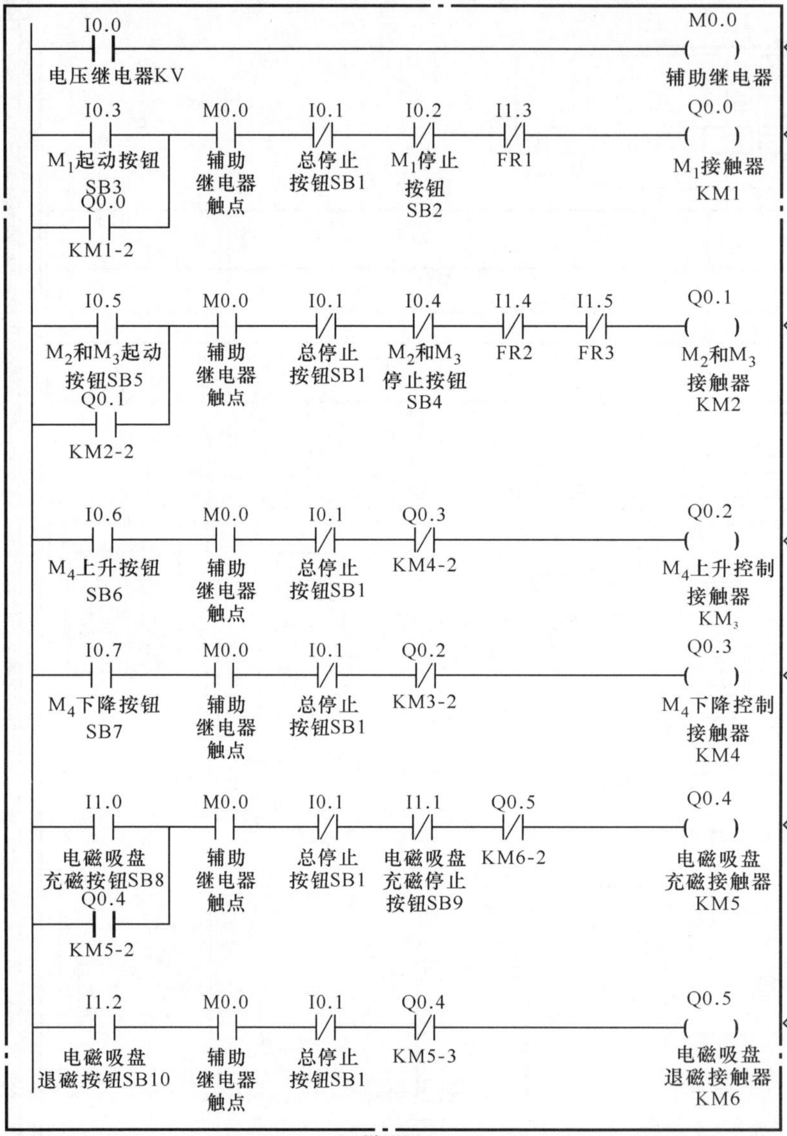


a）梯形图

```
LD    I0.0
=     M0.0

LD    I0.3
O     Q0.0
A     M0.0
AN    I0.1
AN    I0.2
AN    I1.3
=     Q0.0

LD    I0.5
O     Q0.1
A     M0.0
AN    I0.1
AN    I0.4
AN    I1.4
AN    I1.5
=     Q0.1

LD    I0.6
A     M0.0
AN    I0.1
AN    Q0.3
=     Q0.2

LD    I0.7
A     M0.0
AN    I0.1
AN    Q0.2
=     Q0.3

LD    I1.0
O     Q0.4
A     M0.0
AN    I0.1
AN    I1.1
AN    Q0.5
=     Q0.4

LD    I1.2
A     M0.0
AN    I0.1
AN    Q0.4
=     Q0.5
```

b）语句表

图 7-21　M7120 型平面磨床 PLC 控制的梯形图程序和语句表

**表 7-4　M7120 型平面磨床控制系统 PLC 梯形图 I/O 地址分配表**（西门子 S7—200 型 PLC）

| 输入信号及地址编号 | | | 输出信号及地址编号 | | |
|---|---|---|---|---|---|
| 名　　称 | 代　号 | 输入点地址编号 | 名　　称 | 代　号 | 输出点地址编号 |
| 电压继电器 | KV | I0.0 | 液压泵电动机 $M_1$ 接触器 | KM1 | Q0.0 |
| 总停止按钮 | SB1 | I0.1 | 砂轮及冷却泵电动机 $M_2$ 和 $M_3$ 接触器 | KM2 | Q0.1 |
| 液压泵电动机 $M_1$ 停止按钮 | SB2 | I0.2 | 砂轮升降电动机 $M_4$ 上升控制接触器 | KM3 | Q0.2 |

（续）

| 输入信号及地址编号 | | | 输出信号及地址编号 | | |
|---|---|---|---|---|---|
| 名　　称 | 代　号 | 输入点地址编号 | 名　　称 | 代　号 | 输出点地址编号 |
| 液压泵电动机 $M_1$ 起动按钮 | SB3 | I0.3 | 砂轮升降电动机 $M_4$ 下降控制接触器 | KM4 | Q0.3 |
| 砂轮及冷却泵电动机 $M_2$ 和 $M_3$ 停止按钮 | SB4 | I0.4 | 电磁吸盘充磁接触器 | KM5 | Q0.4 |
| 砂轮及冷却泵电动机 $M_2$ 和 $M_3$ 起动按钮 | SB5 | I0.5 | 电磁吸盘退磁接触器 | KM6 | Q0.5 |
| 砂轮升降电动机 $M_4$ 上升按钮 | SB6 | I0.6 | | | |
| 砂轮升降电动机 $M_4$ 下降按钮 | SB7 | I0.7 | | | |
| 电磁吸盘 YH 充磁按钮 | SB8 | I1.0 | | | |
| 电磁吸盘 YH 充磁停止按钮 | SB9 | I1.1 | | | |
| 电磁吸盘 YH 退磁按钮 | SB10 | I1.2 | | | |
| 液压泵电动机 $M_1$ 过热保护继电器 | FR1 | I1.3 | | | |
| 砂轮电动机 $M_2$ 过热保护继电器 | FR2 | I1.4 | | | |
| 冷却泵电动机 $M_3$ 热继电器 | FR3 | I1.5 | | | |

**1. M7120 型平面磨床液压泵、砂轮及冷却泵电动机（$M_1$ ~ $M_3$）的起动控制过程**

分别按下 $M_1$ ~ $M_3$ 电动机的起动按钮后，控制三台电动机起动的过程，如图 7-22 所示。

❶ 合上主电路电源总开关，交流电压经控制变压器 TC、桥式整流电路后加到电磁吸盘的充磁退磁电路，同时电压继电器 KV 线圈得电，PLC 程序中的输入继电器常开触点 I0.0 置“1”，即常开触点 I0.0 闭合。

❶→❷ 辅助继电器 M0.0 得电。

2-1 辅助继电器常开触点 M0.0 闭合，为各输出继电器线圈得电做好准备。

❸ 按下液压泵电动机起动按钮 SB3，PLC 程序中的输入继电器常开触点 I0.3 置“1”，即常开触点 I0.3 闭合。

❸ + 2-1 → ❹ 输出继电器 Q0.0 线圈得电。

4-1 自锁常开触点 Q0.0 闭合，实现自锁功能；

4-2 控制 PLC 外接液压泵电动机接触器 KM1 线圈得电吸合，液压泵电动机 $M_1$ 起动运转。

❺ 按下砂轮和冷却泵电动机起动按钮 SB5，PLC 程序中的输入继电器常开触点 I0.5 置“1”，即常开触点 I0.5 闭合。

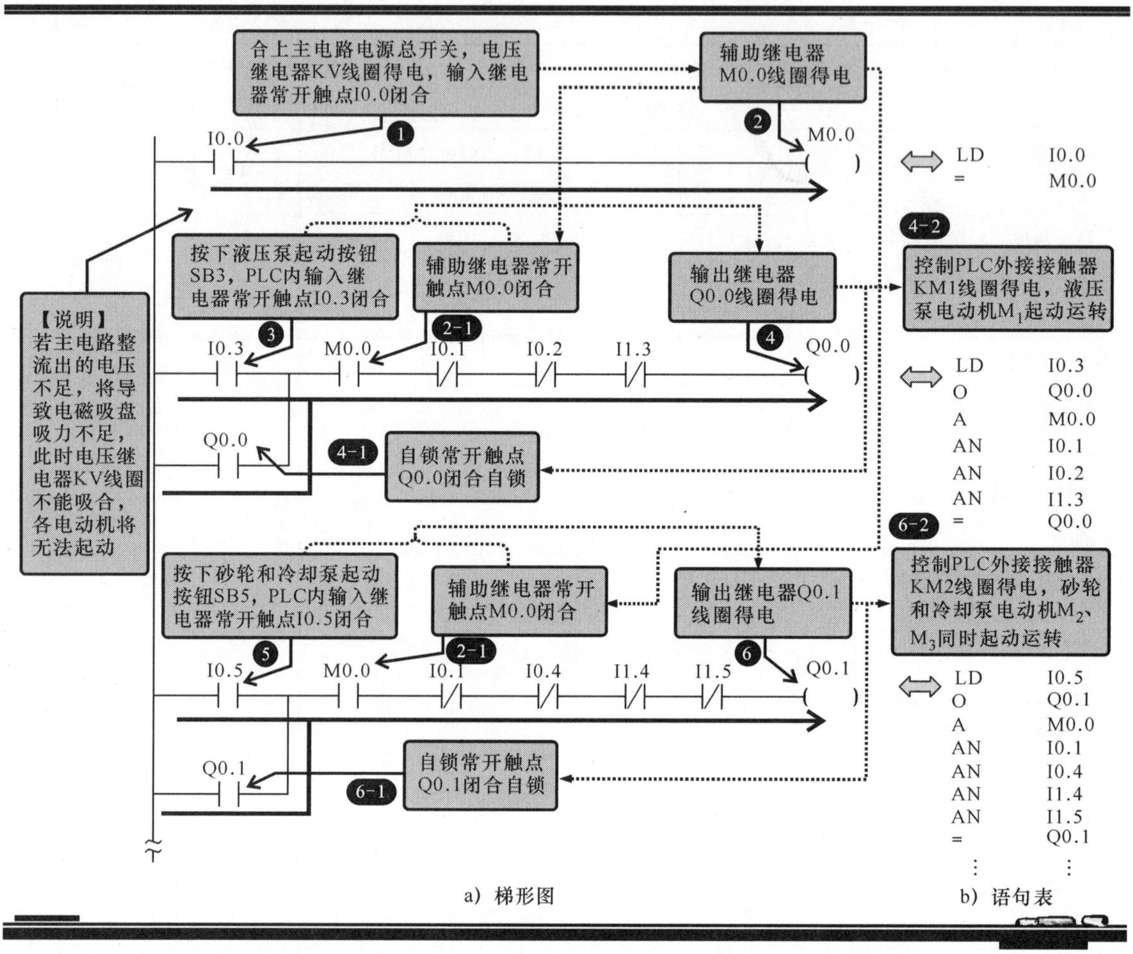


图 7-22 M7120 型平面磨床 $M_1$ ~ $M_3$ 电动机起动的控制过程

5 + 2-1 → 6 输出继电器 Q0.1 线圈得电。

6-1 自锁常开触点 Q0.1 闭合，实现自锁功能；

6-2 控制 PLC 外接砂轮和冷却泵电动机接触器 KM2 线圈得电吸合，砂轮和冷却泵电动机 $M_2$、$M_3$ 同时起动运转。

**【资料】**

上述控制过程中，液压泵电动机的停机过程与上述起动过程的控制相似，按下总停止按钮 SB1 或液压泵停止按钮 SB2 都可控制液压泵电动机停转。另外，如果液压泵电动机 $M_1$ 过载，过热保护继电器 FR1 动作，也可控制液压泵电动机停转，起到过热保护作用。

砂轮和冷却泵电动机为同一条控制程序，当砂轮电动机 $M_2$ 起动时，冷却泵电动机 $M_3$ 也同时起动运转。按下总停止按钮 SB1 或砂轮、冷却泵电动机停止按钮 SB4 时都可控制 $M_2$ 和 $M_3$ 停转。另外，如果砂轮电动机 $M_2$ 或冷却泵电动机 $M_3$ 任意一台出现过载时，过热保护继电器 FR2、FR3 动作，也可控制液压泵电动机停转，起到过热保护作用。

**2. M7120 型平面磨床砂轮升降电动机 $M_4$ 的点动控制过程**

图 7-23 所示为 M7120 型平面磨床砂轮升降电动机 $M_4$ 的点动控制过程。

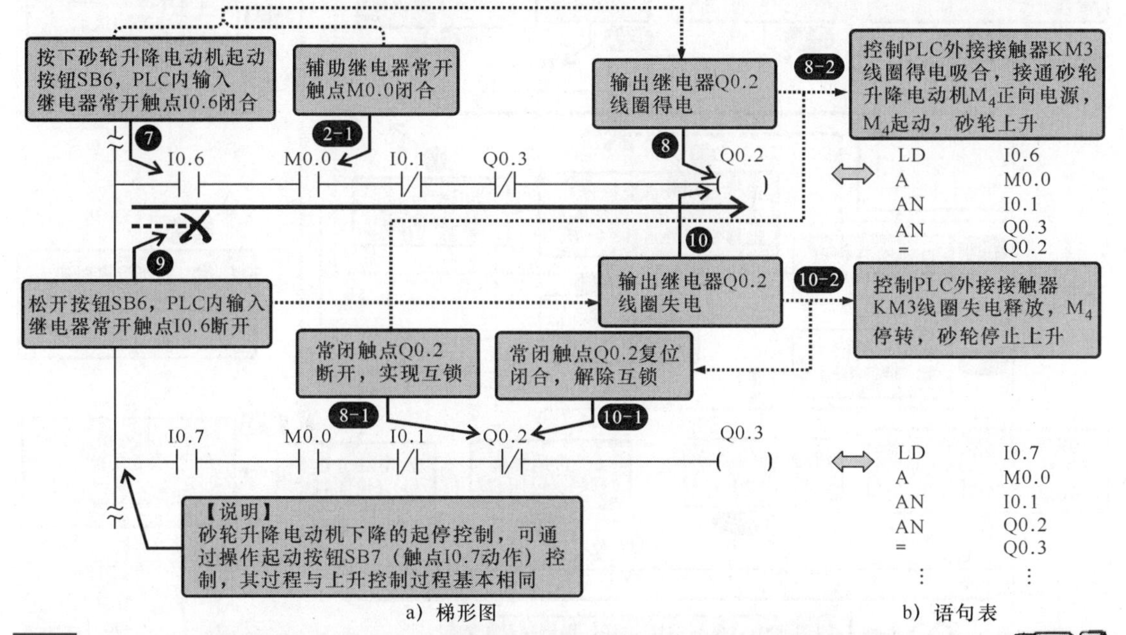


图 7-23 M7120 型平面磨床砂轮升降电动机 $M_4$ 的点动控制过程

❼ 按下砂轮升降电动机上升起动按钮 SB6，PLC 程序中的输入继电器常开触点 I0.6 置“1”，即常开触点 I0.6 闭合。

❼ + 2-1 → ❽ 输出继电器 Q0.2 线圈得电。

8-1 控制输出继电器 Q0.3 的互锁常闭触点 Q0.2 断开，防止 Q0.3 得电；

8-2 控制 PLC 外接砂轮升降电动机接触器 KM3 线圈得电吸合，接通砂轮升降电动机 $M_4$ 正向电源，$M_4$ 正向起动运转，砂轮上升。

❾ 当砂轮上升到要求高度时，松开按钮 SB6，PLC 程序中的输入继电器常开触点 I0.6 复位置“0”，即常开触点 I0.6 断开。

❾ → ❿ 输出继电器 Q0.2 线圈失电。

10-1 互锁常闭触点 Q0.2 复位闭合，为输出继电器 Q0.3 线圈得电做好准备；

10-2 控制 PLC 外接砂轮升降电动机接触器 KM3 线圈失电释放，砂轮升降电动机 $M_4$ 停转，砂轮停止上升。



**【注意】**

砂轮升降电动机下降的起停控制过程与上述过程基本相同，可参照上述分析过程进行了解，这里不再重复。

**3. M7120 型平面磨床电磁吸盘 YH 充磁退磁控制过程**

图 7-24 所示为 M7120 型平面磨床电磁吸盘 YH 充磁退磁控制过程。

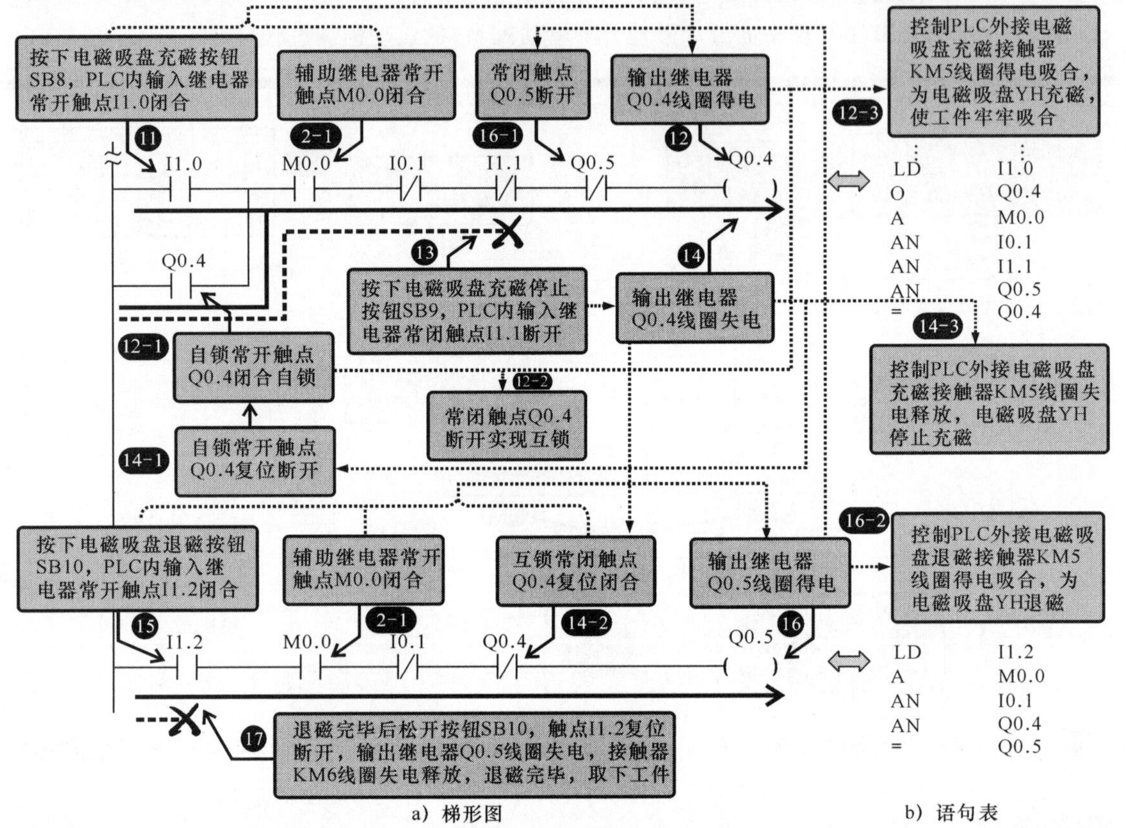


图7-24　M7120型平面磨床电磁吸盘YH充磁退磁控制过程

⑪ 按下电磁吸盘充磁按钮SB8，PLC程序中的输入继电器常开触点I1.0置“1”，即常开触点I1.0闭合。

⑪ + 2-1 → ⑫ 输出继电器Q0.4线圈得电。

12-1 自锁常开触点Q0.4闭合，实现自锁功能；

12-2 控制输出继电器Q0.5的互锁常闭触点Q0.4断开，防止输出继电器Q0.5得电；

12-3 控制PLC外接电磁吸盘充磁接触器KM5线圈得电吸合，带动主电路中主触点KM5-1闭合，形成供电回路，为电磁吸盘YH充磁，使工件牢牢吸合。

⑬ 工件加工完毕，按下电磁吸盘充磁停止按钮SB9，PLC程序中的输入继电器常闭触点I1.1置“0”，即常闭触点I1.1断开。

⑬ → ⑭ 输出继电器Q0.4线圈失电。

14-1 自锁常开触点Q0.4复位断开，解除自锁；

14-2 互锁常闭触点Q0.4复位闭合，为Q0.5得电做好准备；

14-3 控制PLC外接电磁吸盘充磁接触器KM5线圈失电释放，带动主电路中主触点KM5-1复位断开，切断供电回路，电磁吸盘停止充磁，但由于剩磁作用工件仍无法取下。

⑮ 为电磁吸盘进行退磁，按下电磁吸盘退磁按钮SB10，PLC程序中的输入继电器常开触点I1.2置“1”，即常开触点I1.2闭合。

⑮ + 2-1 + 14-2 → ⑯ 输出继电器Q0.5线圈得电。

16-1 控制输出继电器 Q0.4 的互锁常闭触点 Q0.5 断开，防止 Q0.4 得电。

16-2 控制 PLC 外接电磁吸盘充磁接触器 KM6 线圈得电吸合，带动主电路中主触点 KM6-1 闭合，构成反向充磁回路，进行退磁。

⑰ 退磁完毕后，松开按钮 SB10，输出继电器 Q0.5 线圈失电，接触器 KM6 线圈失电释放，退磁完毕，此时即可取下工件。

**【资料】**

综上分析可知，M7120 型平面磨床控制的 PLC 梯形图和语句表的功能是实现磨床 4 台电动机的起停控制。其中砂轮的旋转升降运动是该磨床的主运动，分别由 PLC 输入点外接的起停控制按钮、上升下降控制按钮进行控制。

## 7.2.4 搞清楚 C6140 型卧式车床控制中的 PLC 梯形图和语句表

C6140 型卧式车床主要用于对各种轴类、套类、盘类、螺纹类等零部件的精密加工，图 7-25 为 C6140 型卧式车床的 PLC 控制原理图。

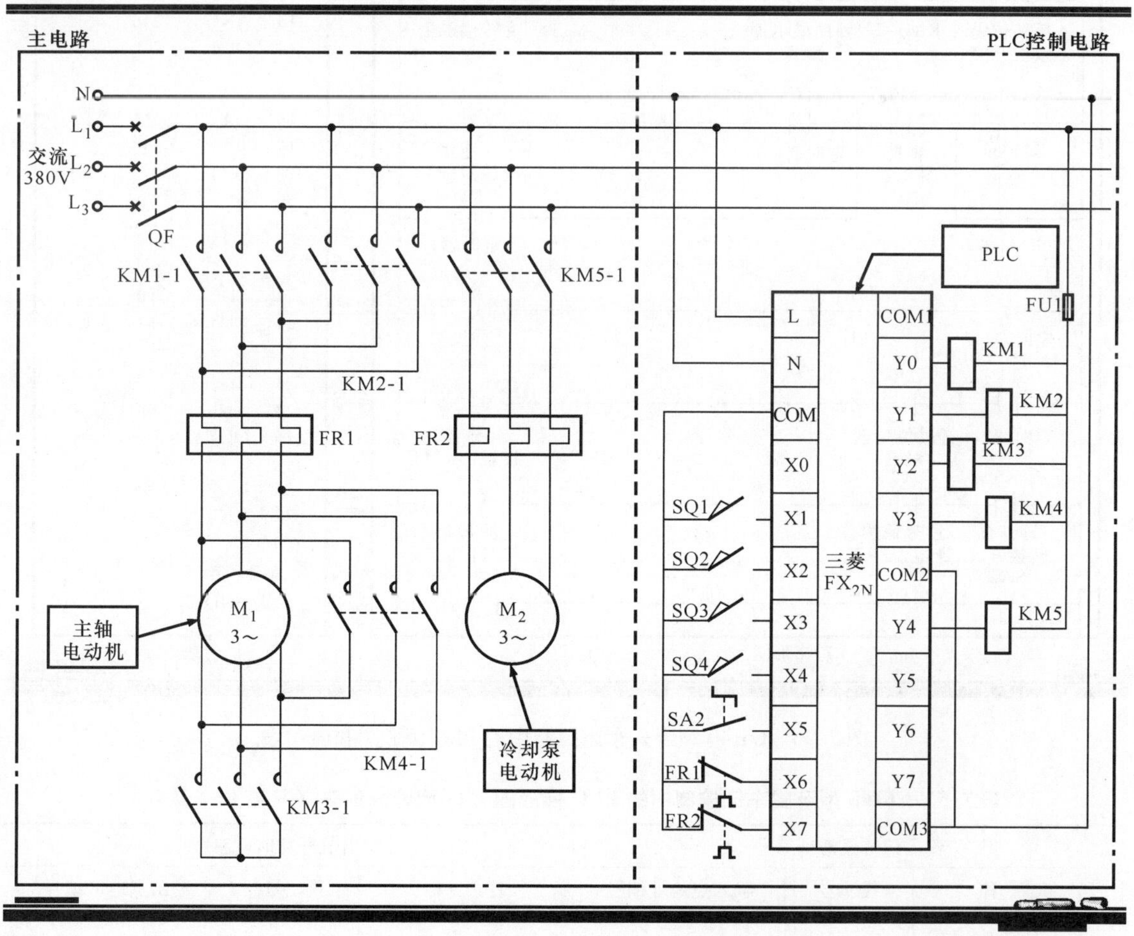


图 7-25　C6140 型卧式车床的 PLC 控制原理图

由图 7-25 可看出，C6140 型卧式车床设置主轴电动机 $M_1$ 和冷却泵电动机 $M_2$ 两台电动机，其中主轴电动机 $M_1$ 用于拖动主轴旋转，实现加工工件的切削工作；冷却泵电动机 $M_2$ 用于带动冷却泵为车床提供冷却液，从而降低加工工件与刀具的温度。

图 7-26 所示为 C6140 型卧式车床控制中的 PLC 梯形图和语句表，表 7-5 所示为其 I/O 地址分配表。

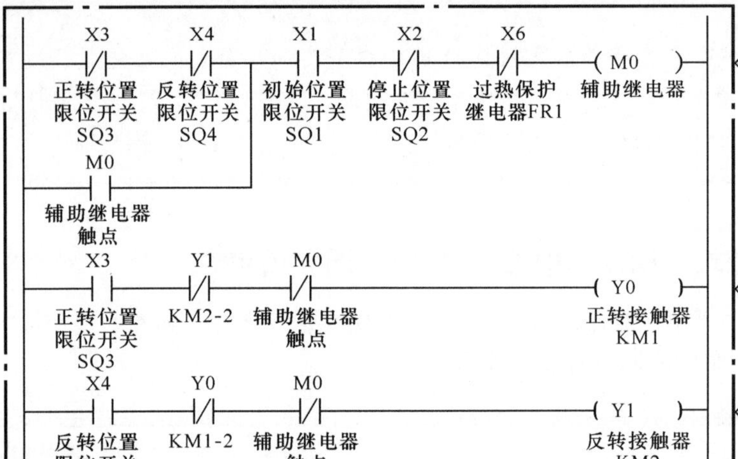


a）梯形图

| | | | |
|---|---|---|---|
| 0 | LDI | X3 | |
| 1 | ANI | X4 | |
| 2 | OR | M0 | |
| 3 | AN | X1 | |
| 4 | ANI | X2 | |
| 5 | ANI | X6 | |
| 6 | OUT | M0 | |
| 7 | LD | X3 | |
| 8 | ANI | Y1 | |
| 9 | ANI | M0 | |
| 10 | OUT | Y0 | |
| 11 | LD | X4 | |
| 12 | ANI | Y0 | |
| 13 | ANI | M0 | |
| 14 | OUT | Y1 | |
| 15 | LD | Y1 | |
| 16 | OR | Y0 | |
| 17 | ANI | M0 | |
| 18 | OUT | T0 | K50 |
| 19 | ANI | T0 | |
| 20 | OUT | Y2 | |
| 21 | LD | T0 | |
| 22 | OUT | T1 | K1 |
| 23 | LD | T1 | |
| 24 | ANI | M0 | |
| 25 | OUT | Y3 | |
| 26 | LD | X5 | |
| 27 | ANI | X7 | |
| 28 | OUT | Y4 | |
| 29 | END | | |

b）语句表

图 7-26　C6140 型卧式车床控制中的 PLC 梯形图和语句表

**表 7-5　C6140 型卧式车床控制中的 PLC 梯形图 I/O 地址分配表**（三菱 $FX_{2N}$ 系列）

| 输入信号及地址编号 | | | 输出信号及地址编号 | | |
|---|---|---|---|---|---|
| 名　称 | 代　号 | 输入点地址编号 | 名　称 | 代　号 | 输出点地址编号 |
| 开关杠初始位置限位开关 | SQ1 | X1 | 正转接触器 | KM1 | Y0 |

（续）

| 输入信号及地址编号 | | | 输出信号及地址编号 | | |
|---|---|---|---|---|---|
| 名　称 | 代　号 | 输入点地址编号 | 名　称 | 代　号 | 输出点地址编号 |
| 开关杠停车位置限位开关 | SQ2 | X2 | 反转接触器 | KM2 | Y1 |
| 开关杠正转位置限位开关 | SQ3 | X3 | Y连接接触器 | KM3 | Y2 |
| 开关杠反转位置限位开关 | SQ4 | X4 | △连接接触器 | KM4 | Y3 |
| 冷却泵转换开关 | SA2 | X5 | 冷却泵接触器 | KM5 | Y4 |
| 过热保护继电器 | FR1 | X6 | | | |
| 过热保护继电器 | FR2 | X7 | | | |

结合 I/O 地址分配表，首先了解该梯形图和语句表中各触点及符号标识的含义，并将梯形图和语句表相结合进行分析。

**1. 主轴电动机 $M_1$ 正向Y-△减压起动的控制过程**

图 7-27 所示为主轴电动机 $M_1$ 正向Y-△减压起动的控制过程。

❶ 开关杠拨至正转位置，其正转限位开关 SQ3 处于被触发状态，将 PLC 程序中的输入继电器常开触点 X3 置“1”，常闭触点 X3 置“0”。

1-1 控制辅助继电器 M0 的常闭触点 X3 断开；

1-2 控制输出继电器 Y0 的常开触点 X3 闭合。

1-2→❷ 输出继电器 Y0 线圈得电。

2-1 常闭触点 Y0 断开，实现互锁，防止输出继电器 Y1 线圈得电；

2-2 控制输出继电器 Y2 的常开触点 Y0 闭合；

2-3 控制 PLC 外接主轴电动机 $M_1$ 的正转接触器 KM1 线圈得电，带动主电路中的主触点闭合，接通主轴电动机 $M_1$ 正转电源。

2-2→❸ 输出继电器 Y2 线圈得电。

3-1 控制 PLC 外接Y—星形符号接线方式接触器 KM3 线圈得电，带动主电路中的主触点闭合，主轴电动机 $M_1$ 三相绕组Y—星形符号连接，并正向起动运转。

2-2→❹ 同时定时器 T0 线圈得电，开始计时。

4-1 计时时间到（延时 5s），其控制输出继电器 Y2 的延时断开的常闭触点 T0 断开；

4-2 计时时间到（延时 5s），其控制定时器 T1 的延时闭合的常开触点 T0 闭合。

4-1→❺ 输出继电器 Y2 线圈失电。

5-1 控制 PLC 外接Y—星形符号接线方式接触器 KM3 线圈失电，带动主电路中的主触点复位断开，主轴电动机 $M_1$ 三相绕组取消Y—星形符号连接方式。

4-2→❻ 定时器 T1 线圈得电，开始计时。

6-1 计时时间到（延时 0.1s），其延时闭合的常开触点 T1 闭合。

6-1→❼ 输出继电器 Y3 线圈得电。

7-1 控制 PLC 外接△接线方式接触器 KM4 线圈得电，带动主电路中的主触点闭合，主轴电动机 $M_1$ 三相绕组接成△正向运转。

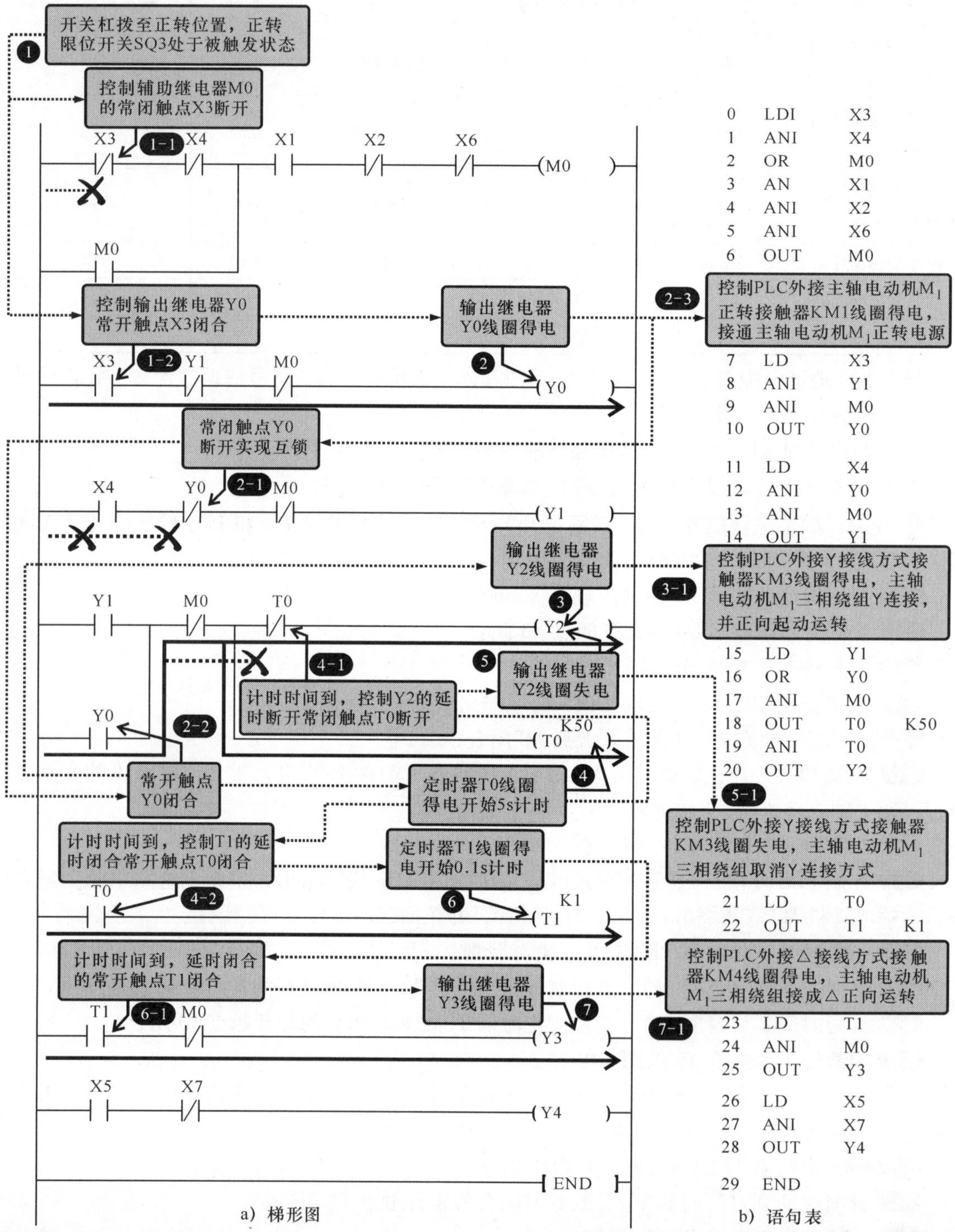


| | | | |
|---|---|---|---|
| 0 | LDI | X3 | |
| 1 | ANI | X4 | |
| 2 | OR | M0 | |
| 3 | AN | X1 | |
| 4 | ANI | X2 | |
| 5 | ANI | X6 | |
| 6 | OUT | M0 | |
| 7 | LD | X3 | |
| 8 | ANI | Y1 | |
| 9 | ANI | M0 | |
| 10 | OUT | Y0 | |
| 11 | LD | X4 | |
| 12 | ANI | Y0 | |
| 13 | ANI | M0 | |
| 14 | OUT | Y1 | |
| 15 | LD | Y1 | |
| 16 | OR | Y0 | |
| 17 | ANI | M0 | |
| 18 | OUT | T0 | K50 |
| 19 | ANI | T0 | |
| 20 | OUT | Y2 | |
| 21 | LD | T0 | |
| 22 | OUT | T1 | K1 |
| 23 | LD | T1 | |
| 24 | ANI | M0 | |
| 25 | OUT | Y3 | |
| 26 | LD | X5 | |
| 27 | ANI | X7 | |
| 28 | OUT | Y4 | |
| 29 | END | | |

图 7-27 主轴电动机 $M_1$ 正向Y- △减压起动的控制过程

【资料】

当需要主轴电动机 $M_1$ 停止时，将开关杠拨至停止位置，其停止限位开关 SQ2 处于被触发状态，将 PLC 程序中的输入继电器常闭触点 X2 置"0"，即常闭触点断开，防止辅助继电器 M0 线圈得电。同时正转限位开关 SQ3 被释放，PLC 程序中的输入继电器常开触点 X3 复位，输出继电器 Y0 线圈失电，同时定时器 T0 线圈和输出继电器 Y3 线圈也失电，从而控制 PLC 外接主轴电动机 $M_1$ 的正转接触器 KM1 线圈和△接线方式接触器线圈 KM4 失电，切断主轴电动机 $M_1$ 正转电源并取消△连接方式。

【注意】

主轴电动机 $M_1$ 反向Y-△减压起动的控制过程同正向Y-△减压起动控制过程相同，只需将其开关杠拨至反转位置，其反转限位开关 SQ4 处于被触发状态，将 PLC 程序中的输入继电器常开触点 X4 置"1"，常闭触点 X4 置"0"。读者可参照正向Y-△减压起动控制过程自行进行分析，在此不再赘述。

**2. 冷却泵电动机 $M_2$ 起动的控制过程**

图 7-28 所示为冷却泵电动机 $M_2$ 起动的控制过程。

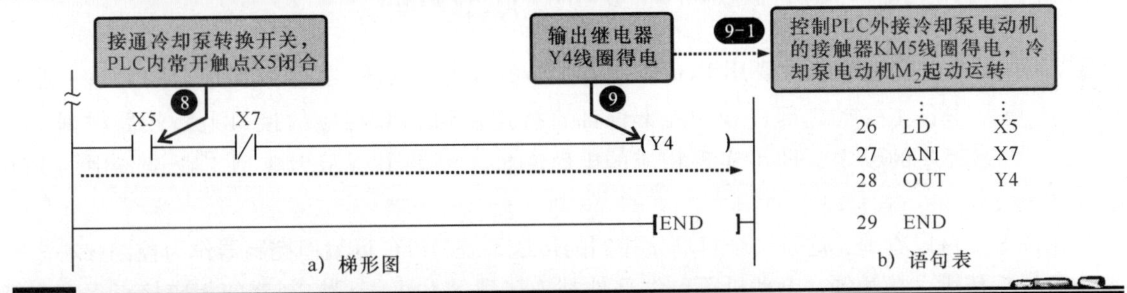


图 7-28　冷却泵电动机 $M_2$ 起动的控制过程

❽ 接通冷却泵转换开关 SA2，将 PLC 程序中的输入继电器常开触点 X5 置"1"，即常开触点 X5 闭合。

❽→❾ 输出继电器 Y4 线圈得电。

9-1 控制 PLC 外接接触器 $M_2$ 的冷却泵电动机 KM5 线圈得电，带动主电路中的主触点闭合，接通冷却泵电动机 $M_2$ 电源，冷却泵电动机 $M_2$ 起动运转。



【资料】

当需要冷却泵电动机 $M_2$ 停止时，断开冷却泵转换开关 SA2，将 PLC 程序中的输入继电器常开触点 X5 置"0"，即常开触点 X5 复位断开，输出继电器 Y4 线圈失电，控制 PLC 外接冷却泵电动机 $M_2$ 的接触器 KM5 线圈失电，带动主电路中的主触点复位断开，切断冷却泵电动机 $M_2$ 电源，冷却泵电动机 $M_2$ 停止运转。

# 第 8 章 通过案例搞清楚工业设备中的 PLC 控制电路

现在，开始进入第 8 章的学习：这一章我们需要搞清工业设备中的 PLC 控制电路。作为 PLC 的重要应用领域，我们会依托大量的工业设备 PLC 应用案例，首先为大家建立工业设备控制与相应 PLC 电路之间的关联，然后通过对各工业设备中 PLC 控制电路的详细解析，理顺其中的控制过程，理清其间的控制关系。最终让大家明白工业设备中不同 PLC 控制电路的工作特点，加深对 PLC 控制电路的理解，拓展 PLC 实际应用的思路。为工业生产领域的 PLC 设计开发与应用积累经验。好了，不多说了，让我们在案例中搞清工业设备中的 PLC 控制电路！

## 8.1 工业设备中的 PLC 控制电路有什么特点

PLC 控制电路主要用 PLC 控制方式取代了电气部件之间复杂的连接关系。控制电路中各主要控制部件和功能部件都直接连接到 PLC 相应的接口上，然后根据 PLC 内部程序的设定，即可实现相应的电路功能。图 8-1 所示为典型工业设备中的 PLC 控制系统。

由图 8-1 可以看到，这是一个自动化控制的传送系统，PLC 可编程控制器作为控制核心。系统中各操控按键、接触器、电动机等电气部件都连接到 PLC 可编程控制器的相应接点上，不仅使整个系统的结构大大简化，连接关系更加清晰，而且非常易于测试和检修。这也正是应用 PLC 控制的工业设备最显著的特点。

### 8.1.1 想办法建立工业设备中常用控制系统与 PLC 控制电路的联系

传统的控制电路是由相应的实际存在的电气控制部件和功能部件来进行控制的，控制部件之间需要进行特定的连接，才可实现控制功能；而 PLC 控制电路中，控制部件都与 PLC 进行连接，在 PLC 中写入相应的控制程序后，即可实现与传统控制电路相同的控制功能，不必进行繁琐的线路连接。

图 8-2 所示为传统电镀流水线的功能示意图和控制电路。在操作部件和控制部件的作用下，电动葫芦可实现在水平方向平移重物，并能够在设定位置（限位开关）处进行自动提升和下降重物的动作。

图 8-3 所示为 PLC 控制的电镀流水线系统。整个电路主要由 PLC、与 PLC 输入接口连接的控制部件（SB1 ~ SB4、SQ1 ~ SQ4、FR）、与 PLC 输出接口连接的执行部件（KM1 ~ KM4）等构成。

从图 8-3 中可以看到，电路所使用的电气部件没有变化，添加的 PLC 取代了电气部件之间的连接线路，极大地简化了电路结构，也方便实际部件的安装。

图 8-4 所示为 PLC 电路与传统控制电路的对应关系。PLC 电路中外部的控制部件和执行部件都是通过 PLC 控制器预留的 I/O 接口连接到 PLC 上的，各部件之间没有复杂的连接关系。

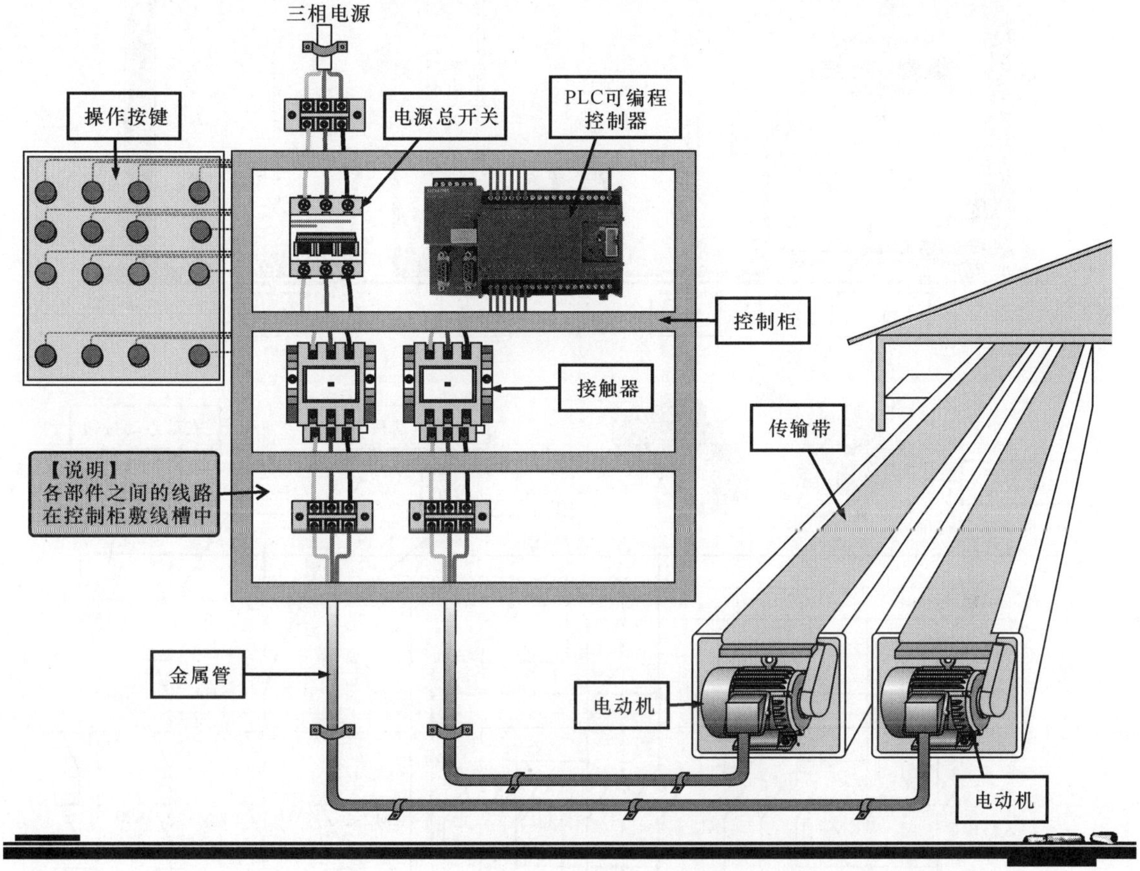


图 8-1　典型工业设备中的 PLC 控制系统

**【注意】**

为了方便读者了解，我们在梯形图各编程元件下方标注了其对应在传统控制系统中相应的按钮、交流接触器的触点、线圈等字母标识（实际梯形图中是没有的）。

控制部件和执行部件是根据 PLC 控制系统设计之初建立的 I/O 分配表进行连接分配的，其所连接接口名称也将对应于 PLC 内部程序的编程地址编号，具体如表 8-1 所示。

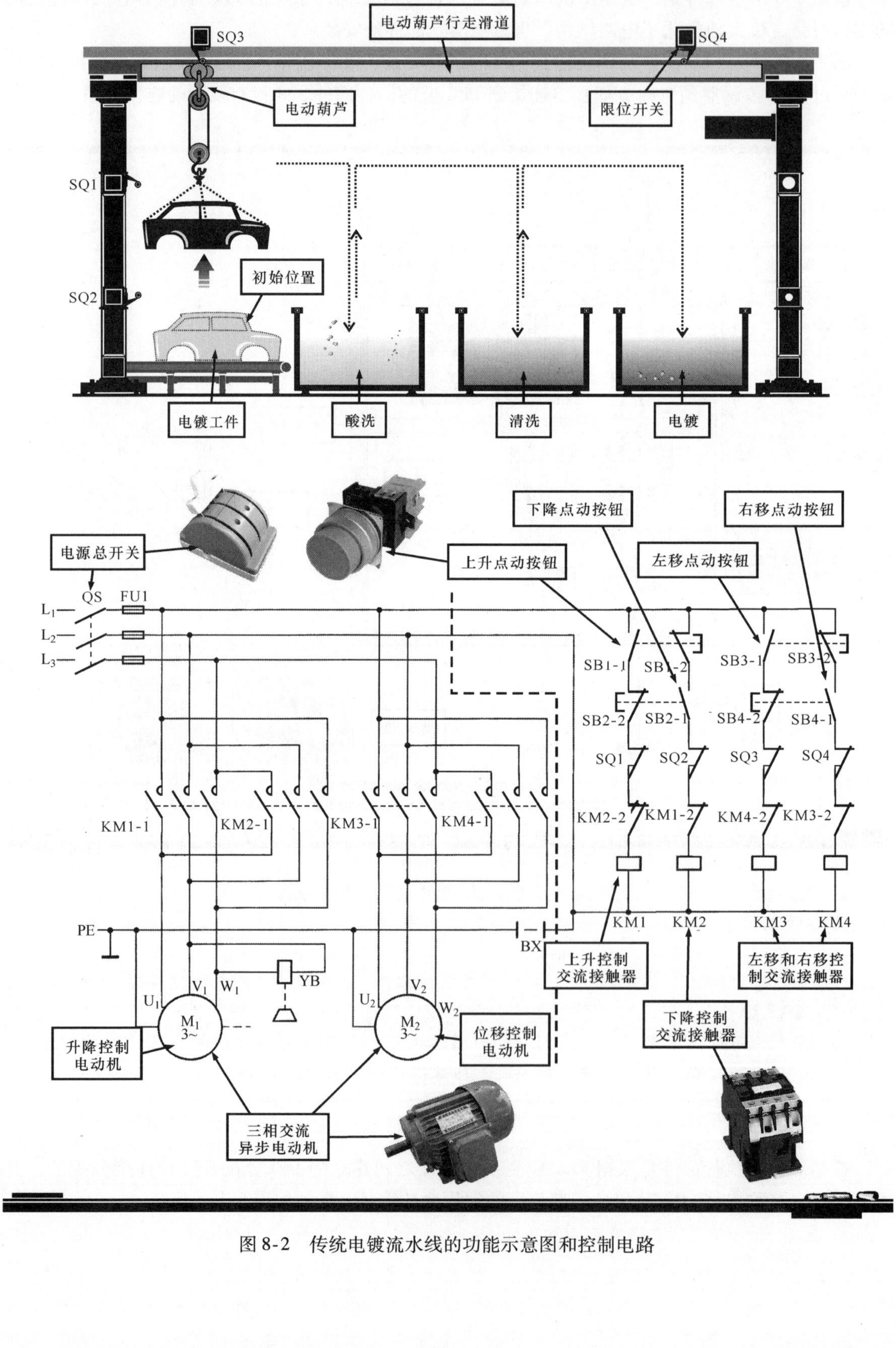




图 8-2　传统电镀流水线的功能示意图和控制电路

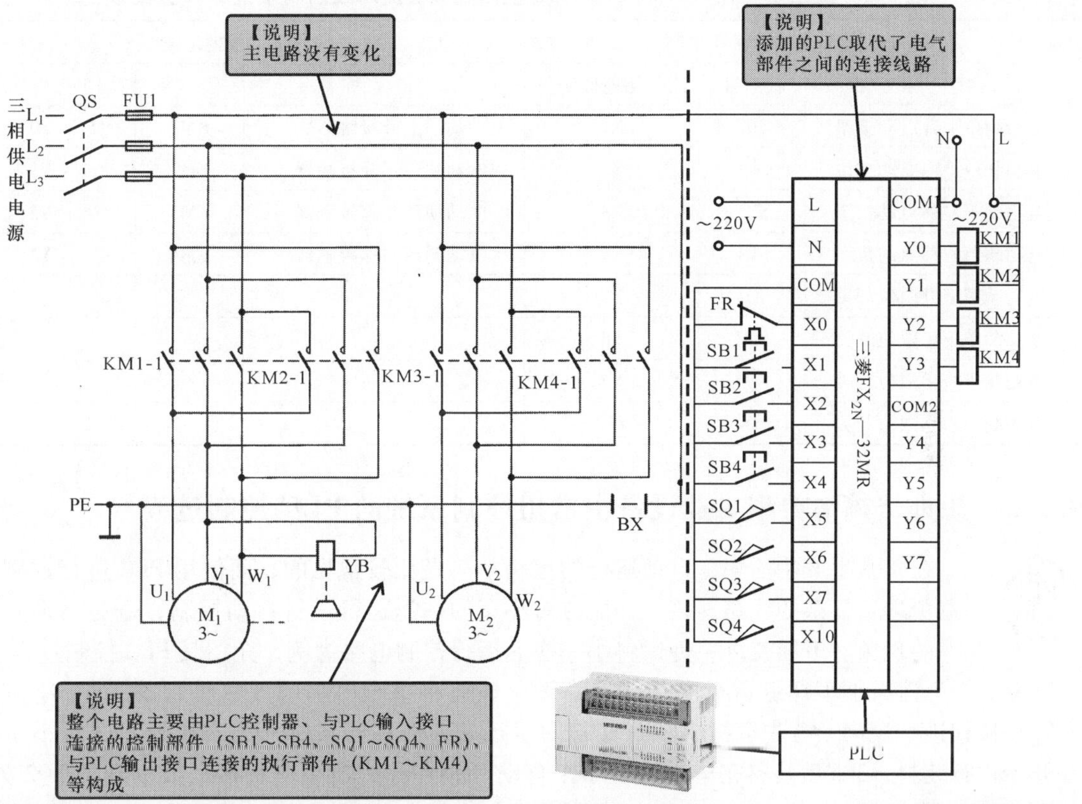


图 8-3　由 PLC 控制的电镀流水线系统

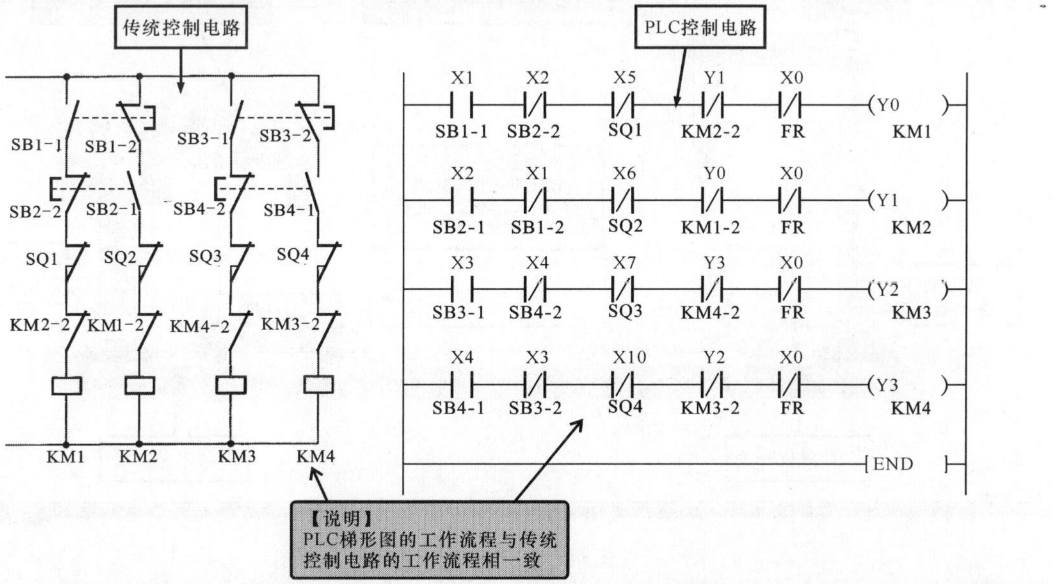


图 8-4　PLC 电路与传统控制电路的对应关系

表 8-1 由三菱 $FX_{2N}$—32MR 型 PLC 控制的电镀流水线控制系统 I/O 分配表

| 输入信号及地址编号 | | | 输出信号及地址编号 | | |
|---|---|---|---|---|---|
| 名　　称 | 代　号 | 输入点地址编号 | 名　　称 | 代　号 | 输出点地址编号 |
| 电动葫芦上升点动按钮 | SB1 | X1 | 电动葫芦上升接触器 | KM1 | Y0 |
| 电动葫芦下降点动按钮 | SB2 | X2 | 电动葫芦下降接触器 | KM2 | Y1 |
| 电动葫芦左移点动按钮 | SB3 | X3 | 电动葫芦左移接触器 | KM3 | Y2 |
| 电动葫芦右移点动按钮 | SB4 | X4 | 电动葫芦右移接触器 | KM4 | Y3 |
| 电动葫芦上升限位开关 | SQ1 | X5 | | | |
| 电动葫芦下降限位开关 | SQ2 | X6 | | | |
| 电动葫芦左移限位开关 | SQ3 | X7 | | | |
| 电动葫芦右移限位开关 | SQ4 | X10 | | | |

## 8.1.2 想办法搞清典型工业设备中常用控制系统的 PLC 控制过程

在日常生产生活中，自动运行的运料小车是比较常见的，而使用 PLC 进行控制，可以避免进行复杂的线路连接，并能够对小车的往返运行进行自动控制，避免出现人为误操作的现象。下面就以一种运料小车往返运行控制电路为例，介绍其 PLC 控制过程。

图 8-5 为运料小车往返运行的功能示意图。该运料小车由起动（右移起动、左移动起动）和停止按钮进行控制，首先运料小车右移起动运行后，右移到限位开关 SQ1 处，此时小车停止并开始进行装料，30s 后装料完毕。然后小车自动开始左移，当小车左移至限位开关 SQ2 处时，小车停止并开始进行卸料，1min 后卸料结束，再自动右移，如此循环工作，直到按下停止按钮。

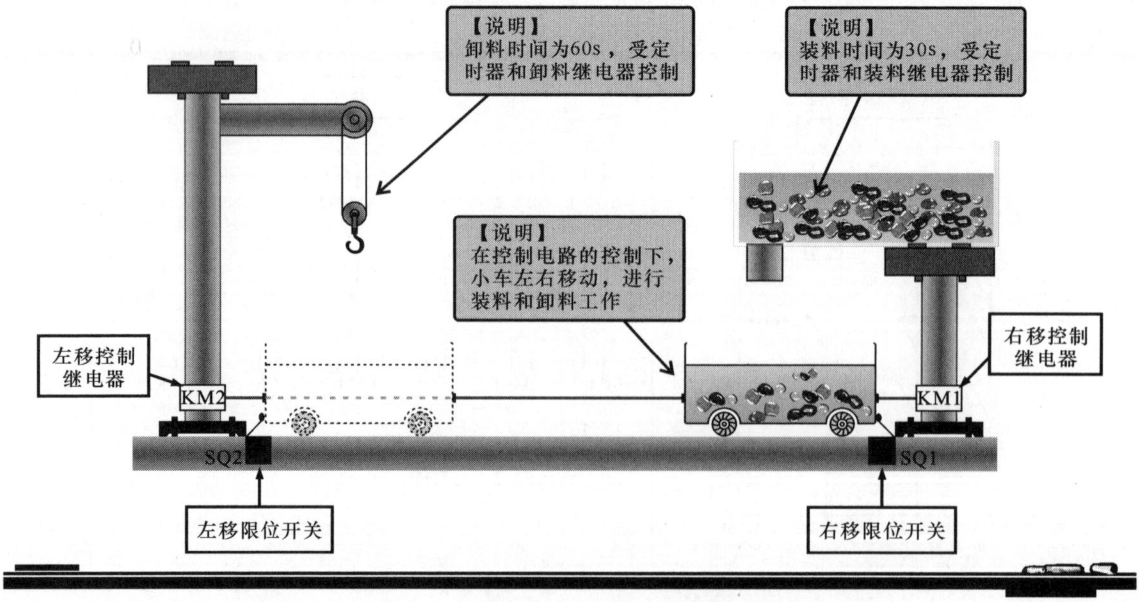


图 8-5 运料小车往返运行的功能示意图

在分析运料小车往返运行的 PLC 控制过程前，应首先了解其控制电路的结构以及该 PLC 的输入和输出端接口的具体分配方式，图 8-6 所示为运料小车往返运行的控制电路。

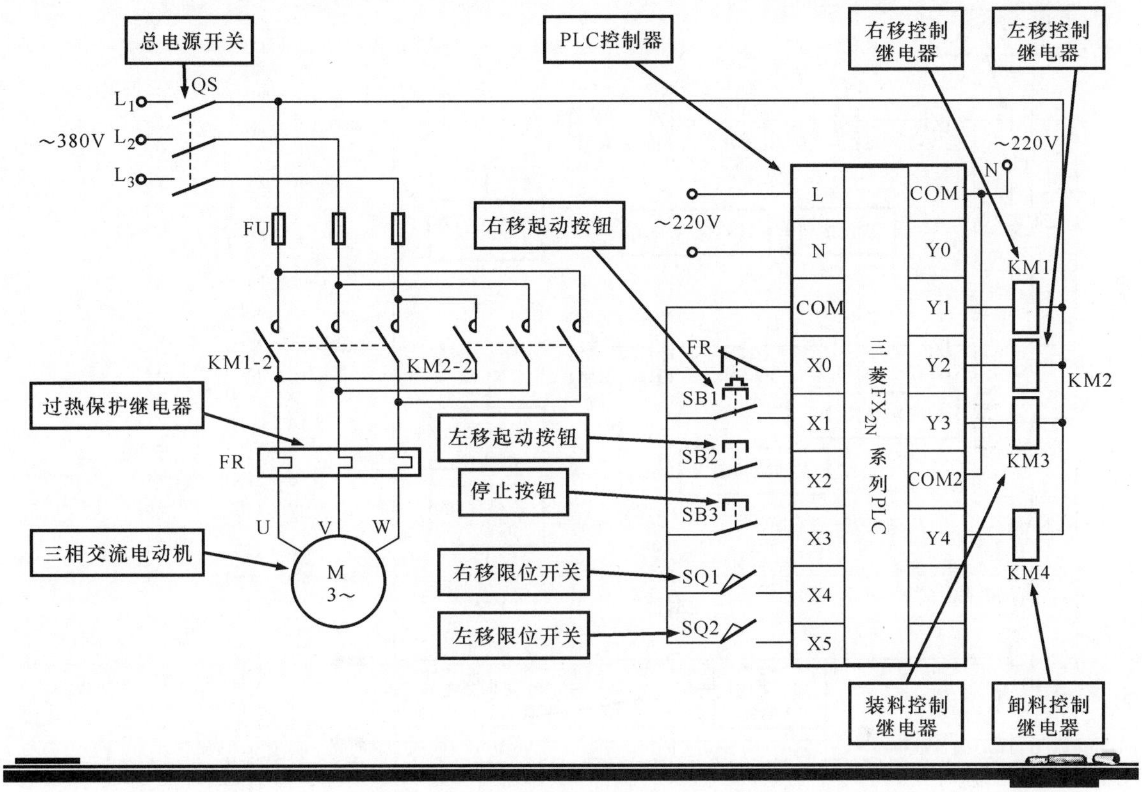


图 8-6　运料小车往返运行的控制电路

图 8-6 中的 SB1 为右移起动按钮，SB2 为左移起动按钮，SB3 为停止按钮，SQ1 和 SQ2 分别为右移和左移限位开关，KM1 和 KM2 分别为右移和左移控制继电器，KM3 和 KM4 分别为装料和卸料控制继电器。

该控制电路采用三菱 $FX_{2N}$ 系列 PLC，电路中 PLC 控制 I/O 分配如表 8-2 所示。

**表 8-2　运料小车往返控制电路中三菱 $FX_{2N}$ 系列 PLC 控制 I/O 分配表**

| 输入信号及地址编号 | | | 输出信号及地址编号 | | |
|---|---|---|---|---|---|
| 名　称 | 代　号 | 输入点地址编号 | 名　称 | 代　号 | 输出点地址编号 |
| 过热保护继电器 | FR | X0 | 右行控制继电器 | KM1 | Y1 |
| 右行控制起动按钮 | SB1 | X1 | 左行控制继电器 | KM2 | Y2 |
| 左行控制起动按钮 | SB2 | X2 | 装料控制继电器 | KM3 | Y3 |
| 停止按钮 | SB3 | X3 | 卸料控制继电器 | KM4 | Y4 |
| 右行限位开关 | SQ1 | X4 | | | |
| 左行限位开关 | SQ2 | X5 | | | |

图 8-7 所示为控制电路中 PLC 内部的梯形图和语句表。可对照 PLC 控制电路和 I/O 分配表，在梯形图中进行适当文字注解，然后再根据操作动作具体分析运料小车往返运行的控制过程。

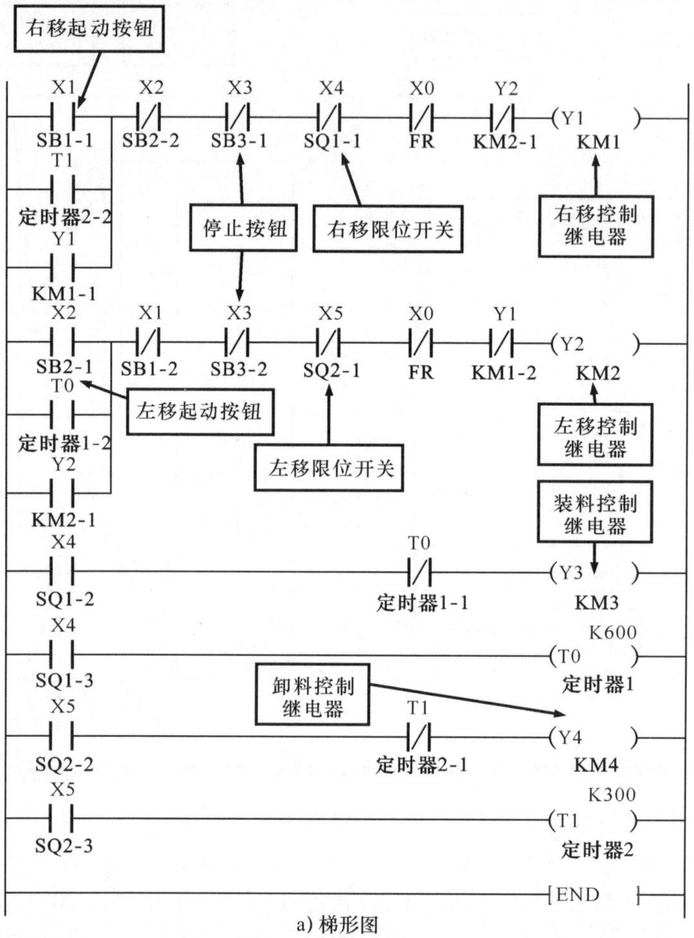

a) 梯形图

| | | | |
|---|---|---|---|
| 0 | LD | X1 | |
| 1 | OR | T1 | |
| 2 | OR | Y1 | |
| 3 | ANI | X2 | |
| 4 | ANI | X3 | |
| 5 | ANI | X4 | |
| 6 | ANI | X0 | |
| 7 | ANI | Y2 | |
| 8 | OUT | Y1 | |
| 9 | LD | X2 | |
| 10 | OR | T0 | |
| 11 | OR | Y2 | |
| 12 | ANI | X1 | |
| 13 | ANI | X3 | |
| 14 | ANI | X5 | |
| 15 | ANI | X0 | |
| 16 | ANI | Y1 | |
| 17 | OUT | Y2 | |
| 18 | LD | X4 | |
| 19 | ANI | T0 | |
| 20 | OUT | Y3 | |
| 21 | LD | X4 | |
| 22 | OUT | T0 | K600 |
| 23 | LD | X5 | |
| 24 | ANI | T1 | |
| 25 | OUT | Y4 | |
| 26 | LD | X5 | |
| 27 | OUT | T1 | K300 |
| 28 | END | | |

b) 语句表

图 8-7　控制电路中 PLC 内部的梯形图和语句表

**【注意】**

三菱 PLC 定时器的设定值（定时时间 $T$）＝计时单位×计时常数（$K$）。其中计时单位有 1ms、10ms 和 100ms，不同的编程应用中，不同的定时器，其计时单位也会不同。因此在设置定时器时，可以通过改变计时常数（$K$），来改变定时时间。三菱 $FN_{2X}$ 型 PLC 中，一般用十进制的数来确定“$K$”值（0～32767），例如三菱 $FN_{2X}$ 型 PLC 中，定时器的计时单位为 100ms，其时间常数 $K$ 值为 50，则 $T=100\text{ms}\times 50=5000\text{ms}=5\text{s}$。

### 1. 运料小车右移和装料的工作过程

运料小车开始工作，需要先右移到装料点，然后在定时器和装料继电器的控制下进行装料，下面我们就分析一下运料小车右移和装料的工作过程，如图 8-8 所示。

❶ 按下右移起动按钮 SB1，将 PLC 程序中输入继电器常开触点 X1 置“1”，常闭触点 X1 置“0”。

❶→2-1 控制输出继电器 Y1 的常开触点 X1 闭合；

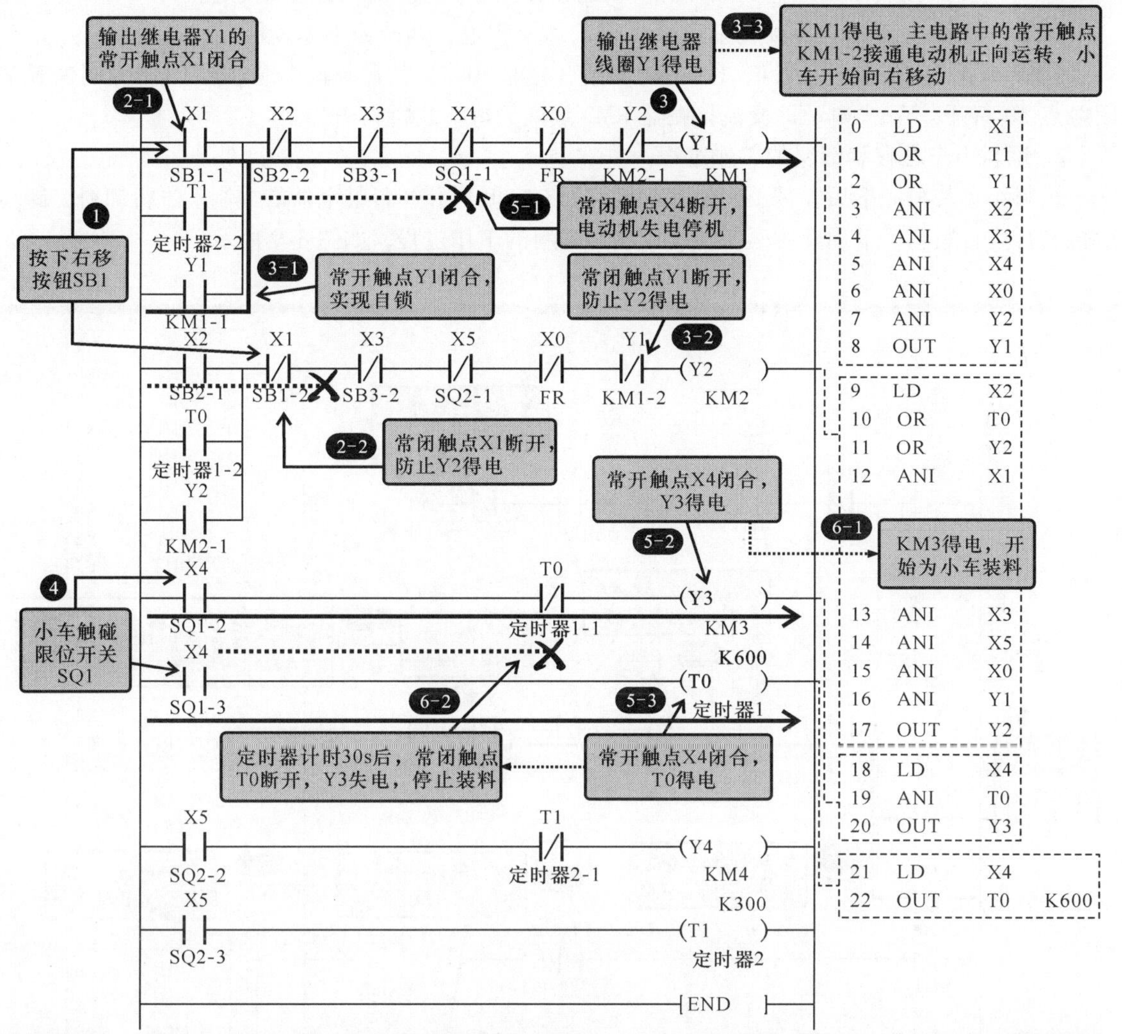


图8-8　运料小车右移和装料的工作过程

→2-2 控制输出继电器 Y2 的常闭触点 X1 断开，实现输入继电器互锁，防止 Y2 得电。

2-1→3 输出继电器 Y1 线圈得电。

→3-1 自锁常开触点 Y1 闭合实现自锁功能；

→3-2 控制输出继电器 Y2 的常闭触点 Y1 断开，实现互锁，防止 Y2 得电；

→3-3 控制 PLC 外接交流接触器 KM1 线圈得电，主电路中的主触点 KM1-2 闭合，接通电动机电源，电动机起动正向运转，此时小车开始向右移动。

4 小车右移至限位开关 SQ1 处，SQ1 动作，将 PLC 程序中输入继电器常闭触点 X4 置“0”，常开触点 X4 置“1”。

4→5-1 控制输出继电器 Y1 的常闭触点 X4 断开，Y1 线圈失电，即 KM1 线圈失电，电动机停机，小车停止右移；

→5-2 控制输出继电器 Y3 的常开触点 X4 闭合，Y3 线圈得电；

→5-3 控制输出继电器 T0 的常开触点 X4 闭合，定时器 T0 线圈得电。

5-2→6-1 控制 PLC 外接交流接触器 KM3 线圈得电，开始为小车装料。

5-3→6-2 定时器开始计时，计时时间到（延时 30s），其控制输出继电器 Y3 的延时断开常闭触点 T0 断开，Y3 失电，即交流接触器 KM3 线圈失电，装料完毕。

**2. 运料小车左移和卸料的工作过程**

运料小车装料完毕后，需要左移到卸料点，在定时器和卸料继电器的控制下进行卸料，卸料后再右行进行装料。下面介绍运料小车左移和卸料的工作过程，如图 8-9 所示。

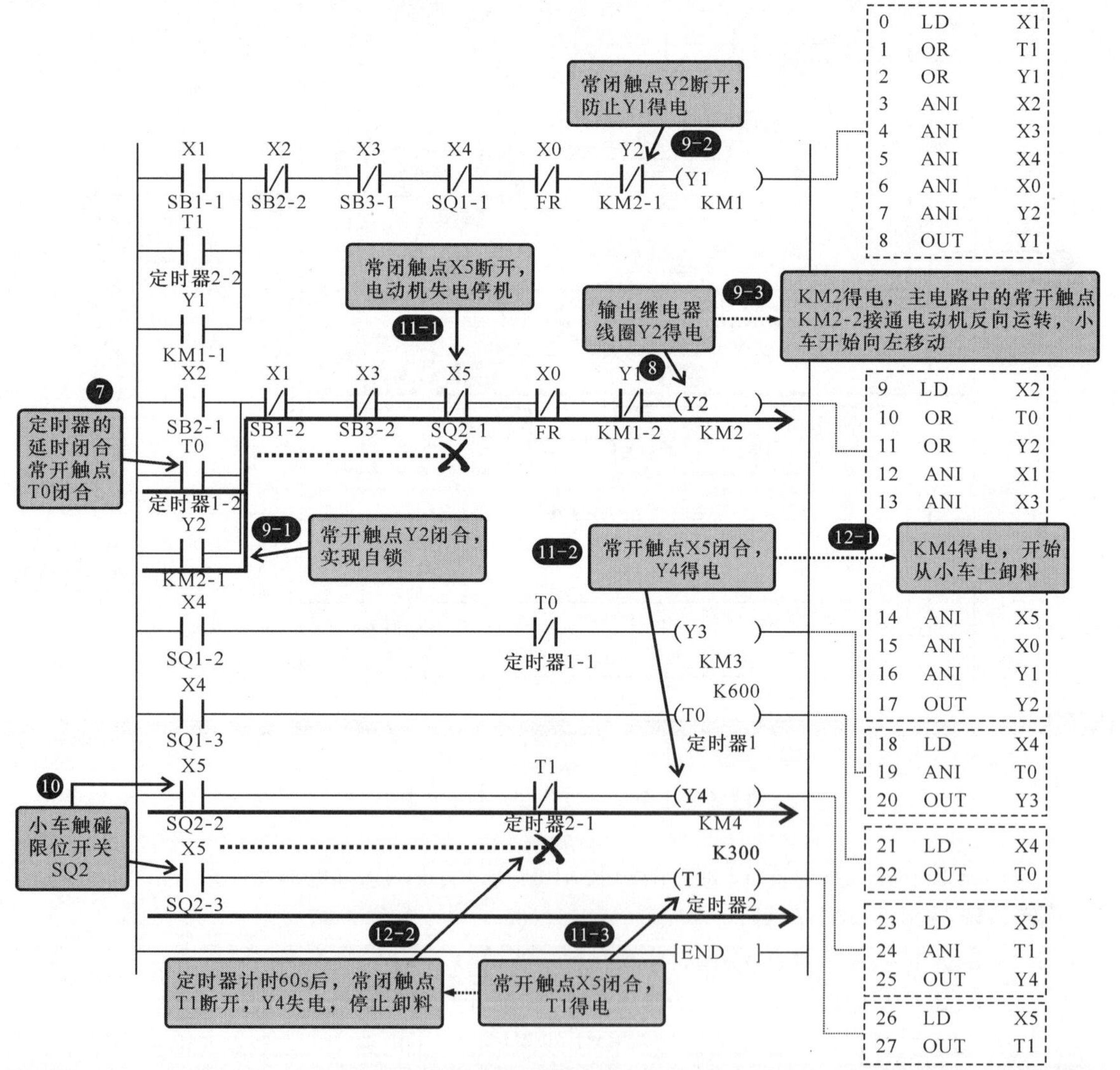


图 8-9　运料小车左移和卸料的工作过程

6-2→7 计时时间到（装料完毕），定时器的延时闭合常开触点 T0 闭合。

7→8 控制输出继电器 Y2 的延时闭合常开触点 T0 闭合，输出继电器 Y2 线圈得电。

❽→9-1 自锁常开触点 Y2 闭合实现自锁功能；

→9-2 控制输出继电器 Y1 的常闭触点 Y2 断开，实现互锁，防止 Y1 得电；

→9-3 控制 PLC 外接交流接触器 KM2 线圈得电，主电路中的主触点 KM2-2 闭合，接通电动机电源，电动机起动反向运转，此时小车开始向左移动。

❿ 小车左移至限位开关 SQ2 处，SQ2 动作，将 PLC 程序中输入继电器常闭触点 X5 置“0”，常开触点 X5 置“1”。

❿→11-1 控制输出继电器 Y2 的常闭触点 X5 断开，Y2 线圈失电，即 KM2 线圈失电，电动机停机，小车停止左移；

→11-2 控制输出继电器 Y4 的常开触点 X5 闭合，Y4 线圈得电；

→11-3 控制输出继电器 T1 的常开触点 X5 闭合，定时器 T1 线圈得电。

11-2→12-1 控制 PLC 外接交流接触器 KM4 线圈得电，开始为小车卸料。

11-3→12-2 定时器开始计时，计时时间到（延时 60s），其控制输出继电器 Y4 的延时断开常闭触点 T1 断开，Y4 失电，即交流接触器 KM4 线圈失电，卸料完毕。

【注意】

计时时间到（装料完毕），定时器的延时闭合常开触点 T1 闭合，使 Y1 得电，右移控制继电器 KM1 得电，主电路的常开主触点 KM1-2 闭合，电动机再次正向起动运转，小车再次向右移动。如此反复，运料小车即实现了自动控制的过程。

当按下停止按钮 SB3 后，将 PLC 程序中输入继电器常闭触点 X3 置“0”，即常闭触点断开，Y1 和 Y2 均失电，电动机停止运转，此时小车停止移动。

## 8.2 看懂工业设备中的 PLC 梯形图和语句表需要练习

通过前面的学习，我们知道了工业设备中 PLC 控制电路的主要构成部件和基本的控制方法，但由于不同 PLC 控制电路选用的部件不同，部件间的组合方式以及数量也不相同，加之电路上的连接差异，从而产生多种不同的控制方式。因此，为了进一步巩固所学知识，下面通过一些案例来搞清楚工业设备中的 PLC 控制电路的控制效果是如何实现的。

### 8.2.1 搞清楚水塔水位自动控制电路中的 PLC 梯形图和语句表

水塔在工业设备中主要起到蓄水的作用，水塔的高度很高，为了使水塔中的水位保持在一定的高度，通常需要一种自动控制电路对水塔的水位进行检测，同时为水塔进行给水控制。图 8-10 为水塔水位自动控制系的结构图，它是由 PLC 控制各水位传感器、水泵电动机、电磁阀等部件实现对水塔和蓄水池蓄水、给水的自动控制。

图 8-11 所示为水塔水位自动控制电路中的 PLC 梯形图和语句表，表 8-3 所示为 PLC 的 I/O 地址分配。结合 I/O 地址分配表，了解该梯形图和语句表中各触点及符号标识的含义，并将梯形图和语句表相结合进行分析。

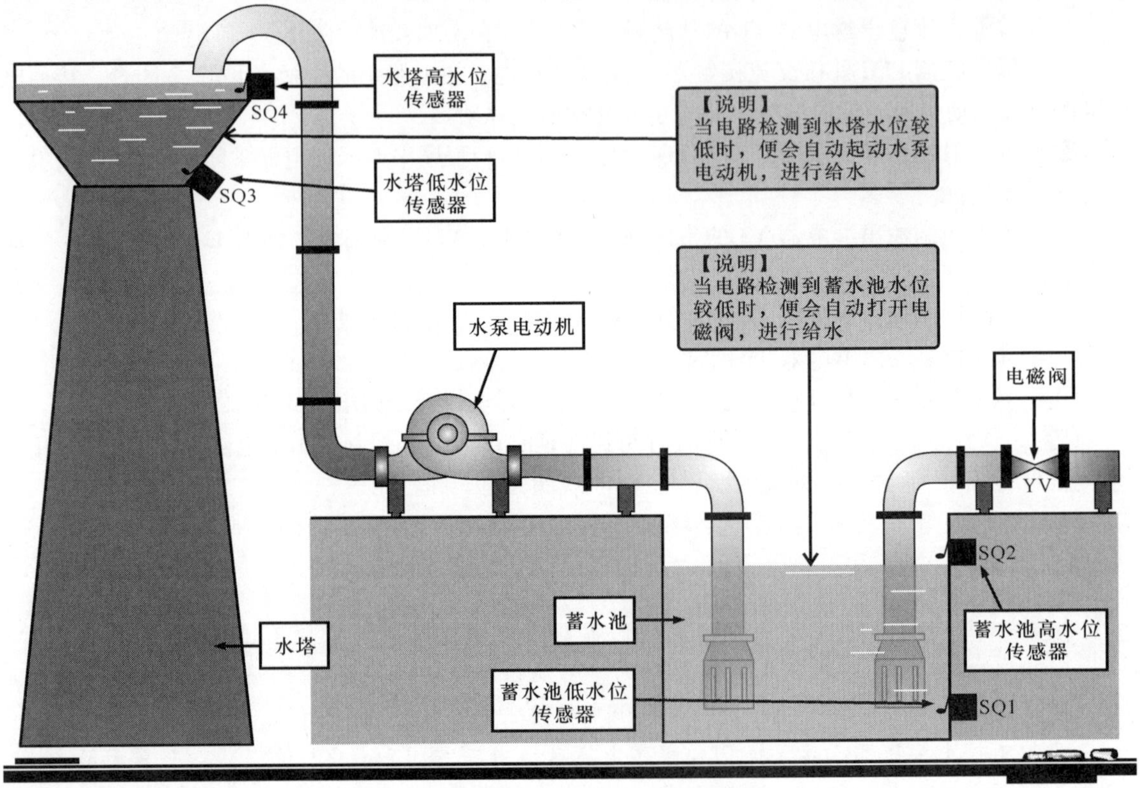


图 8-10　水塔水位自动控制系统的结构图

**表 8-3　水塔水位自动控制电路中的 PLC 梯形图 I/O 地址分配表**（三菱 $FX_{2N}$系列 PLC）

| 输入信号及地址编号 | | | 输出信号及地址编号 | | |
|---|---|---|---|---|---|
| 名　称 | 代　号 | 输入点地址编号 | 名　称 | 代　号 | 输出点地址编号 |
| 蓄水池低水位传感器 | SQ1 | X0 | 电磁阀 | YV | Y0 |
| 蓄水池高水位传感器 | SQ2 | X1 | 蓄水池低水位指示灯 | HL1 | Y1 |
| 水塔低水位传感器 | SQ3 | X2 | 接触器 | KM | Y2 |
| 水塔高水位传感器 | SQ4 | X3 | 水塔低水位指示灯 | HL2 | Y3 |

**1. 水塔水位过低的控制过程**

当水塔水位低于水塔低水位，并且蓄水池水位高于蓄水池低水位时，控制电路便会自动起动水泵电动机开始给水，图 8-12 所示为水塔水位过低的控制过程。

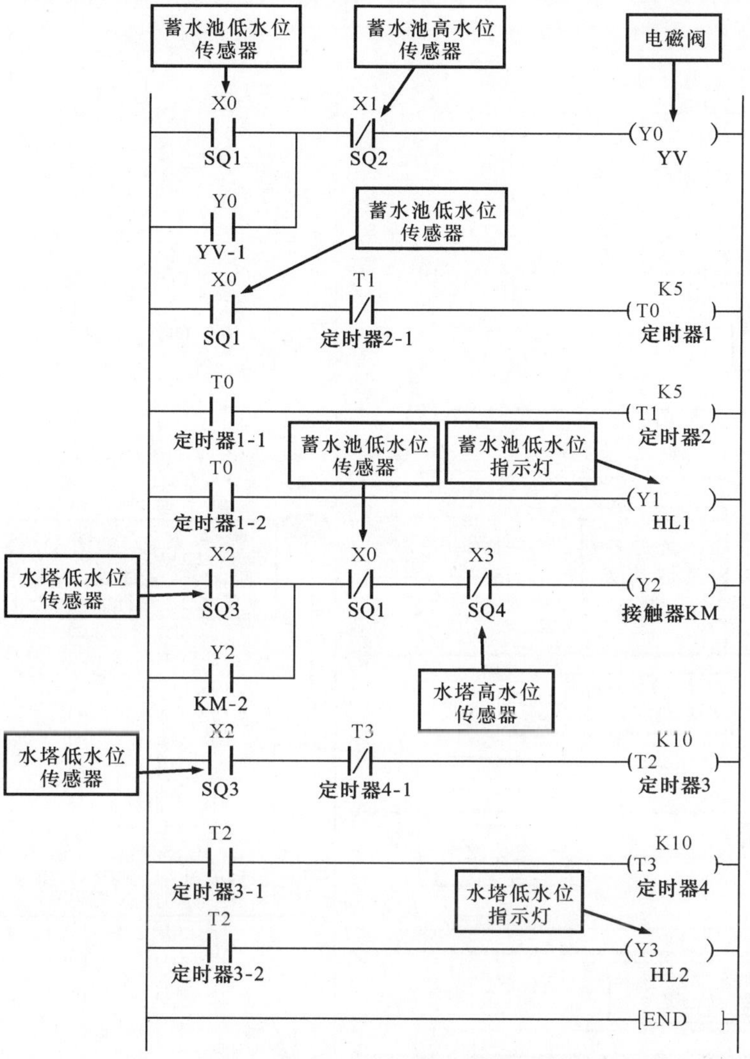


a）梯形图

| | | | |
|---|---|---|---|
| 0 | LD | X0 | |
| 1 | OR | Y0 | |
| 2 | ANI | X1 | |
| 3 | OUT | Y0 | |
| 4 | LD | X0 | |
| 5 | ANI | T1 | |
| 6 | OUT | T0 | K5 |
| 7 | LD | T0 | |
| 8 | OUT | T1 | K5 |
| 9 | LD | T0 | |
| 10 | OUT | Y1 | |
| 11 | LD | X2 | |
| 12 | OR | Y2 | |
| 13 | ANI | X0 | |
| 14 | ANI | X3 | |
| 15 | OUT | Y2 | |
| 16 | LD | X2 | |
| 17 | ANI | T3 | |
| 18 | OUT | T2 | K10 |
| 19 | LD | T2 | |
| 20 | OUT | T3 | K10 |
| 21 | LD | T2 | |
| 22 | OUT | Y3 | |
| 23 | END | | |

b）语句表

图 8-11　水塔水位自动控制电路中的 PLC 梯形图和语句表

❶ 水塔水位低于低水位传感器 SQ3，其 SQ3 动作，将 PLC 程序中的输入继电器常开触点 X2 置“1”。

❶→2-1 控制输出继电器 Y2 的常开触点 X2 闭合；

→2-2 控制定时器 T2 的常开触点 X2 闭合。

❸ 蓄水池水位高于蓄水池低水位传感器 SQ1，其 SQ1 不动作，将 PLC 程序中的输入继电器常开触点 X0 置“0”，常闭触点 X0 置“1”。

❸→4-1 控制输出继电器 Y0 的常开触点 X0 断开；

→4-2 控制定时器 T0 的常开触点 X0 断开；

→4-3 控制输出继电器 Y2 的常闭触点 X0 闭合。

2-1 + 4-3→❺ 输出继电器 Y2 线圈得电。

→5-1 自锁常开触点 Y2 闭合实现自锁功能；

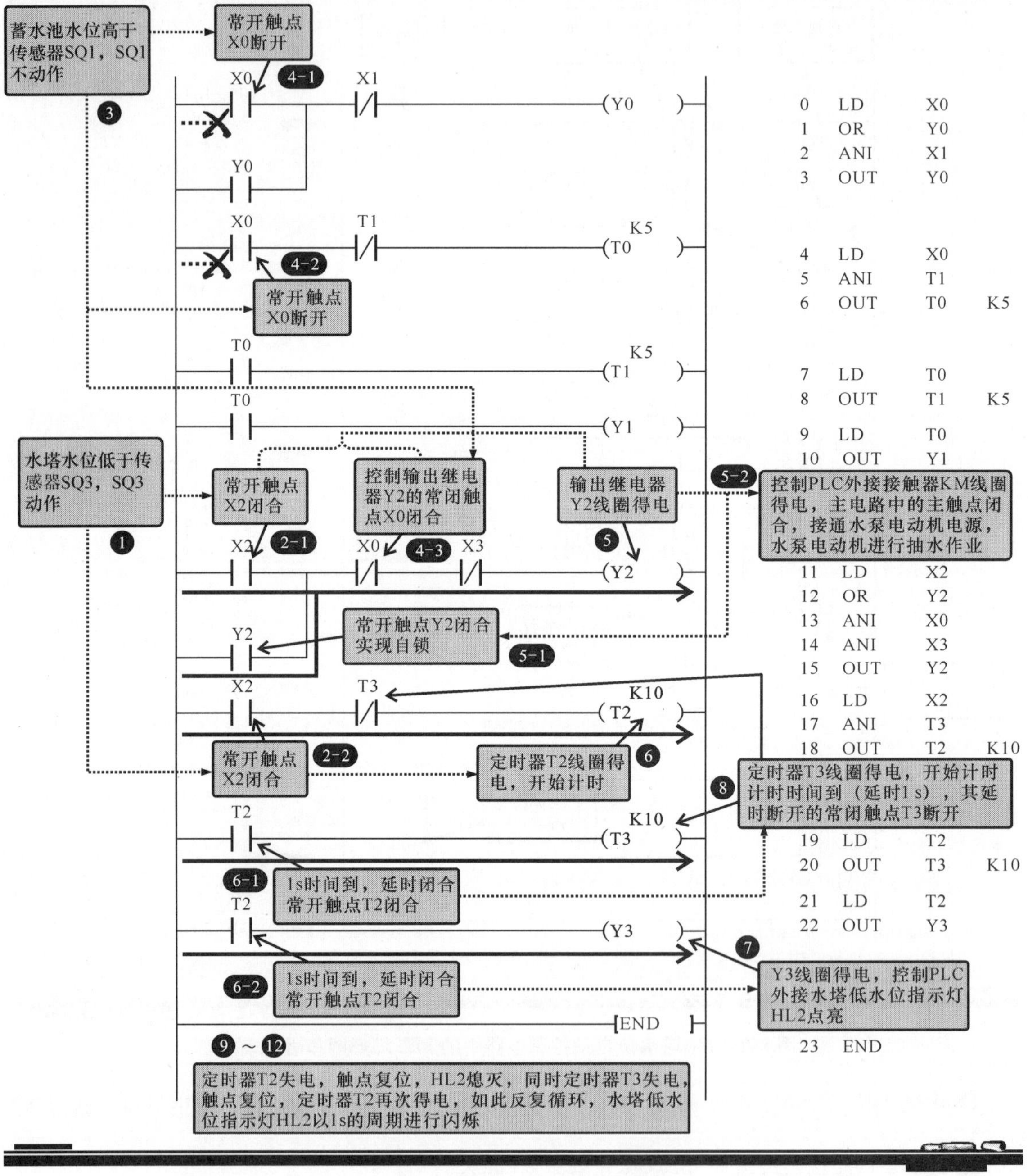


图 8-12　水塔水位过低的控制过程

→5-2 控制 PLC 外接接触器 KM 线圈得电，带动主电路中的主触点闭合，接通水泵电动机电源，水泵电动机进行抽水作业。

2-2→6 定时器 T2 线圈得电，开始计时。

→6-1 计时时间到（延时 1s），其控制定时器 T3 的延时闭合常开触点 T2 闭合；

→6-2 计时时间到（延时 1s），其控制输出继电器 Y3 的延时闭合的常开触点 T2 闭合。

6-2→7 输出继电器 Y3 线圈得电，控制 PLC 外接水塔低水位指示灯 HL2 点亮。

6-1→❽ 定时器 T3 线圈得电，开始计时，计时时间到（延时 1s），其延时断开的常闭触点 T3 断开。

❽→❾ 定时器 T2 线圈失电。

→9-1 控制定时器 T3 的延时闭合的常开触点 T2 复位断开；

→9-2 控制输出继电器 Y1 的延时闭合的常开触点 T2 复位断开。

9-2→❿ 输出继电器 Y1 线圈失电，控制 PLC 外接水塔低水位指示灯 HL2 熄灭。

9-1→⓫ 定时器线圈 T3 失电，延时断开的常闭触点 T3 复位闭合。

⓫→⓬ 定时器 T2 线圈再次得电，开始计时。如此反复循环，水塔低水位指示灯 HL2 以 1s 的周期进行闪烁。

**2. 水塔水位高于水塔高水位时的控制过程**

水泵电动机不停的往水塔中注入清水，直到水塔水位高于水塔高水位传感器时，才会停止注水。图 8-13 所示为水塔水位高于水塔高水位时的控制过程。

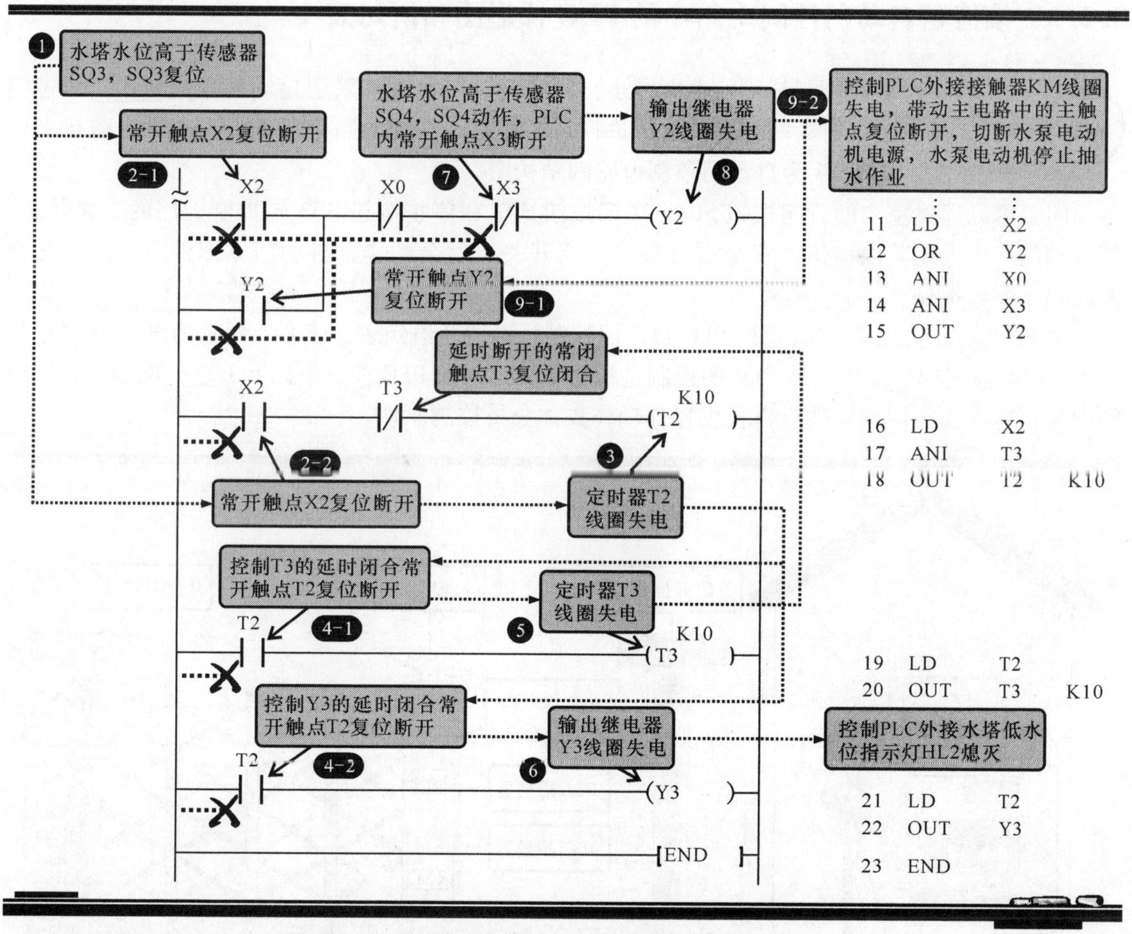


图 8-13　水塔水位高于水塔高水位时的控制过程

❶ 水塔水位高于低水位传感器 SQ3，其 SQ3 复位，将 PLC 程序中的输入继电器常开触点 X2 置“0”，常闭触点 X2 置“1”。

❶→2-1 控制输出继电器 Y2 的常开触点 X2 复位断开；

→2-2 控制定时器 T2 的常开触点 X2 复位断开。

2-2 → 3 定时器 T2 线圈失电。

3 → 4-1 控制定时器 T3 的延时闭合常开触点 T2 复位断开；

→ 4-2 控制输出继电器 Y3 的延时闭合的常开触点 T2 复位断开。

4-1 → 5 定时器线圈 T3 失电，延时断开的常闭触点 T3 复位闭合。

4-2 → 6 输出继电器 Y3 线圈失电，控制 PLC 外接水塔低水位指示灯 HL2 熄灭。

7 水塔水位高于水塔高水位传感器 SQ4，其 SQ4 动作，将 PLC 程序中的输入继电器常闭触点 X3 置“0”，即常闭触点 X3 断开。

7 → 8 输出继电器 Y2 线圈失电。

8 → 9-1 自锁常开触点 Y2 复位断开；

→ 9-2 控制 PLC 外接接触器 KM 线圈失电，带动主电路中的主触点复位断开，切断水泵电动机电源，水泵电动机停止抽水作业。

## 8.2.2 搞清楚自动门控制电路中的 PLC 梯形图和语句表

随着自动化控制技术的不断进步，一些企业和大厦都采用自动门控制技术，通过门卫处的操作按键对大门开启和关闭进行自动控制，并且电路中设有保护部件，防止夹住人或物品。图 8-14 为自动门控制电路的结构图。

门卫可以通过室内的开门按钮 SB1、关门按钮 SB2 和停止按钮 SB3 来控制大门的工作状态，若自动门夹住人或其他物体，安全压力板（安全开关）就会动作，自动门立即停止关闭，防止人或物品受到损伤。

图 8-15 所示为三菱 $FX_{2N}$ 系列 PLC 自动门控制梯形图及语句表，表 8-4 所示为电路中 PLC 的 I/O 分配。根据梯形图识读该 PLC 的控制过程，首先可对照 PLC 控制电路和 I/O 分配表，在梯形图中进行适当文字注解，然后再根据操作动作具体分析控制原理。

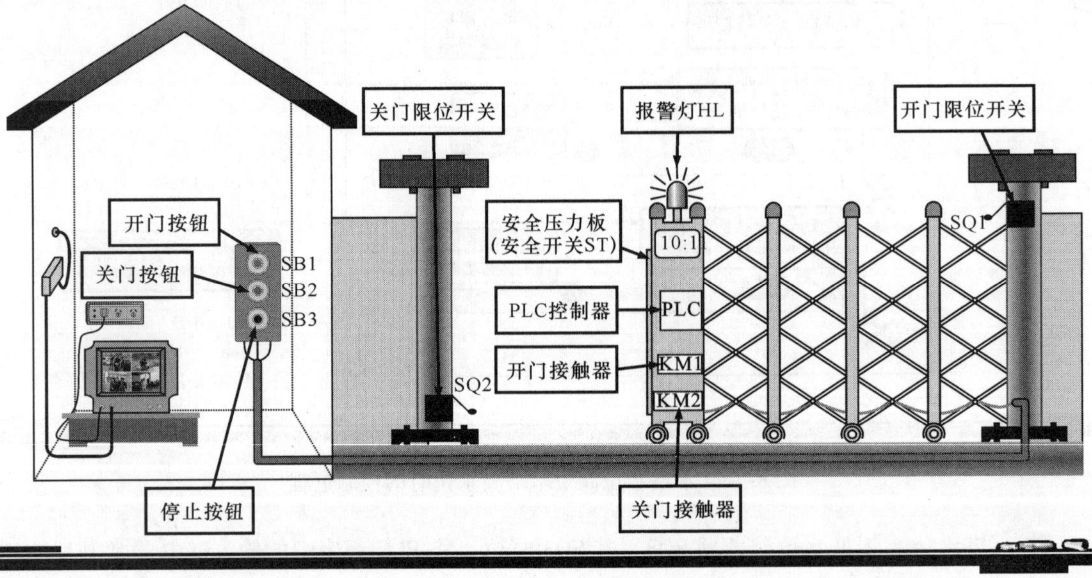


图 8-14 自动门控制电路的结构图

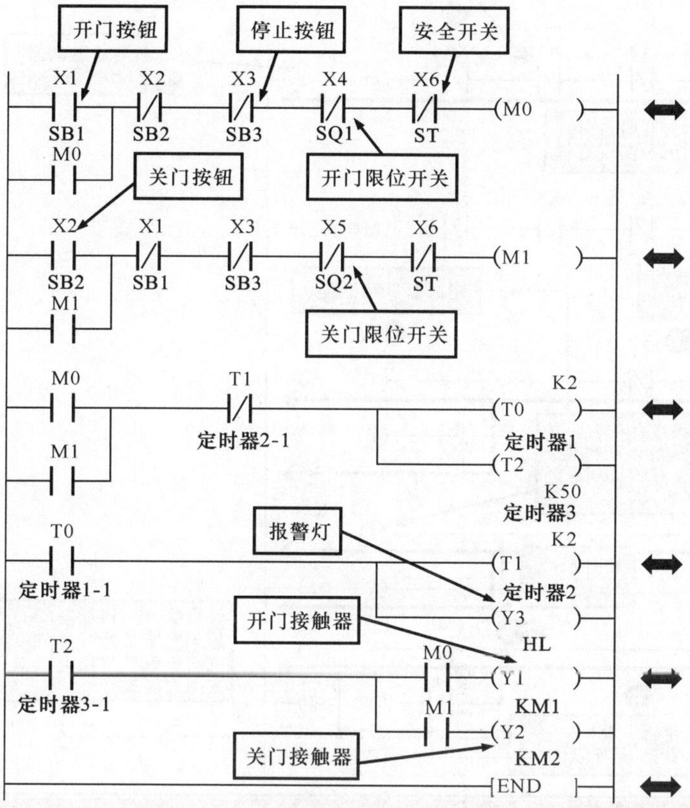


a）梯形图

| | | |
|---|---|---|
| 0 | LD | X1 |
| 1 | OR | M0 |
| 2 | ANI | X2 |
| 3 | ANI | X3 |
| 4 | ANI | X4 |
| 5 | ANI | X6 |
| 6 | OUT | M0 |
| 7 | LD | X2 |
| 8 | OR | M1 |
| 9 | ANI | X1 |
| 10 | ANI | X3 |
| 11 | ANI | X5 |
| 12 | ANI | X6 |
| 13 | OUT | M1 |
| 14 | LD | M0 |
| 15 | OR | M1 |
| 16 | ANI | T1 |
| 17 | MPS | |
| 18 | OUT | T0 |
| 19 | MPP | |
| 20 | OUT | T2 |
| 21 | LD | T0 |
| 22 | MPS | |
| 23 | OUT | T1 |
| 24 | MPP | |
| 25 | OUT | Y3 |
| 26 | LD | T2 |
| 27 | MPS | |
| 28 | AND | M0 |
| 29 | OUT | Y1 |
| 30 | MPP | |
| 31 | AND | M1 |
| 32 | OUT | Y2 |
| 33 | END | |

b）语句表

图 8-15　三菱 $FX_{2N}$ 系列 PLC 自动门控制梯形图及语句表

**表 8-4　自动门的 $FX_{2N}$ 系列 PLC 控制 I/O 分配表**

| 输入信号及地址编号 | | | 输出信号及地址编号 | | |
|---|---|---|---|---|---|
| 名　称 | 代　号 | 输入点地址编号 | 名　称 | 代　号 | 输出点地址编号 |
| 开门开关 | SB1 | X1 | 关门接触器 | KM1 | Y1 |
| 关门开关 | SB2 | X2 | 开关接触器 | KM2 | Y2 |
| 停止开关 | SB3 | X3 | 报警灯 | HL | Y3 |
| 开门限位开关 | SQ1 | X4 | | | |
| 关门限位开关 | SQ2 | X5 | | | |
| 安全开关 | ST | X6 | | | |

**1. 自动门开门的工作过程**

自动门的开门是由开门按钮 SB1 和开门接触器 KM1 控制的，按下 SB1 后，信号送入 PLC 中，再去控制开门接触器。自动门开门的工作过程如图 8-16 所示。

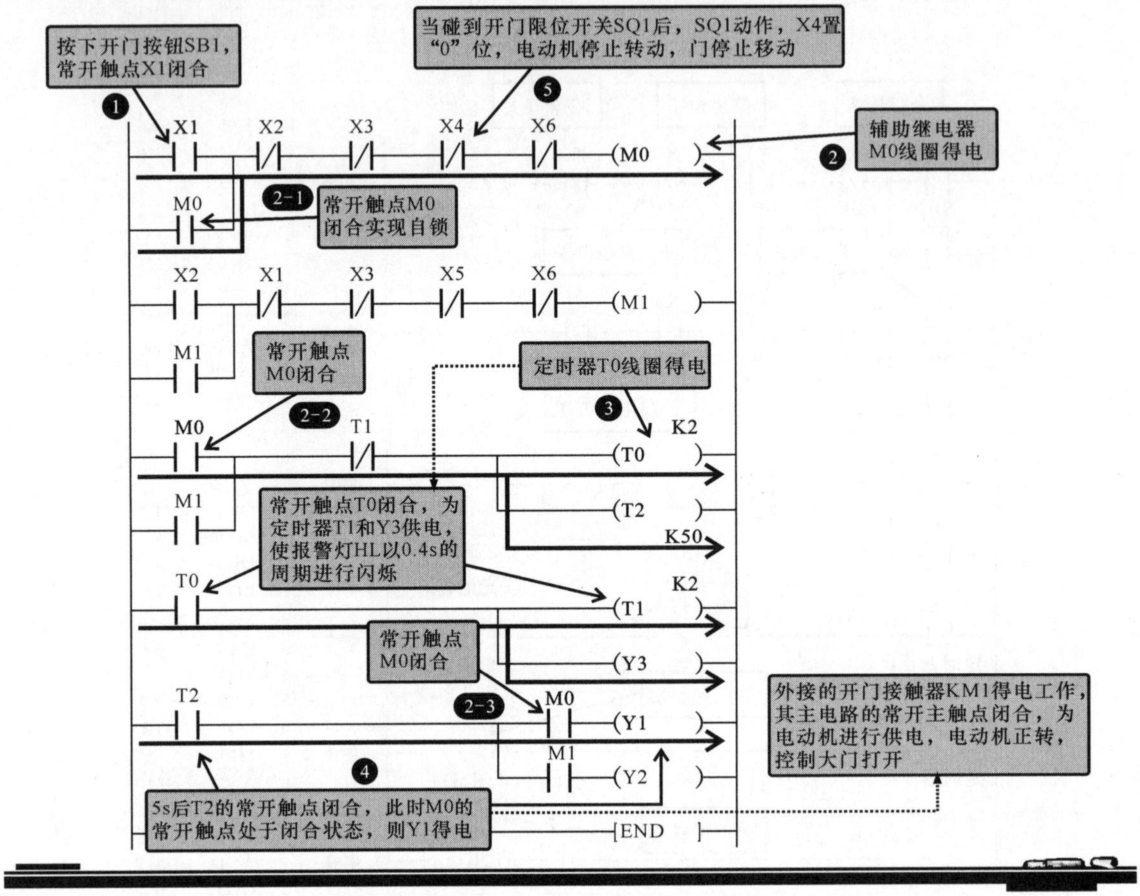


图 8-16　自动门开门的工作过程

❶ 按下开门按钮 SB1，将 PLC 程序中的输入继电器常开触点 X1 置“1”，即常开触点 X1 闭合。

❶→❷ 辅助继电器 M0 线圈得电。

→2-1 自锁常开触点 M0 闭合实现自锁功能；

→2-2 控制输出继电器 T0、T2 的常开触点 M0 闭合；

→2-3 控制输出继电器 Y1 的常开触点 M0 闭合。

2-2→❸ 定时器 T0 线圈得电，T0 的常开触点闭合，为定时器 T1 和 Y3 供电，使报警灯 HL 以 0.4s 的周期进行闪烁。

❸ + 2-3→❹ 5s 后 T2 的常开触点闭合，此时 M0 的常开触点处于闭合状态，则 Y1 得电，其外接的开门接触器 KM1 得电工作，其主电路的常开主触点闭合，为电动机进行供电，电动机正转，控制大门打开。

❺ 当碰到开门限位开关 SQ1 后，SQ1 动作，X4 置“0”位，电动机停止转动，门停止移动。

**2. 自动门关门的工作过程**

自动门的关门是由关门开关 SB2 和关门接触器 KM2 控制的，按下 SB2 后，信号送入 PLC 中，再去控制关门接触器。自动门关门的工作过程如图 8-17 所示。

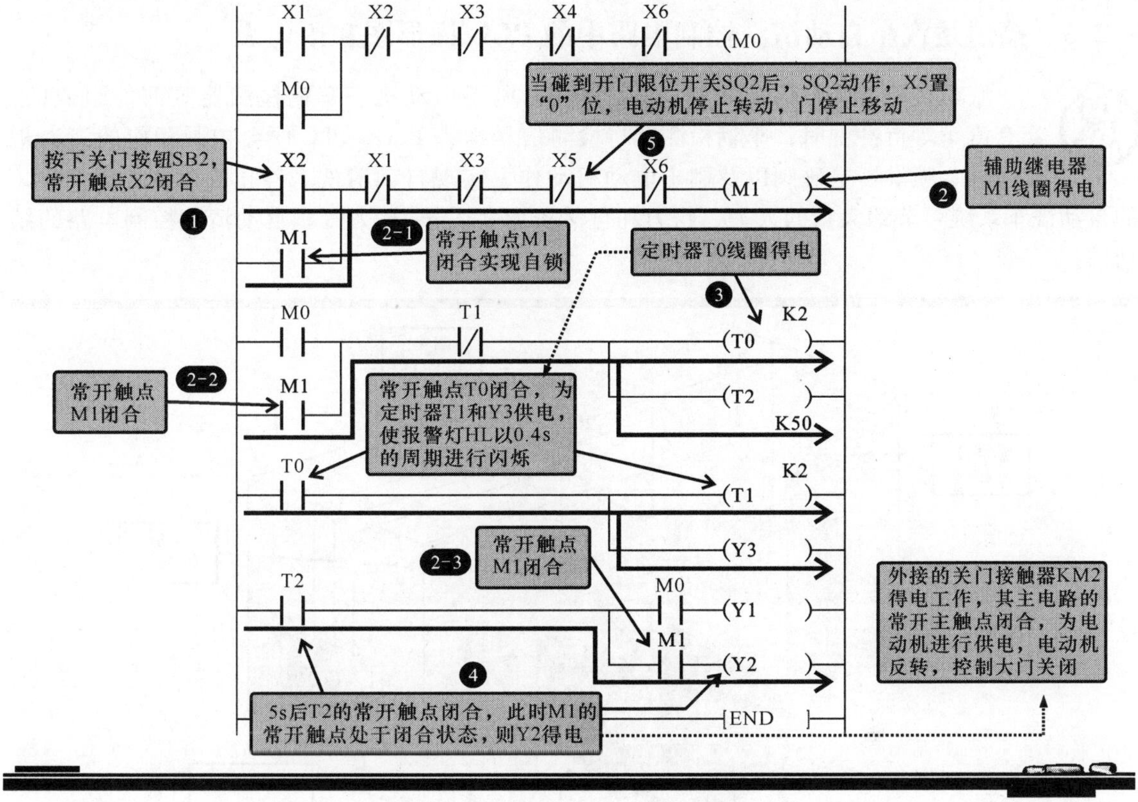


图 8-17　自动门关门的工作过程

❶ 按下关门按钮 SB2，将 PLC 程序中的输入继电器常开触点 X2 置“1”，即常开触点 X2 闭合。

❶→❷ 辅助继电器 M1 线圈得电。

→2-1 自锁常开触点 M1 闭合实现自锁功能；

→2-2 控制输出继电器 T0、T2 的常开触点 M1 闭合；

→2-3 控制输出继电器 Y2 的常开触点 M1 闭合。

2-2→❸ 定时器 T0 线圈得电，T0 的常开触点闭合，为定时器 T1 和 Y3 供电，使报警灯 HL 以 0.4s 的周期进行闪烁。

❸ + 2-3→❹ 5s 后 T2 的常开触点闭合，此时 M1 的常开触点处于闭合状态，则 Y2 得电，其外接的开门接触器 KM2 得电工作，其主电路的常开主触点闭合，为电动机进行供电，电动机反转，控制大门关闭。

❺ 当碰到开门限位开关 SQ2 后，SQ2 动作，X5 置“0”位，电动机停止转动，门停止移动。

**【注意】**

不管是在开门还是在关门的过程中，按下停止按钮 SB3 或有物体挤压安全开关 ST 时，PLC 内部的 X3 或 X6 置“0”位（断开），此时电动机便会失电，门停止移动。

## 8.2.3 搞清楚汽车自动清洗控制电路中的PLC梯形图和语句表

汽车自动清洗系统是由PLC、喷淋器、刷子电动机、车辆检测器等部件组成的。当有汽车等待冲洗时，车辆检测器将检测信号送入PLC，PLC便会控制相应的清洗机电动机、喷淋器电磁阀以及刷子电动机动作，实现自动清洗、停止的控制，采用PLC的自动洗车系统可节约大量的人力、物力和自然资源。图8-18为汽车自动清洗控制电路的结构图。

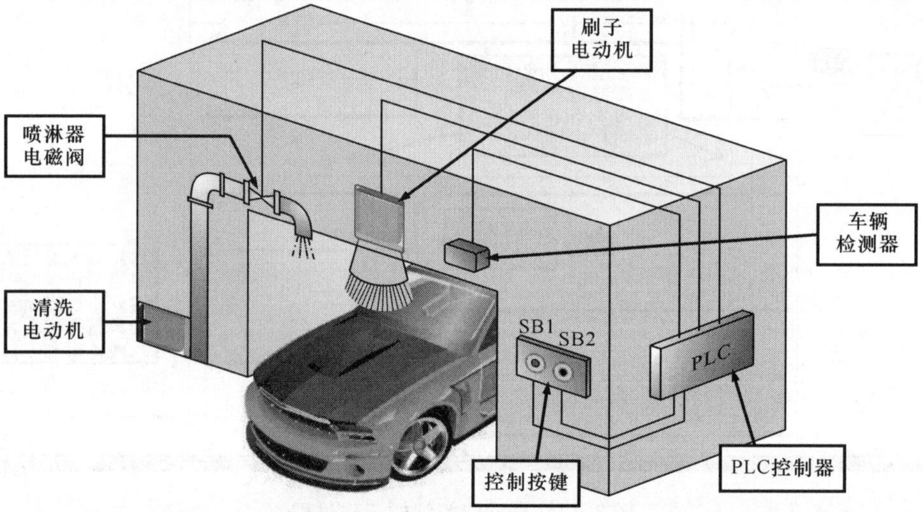


图8-18　汽车自动清洗控制电路的结构图

图8-19所示为汽车自动清洗控制电路中的PLC梯形图和语句表，表8-5所示为PLC的I/O地址分配。结合I/O地址分配表，了解该梯形图和语句表中各触点及符号标识的含义，并将梯形图和语句表相结合进行分析。

**表8-5　汽车自动清洗控制电路中PLC梯形图I/O地址分配表**（西门子S7—200系列）

| 输入信号及地址编号 | | | 输出信号及地址编号 | | |
|---|---|---|---|---|---|
| 名　称 | 代　号 | 输入点地址编号 | 名　称 | 代　号 | 输出点地址编号 |
| 起动按钮 | SB1 | I0.0 | 喷淋器电磁阀 | YV | Q0.0 |
| 车辆检测器 | SK | I0.1 | 刷子接触器 | KM1 | Q0.1 |
| 轨道终点限位开关 | FR | I0.2 | 清洗机接触器 | KM2 | Q0.2 |
| 紧急停止按钮 | SB2 | I0.3 | 清洗机报警蜂鸣器 | HA | Q0.3 |



**1. 车辆清洗的控制过程**

检测器检测到待清洗的汽车，按下起动按钮就可以开始自动清洗过程。图8-20所示为车辆清洗的控制过程。

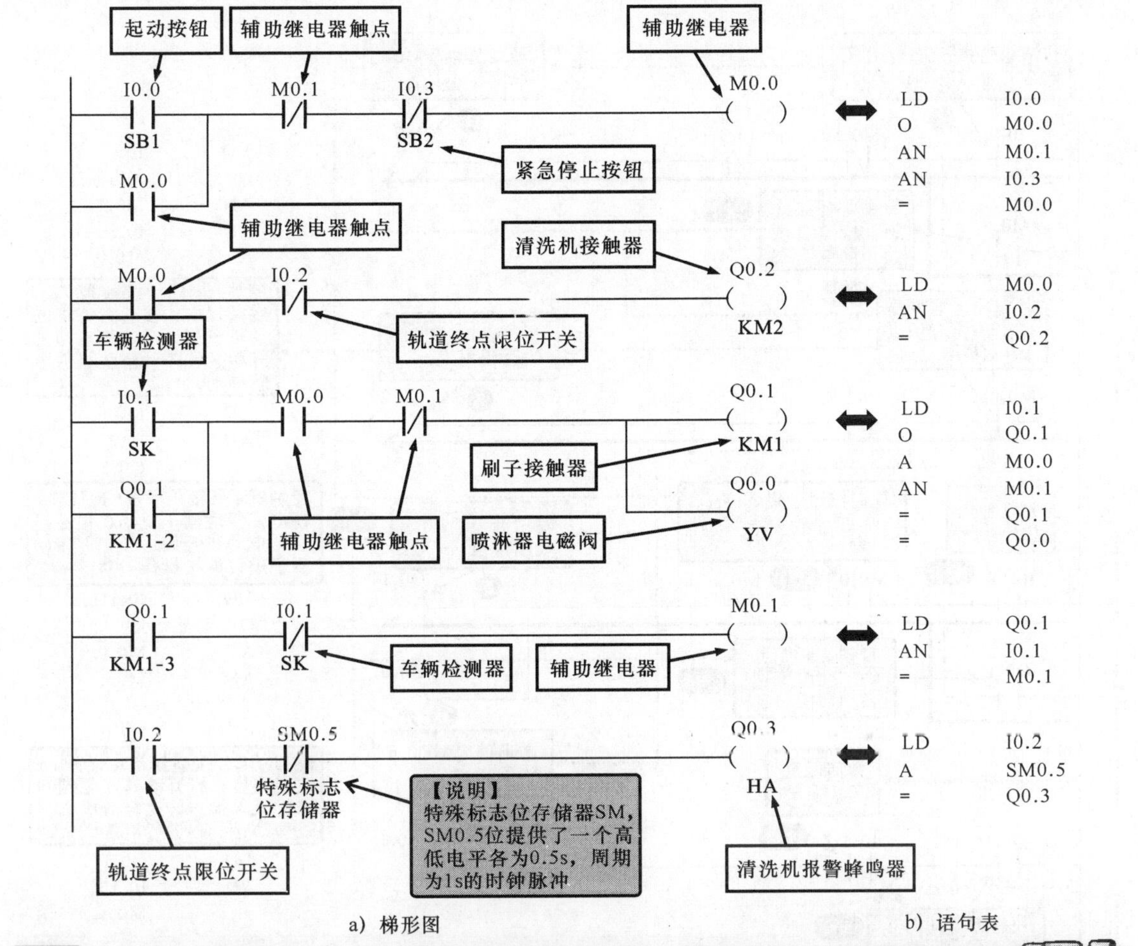


图 8-19　汽车自动清洗控制电路的 PLC 梯形图和语句表

❶ 按下起动按钮 SB1，将 PLC 程序中的输入继电器常开触点 I0.0 置“1”，即常开触点 I0.0 闭合。

❶→❷ 辅助继电器 M0.0 线圈得电。

→2-1 自锁常开触点 M0.0 闭合实现自锁功能；

→2-2 控制输出继电器 Q0.2 的常开触点 M0.0 闭合；

→2-3 控制输出继电器 Q0.1、Q0.0 的常开触点 M0.0 闭合。

2-2→❸ 输出继电器 Q0.2 线圈得电，控制 PLC 外接接触器 KM1 线圈得电，带动主电路中的主触点闭合，接通清洗机电动机电源，清洗机电动机开始运转，并带动清洗机沿导轨移动。

❹ 当车辆检测器 SK 检测到有待清洗的汽车时，SK 闭合，将 PLC 程序中的输入继电器常开触点 I0.1 置“1”，常闭触点 I0.1 置“0”。

→4-1 常开触点 I0.1 闭合；

→4-2 常闭触点 I0.1 断开。

2-3 + 4-1→❺ 输出继电器 Q0.1 线圈得电。

→5-1 自锁常开触点 Q0.1 闭合实现自锁功能；

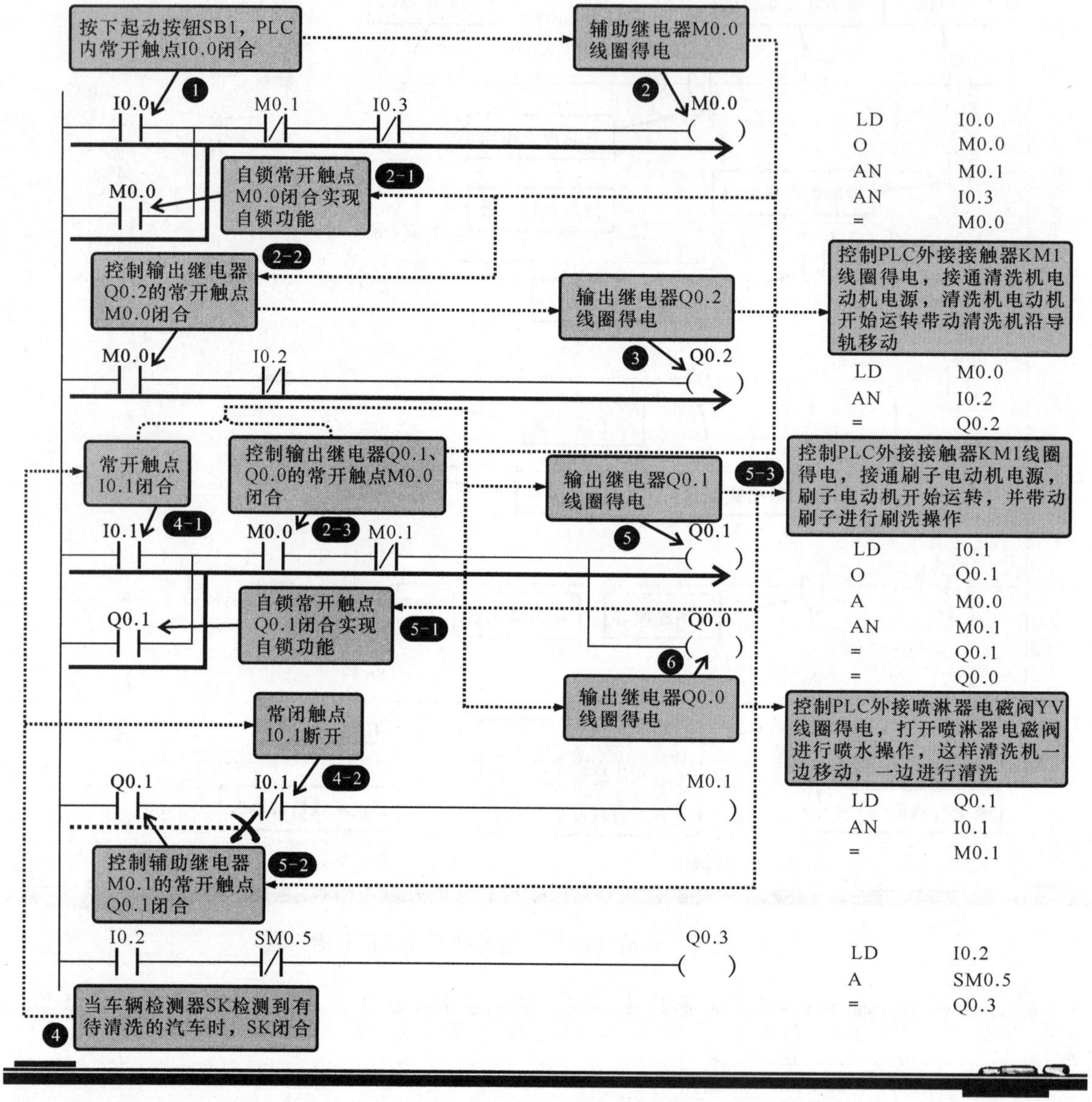


图 8-20　车辆清洗的控制过程

→5-2 控制辅助继电器 M0.1 的常开触点 Q0.1 闭合；

→5-3 控制 PLC 外接接触器 KM1 线圈得电，带动主电路中的主触点闭合，接通刷子电动机电源，刷子电动机开始运转，并带动刷子进行刷洗操作。

2-1 + 4-1 → 6 输出继电器 Q0.0 线圈得电，控制 PLC 外接喷淋器电磁阀 YV 线圈得电，打开喷淋器电磁阀，进行喷水操作，这样清洗机一边移动，一边进行清洗操作。

**2. 车辆清洗完成的控制过程**

车辆清洗完成后，检测器没有检测到待清洗的车辆，控制电路便会自动停止系统工作。图 8-21所示为车辆清洗完成的控制过程。

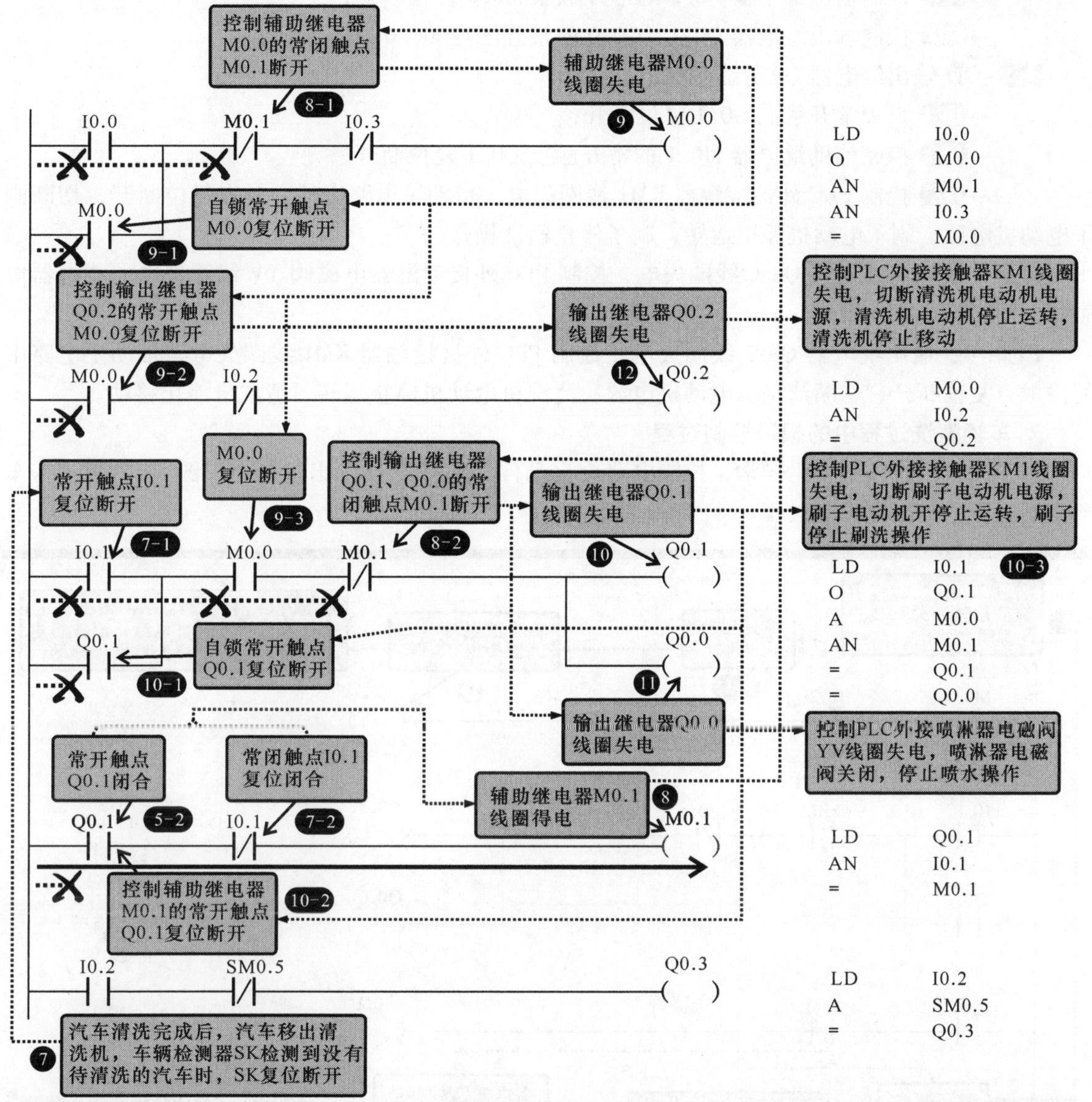


图 8-21　车辆清洗完成的控制过程

❼ 汽车清洗完成后，汽车移出清洗机，车辆检测器 SK 检测到没有待清洗的汽车时，SK 复位断开，PLC 程序中的输入继电器常开触点 I0.1 复位置“0”，常闭触点 I0.1 复位置“1”。

→7-1 常开触点 I0.1 复位断开；

→7-2 常闭触点 I0.1 复位闭合。

5-2 + 7-2 →❽ 辅助继电器 M0.1 线圈得电。

→8-1 控制辅助继电器 M0.0 的常闭触点 M0.1 断开；

→8-2 控制输出继电器 Q0.1、Q0.0 的常闭触点 M0.1 断开。

8-1 →❾ 辅助继电器 M0.0 失电。

→9-1 自锁常开触点 M0.0 复位断开；

→9-2 控制输出继电器 Q0.2 的常开触点 M0.0 复位断开；

→9-3 控制输出继电器 Q0.1、Q0.0 的常开触点 M0.0 复位断开。

8-2→⑩ 输出继电器 Q0.1 线圈失电。

→10-1 自锁常开触点 Q0.1 复位断开；

→10-2 控制辅助继电器 M0.1 的常开触点 Q0.1 复位断开；

→10-3 控制 PLC 外接接触器 KM1 线圈失电，带动主电路中的主触点复位断开，切断刷子电动机电源，刷子电动机停止运转，刷子停止刷洗操作。

8-2→⑪ 输出继电器 Q0.0 线圈失电，控制 PLC 外接喷淋器电磁阀 YV 线圈失电，喷淋器电磁阀关闭，停止喷水操作。

9-2→⑫ 输出继电器 Q0.2 线圈失电，控制 PLC 外接接触器 KM1 线圈失电，带动主电路中的主触点复位断开，切断清洗机电动机电源，清洗机电动机停止运转，清洗机停止移动。

**3. 车辆清洗过程中的报警控制过程**

若清洗车辆过程中发生异常，控制电路会自动停止工作，并发出报警声。图 8-22 所示为车辆清洗过程中的报警控制过程。

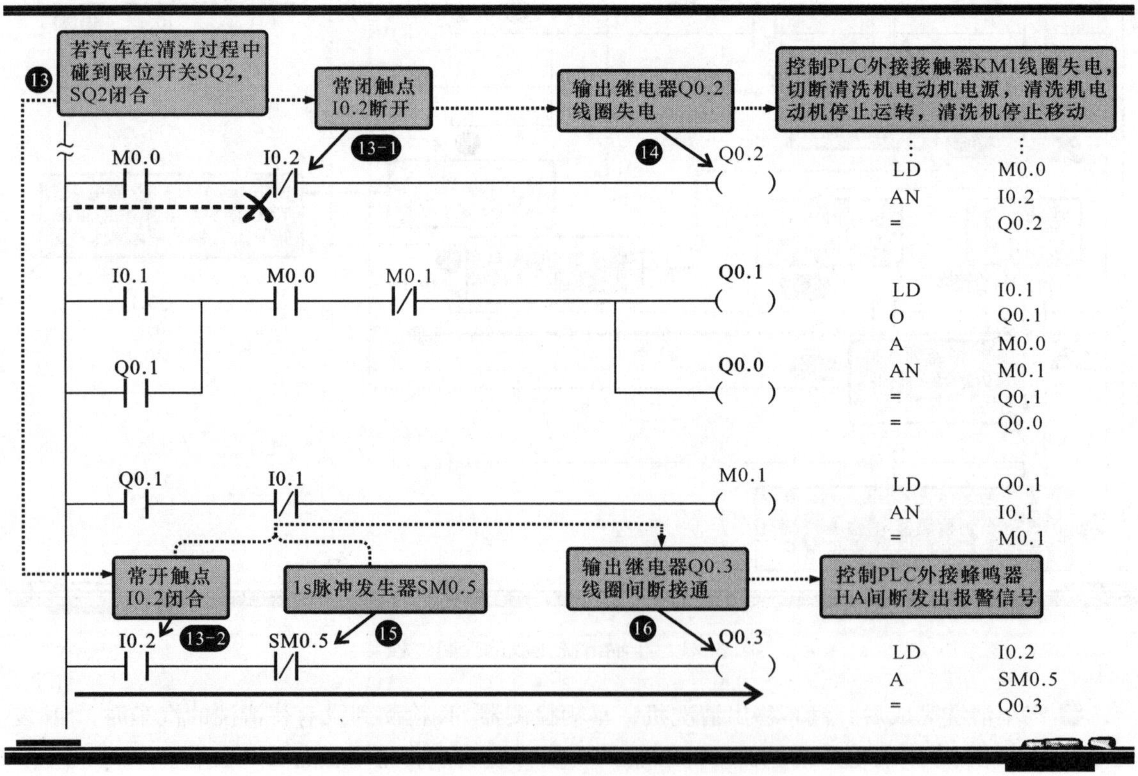


图 8-22　车辆清洗过程中的报警控制过程

⑬ 若汽车在清洗过程中碰到轨道终点限位开关 SQ2，SQ2 闭合，将 PLC 程序中的输入继电器常闭触点 I0.2 置“0”，常开触点 I0.2 置“1”。

→13-1 常闭触点 I0.2 断开；

→13-2 常开触点 I0.2 闭合。

13-1→⑭ 输出继电器 Q0.2 线圈失电，控制 PLC 外接接触器 KM1 线圈失电，带动主电路中的主触点复位断开，切断清洗机电动机电源，清洗机电动机停止运转，清洗机停止移动。

⑮ 1s 脉冲发生器 SM0. 5。

13-2 + ⑮→⑯ 输出继电器 Q0. 3 间断接通，控制 PLC 外接蜂鸣器 HA 间断发出报警信号。

## 8. 2. 4 搞清楚声光报警器控制中的 PLC 梯形图和语句表

用 PLC 控制声光报警器，用以实现报警器受触发后自动起动报警扬声器和报警闪烁灯进行声光报警的功能。图 8-23 所示为声光报警闪烁灯控制电路中的 PLC 梯形图和语句表，表 8-6 所示为 PLC 的 I/O 地址分配。结合 I/O 地址分配表，首先了解该梯形图或语句表中各触点及符号表示的含义，并将梯形图与语句表相结合分析。

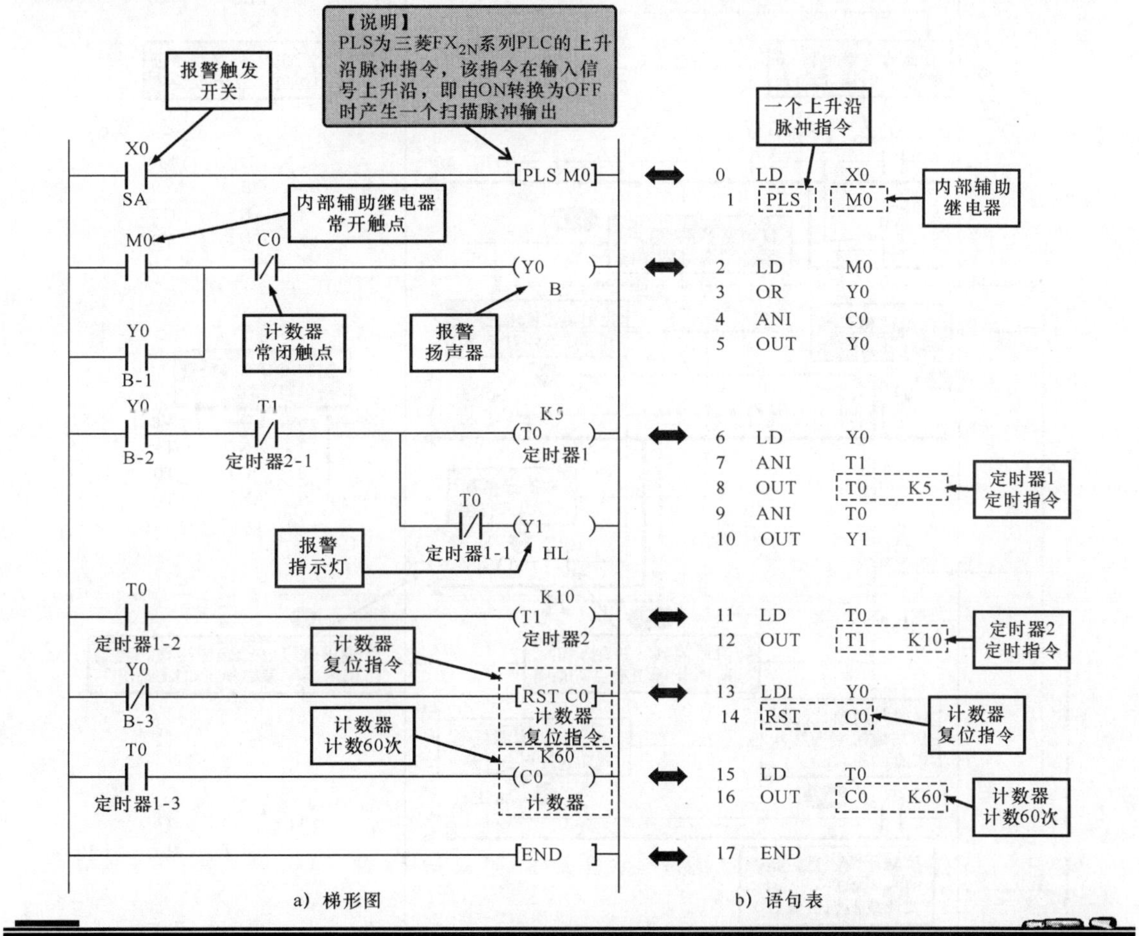


图 8-23 声光报警闪烁灯控制电路中的 PLC 梯形图和语句表

**表 8-6 声光报警闪烁灯控制电路的 PLC 梯形图 I/O 地址分配表**（三菱 $FX_{2N}$ 系列 PLC）

| 输入信号及地址编号 | | | 输出信号及地址编号 | | |
|---|---|---|---|---|---|
| 名 称 | 代 号 | 输入点地址编号 | 名 称 | 代 号 | 输出点地址编号 |
| 报警触发开关 | SA | X0 | 报警扬声器 | B | Y0 |
| | | | 报警指示灯 | HL | Y1 |

**1. 自动起动声光报警的控制过程**

当报警触发开关受触发时，报警扬声器发出报警声，同时报警灯连续闪烁 60 次，每次亮 0.5s，熄灭 1s，然后自动停止声光报警。图 8-24、图 8-25 所示为声光报警器自动起动声光报警的控制过程。

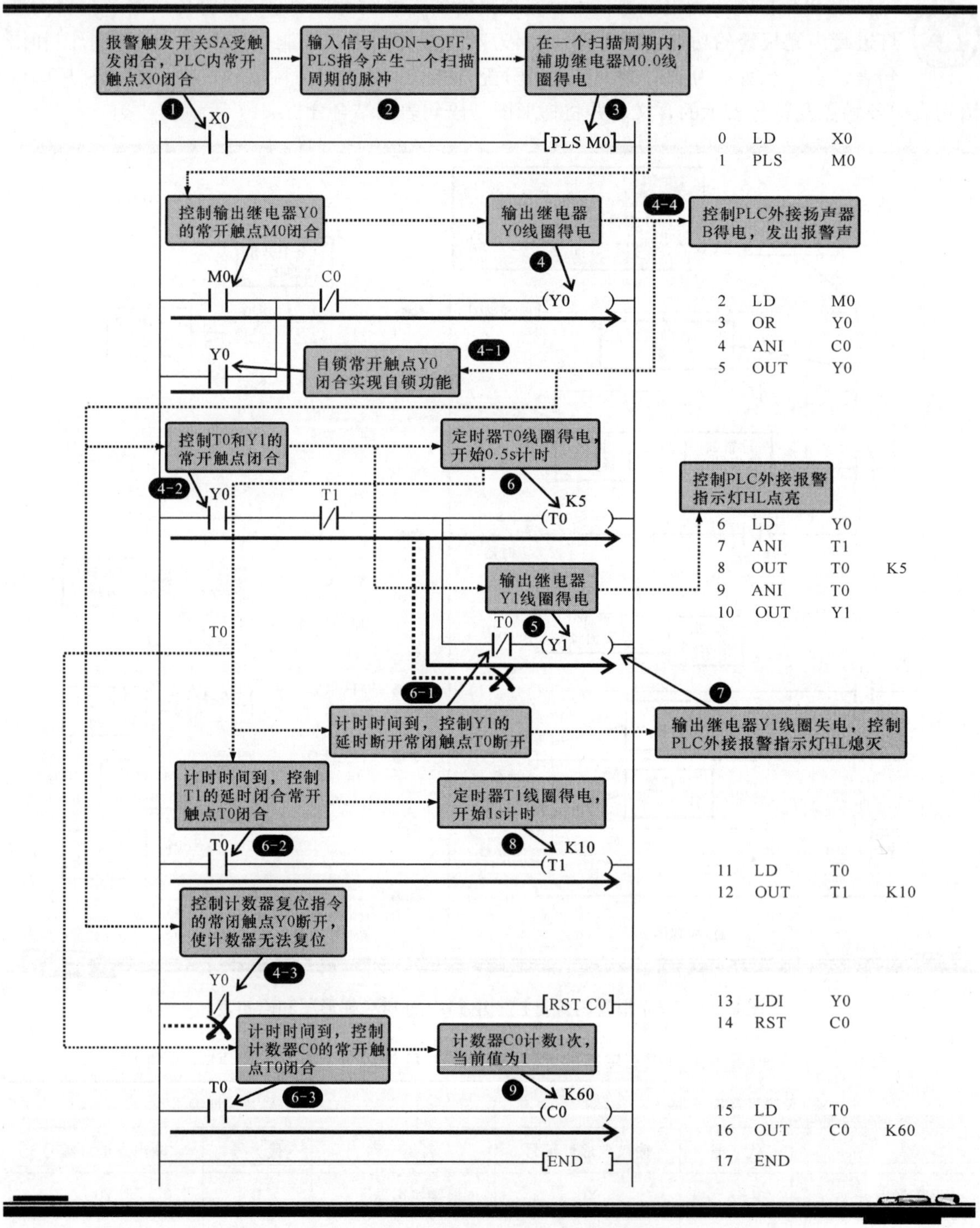


图 8-24　声光报警器自动起动声光报警的控制过程（一）

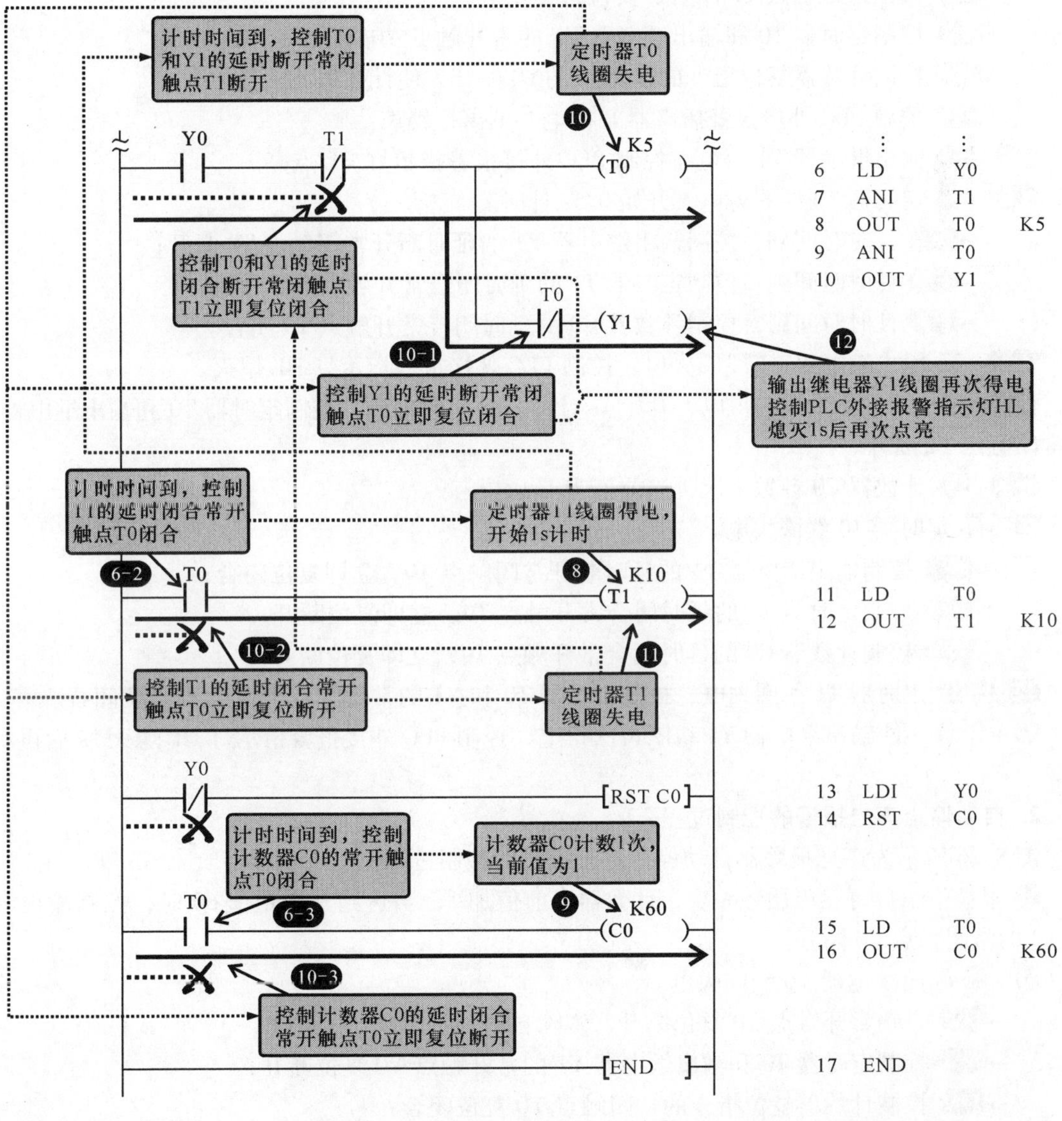


图8-25 声光报警器自动起动声光报警的控制过程（二）

❶ 当报警触发开关 SA 受触发闭合时，将 PLC 程序中的输入继电器常开触点 X0 置“1”，即常开触点 X0 闭合。

❶→❷ 输入信号由 ON→OFF，PLS 指令产生一个扫描周期的脉冲输出。

❷→❸ 在一个扫描周期内，辅助继电器 M0.0 线圈得电，控制输出继电器 Y0 的常开触点 M0.0 闭合。

❸→❹ 输出继电器 Y0 线圈得电。

→4-1 自锁常开触点 Y0 闭合，实现自锁功能；

→4-2 控制定时器 T0 和输出继电器 Y1 的常开触点 Y0 闭合；

→4-3 控制计数器复位指令的常闭触点 Y0 断开，使计数器无法复位；

→4-4 控制 PLC 外接报警扬声器 B 得电，发出报警声。

4-2→❺ 输出继电器 Y1 得电，控制 PLC 外接报警指示灯 HL 点亮。

4-2→❻ 定时器 T0 线圈得电，开始 0.5s 计时。

→6-1 计时时间到，控制输出继电器 Y1 的延时断开常闭触点 T0 断开；

→6-2 计时时间到，控制定时器 T1 的延时闭合常开触点 T0 闭合；

→6-3 计时时间到，控制计数器 C0 的延时闭合常开触点 T0 闭合。

6-1→❼ 输出继电器 Y1 线圈失电，控制 PLC 外接报警指示灯 HL 熄灭。

6-2→❽ 定时器 T1 线圈得电，开始 1s 计时。计时时间到，控制定时器 T0 和输出继电器 Y1 的常闭触点 T1 断开。

6-3→❾ 计数器 C0 计数 1 次，当前值为 1。

❽→❿ 定时器 T0 线圈失电。

→10-1 控制输出继电器 Y1 的延时断开常闭触点 T0，立即复位闭合；

→10-2 控制定时器 T1 的延时闭合常开触点 T0，立即复位断开；

→10-3 控制计数器 C0 的延时闭合常开触点 T0，立即复位断开。

10-2→⓫ 定时器 T1 线圈失电，控制定时器 T0 和 Y1 的常闭触点 T1，立即复位闭合。

⓫ + 10-1→⓬ 输出继电器 Y1 线圈再次得电，控制 PLC 外接报警指示灯 HL 熄灭 1s 后再次点亮。

**2. 自动停止声光报警的控制过程**

图 8-26 所示为声光报警器自动停止声光报警的控制过程。

⓭ 报警指示灯每亮灭循环一次，计数器当前值加 1，当达到其设定值 60 时，控制输出继电器 Y0 的常闭触点 C0 断开。

⓭→⓮ 输出继电器 Y0 线圈失电。

→14-1 自锁常开触点 Y0 复位断开，解除自锁；

→14-2 控制定时器 T0 和输出继电器 Y1 的常开触点 Y0 复位断开；

→14-3 控制计数器复位指令的常闭触点 Y0 复位闭合；

→14-4 控制 PLC 外接报警扬声器 B 失电，停止发出报警声。

14-2→⓯ 定时器 T0 线圈失电。

14-2→⓰ 输出继电器 Y1 线圈失电，控制 PLC 外接报警指示灯 HL 停止闪烁。

14-3→⓱ 复位指令使计数器复位，为下一次计数做好准备。